ŒUVRES

DE LAGUERRE

PARIS. — IMPRIMERIE GAUTHIER-VILLARS ET FILS,
Quai des Grands-Augustins, 55.

ŒUVRES

DE LAGUERRE

PUBLIÉES

SOUS LES AUSPICES DE L'ACADÉMIE DES SCIENCES.

PAR

MM. CH. HERMITE, H. POINCARÉ et E. ROUCHÉ,

MEMBRES DE L'INSTITUT.

TOME I.

ALGÈBRE. — CALCUL INTÉGRAL.

PARIS,

GAUTHIER-VILLARS ET FILS, IMPRIMEURS-LIBRAIRES

DU BUREAU DES LONGITUDES, DE L'ÉCOLE POLYTECHNIQUE,

Quai des Grands-Augustins, 55.

—

1898

PRÉFACE.

Dans cette Notice sur la vie et les travaux de Laguerre, j'aurai plus à parler de ses travaux que de sa vie. Son existence, utile et laborieuse, n'a été ni agitée ni bruyante. Sans ambition, partagé entre ses devoirs professionnels, les joies de l'étude et celles de la famille, les seuls événements de sa vie ont été des découvertes.

Laguerre naquit à Bar-le-Duc, le 9 avril 1834. Dès le début de ses études, son talent naissant fut remarqué de ses maîtres; mais il ne devait pas quitter les bancs du lycée sans avoir montré qu'il était autre chose qu'un bon écolier. En 1853, n'étant encore que candidat à l'École Polytechnique, il se signala par un travail original.

Dans le programme d'admission à cette École, la place d'honneur appartient à la Géométrie analytique. Cette Science se renouvelait alors par une révolution en quelque sorte inverse de la réforme cartésienne. Avant Descartes, le hasard seul, ou le génie, permettait de résoudre une question géométrique; après Descartes, on a pour arriver au résultat des règles infaillibles; pour être géomètre, il suffit d'être patient. Mais une méthode purement mécanique, qui ne demande à l'esprit d'invention aucun effort, ne peut être réellement féconde. Une nouvelle réforme était donc nécessaire : Poncelet et Chasles en furent les initiateurs. Grâce à eux, ce n'est plus ni à un hasard heureux, ni à une longue patience que nous devons demander la solution d'un problème, mais à une connaissance approfondie des faits mathématiques et de leurs rapports intimes. Les longs calculs d'autrefois sont devenus inutiles, car on peut le plus souvent en prévoir le résultat.

Laguerre a joué dans cette réforme un rôle très important, que son premier travail de jeunesse permettait déjà de pressentir. La théorie des propriétés projectives de Poncelet, l'une des plus utiles des méthodes modernes, permet de déduire d'une proposition connue une infinité de propositions nouvelles. Mais, en 1853, cette théorie était loin d'être complète; bien des points, et non des moins importants, restaient encore à éclaircir : comment pouvait se faire la transformation des propriétés métriques des figures et, en particulier, des relations entre les angles? Le jeune lycéen résolut du premier coup ce problème qui préoccupait les fondateurs de la Géométrie moderne; sa solution, simple et élégante, fut publiée dans les *Nouvelles Annales de Mathématiques*.

Il entra le quatrième à l'École Polytechnique. Si son rang de sortie fut un peu moins brillant, nous ne devons pas nous en étonner, car il fut à l'École ce qu'il fut dans la vie. Le monde ne lui apparaissait pas comme un champ clos, ni les hommes comme des rivaux qu'il faut devancer à tout prix. Ce qu'il cherchait dans l'étude, ce n'était pas le succès, mais le savoir; malheureusement, le chemin le plus court vers ces premiers rangs si ardemment convoités n'est pas toujours le travail original et libre, qui fait perdre de vue le but auquel d'autres pensent sans cesse.

Devenu officier d'artillerie et envoyé à Metz, à Mutzig, puis à Strasbourg, il ne publia rien pendant dix ans. Il remplissait ses devoirs militaires avec une scrupuleuse ponctualité, et ses camarades pouvaient croire que sa profession l'absorbait tout entier. Ils se trompaient. Laguerre poursuivait silencieusement les études qu'il avait si brillamment commencées et accumulait d'importants matériaux.

Quand il revint à Paris, en 1864, pour remplir les fonctions de répétiteur à l'École Polytechnique, il lui eût été facile, en dévoilant les secrets qu'il devait à dix ans de travail, de publier un important volume de Géométrie qui l'eût immédiatement classé hors de pair. Il n'en fit rien. Les idées générales n'avaient de prix, à ses yeux, que par les applications particulières où elles pouvaient conduire. Il ne communiqua donc ses résultats qu'un à un, avec sobriété, presque avec avarice.

Difficile à satisfaire, il ne voulait rien livrer que de parfait. Ce n'est qu'en 1870 qu'il fit, à la salle Gerson, un Cours public, où il exposa ses vues d'ensemble sur l'emploi des imaginaires en Géométrie et dont les premières Leçons furent seules publiées.

Aucune des ressources nouvelles de la Géométrie supérieure ne lui fut étrangère; il en créa quelques-unes; il les mania toutes avec habileté et bonheur. Les résultats sont trop nombreux pour que je puisse songer à les analyser ou même à les énumérer tous. Sur cent quarante Mémoires qu'il nous a laissés, plus de la moitié sont des travaux de Géométrie et marquent la place qu'a tenue Laguerre dans ce mouvement dont j'ai parlé plus haut et d'où est sortie la Géométrie moderne.

Il s'occupa d'abord de représenter d'une façon concrète les points imaginaires du plan et de l'espace; c'est ainsi, en particulier, qu'il fut amené à comprendre le premier le rôle important que joue l'aire du triangle sphérique dans la Géométrie de la sphère, et à étendre la théorie des foyers à toutes les courbes algébriques planes et sphériques.

L'étude des courbes et des surfaces algébriques se rattache directement à la théorie des formes homogènes et de leurs invariants; tout théorème sur ces formes est susceptible, en effet, d'autant d'interprétations géométriques qu'on peut imaginer de systèmes nouveaux de coordonnées. Laguerre a créé deux de ces systèmes : le premier est applicable aux courbes tracées sur les surfaces du second ordre; le deuxième est ce qu'il a appelé l'*équation mixte* et met en évidence les tangentes qu'on peut mener à la courbe d'un point extérieur. Sa connaissance approfondie de la théorie des formes, alors naissante, lui permit de tirer de ces deux inventions tout le parti possible. Parmi ces résultats, je citerai seulement l'étude qu'il fit d'une surface du troisième ordre, réciproque de celle de Steiner.

Les courbes et les surfaces anallagmatiques attiraient à cette époque l'attention des géomètres les plus éminents; plusieurs de leurs propriétés les plus importantes ont été découvertes par Laguerre. Il étudiait en même temps toutes les courbes du quatrième ordre, et en particulier l'hypocycloïde à trois rebroussements, la cardioïde, la lemniscate, les cassiniennes planes et sphériques, les biquadratiques gauches; ses résultats élégants, qu'il établissait toujours par une démonstration simple et ingénieuse, font nettement ressortir les rapports qui lient entre elles ces questions différentes.

A côté de la Géométrie algébrique se développe la Géométrie infinitésimale, à laquelle se rattache l'étude de la courbure des lignes et des surfaces. Cette branche de la Science doit aussi beaucoup à Laguerre. Il y a appliqué tantôt les ressources du Calcul différentiel, tantôt celles des méthodes algébriques qu'il avait créées. Je citerai seulement ses recherches sur les lignes géodésiques et sur la courbure des surfaces anallagmatiques.

Le célèbre théorème de Poncelet est une interprétation géométrique lumineuse de l'addition des arguments elliptiques. Laguerre l'éclaircit encore, en approfondit les cas particuliers, le rattache aux découvertes de Jacobi, enfin le généralise et l'étend aux fonctions hyperelliptiques. Le théorème d'addition de ces fonctions, si compliqué sous sa forme algébrique, est remarquablement simple et élégant sous son nouveau vêtement géométrique.

Je ne puis que signaler en passant une ingénieuse extension du théorème de Joachimstahl aux surfaces du second ordre, et j'ai hâte d'arriver à un Mémoire trop peu connu et dont la portée philosophique est très grande. Ce Mémoire, qui a pour titre : « Sur les systèmes linéaires », a été publié en 1867 dans le *Journal de l'École Polytechnique.*

Les substitutions linéaires ont acquis dans l'Analyse une telle importance qu'il nous semble aujourd'hui difficile de traiter une seule question sans qu'elles s'y introduisent.

Laguerre devinait déjà, sans doute, l'avenir réservé à cette théorie et il en développait en quelques pages tous les points essentiels.

Mais il ne se bornait pas là. Depuis le commencement du siècle, de grands efforts ont été faits pour généraliser le concept de grandeur; des quantités réelles, on s'est élevé aux quantités imaginaires, aux nombres complexes, aux idéaux, aux quaternions, aux imaginaires de Gallois. Le domaine de l'Analyse s'agrandissait ainsi sans cesse et de tous côtés; Laguerre s'élève à un point de vue d'où l'on peut embrasser d'un coup d'œil tous ces horizons. Toutes ces notions nouvelles, et en particulier les quaternions, sont ramenées aux substitutions linéaires. Pour faire comprendre la portée de cette vue ingénieuse, qu'il me suffise de rappeler les beaux travaux de M. Sylvester sur ce sujet.

Laguerre applique ces principes à la théorie des formes quadratiques et à celle des fonctions abéliennes, et il retrouve et complète sur divers points les résultats de M. Hermite. Sans doute, il n'y a dans tout cela qu'une notation nouvelle; mais qu'on ne s'y trompe pas : dans les Sciences mathématiques, une bonne notation a la même importance philosophique qu'une bonne classification dans les Sciences naturelles. Le Mémoire que je cite en est d'ailleurs la meilleure preuve. Laguerre touche à toutes les branches de l'Analyse et force, pour ainsi dire, une multitude de faits sans aucun lien apparent à se grouper suivant leurs affinités naturelles.

Depuis 1874, Laguerre faisait partie du Jury d'admission à l'École Polytechnique. Ces délicates fonctions ne pouvaient être confiées à un examinateur plus compétent et plus scrupuleux. Ces juges si redoutés sont jugés à leur tour, et quelquefois sévèrement, par les candidats malheureux ou par leurs professeurs. Jamais un condamné n'a protesté contre un arrêt de Laguerre. Il savait mieux que personne distinguer le vrai savoir, quelquefois moins brillant, de cette érudition superficielle due à une préparation habile. Aussi quelle souffrance pour lui quand un candidat, dont il avait dès l'abord deviné le mérite, se troublait dans la suite de l'examen et restait au-dessous de lui-même.

C'est à ce moment de sa vie que j'ai commencé à le connaître et que j'ai pu apprécier, non seulement son rare talent de géomètre, mais sa conscience, sa droiture et sa grande élévation morale. Je me rappellerai toujours avec reconnaissance la complaisance avec laquelle il mettait au service des débutants toutes les ressources d'une érudition vaste et sûre.

Ses nouvelles fonctions ne détournèrent pas Laguerre de ses recherches géométriques ; c'est à cette époque qu'il créa la Géométrie de direction. Il est peu d'exemples qui fassent mieux voir combien l'idée la plus simple peut devenir féconde quand un esprit ingénieux et profond s'en empare. On peut regarder une droite ou un cercle comme la trajectoire d'un point mobile ; mais ce point peut parcourir sa trajectoire dans deux sens opposés : c'est ce qui conduit à considérer une droite comme formée de deux semi-droites et un cercle comme formé de deux cycles. De ce point de vue, les autres courbes se répartissent en deux classes : les courbes de direction qui sont susceptibles de se décomposer analytiquement, comme la droite, en deux trajectoires parcourues en sens contraire, et celles pour lesquelles une semblable décomposition est impossible.

Le parti que Laguerre a su tirer de cette distinction montre qu'elle n'est nullement arbitraire. Elle l'a conduit en particulier à une transformation géométrique nouvelle qui promet de n'être pas moins utile que les transformations déjà connues.

Pour résoudre un problème nouveau, nous cherchons toujours à le simplifier par une série de transformations; mais cette simplification a un terme, car il y a dans tout problème quelque chose d'essentiel, pour ainsi dire, que toute transformation est impuissante à modifier. De là l'importance de la notion générale d'invariant que l'on doit rencontrer dans toute question de Mathématiques; elle devait s'introduire nécessairement dans la théorie des équations différentielles linéaires et fournir le moyen d'amener ces équations, par des opérations convenables, au plus haut degré possible de simplicité.

Cette idée est due aussi à Laguerre, et M. Halphen a montré combien elle était féconde en développant à ce point de vue nouveau sa théorie des invariants différentiels.

J'arrive à la partie la plus remarquable de l'œuvre de Laguerre, je veux parler de ses travaux sur les équations algébriques. Le théorème de Sturm permettait déjà une discussion complète; la méthode de Newton donnait une approximation rapide et indéfinie. La question semblait donc épuisée. Mais ce n'était pas la première fois que Laguerre, abordant un champ où les esprits superficiels ne croyaient plus avoir rien à glaner, en rapportait une moisson nouvelle.

La méthode de Sturm, il faut bien le reconnaître, a été plus admirée qu'appliquée. Pour obtenir le nombre des racines réelles d'une équation, on préfère généralement employer des moyens détournés propres à chaque cas particulier; on ne pouvait donc trouver de nouveau qu'en dehors du cas général.

La démonstration classique de la règle des signes de Descartes est d'une grande simplicité; Laguerre en a trouvé une plus simple encore. Ce n'eût été là qu'un avantage secondaire, mais la démonstration nouvelle s'applique non seulement aux polynômes entiers, mais encore aux séries infinies. Ainsi transformé, le théorème de Descartes devient un instrument d'une flexibilité merveilleuse; manié par Laguerre, il le conduit à des règles élégantes, bien plus simples que celles de Sturm et s'appliquant à des classes très étendues d'équations. Une d'elles, qui, à vrai dire, est aussi compliquée que celle de Sturm, a le même degré de généralité. Laguerre ne s'y arrête pas d'ailleurs, attiré plutôt vers les cas particuliers simples par son instinct scientifique.

La méthode de Newton consiste à remplacer l'équation à résoudre par une équation du premier degré qui en diffère très peu; Laguerre la remplace par une équation du deuxième degré qui en diffère moins encore. L'approximation est plus rapide; de plus, la méthode n'est jamais en défaut, au moins quand toutes les racines sont réelles. Le procédé nouveau est surtout avantageux quand le premier membre de l'équation est un de ces polynômes qui satisfont à une équation différentielle linéaire et dont le rôle analytique est si important. Je ne puis non plus passer sous silence une méthode ingénieuse pour séparer et calculer les racines imaginaires, mais dont Laguerre n'a pas eu le temps de tirer toutes les conséquences.

Quelles sont, parmi ces propriétés, celles qui s'étendent aux équations transcendantes? Laguerre s'en préoccupe et est ainsi amené à approfondir la classification en genres des transcendantes entières; personne ne s'est avancé aussi loin que lui dans cette théorie, l'une des plus difficiles de l'Analyse.

L'étude des fractions continues algébriques nous permettra sans doute un jour de représenter les fonctions par des développements beaucoup plus convergents que les séries de puissances; mais peu de géomètres ont osé s'aventurer dans ce domaine inconnu qui nous réserve bien des surprises; Laguerre y fut conduit par ses recherches sur les polynômes qui satisfont à une équation différentielle linéaire. De tous les résultats qu'il obtint, je n'en veux citer qu'un, parce que c'est le plus surprenant et le plus suggestif. D'une série divergente, on peut déduire une fraction continue convergente : c'est là un nouveau mode d'emploi légitime des séries divergentes qui est sans doute destiné à un grand avenir.

Tel est ce vaste ensemble de travaux algébriques et analytiques où Laguerre a su, chose rare, s'élever aux aperçus généraux sans jamais perdre de vue les applications particulières et même numériques.

Je m'arrête dans cette longue énumération de découvertes; je n'ai pu être court, et je n'ai pas même l'excuse d'avoir été complet, puisque je n'ai signalé ni les applications de la méthode de Monge ni celles du principe du dernier multiplicateur; mais la prodigieuse fécondité de Laguerre rendait ma tâche difficile.

S'il était vrai qu'on ne pût rencontrer la gloire sans la chercher, Laguerre serait resté toujours ignoré; mais, heureusement, ses beaux travaux lui avaient attiré l'estime et bientôt l'admiration des juges les plus compétents, et il ne devait pas attendre en vain qu'on lui rendît justice. L'Institut lui ouvrit ses portes le 11 mai 1883; peu de temps après, M. Bertrand lui confiait la suppléance de la chaire de Physique mathématique au Collège de France.

Il est triste de penser que Laguerre ne put jouir que pendant peu de temps de cette double et légitime récompense. Il eut encore le temps, cependant, dans les quelques Leçons qu'il fit au Collège de France, d'exposer sous un jour tout nouveau cette belle théorie de l'attraction des ellipsoïdes, qu'il avait complétée par ses travaux personnels. Il siégea à peine à l'Académie des Sciences. Les examens d'entrée à l'École Polytechnique l'en éloignèrent d'abord, puis la maladie l'obligea à quitter toutes ses occupations.

Sa santé, qui avait toujours été délicate, usée par un travail incessant et opiniâtre, était irrémédiablement perdue. Malgré les soins pieux dont Laguerre était entouré, le mal fit pendant six mois de continuels progrès. Il mourut, le 14 août 1886, dans sa ville natale, à Bar-le-Duc.

Il sera regretté non seulement de ses amis, mais de tous les hommes qui s'intéressent à la Science et qui savent combien de secrets il a emportés dans la tombe.

H. Poincaré.

ALGÈBRE.

SUR LA

THÉORIE DES ÉQUATIONS NUMÉRIQUES.

Journal de Mathématiques pures et appliquées, 3e série, t. IX ; 1883.

I. — Règle des signes de Descartes.

1. La règle des signes de Descartes consiste dans les deux propositions suivantes :

$F(x)$ *désignant un polynôme ordonné suivant les puissances de* x, *le nombre des racines positives de l'équation* $F(x) = 0$ *est au plus égal au nombre des variations du polynôme* $F(x)$.

Si le nombre des racines positives est inférieur au nombre des variations du polynôme, la différence est un nombre pair.

Pour établir la première proposition, je démontrerai que, si elle est vraie quand le polynôme qui forme le premier membre de l'équation présente $(m-1)$ variations, elle est également vraie quand ce polynôme présente m variations. La proposition sera, par suite, établie dans toute sa généralité, puisqu'elle a lieu évidemment dans le cas où tous les termes du polynôme sont de même signe.

Soit donc

$$F(x) = Ax^p + \ldots + Mx^r + Nx^s + \ldots + Rx^u$$

un polynôme ordonné suivant les puissances croissantes ou décroissantes de x et présentant m variations. L'équation

$$F(x)x^{-\alpha} = 0,$$

où α désigne un nombre réel arbitraire, a les mêmes racines positives que l'équation

$$F(x) = 0, \tag{1}$$

et la fonction qui constitue son premier membre demeure finie et continue, quand x croît indéfiniment à partir d'un nombre positif ε aussi petit qu'on le veut. On peut donc appliquer le théorème de Rolle entre les limites o et $+\infty$, et l'on voit que le nombre des racines de l'équation (1) est au plus supérieur d'une unité au nombre des racines de l'équation $x^{-(\alpha+1)}[x\,F'(x)-\alpha\,F(x)]=0$, ou encore de l'équation

$$(2) \qquad x\,F'(x)-\alpha\,F(x)=0.$$

Les coefficients de cette équation sont respectivement

$$A(p-\alpha), \quad \ldots, \quad M(r-\alpha), \quad N(s-\alpha), \quad \ldots, \quad R(u-\alpha).$$

Le polynôme $F(x)$ présentant m variations, supposons que M et N soient de signes contraires, et choisissons le nombre arbitraire α de telle sorte qu'il se trouve compris entre les nombres r et s [1]; on voit que, dans la suite précédente, les coefficients numériques des quantités A, ..., M et ceux des quantités N, ..., R sont de signes contraires.

Le premier membre de l'équation (2) présente donc autant de variations que la suite

$$A, \quad \ldots, \quad M, \quad -N, \quad \ldots, \quad -R,$$

c'est-à-dire $(m-1)$ variations; il en résulte que cette équation a au plus $(m-1)$ racines positives et l'équation (1) au plus m racines positives. La proposition I est donc complètement établie.

Pour démontrer la proposition II, il suffit, comme on sait, de remarquer que le nombre des racines positives de l'équation (1) et le nombre des variations du polynôme $F(x)$ sont toujours de même parité.

2. La démonstration précédente ne suppose en aucune façon que les exposants $p, \ldots, r, s, \ldots, u$ soient des nombres entiers; ils peuvent être fractionnaires ou même incommensurables.

---

(1) On pourrait prendre plus simplement α égal à r ou à s; mais, dans quelques applications des considérations précédentes, il est utile de pouvoir, entre certaines limites, disposer de la valeur de α.

Ainsi l'équation

$$x^3 - x^2 + x^{\frac{1}{3}} + x^{\frac{1}{7}} - 1 = 0,$$

présentant trois variations, a au plus trois racines positives; il est clair, du reste, qu'elle ne peut avoir de racine négative.

On peut supposer également que $F(x)$ soit une série ordonnée suivant les puissances croissantes de x. Si elle est convergente pour toutes les valeurs positives de x plus petites qu'un nombre donné a, en cessant d'être convergente pour $x = a$, il résulte de la démonstration précédente que *le nombre des valeurs positives de x, pour lesquelles la série* $F(x)$ *est convergente et a pour valeur zéro, est au plus égal au nombre des variations de la série.*

De plus, *si le nombre des valeurs de x qui jouissent de cette propriété est inférieur au nombre des variations de la série, la différence est un nombre pair.*

En effet, le nombre des variations des termes de la série étant supposé fini (ce qu'il faut nécessairement supposer pour pouvoir appliquer le théorème précédent), $F(x)$ est égal à un polynôme $\Phi(x)$ suivi d'un nombre indéfini de termes ayant tous le signe du dernier terme de $\Phi(x)$. Pour $x = 0$, la série a le signe du premier terme de $\Phi(x)$. Quand x tend vers la valeur de a, $\Phi(x)$ tend vers une valeur finie; les termes complémentaires, qui sont en nombre infini, ont tous le signe du dernier terme de $\Phi(x)$, et leur valeur absolue va en croissant indéfiniment, puisque la série est divergente pour $x = a$.

Donc, quand x s'approche indéfiniment de a, la série de $\Phi(x)$ croît indéfiniment en valeur absolue en gardant le signe du dernier terme $\Phi(x)$; le nombre des variations de la série et le nombre des racines considérées sont par suite de même parité, d'où résulte immédiatement la proposition susénoncée.

Des considérations toutes semblables s'appliquent au cas où $F(x)$ est une série ordonnée suivant les puissances décroissantes de x, et encore à celui où $F(x)$ est une série procédant à la fois suivant les puissances croissantes et suivant les puissances décroissantes de la variable.

3. Soit

$$(3) \qquad f(x) = A_0 x^m + A_1 x^{m-1} + A_2 x^{m-2} + \ldots + A_{m-1} x + A_m$$

un polynôme entier du degré m; je considérerai la suite des polynômes

$$\begin{aligned} f_m(x) &= A_0, \\ f_{m-1}(x) &= A_0 x + A_1, \\ f_{m-2}(x) &= A_0 x^2 + A_1 x + A_2, \\ &\ldots\ldots\ldots\ldots\ldots\ldots\ldots\ldots, \\ f_1(x) &= A_0 x^{m-1} + A_1 x^{m+2} + \ldots + A_{m-1} \\ f(x) &= A_0 x^m + A_1 x^{m-1} + \ldots + A_{m-1} x + A_m, \end{aligned}$$

dont le dernier est précisément le polynôme donné.

Les valeurs que prennent ces polynômes, pour une valeur donnée de la variable égale à a, se calculent facilement par voie récurrente; on a, en effet, la relation bien connue

$$f_i(a) = a f_{i+1}(a) + A_{m-i},$$

et les quantités $f_m(a), f_{m-1}(a), \ldots, f_1(a), f(a)$ se rencontrent d'elles-mêmes quand on veut obtenir le résultat de la substitution de a dans $f(x)$.

Cela posé, on peut énoncer la proposition suivante :

Si a est un nombre positif, le nombre des variations des termes de la suite

$$f_m(a), \quad f_{m+1}(a), \quad f_{m-2}(a), \quad \ldots, \quad f_1(a), \quad f(a)$$

est au moins égal au nombre des racines de l'équation $f(x) = 0$ qui sont supérieurs à a, et, s'il est plus grand, la différence de ces deux nombres est un nombre pair.

Pour la démontrer, je considère l'identité

$$\frac{f(x)}{x-a} = f_m(a) x^{m-1} + f_{m-1}(a) x^{m-2} + \ldots + f_1(a) + \frac{f(a)}{x-a};$$

pour des valeurs de x supérieures à a, le second membre est développable en une série convergente procédant suivant les puissances décroissantes de x, et l'on a

$$\begin{aligned} \frac{f(x)}{x-a} = f_m(a) x^{m-1} + f_{m-1}(a) x^{m-2} + \ldots \\ + f_1(a) + \frac{f(a)}{x} + \frac{a f(a)}{x^2} + \frac{a^2 f(a)}{x^3} + \ldots. \end{aligned}$$

Le nombre des valeurs de x, pour lesquelles la série est convergente et a pour valeur zéro, est précisément le nombre des racines de l'équation $f(x) = 0$ qui sont plus grandes que a; ce nombre, en vertu de la proposition fondamentale que j'ai démontrée plus haut, est au plus égal au nombre des variations du second membre, lequel se réduit évidemment au nombre des variations des termes de la suite

$$f_m(a), \quad f_{m-1}(a), \quad f_{m-2}(a), \quad \ldots, \quad f_1(a), \quad f(a),$$

d'où résulte le théorème énoncé précédemment.

Comme application, je considérerai l'équation

$$f(x) = x^5 - 3x^3 + x^2 - 8x - 10 = 0.$$

Elle n'a pas de racines négatives; en calculant successivement le résultat de la substitution dans le premier membre des nombres 1, 2 et 3, on forme le Tableau suivant :

x.	$f_5(x)$.	$f_3(x)$.	$f_2(x)$.	$f_1(x)$.	$f(x)$.
+1	+1	−2	−1	−9	−19
+2	+1	+1	+3	−2	−14
+3	+1	+6	+19	+49	+137

Tous les nombre relatifs à $+3$ étant positifs, on en conclut d'abord qu'il n'y a aucune racine de l'équation qui soit supérieure à $+3$; de plus, les nombres relatifs à $+2$ présentant une seule variation, on est certain qu'il y a une racine comprise entre $+2$ et $+3$ et qu'il n'y en a qu'une. D'ailleurs, les nombres relatifs à $+1$ ne présentant non plus qu'une variation, on en conclut qu'il n'y a qu'une racine supérieure à $+1$: c'est précisément celle que nous avons séparée; si enfin on considère la transformation en $\frac{1}{x}$,

$$10x^5 + 8x^4 - x^3 + 3x^2 - 1 = 0,$$

la substitution de $+1$ donne la suite de nombres $+10$, $+18$, $+17$, $+20$, $+19$, qui ne présente aucune variation. L'équation n'a donc aucune racine inférieure à $+1$ et, par suite, a une seule racine positive comprise entre $+2$ et $+3$.

4. La proposition précédente peut encore s'énoncer d'une autre facon.

Le nombre a étant positif, il est clair que les quantités

$$A_0 a^m,\quad A_0 a^m + A_1 a^{m-1},\quad A_0 a^m + A_1 a^{m-1} + A_2 a^{m-2},\quad \ldots$$

ont respectivement les mêmes signes que les quantités $f_m(a)$, $f_{m-1}(a)$, $f_{m-2}(a)$, ...; nous pouvons donc dire que le nombre des racines de l'équation $f(x) = 0$ est au plus égal au nombre des variations des termes de la suite

$$A_0 a^m,\quad A_0 a^m + A_1 a^{m-1},\quad \ldots,\quad A_0 a^m + A_1 a^{m-1} + \ldots + A_{m-1} a + A_m.$$

En général, $P + Q + R + S + \ldots$ désignant une suite quelconque de termes, j'appellerai nombre des *alternances* de cette suite le nombre des variations de la suite

$$P,\quad P+Q,\quad P+Q+R,\quad P+Q+R+S,\quad \ldots.$$

Cette définition étant posée, le théorème précédent peut s'énoncer de la façon suivante :

Soit le polynôme

$$F(x) = Ax^\alpha + Bx^\beta + Cx^\gamma + \ldots + Lx^\lambda,$$

où le second membre est ordonné suivant les puissances décroissantes de x, le nombre des racines de l'équation $F(x) = 0$, *qui sont supérieures au nombre positif a, est au plus égal au nombre des alternances de la suite*

$$Aa^\alpha + Ba^\beta + Ca^\gamma + \ldots + La^\lambda,$$

et si ces deux nombres diffèrent, leur différence est un nombre pair.

La démonstration que j'ai donnée de ce théorème suppose évidemment que les nombres α, β, γ, ... sont entiers et positifs, mais il est facile de voir que cette restriction est inutile.

En premier lieu, si quelques-uns étaient négatifs, en multipliant $F(x)$ par une puissance de x convenablement choisie (ce qui n'altère pas le nombre des racines positives de l'équation), on pourrait rendre tous ces exposants positifs.

En second lieu, si quelques-uns des nombres α, β, γ, ... étaient fractionnaires, on pourrait les rendre entiers en changeant x en

x^{ω}, ω étant le plus petit commun multiple des dénominateurs des nombres α, β, γ, ... La proposition a donc lieu, même quand les exposants sont négatifs ou fractionnaires, et, par un raisonnement connu, on en déduit qu'elle subsiste encore lorsque les exposants sont incommensurables.

Rien n'empêche même de supposer que le nombre des termes de la fonction $F(x)$ soit illimité, pourvu que la série composée de ses termes soit convergente pour $x = a$.

6. On peut chercher une limite du nombre des racines positives d'une équation $f(x) = 0$ qui sont inférieures à un nombre positif a, en considérant l'expression $\frac{f(x)}{a-x}$ qui, pour toutes les valeurs de x comprises entre zéro et a, est développable en une série procédant suivant les puissances croissantes de la variable. La marche à suivre est exactement celle que j'ai suivie précédemment et, sans m'arrêter aux détails de la démonstration, j'énoncerai de suite la proposition fondamentale suivante :

Étant donné le polynôme

$$F(x) = Ax^{\alpha} + Bx^{\beta} + Cx^{\gamma} + \ldots + Lx^{\lambda},$$

où le second membre est ordonné suivant les puissances croissantes de x et où d'ailleurs les exposants sont des quantités réelles quelconques, positives ou négatives, commensurables ou incommensurables, le nombre des racines positives de l'équation $F(x) = 0$ *qui sont inférieures à un nombre positif donné a est au plus égal au nombre des alternances de la suite*

$$Aa^{\alpha} + Ba^{\beta} + Ca^{\gamma} + \ldots + La^{\lambda},$$

et, si ces deux nombres diffèrent, leur différence est un nombre pair [1].

---

[1] Le cas où $F(x)$ est ordonné suivant les puissances décroissantes de x donne également lieu à la proposition suivante :

Le nombre des racines positives de l'équation $F(x) = 0$ *qui sont supérieures à l'unité est au plus égal au nombre des alternances de la suite*

$$A + B + C + \ldots + L,$$

et, si ces deux nombres diffèrent, leur différence est un nombre pair.

Cette proposition subsiste quand le nombre des termes de $F(x)$ est illimité, pourvu que la série composée de ces termes soit convergente pour $x = a$; le nombre de ces variations sera du reste évidemment fini, si la série tend, pour $x = a$, vers une limite différente de zéro.

Je mentionnerai, comme cas particulier et à cause de son importance dans les applications, le corollaire suivant :

Le nombre des racines de l'équation $F(x) = 0$ *qui sont comprises entre* 0 *et* $+1$ *est au plus égal au nombre des alternances de la suite*

$$A + B + C + \ldots + L,$$

et, si ces deux nombres diffèrent, leur différence est un nombre pair.

6. Soit $f(x)$ un polynôme entier et posons

$$F(x) = f(a + x) = f(a) + x f'(a) + \frac{x^2}{1.2} f''(a) + \ldots,$$

h désignant un nombre positif, il résulte de ce qui précède que le nombre des racines de l'équation $F(x) = 0$ qui sont comprises entre 0 et h, ou, en d'autres termes, le nombre des racines de l'équation $f(x) = 0$ qui sont comprises entre a et $a + h$, est au plus égal au nombre des alternances de l'expression

$$f(a) + hf'(a) + \frac{h^2}{1.2} f''(a) + \ldots.$$

En posant

$$F(x) = f(a - x) = f(a) - x f'(a) + \frac{x^2}{1.2} f''(a) + \ldots,$$

on verrait de même que, h étant une quantité positive, le nombre des racines de l'équation $f(x) = 0$, qui sont comprises entre a et $a - h$, est au plus égal au nombre des alternances de la suite

$$f(a) - h f'(a) + \frac{h^2}{1.2} f''(a) + \ldots.$$

On peut donc énoncer cette proposition :

$f(x)$ étant un polynôme entier, a et h deux nombres quelconques positifs ou négatifs, le nombre des racines de l'équa-

tion $f(x)=0$ *qui sont comprises entre* a *et* $a+h$ *est au plus égal au nombre des alternances de la suite*

$$f(a)+hf'(a)+\frac{h^2}{1.2}f''(a)+\ldots,$$

et, si ces deux nombres diffèrent, leur différence est un nombre pair.

Remarque. — Considérons les diverses quantités

$$f(a),\quad f(a)+hf'(a),\quad f(a)+hf'(a)+\frac{h^2}{1.2}f''(a),\quad \ldots,$$

dont la dernière est précisément $f(a+h)$, et soient respectivement P et Q la plus petite et la plus grande d'entre elles ; toutes les expressions

$$f(a)-P,\quad f(a)-P+hf'(a),\quad f(a)-P+hf'(a)+\frac{h^2}{1.2}f''(a),\quad \ldots$$

seront positives ; il en résulte, si l'on pose $f(x)-P=\varphi(x)$, que la suite

$$\varphi(a)+h\varphi'(a)+\frac{h^2}{1.2}\varphi''(a)+\ldots$$

ne présente pas d'alternance. L'équation $f(x)-P=0$ n'a donc aucune racine comprise entre a et $a+h$; on prouverait également qu'il en est de même de l'équation $f(x)-Q=0$; d'où cette conclusion importante :

Lorsque x *varie depuis* $x=a$ *jusqu'à* $x=a+h$, *la valeur du polynôme* $f(x)$ *demeure constamment comprise entre les nombres* P *et* Q.

7. Le théorème précédent n'est qu'un cas particulier d'une proposition plus générale, qu'il est facile d'établir directement et que l'on peut énoncer de la façon suivante :

$f(x)$ *désignant un polynôme entier du degré* n, *soient* ω *un nombre arbitraire,* a *et* b *deux nombres quelconques ne com-*

prenant pas entre eux le nombre ω; *cela posé, si l'on désigne par* V *le nombre des alternances que présente la suite*

$$(1)\quad f(x)+(\omega-x)f'(x)+\frac{(\omega-x)^2}{1.2}f''(x)+\ldots+\frac{(\omega-x)^n}{1.2\ldots n}f^n(x),$$

quand on y remplace x *par* a, *et par* V' *le nombre des alternances de cette suite quand on y remplace* x *par* b, *le nombre des racines de l'équation* $f(x)=0$ *comprises entre* a *et* b *est au plus égal à la valeur absolue de la différence* $V-V'$. *Si les nombres* a *et* b *comprennent* ω, *le nombre des racines comprises entre* a *et* b *est au plus égal à la somme* $V+V'$; *dans les deux cas, la différence des deux nombres, si elle existe, est un nombre pair.*

Pour établir cette proposition, je remarquerai qu'en posant, pour abréger,

$$U=f(x),$$
$$U_1=f(x)+(\omega-x)f'(x),$$
$$\ldots\ldots\ldots\ldots,$$
$$U_i=f(x)+(\omega-x)f'(x)+\frac{(\omega-x)^2}{1.2}f''(x)+\ldots+\frac{(\omega-x)^i}{1.2.i}f^i(x),$$
$$\ldots\ldots\ldots\ldots\ldots\ldots\ldots\ldots$$
$$U_n=f(\omega),$$

le nombre des alternances de la suite (1), pour une valeur donnée de x, est le nombre des variations des termes de la suite U_0, U_1, ..., U_{i-1}, U_i, U_{i+1}, ..., U_n, dont la dernière est la constante $f(\omega)$. En supposant, pour fixer les idées, $a<b<\omega$, examinons comment peut se modifier ce nombre de variations, quand x croît d'une façon continue depuis $x=a$ jusqu'à $x=b$.

Soit une fonction intermédiaire U_i, qui s'annule pour une valeur α de x comprise entre a et b; le nombre des variations de la suite ne peut changer si U_{i-1} et U_{i+1} sont de signes contraires.

Or on a évidemment

$$U_{i+1}(\alpha)=\frac{(\omega-\alpha)^{i+1}}{1.2\ldots(i+1)}f^{i+1}(\alpha),$$

quantité qui a le même signe que $f^{i+1}(\alpha)$. Un calcul facile donne d'ailleurs

$$U'_i(x)=\frac{(\omega-x)^i}{1.2\ldots i}f^{i+1}(x),$$

d'où l'on voit que $U'_i(\alpha)$ et $U_{i+1}(\alpha)$ sont de même signe. Si donc $U_{i-1}(\alpha)$ et $U_{i+1}(\alpha)$ sont positifs, $U'_i(\alpha)$ est également positif et $U_i(x)$, étant croissant pour $x = \alpha$, passe du négatif au positif, ce qui fait perdre deux variations à la suite considérée. Si, au contraire, $U_{i-1}(\alpha)$ et $U_{i+1}(\alpha)$ sont négatifs, $U_i(x)$ passe du positif au négatif, ce qui fait perdre également deux variations. Il ne peut donc y avoir que des variations perdues, et en nombre pair, si l'une des fonctions intermédiaires s'annule quand x varie depuis $x = a$ jusqu'à $x = b$.

Quand la fonction $U_0 = f(x)$ s'annule, on voit qu'il y a toujours une variation perdue; la proposition est donc démontrée dans le cas où a et b sont tous deux inférieurs à ω, et une démonstration entièrement semblable à la précédente s'établira facilement dans les autres cas.

Remarque I. — Si le nombre arbitraire ω est supposé infiniment grand et positif, les fonctions U_0, U_1, U_2, ... ont respectivement les mêmes signes que les fonctions $f(x)$, $f'(x)$, $f''(x)$, ..., et l'on retrouve ainsi le théorème de Budan.

Remarque II. — Le nombre ω étant une limite supérieure des racines de l'équation, la proposition précédente donne le nombre exact des racines de l'équation lorsque toutes les racines sont réelles et que les nombres a et b sont inférieurs à ω. La même chose a lieu, toutes les racines de l'équation étant réelles, lorsque ω est une limite inférieure des racines et que a et b sont supérieurs à ω.

8. La méthode que j'ai employée ci-dessus, pour obtenir une limite du nombre des racines de l'équation $f(x) = 0$, qui sont supérieures à un nombre positif a, repose sur la remarque suivante, à savoir que l'équation $\dfrac{f(x)}{x-a} = 0$ a ces mêmes racines et que le développement de $\dfrac{f(x)}{x-a}$ suivant les puissances décroissantes de x est convergent pour toutes les valeurs de x supérieures à a.

Il est clair que j'aurais pu faire également usage du développement de l'expression $\dfrac{f(x)}{(x-a)^p}$, où p désigne un nombre entier arbitraire, et il est même facile de prouver que l'on obtiendrait ainsi, en général, une limite plus approchée. En désignant, en effet, par $\Phi(x)$ une série procédant suivant les puissances entières (croissantes ou décroissantes) de x, on démontrera aisément que, α désignant un nombre positif quelconque, l'expression $\Phi(x)(x-\alpha)$ (laquelle est généralement une série, mais qui peut accidentellement se réduire à un polynôme entier) présente au moins autant de variations que la série $\Phi(x)$; la démonstration est entièrement semblable à celle du lemme de Segner, sur lequel repose la démonstration que ce géomètre a donnée de la règle des signes de Descartes.

Il en résulte réciproquement que, $F(x)$ désignant un polynôme entier ou une série procédant suivant les puissances entières (croissantes ou décroissantes de x) et α désignant une quantité quelconque positive, le développement de l'expression $\frac{F(x)}{x-\alpha}$ présente, au plus, autant de variations que le développement de $F(x)$; on peut ajouter que, si les nombres de ces variations sont différents, leur différence est un nombre pair.

La même chose a évidemment lieu si l'on considère l'expression plus générale $\frac{F(x)}{\varphi(x)}$, où $\varphi(x)$ est un polynôme quelconque décomposable en facteurs de la forme $x-\alpha$, α étant réel et positif.

Ayant fait cette remarque importante, je considère l'expression $\frac{f(x)}{(x-a)^p}$, où $f(x)$ désigne un polynôme entier, a un nombre positif et p un nombre entier arbitraire.

Soient n le nombre des racines de l'équation $f(x)=0$, qui sont supérieures à a, et V le nombre des variations que présente le développement de l'expression précédente, suivant les puissances décroissantes de x; il résulte, des propositions énoncées ci-dessus, que n est au plus égal à V (leur différence, s'il y en a une, étant d'ailleurs un nombre pair); le nombre V ne peut que diminuer quand le nombre entier p augmente : il ne peut pas d'ailleurs diminuer au-dessous d'une certaine limite, puisqu'il doit être toujours supérieur à n.

Le point essentiel dans cette méthode, pour en déduire le nombre n avec le plus d'approximation possible, serait de déterminer exactement cette limite du nombre V, lorsque p grandit indéfiniment; mais cette recherche paraît présenter de grandes difficultés.

Je ferai, de préférence, usage de la proposition suivante :

Si l'on met la fraction $\frac{f(x)}{(x-a)^p}$ *sous la forme suivante :*

$$Ax^\alpha + Bx^\beta + \ldots + Lx^\lambda + x^\lambda \left[\frac{\mathfrak{A}}{x-a} + \frac{\mathfrak{B}}{(x-a)^2} + \ldots + \frac{\mathfrak{L}}{(x-a)^p} \right],$$

où les exposants α, β, ..., λ *vont en décroissant* (λ *pouvant être négatif*), *ce qui d'ailleurs peut se faire d'une infinité de manières, le nombre des racines de l'équation* $f(x) = 0$ *qui sont supérieures au nombre positif* a *est au plus égal au nombre des variations des termes de la suite*

$$A, \quad B, \quad \ldots, \quad L; \quad \mathfrak{A}, \quad \mathfrak{B}, \quad \ldots, \quad \mathfrak{L},$$

et, si ces deux nombres diffèrent, leur différence est un nombre pair.

Soient, en effet, n le nombre des racines de l'équation proposée qui sont supérieures à a, et V le nombre de variations que présente le développement de $\frac{f(x)}{(x-a)^p}$ suivant les puissances décroissantes de x, on a, comme je l'ai démontré,

$$n = V.$$

Désignons maintenant par V_0 le nombre des variations de la suite

$$A, \quad B, \quad \ldots, \quad L, \quad \mathfrak{A}$$

et par V_1 le nombre des variations que présente le développement en série de l'expression

$$\text{(1)} \qquad \frac{\mathfrak{A}}{x-a} + \frac{\mathfrak{B}}{(x-a)^2} + \ldots + \frac{\mathfrak{L}}{(x-a)^p};$$

on aura évidemment

$$V = V_0 + V_1.$$

Il résulte de ce qui précède que V_1 est au plus égal au nombre des variations que présente le développement du produit par

$(x-a)$ de l'expression (1), c'est-à-dire au nombre des variations du développement de

$$\mathfrak{A}+\frac{\mathfrak{B}}{x-a}+\frac{\mathfrak{C}}{(x-a)^2}+\ldots+\frac{\mathfrak{L}}{(x-a)^{p-1}};$$

en désignant par $V(\mathfrak{A}, \mathfrak{B})$ le nombre des variations que présentent les deux quantités $\mathfrak{A}$ et $\mathfrak{B}$ (nombre qui est d'ailleurs zéro ou l'unité), par V_2 le nombre des variations que présente le développement de l'expression

$$\frac{\mathfrak{B}}{x-a}+\frac{\mathfrak{C}}{(x-a)^2}+\ldots+\frac{\mathfrak{L}}{(x-a)^{p-1}},$$

on aura donc

$$V_1 \overline{\overline{<}} V(\mathfrak{A}, \mathfrak{B})+V_2$$

et, de même,

$$V_2 \overline{\overline{<}} V(\mathfrak{B}, \mathfrak{C})+V_3,$$

V_3 désignant le nombre des variations que présente le développement de l'expression

$$\frac{\mathfrak{C}}{x-a}+\frac{\mathfrak{D}}{(x-a)^2}+\ldots+\frac{\mathfrak{L}}{(x-a)^{p-2}};$$

d'où l'on déduira sans peine

$$V_1 \overline{\overline{<}} V(\mathfrak{A}, \mathfrak{B})+V(\mathfrak{B}, \mathfrak{C})+\ldots+V(\mathfrak{K}, \mathfrak{L}),$$

et de là résulte immédiatement la proposition énoncée.

9. L'application du théorème précédent se fait de la façon la plus simple dans le cas où a est égal à l'unité, cas auquel se ramène aisément le cas général par un changement de variable, et en faisant usage d'un algorithme qui a déjà été employé par Horner et par Budan.

Cet algorithme consiste à former successivement, et par voie récurrente, les différents coefficients des développements de $\frac{f(x)}{x-1}$, $\frac{f(x)}{(x-1)^2}$, $\frac{f(x)}{(x-1)^3}$, ... suivant les puissances décroissantes de x.

Soit, pour fixer les idées,

$$f(x)=\alpha_0 x^5+\alpha_1 x^4+\alpha_2 x^3+\alpha_3 x^2+\alpha_4 x+\alpha_5;$$

on écrira d'abord (Tableau A) les coefficients de cette équation (les coefficients des puissances qui manquent étant remplacés par des zéros), en les faisant suivre d'une suite indéfinie de zéros.

Au-dessous, dans une première ligne horizontale, on écrira une suite de nombres a_0, a_1, a_2, ..., dont le premier est α_0, chacun des suivants étant formé en additionnant le terme précédent avec le terme de la suite précédente qui se trouve dans la même colonne verticale, en sorte que $a_1 = a_0 + \alpha_1$, $a_2 = a_1 + \alpha_2$, ...; on voit ainsi qu'à partir du terme a_4 les termes suivants a_5, a_6, a_7, ... sont tous égaux entre eux. Les nombres ainsi obtenus sont, comme il est facile de le voir, les coefficients du développement de $\frac{f(x)}{x-1}$ suivant les puissances décroissantes de x.

Au-dessous, dans une deuxième ligne horizontale, on écrira une suite de nombres b_0, b_1, b_2, ... déduits des nombres a_0, a_1, a_2, ... comme ceux-ci l'ont été de α_0, α_1, α_2, ..., en sorte que

$$b_0 = a_0, \qquad b_1 = b_0 + a_1, \qquad b_2 = b_1 + a_2, \qquad \ldots;$$

ces divers nombres sont les coefficients du développement de $\frac{f(x)}{(x-1)^2}$ suivant les puissances décroissantes de x.

En poursuivant et observant la même loi, on formera une suite de lignes horizontales

$$\begin{array}{cccccc} c_0 & c_1 & c_2 & c_3 & c_4 & \ldots, \\ d_0 & d_1 & d_2 & d_3 & d_4 & \ldots, \\ e_0 & e_1 & e_2 & e_3 & e_4 & \ldots, \\ .. & .. & .. & .. & .. & \ldots, \end{array}$$

dont les divers termes donneront les coefficients des développements $\frac{f(x)}{(x-1)^3}$, $\frac{f(x)}{(x-1)^4}$, $\frac{f(x)}{(x-1)^5}$, ..., suivant les puissances décroissantes de x.

Si, en particulier, on considère les nombres a_5, b_4, c_3, d_2, e_1, f_0, il est aisé de voir qu'à des facteurs numériques près positifs, ils sont égaux à $f(1)$, $f'(1)$, $f''(1)$, $f'''(1)$, $f^{\text{IV}}(1)$, $f^{\text{V}}(1)$; c'est dans le but de former ces nombres d'une façon commode et rapide que Budan faisait usage du Tableau précédent, et il résulte de son théorème que le nombre des variations, présenté par la suite de ces termes, donne une limite supérieure du nombre des racines de l'équation qui sont supérieures à l'unité. Mais on peut faire usage de ce Tableau d'une manière souvent plus avantageuse.

TABLEAU A.

α_0	α_1	α_2	α_3	α_4	α_5	o	o	o	...
a_0	a_1	a_2	a_3	a_4	a_5	a_6	a_7	a_8	...
b_0	b_1	b_2	b_3	b_4	b_5	b_6	b_7	b_8	...
c_0 ..	c_1 ..	c_2 ..	c_3	c_4	c_5	c_6	c_7	c_8	...
d_0 ..	d_1 ..	d_2 ..	d_3 ..	d_4	d_5	d_6	d_7	d_8	...
e_0	e_1	e_2	e_3	e_4	e_5	e_6	e_7	e_8	...
f_0 ..	f_1 ..	f_2 ..	f_3	f_4	f_5	f_6	f_7	f_8	...
g_0	g_1	g_2	g_3	g_4	g_5	g_6	g_7	g_8	...

En se reportant, en effet, à la façon dont a été construit ce Tableau, on voit sans peine que l'on a les identités suivantes :

$$\frac{f(x)}{(x-1)^3} = c_0x^2 + c_1x + c_2 + \frac{c_3}{x-1} + \frac{b_4}{(x-1)^2} + \frac{a_5}{(x-1)^3},$$

$$\frac{f(x)}{(x-1)^4} = d_0x + d_1 + \frac{d_2}{x} + \frac{d_3}{x^2} + \frac{d_4}{x^2(x-1)} + \frac{c_5}{x^2(x-1)^2} + \frac{b_6}{x^2(x-1)^3} + \frac{a_7}{x^2(x-1)^4};$$

d'où résulte, en vertu du théorème énoncé ci-dessus, que le nombre des racines de l'équation $f(x) = 0$, qui sont supérieures à l'unité, est au plus égal au nombre des variations que présente chacune des deux suites

$$c_0, \quad c_1, \quad c_2, \quad c_3, \quad b_4, \quad a_5$$

et

$$d_0, \quad d_1, \quad d_2, \quad d_3, \quad d_4, \quad c_5, \quad b_6, \quad a_7.$$

D'une façon générale, si l'on convient d'appeler diagonale principale la diagonale qui renferme les nombres a_5, b_4, c_3, d_2, e_1, f_0 et qui donne (à des facteurs numériques près positifs) les valeurs de $f(x)$ et de ses dérivées pour $x = 1$, on peut énoncer la proposition suivante :

Étant formé le Tableau A, si l'on suit une ligne horizontale quelconque jusqu'à ce que l'on atteigne ou que l'on dépasse le terme correspondant de la diagonale principale et qu'ensuite on parcoure le Tableau obliquement et parallèlement à cette diagonale jusqu'à la première ligne horizontale, le nombre des racines de l'équation $f(x) = 0$, qui sont supérieures à l'unité, est au plus égal au nombre des variations que présentent les termes du Tableau que l'on a rencontrés successivement pendant ce parcours; et, si ces deux nombres diffèrent, leur différence est un nombre pair.

En se reportant au Tableau A, on voit ainsi que le nombre des racines positives supérieures à l'unité est au plus égal au nombre des variations que présentent les termes de la suite

$$f_0, \quad f_1, \quad f_2, \quad f_3, \quad e_4, \quad d_5, \quad c_6, \quad b_7, \quad a_8.$$

10. Quelques exemples ne seront pas inutiles pour éclaircir ce qui précède.

Exemple I. — Soit l'équation $x^3 - 4x + 6 = 0$; pour avoir une limite du nombre des racines supérieures à l'unité, on formera le Tableau suivant :

1	0	−4	6	0
1	1	−3	3	3
1	2	−1	2	
1	3	2		
1				

La diagonale principale donne les termes 1, 3, −1, 3, qui présentent deux variations; l'application du théorème de Budan indiquerait donc la possibilité de deux racines.

Mais la suite 1, 3, 2, 2, 3, formée en suivant la troisième ligne horizontale jusqu'au terme + 2 et en remontant parallèlement à la diagonale, n'offre aucune variation; l'équation n'a donc aucune racine supérieure à l'unité.

Pour voir si elle a des racines inférieures à l'unité, considérons la transformée en $\frac{1}{x}$,

$$6x^3 - 4x^2 + 1 = 0;$$

on formera le Tableau suivant

6	−4	0	1
6	2	2	3

qui montre immédiatement que l'équation proposée n'a pas de racines positives; l'application de la règle des signes de Descartes à la transformée en $-x$ fait voir d'ailleurs qu'elle a une seule racine négative.

Exemple II. — Soit l'équation

$$x^4 - 5x^3 + 12x^2 - 15x + 9 = 0,$$

qui n'a évidemment aucune racine négative. Pour avoir une limite du nombre des racines supérieures à l'unité, nous formerons le Tableau suivant :

1	−5	12	−15	9	0
1	−4	8	−7	2	2
1	−3	5	−2	0	
1	−2	3	1		
1	−1	2			
1	0				

Les termes de la diagonale principale 1, — 1, 3, — 2, 2 offrent ici quatre variations, et par suite l'application du théorème de Budan permet de croire à l'existence de quatre racines; mais, la suite 1, 0, 2, 1, 0, 2 ne présentant aucune variation, on en conclut que l'équation n'a aucune racine supérieure à l'unité.

Pour rechercher les racines inférieures à l'unité, je considère la transformée en $\frac{1}{x}$,

$$9x^4 - 15x^3 + 12x^2 - 5x + 1 = 0,$$

qui donne le Tableau suivant :

9	−15	12	−5	1
9	− 6	6	1	2

9 .. 3 .. 9 .. 10

Comme la suite 9, 3, 9, 10, 2 n'a pas de variations, on voit que l'équation donnée n'a pas de racine positive inférieure à l'unité; toutes ses racines sont donc imaginaires.

Exemple III. — Soit l'équation $x^4 - 3x^3 + 9x - 9 = 0$, la transformée en $-x$,

$$x^4 + 3x^3 - 9x - 9 = 0,$$

montre immédiatement qu'elle a une seule racine négative. Pour avoir une limite du nombre des racines positives supérieures à l'unité, je forme le Tableau suivant :

1	−3	0	9	−9				
1	−2	−2	7	−2	−2	−2	−2	−2
1	−1	−3	4	2	0	−2	−4	
1	0	−3	1	3	3	1		
1	1	−2	−1	2	5			
1	2	0	−1	1				

1 .. 3 .. 3 .. 2

Les termes de la diagonale principale présentent trois variations, mais, la suite

$$1, \quad 3, \quad 3, \quad 2, \quad 1, \quad 5, \quad 1, \quad -4, \quad -2$$

n'en présentant qu'une, on voit que l'équation proposée a une seule racine supérieure à l'unité.

A l'égard des racines positives inférieures à l'unité, je considérerai la transformée en $\frac{1}{x}$,

$$9x^4 - 9x^3 + 4x - 1 = 0,$$

qui donne le Tableau suivant :

$$\begin{array}{cccc} 9 & -9 & 4 & -1 \\ \hline 9 & 0 & 4 & 3 \end{array},$$

d'où l'on conclut que l'équation n'a pas de racines inférieures à l'unité.

11. Soit $f(x)$ un polynôme entier; en désignant par ω une quantité positive et par m un nombre entier arbitraire, considérons le développement, suivant les puissances croissantes de x, de la fraction

$$\frac{f(x)}{\left(1 - \frac{x}{\omega}\right)^m}.$$

Soit V le nombre des variations de ce développement; il résulte de ce qui précède que le nombre V ne peut que diminuer quand le nombre m augmente; il est d'ailleurs, au moins, égal au nombre p des racines positives de l'équation $f(x) = 0$, qui sont inférieures à ω. Cela posé, faisons croître indéfiniment les nombres ω et m, de telle sorte que le rapport $\frac{m}{\omega}$ ait pour limite un nombre donné positif z; $\frac{1}{\left(1 - \frac{x}{\omega}\right)^m}$ ayant pour limite e^{zx}, on peut énoncer la proposition suivante :

z désignant un nombre positif, le nombre V des variations que présente le développement de $e^{zx} f(x)$ suivant les puissances croissantes de x ne peut que diminuer, quand z augmente, et il est au moins égal au nombre p des racines positives de l'équation $f(x) = 0$.

Soient

$$f(x) = a_0 + a_1 x + a_2 x^2 + \ldots + a_n x^n$$

et

$$e^{zx} f(x) = A_0 + A_1 x + A_2 \frac{x^2}{1.2} + A_3 \frac{x^3}{1.2.3} + \ldots;$$

on trouve aisément

$$A_0 = a_0, \qquad A_1 = a_0 z + a_1, \qquad A_2 = a_0 z^2 + 2 a_1 z + 2 a_2, \qquad \ldots,$$

et, en général,

$$A_i = a_0 z^i + i a_1 z^{i-1} + i(i-1) a_2 z^{i-2} + i(i-1)(i-2) a_3 z^{i-3} + \ldots.$$

D'où l'on voit, z étant positif, que A_i est de même signe que l'expression

$$a_0 z^n + i a_1 z^{n-1} + i(i-1) a_2 z^{n-2} + i(i-1)(i-2) a_3 z^{n-3} + \ldots;$$

si donc on forme le polynôme

$$\begin{aligned} F(x) = a_0 z^n + a_1 z^{n-1} x + a_2 z^{n-2} x(x-1) + \ldots \\ + a_n x(x-1)\ldots(x-n+1), \end{aligned}$$

le nombre V est égal au nombre des variations de la suite

$$F(0), \quad F(1), \quad F(2), \quad \ldots.$$

Posons $z = \frac{1}{\omega}$ et, en changeant x en $\frac{x}{\omega}$,

$$(A) \quad \left\{ \begin{aligned} \Phi(x) = a_0 + a_1 x + a_2 x(x-\omega) + a_3 x(x-\omega)(x-2\omega) + \ldots \\ + a_n x(x-\omega)\ldots(x-\overline{n-1}\,\omega), \end{aligned} \right.$$

V est aussi égal au nombre des variations de la suite

$$\Phi(0), \quad \Phi(\omega), \quad \Phi(2\omega), \quad \ldots.$$

En désignant par p' le nombre des racines positives de l'équation $\Phi(x) = 0$, on a d'ailleurs $V \overline{\gtrless} p'$; d'où, en vertu de la relation $V \overline{\gtrless} p$,

$$p' \overline{\gtrless} p.$$

Ainsi l'équation $\Phi(x) = 0$ a au moins autant de racines positives que l'équation $f(x) = 0$; en particulier, si l'équation $f(x) = 0$

a toutes ses racines réelles et positives, il en est de même de l'équation

$$\Phi(x) = 0.$$

Je remarquerai, de plus, que, V étant dans ce cas égal à p, la substitution dans $\Phi(x)$ des nombres $0, \omega, 2\omega, \ldots$ doit précisément donner p variations; d'où il résulte que, i désignant un nombre entier quelconque, l'équation $\Phi(x) = 0$ a, au plus, une racine comprise entre $i\omega$ et $(i+1)\omega$.

Posons, par exemple,

$$f(x) = (1+x)^n = 1 + nx + \frac{n(n-1)}{1.2}x^2 + \ldots + x^n;$$

on aura

$$\Phi(x) = 1 + nx + \frac{n(n-1)}{1.2}x(x-\omega) + \ldots$$
$$+ x(x-\omega)\ldots(x - \overline{n-1}\omega).$$

On voit que l'équation $\Phi(x) = 0$ a toutes ses racines réelles et, de plus, qu'on peut les séparer toutes en substituant dans le polynôme $\Phi(x)$ la suite des nombres

$$0, \quad \omega, \quad 2\omega, \quad 3\omega, \quad \ldots.$$

12. Comme je l'ai démontré, le nombre V des variations des termes du développement de $e^{zx}f(x)$ est au moins égal au nombre p des racines positives de l'équation $f(x) = 0$; ce nombre ne peut d'ailleurs que diminuer lorsque z prend des valeurs de plus en plus grandes. On peut se demander si, pour des valeurs suffisamment grandes de z (et, par conséquent, pour toutes les valeurs plus grandes), V sera précisément égal à p.

Supposons, ce qu'il est toujours permis de faire, que l'équation $f(x) = 0$ n'ait pas de racine nulle. De ce que j'ai établi plus haut, il résulte, en supposant z positif, que V est au plus égal au nombre des racines positives de l'équation $\Phi(x) = 0$, où $\Phi(x)$ représente le polynôme qui figure dans l'égalité (A) (n° 11).

Soit $\omega^k\Theta(\omega)$ le discriminant de ce polynôme; le nombre entier k sera généralement égal à zéro, sauf le cas où l'équation $f(\omega) = 0$ a des racines égales. Désignons par ω_1 un nombre positif inférieur à la plus petite racine positive de l'équation $\Theta(x) = 0$, et faisons varier par degrés insensibles ω, depuis 0 jusqu'à ω_1. L'équation $\Phi(x) = 0$ n'ayant jamais de racine nulle, puisque a_0 est différent de zéro, aucune racine négative ne pourra devenir positive; les racines qui étaient imaginaires pour $\omega = 0$ ne sauraient devenir positives, car elles ne le pourraient qu'en devenant égales deux à deux, ce qui est impossible, puisque ω est plus petit que ω_1. Il pourrait se faire, si l'équation $f(x) = 0$ a des racines égales, que certaines racines positives multiples devinssent imaginaires; dans tous les cas, p' désignant le nombre des racines positives de l'équation $\Phi_1(x) = 0$, où $\Phi_1(x)$ désigne ce que devient le polynôme $\Phi(x)$ quand on y remplace ω par ω_1, on a $p' \overline{\gtrless} p$.

Or, on a $V \overline{\gtrless} p'$ et, par suite, $\overline{\gtrless} p$; d'autre part, $V \overline{\gtrless} p$; de là résulte $V = p$; ainsi le nombre ω_1 ayant été choisi comme je l'ai dit plus haut, si l'on pose $z = \frac{1}{\omega_1}$, on est assuré que pour cette valeur de z (et pour les valeurs plus grandes) le nombre des variations que présente le développement de $e^{zx} f(x)$ est exactement égal au nombre des racines positives de l'équation $f(x) = 0$.

Ce théorème subsiste évidemment si cette équation, contrairement à ce que j'ai supposé, avait des racines nulles.

De là résulte une *méthode* entièrement différente de celle de Lagrange et de celle de Sturm *pour déterminer exactement le nombre des racines positives d'une équation*.

Cette méthode exige seulement le calcul du discriminant $\omega^k \Theta(\omega)$ du polynôme $\Phi(x)$; mais, ce polynôme étant une fonction de la variable ω, le calcul de ce discriminant ne laisse pas que d'être très pénible.

On a ensuite à déterminer une limite inférieure ω_1 des racines positives de l'équation $\Theta(\omega) = 0$ et, cela posé, le nombre des variations de la suite indéfinie

$$\Phi_1(0), \quad \Phi_1(\omega_1), \quad \Phi_1(2\omega_1), \quad \ldots$$

donne exactement le nombre des racines positives de l'équation proposée.

Bien que ce procédé ne soit guère pratique, j'ai cru cependant devoir le mentionner, eu égard au petit nombre des méthodes qui permettent de déterminer le nombre exact des racines d'une équation qui sont comprises entre deux limites données.

II. — Sur les équations de la forme $A_1F(\alpha_1 x) + A_2F(\alpha_2 x) + \ldots + A_nF(\alpha_n x) = 0$.

13. Soit

$$F(x) = a_0 + a_1 x + a_2 x^2 + \ldots$$

une série indéfinie ordonnée suivant les puissances croissantes de x, dans laquelle je suppose tous les coefficients positifs ou nuls, le premier étant différent de zéro.

Considérons l'équation

$$(1) \qquad f(x) = A_1F(\alpha_1 x) + A_2F(\alpha_2 x) + \ldots + A_nF(\alpha_n x) = 0,$$

où les α_i désignent des quantités positives que je supposerai rangées par ordre décroissant de grandeur, en sorte que l'on ait

$$\alpha_1 > \alpha_2 > \alpha_3 > \ldots > \alpha_{n-1} > \alpha_n.$$

Cela posé, si nous développons en série le second membre de l'équation (1), nous aurons

$$\begin{aligned} f(x) = {} & a_0(A_1 + A_2 + \ldots + A_n) \\ & + a_1(A_1\alpha_1 + A_2\alpha_2 + \ldots + A_n\alpha_n)x \\ & + a_2(A_1\alpha_1^2 + A_2\alpha_2^2 + \ldots + A_n\alpha_n^2)x^2 \\ & + a_3(A_1\alpha_1^3 + A_2\alpha_2^3 + \ldots + A_n\alpha_n^3)x^3 \\ & + \ldots\ldots\ldots\ldots\ldots\ldots\ldots\ldots\ldots; \end{aligned}$$

et il résulte de la règle des signes de Descartes que le nombre p des racines positives de l'équation (1) [*c'est-à-dire le nombre des quantités positives qui annulent $f(x)$ et pour lequel le développement en série de cette fonction est convergent*] est au plus égal au nombre des variations que présentent les termes de la série indéfinie

$$(\mathrm{A}) \qquad \left\{ \begin{array}{l} A_1 + A_2 + \ldots + A_n, \\ A_1\alpha_1 + A_2\alpha_2 + \ldots + A_n\alpha_n, \\ A_1\alpha_1^2 + A_2\alpha_2^2 + \ldots + A_n\alpha_n^2, \\ \ldots\ldots\ldots\ldots\ldots\ldots\ldots\ldots \end{array} \right.$$

Pour avoir une limite supérieure du nombre de ces variations, arrêtons cette série au terme de rang i,

$$A_1\alpha_1^i + A_2\alpha_2^i + \ldots + A_n\alpha^i,$$

et désignons par V' le nombre des variations que présentent ces $i+1$ premiers termes.

En désignant par V'' le nombre des variations de la série indéfinie

$$A_1\alpha_1^i + A_2\alpha_2^i + \ldots + A_n\alpha_n^i, \quad A_1\alpha_1^{i+1} + A_2\alpha_2^{i+1} + \ldots + A_n\alpha_n^{i+1}, \quad \ldots,$$

on a évidemment $V = V' + V''$.

Or la seconde série se composant des valeurs que prend la fonction

$$\Phi(x) = A_1\alpha_1^i\alpha_1^x + A_2\alpha_2^i\alpha_2^x + \ldots + A_n\alpha_n^i\alpha_n^x,$$

lorsqu'on y fait successivement $x = 0$, $x = 1$, $x = 2$, ..., le nombre des variations des termes de cette série est au plus égal au nombre des racines positives de l'équation $\Phi(x) = 0$, ou encore au nombre des racines supérieures à l'unité de l'équation

$$(2) \qquad A_1\alpha_1^i z^{\log\alpha_1} + A_2\alpha_2^i z^{\log\alpha_2} + \ldots + A_n\alpha_n^i z^{\log\alpha_n} = 0,$$

que l'on déduit de la précédente en posant $e^x = z$.

Les nombres positifs $\alpha_1, \alpha_2, \ldots, \alpha_n$ allant en décroissant, il en est de même des exposants $\log\alpha_1, \log\alpha_2, \ldots, \log\alpha_n$; il en résulte, en vertu d'une proposition démontrée plus haut (n° 5), que le nombre des racines de l'équation (2) qui sont supérieures à l'unité est au plus égal au nombre des alternances de la suite

$$A_1\alpha_1^i + A_2\alpha_2^i + \ldots + A_n\alpha_n^i.$$

En désignant par R le nombre de ces alternances, on aura donc

$$V'' \leq R \quad \text{et} \quad V \leq V' + R;$$

d'où encore

$$p \leq V' + R.$$

14. Considérons, en particulier, le cas où l'on arrête la série (A) à son premier terme; il résulte de ce qui précède que p est au plus égal au nombre des racines de l'équation

$$A_1 z^{\log\alpha_1} + A_2 z^{\log\alpha_2} + \ldots + A_n z^{\log\alpha_n} = 0$$

qui sont supérieures à l'unité, et l'on peut énoncer cette proposition importante :

Le nombre des racines positives de l'équation

$$A_1 F(\alpha_1 x) + A_2 F(\alpha_2 x) + \ldots + A_n F(\alpha_n x) = 0,$$

où les quantités $\alpha_1, \alpha_2, \ldots, \alpha_n$ *sont des quantités positives rangées par ordre décroissant de grandeur, est au plus égal au nombre des alternances de la suite*

$$A_1 + A_2 + A_3 + \ldots + A_n.$$

15. On aurait pu, d'une façon plus générale, considérer l'équation

$$A_1 F(\alpha_1 x) + A_2 F(\alpha_2 x) + \ldots + A_n F(\alpha_n x) = \Phi(x),$$

où $\Phi(x)$ désigne un polynôme entier. Mais je crois inutile de m'étendre sur ce sujet; ce que j'ai dit plus haut suffit pour faire voir de quelle manière on pourrait traiter cette question.

III. — Sur l'équation $\int_a^b e^{-zx}\Phi(z)\,dz = 0$.

16. Appliquons les résultats précédents au cas où $F(x) = e^x$; le développement de cette fonction est, comme on le sait, convergent pour toutes les valeurs de la variable et ne présente que des coefficients positifs.

Soit l'équation

$$A_1 e^{\alpha_1 x} + A_2 e^{\alpha_2 x} + \ldots + A_n e^{\alpha_n x} = 0, \tag{1}$$

où les nombres $\alpha_1, \alpha_2, \ldots, \alpha_n$ vont en décroissant et sont, du reste, positifs ou négatifs.

Cette équation a évidemment les mêmes racines que l'équation suivante

$$A_1 e^{(k+\alpha_1)x} + A_2 e^{(k+\alpha_2)x} + \ldots + A_n^{(k+\alpha_n)x} = 0,$$

où k désigne un nombre positif arbitraire que l'on pourra toujours choisir de telle sorte que les nombres $(k+\alpha_1)$, $(k+\alpha_2)$, $\ldots$, $(k+\alpha_n)$ soient tous positifs.

En appliquant le théorème du n° **14**, on voit que l'équation (1) a au plus autant de racines positives que la suite

$$A_1 + A_2 + \ldots + A_n \tag{A}$$

présente d'alternances.

Supposons maintenant que les nombres $\alpha_1, \alpha_2, \ldots, \alpha_n$ soient les différents termes d'une progression arithmétique dont la raison soit très petite et dont le premier terme et le dernier terme soient respectivement $-a$ et $-b$; je suppose $a < b$. Les coefficients $A_0, A_1, \ldots$ étant complètement arbitraires, on voit que l'équation peut, quand la raison de la progression tend vers zéro, se mettre sous la forme

$$(2) \qquad \int_a^b e^{-zx}\Phi(z)\,dz = 0,$$

où $\Phi(z)$ désigne une fonction entièrement arbitraire, continue ou discontinue d'une façon quelconque, pouvant par exemple être nulle dans autant d'intervalles qu'on le veut.

D'autre part, le nombre des alternances de la suite (A) est au plus égal au nombre des racines de l'équation $\int_a^x \Phi(x)dx = 0$, qui sont comprises entre a et b (il pourrait lui être inférieur au cas où cette équation aurait dans cet intervalle des racines d'ordre pair de multiplicité); d'où la proposition suivante :

Le nombre des racines de l'équation (2) *est au plus égal au nombre des racines de l'équation* $\int_a^x \Phi(x)\,dx = 0$, *qui sont comprises entre* a *et* b.

On peut évaluer autrement le nombre des alternances de la suite (A); partageons à cet effet l'intervalle compris entre a et b en intervalles tels que, dans chacun d'eux, la fonction $\Phi(x)$ ne soit pas constamment nulle, soit continue et *de même signe*.

On pourra, en posant ainsi

$$\int_a^b e^{-zx}\Phi(z)dz$$
$$= \int_a^{a_1} e^{-zx}\Phi_1(z)dz + \int_a^{a_2} e^{-zx}\Phi_2(z)dz + \ldots + \int_{a_n}^b e^{-zx}\Phi_n(z)\,dz,$$

énoncer la proposition suivante :

Le nombre des racines positives de l'équation (2) *est au plus égal au nombre des alternances de la suite*

$$\int_a^{a_1} \Phi_1(x)\,dx + \int_{a_1}^{a_2} \Phi_2(x)\,dx + \ldots + \int_{a_n}^{b} \Phi_n(x)\,dx.$$

17. Comme application des théorèmes précédents, posons $a = 0$, $b = \infty$ et

$$\Phi(z) = \frac{a_0}{\Gamma(\alpha_0)} z^{\alpha_0 - 1} + \frac{a_1}{\Gamma(\alpha_1)} z^{\alpha_1 - 1} + \ldots + \frac{a_n}{\Gamma(\alpha_n)} z^{\alpha_n - 1},$$

où les α_i désignent des nombres positifs quelconques et Γ la fonction eulérienne de seconde espèce.

L'équation $\int_0^\infty e^{-zx}\Phi(z) = 0$ devient

$$\frac{a_0}{x^{\alpha_0}} + \frac{a_1}{x^{\alpha_1}} + \ldots + \frac{a_n}{x^{\alpha_n}} = 0,$$

et j'observe que le nombre de ses racines positives est précisément égal au nombre des racines positives de l'équation

$$(1) \qquad a_0 x^{\alpha_0} + a_1 x^{\alpha_1} + \ldots + a_n x^{\alpha_n} = 0.$$

D'autre part, l'équation $\int_0^x \Phi(x)dx = 0$ devient

$$(2) \qquad \frac{a_0 x^{\alpha_0}}{\Gamma(\alpha_0 + 1)} + \frac{a_1 x^{\alpha_1}}{\Gamma(\alpha_1 + 1)} + \ldots + \frac{a_n x^{\alpha_n}}{\Gamma(\alpha_n + 1)} = 0,$$

et il résulte de la proposition précédente que le nombre des racines positives de l'équation (1) est au plus égal au nombre des racines positives de l'équation (2).

18. Considérons l'équation du degré n

$$(1) \qquad a_0 + a_1 x + a_2 x^2 + \ldots + a_n x^n = 0,$$

que je mettrai sous la forme

$$a_0 x^\omega + a_1 x^{1+\omega} + a_2 x^{2+\omega} + \ldots + a_n x^{n+\omega} = 0,$$

où ω désigne un nombre positif ou nul.

Il résulte de ce qui précède que l'équation (1) a au plus autant de racines positives que l'équation

$$\frac{a_0}{\Gamma(\omega+1)}+\frac{a_1 x}{\Gamma(\omega+2)}+\frac{a_2 x^2}{\Gamma(\omega+3)}+\ldots+\frac{a_n x^n}{\Gamma(\omega+n+1)}=0,$$

ou encore que l'équation

$$(2)\quad a_0+\frac{a_1 x}{\omega+1}+\frac{a_2 x^2}{(\omega+1)(\omega+2)}+\ldots+\frac{a_n x^n}{(\omega+1)(\omega+2)\ldots(\omega+n)}=0;$$

ω désigne, comme je l'ai dit, une quantité positive quelconque ou zéro.

La même chose a lieu à l'égard des racines négatives, comme il est facile de le voir en considérant les transformées en $-x$. En particulier, on peut énoncer cette propriété importante :

Si l'équation (1) *a toutes ses racines réelles, l'équation* (2) *a également toutes ses racines réelles.*

19. Soit le polynôme $a_0+a_1x+a_2x^2+a_3x^3$; formons le produit

$$e^{zx}(a_0+a_1x+a_2x^2+a_3x^3)=U_0+U_1z+U_2z^2+\ldots,$$

où les U_i sont des fonctions de z. Comme il est aisé de le prouver, on a généralement $\frac{dU_i}{dz}=U_{i-1}$, en sorte que toutes les fonctions d'indice inférieur à U_i sont les dérivées successives de celle-ci.

On a évidemment

$$U_i=\frac{a_0x^i}{1.2\ldots i}+\frac{a_1x^{i-1}}{1.2\ldots(i-1)}+\frac{a^2x^{i-2}}{1.2\ldots(i-2)}+\frac{a_3x^{i-3}}{1.2\ldots(i-3)};$$

d'où l'on voit que l'équation $U_i=0$ a autant de racines réelles distinctes de zéro que l'équation

$$a_3+\frac{a_2x}{i-2}+\frac{a_1x^2}{(i-2)(i-1)}+\frac{a_0x^3}{(i-2)(i-1)i}=0.$$

Or cette équation a, en vertu du théorème précédent, toutes ses racines réelles si $i-2$ est plus grand que zéro, et si l'équation $a_0+a_1x+a_2x^2+a_3x^3=0$ a elle-même toutes ses racines réelles. L'équation $U_i = 0$ a donc également toutes ses racines réelles, si i est > 2, et la même proposition a lieu à l'égard des équations $U_2 = 0$, $U_1 = 0$, puisque U_2 et U_1 sont les deux premières dérivées de U_3.

Cette démonstration s'étend d'elle-même à un polynôme de degré quelconque; d'où le théorème suivant, qu'il est aisé, du reste, d'établir directement :

Soient $f(x)$ un polynôme quelconque décomposable en facteurs réels du premier degré et

$$F(x) = e^{zx} f(x) = U_0 + U_1 x + U_2 x^2 + \ldots;$$

U_i désignant un des coefficients quelconques de ce développement, l'équation en z

$$U_i = 0$$

a toutes ses racines réelles.

20. $F(x)$ désignant, comme plus haut, la fonction $e^{zx} f(x)$, posons

$$F(x+h) = e^{zh} e^{zx} f(x+h) = V_0 + V_1 x + V_2 x^2 + \ldots;$$

V_k désignant un quelconque des coefficients de ce développement, posons $V_k = \varphi(z)$, en sorte que $V_{k-1} = \varphi'(z)$, $V_{k-2} = \varphi''(z)$, ...; l'équation $\varphi(z+t) = 0$ a, quel que soit z, toutes ses racines réelles et elle peut s'écrire

$$\varphi(z) + t\varphi'(z) + \frac{t^2}{1.2}\varphi''(z) + \ldots + \frac{t^k}{1.2\ldots k}\varphi^{(k)}(z) = 0$$

ou

$$V_k + tV_{k-1} + \frac{t^2}{1.2} V_{k-2} + \ldots + \frac{t^k}{1.2\ldots k} V_0 = 0,$$

ou encore

$$\frac{F^{(k)}(h)}{1.2\ldots k} + \frac{F^{(k-1)}(h)}{1.2\ldots(k-1)} + \frac{t^2}{1.2}\,\frac{F^{(k-2)}(h)}{1.2\ldots(k-2)} + \ldots + \frac{t^k}{1.2\ldots k} F(h) = 0,$$

ou enfin, en changeant h en x, t en $\frac{1}{t}$ et en chassant les dénominateurs,

$$F(x) + kF'(x)t + \frac{k(k-1)}{1.2} F''(x)t^2$$
$$+ \frac{k(k-1)(k-2)}{1.2.3} F'''(x)t^3 + \ldots + F^{(k)}(x)t^k = 0;$$

et l'on voit que cette équation en t a, quel que soit x, toutes ses racines réelles.

Si donc on écrit le système suivant

$$\begin{aligned}
&F(x)+ tF'(x)=0,\\
&F(x)+2tF'(x)+ t^2F''(x)=0,\\
&F(x)+3tF'(x)+3t^2F''(x)+t^3F'''(x)=0,\\
&\ldots\ldots\ldots\ldots\ldots\ldots\ldots\ldots\ldots,
\end{aligned}$$

on voit que, pour toute valeur de x, ces équations ont leurs racines réelles. Il en serait de même des équations

$$\begin{aligned}
&F'(x)+tF''(x)=0, \quad F'(x)+2tF''(x)+t^2F'''(x)=0, \quad \ldots,\\
&F''(x)+tF'''(x)=0, \quad F''(x)+2tF'''(x)+t^2F^{\text{IV}}(x)=0, \quad \ldots;
\end{aligned}$$

la dérivée $F(x)$ ayant pour valeur $e^{zx}[f(x)+zf'(x)]$ et l'équation $f(x)+zf'(x)=0$ ayant toutes ses racines réelles, il est clair, en effet, que $F'(x)$ est une fonction de la même espèce que $F(x)$, et il en est de même de toutes ses dérivées.

21. Les propositions précédentes s'établissent du reste très facilement, quand on les suppose démontrées, dans le cas où $F(x)$ est un polynôme entier; il suffit de remarquer que $e^{zx}f(x)$ peut être considéré comme la limite du polynôme $\left(1+\frac{zx}{n}\right)^n f(x)$, qui est décomposable en facteurs réels du premier degré.

La même chose a lieu à l'égard de la fonction $e^{-ux^2+zx}f(x)$, où je suppose u positif; cette fonction peut être, en effet, considérée comme la limite de $\left(1-\frac{ux^2}{n}\right)^n\left(1+\frac{zx}{n}\right)^n f(x)$; mais les propositions précédentes ne s'appliqueraient pas à une fonction de la forme $e^{\varphi(x)}f(x)$, si le polynôme $\varphi(x)$ était d'un degré supérieur au second, ou si, étant du second degré, le coefficient de x^2 était positif.

Ces remarques très simples trouveront d'utiles applications dans la théorie des fonctions transcendantes.

22. En effectuant un changement de variable, le théorème établi au n° **18** peut s'énoncer ainsi qu'il suit :

L'équation

$$(1) \qquad a_0+a_1x+a_2x^2+\ldots+a_nx^n=0$$

ayant toutes ses racines réelles, il en est de même de l'équation

$$a_0 + \frac{a_1 x}{\alpha+\omega} + \frac{a_2 x^2}{(\alpha+\omega)(2\alpha+\omega)} + \frac{a_3 x^3}{(\alpha+\omega)(2\alpha+\omega)(3\alpha+\omega)} + \ldots = 0,$$

où α et ω désignent des quantités positives quelconques, la dernière pouvant être nulle. De là résulte que, étant donnée une équation ayant toutes ses racines réelles, on peut en déduire une infinité d'autres qui jouissent de la même propriété; en appliquant une seconde fois le théorème précédent, on voit, par exemple, que l'équation

$$a_0 + \frac{a_1 x}{(\alpha+\omega)(\alpha'+\omega')} + \frac{a_2 x^2}{(\alpha+\omega)(2\alpha+\omega)(\alpha'+\omega')(2\alpha'+\omega')}$$
$$+ \frac{a_3 x^3}{(\alpha+\omega)(2\alpha+\omega)(3\alpha+\omega)(\alpha'+\omega')(2\alpha'+\omega')(3\alpha'+\omega')} + \ldots = 0$$

a toutes ses racines réelles, α' et ω' étant assujetties aux mêmes conditions que α et ω.

Soit, en général, $\Theta(x)$ un polynôme d'un degré quelconque décomposable en facteurs réels du premier degré et ne devenant négatif pour aucune valeur positive de la variable, en sorte que $\Theta(x)$ soit de la forme

$$\Theta(x) = x^p(ax+b)^q(a'x+b')^{q'}(a''x+b'')^{q''}, \quad \ldots,$$

les nombres p, q, q', q'', ... étant des nombres entiers ou étant égaux à zéro, a, a', a'', ... et b, b', b'', ... étant des nombres positifs, on verra aisément par ce qui précède que l'équation

$$a_0 + \frac{a_1}{\Theta(1)} + \frac{a_2 x^2}{\Theta(1)\,\Theta(2)} + \frac{a_3 x^3}{\Theta(1)\,\Theta(2)\,\Theta(3)} + \ldots + \frac{a_n x^n}{\Theta(1)\,\Theta(2)\ldots\Theta(n)} = 0$$

a toutes ses racines réelles.

Mais on peut donner une plus grande généralité à cette proposition; l'équation (1) ayant, en effet, toutes ses racines réelles, il en est de même de l'équation

$$a_0 + \frac{a_1 x}{1+\omega} + \frac{a_2 x^2}{(1+\omega)(1+2\omega)} + \frac{a_3 x^3}{(1+\omega)(1+2\omega)(1+3\omega)} + \ldots = 0,$$

par suite de l'équation

$$a_0 + \frac{a_1 x}{(1+\omega)^2} + \frac{a_2 x^2}{(1+\omega)^2(1+2\omega)^2} + \frac{a_3 x^3}{(1+\omega)^2(1+2\omega)^2(1+3\omega)^2} + \ldots = 0,$$

et en général de l'équation

$$a_0+\frac{a_1x}{(1+\omega)^k}+\frac{a_2x^2}{(1+\omega)^k(1+2\omega)^k}+\frac{a_3x^3}{(1+\omega)^k(1+2\omega)^k(1+3\omega)^k}+\ldots=0,$$

où k désigne un nombre entier quelconque.

Faisons maintenant croître indéfiniment le nombre arbitraire positif $\frac{1}{\omega}$ et le nombre entier k, de telle sorte que $k\omega$ ait pour limite $\log\frac{1}{q}$, q désignant un nombre positif quelconque égal ou inférieur à l'unité.

L'équation précédente deviendra

$$a_0+a_1qx+a_2q^3x^2+a_3q^6x^3+\ldots+a_nq^{\frac{n(n+1)}{2}}x^n=0,$$

et elle aura toutes ses racines réelles; il en est de même de l'équation obtenue en changeant q en ω^2 et x en $\frac{x}{\omega}$,

$$a_0+a_1\omega x+a_2\omega^4x^2+a_3\omega^9x^3+\ldots+a_n\omega^{n^2}x^n=0.$$

ω désigne une quantité réelle quelconque, dont la valeur absolue est au plus égale à l'unité.

Des considérations que je viens d'exposer résulte immédiatement la proposition suivante :

L'équation (1) *ayant toutes ses racines réelles, l'équation*

$$a_0+\frac{a_1\omega x}{\Theta(1)}+\frac{a_2\omega^4x^2}{\Theta(1)\Theta(2)}+\frac{a_3\omega^9x^3}{\Theta(1)\Theta(2)\Theta(3)}+\ldots+\frac{a_n\omega^{n^2}x^n}{\Theta(1)\Theta(2)\ldots\Theta(n)}=0$$

a également toutes ses racines réelles; $\Theta(x)$ désigne un polynôme entier quelconque satisfaisant aux conditions ci-dessus énoncées et ω une quantité réelle quelconque, dont la valeur absolue est égale ou inférieure à l'unité.

23. Soit, comme application de ce théorème, l'équation

$$(1+x)^n=1+nx+\frac{n(n-1)}{1.2}x^2+\ldots+nx^{n-1}+x^n=0;$$

ω et $\Theta(x)$ conservant la même signification que ci-dessus, je poserai

$$F(x)=1+\frac{n\omega x}{\Theta(1)}+\frac{n(n-1)}{1.2}\frac{\omega^4x^2}{\Theta(1)\Theta(2)}+\ldots+\frac{\omega^{n^2}x^n}{\Theta(1)\Theta(2)\ldots\Theta(n)}$$

Les polynômes de cette forme jouissent des propriétés remarquables suivantes :

1° L'équation $F(x) = 0$ a toutes ses racines réelles.

2° Les diverses dérivées de $F(x)$ s'expriment au moyen de polynômes de la même espèce.

On a, en effet,

$$F'(x) = \frac{n\omega}{\Theta(1)}\left[1 + (n-1)\frac{\omega^3 x}{\Theta(2)} + \frac{(n-1)(n-2)}{1.2}\frac{\omega^8 x^2}{\Theta(2)\Theta(3)} + \frac{(n-1)(n-2)(n-3)}{1.2.3}\frac{\omega^{15} x^3}{\Theta(2)\Theta(3)\Theta(4)} + \ldots\right].$$

Si donc on pose $\Theta(x+1) = H(x)$ et

$$\Phi(x) = 1 + \frac{(n-1)\omega x}{H(1)} + \frac{(n-1)(n-2)}{1.2}\frac{\omega^4 x^2}{H(1)H(2)} + \frac{(n-1)(n-2)(n-3)}{1.2.3}\frac{\omega^9 x^3}{H(1)H(2)H(3)} + \ldots,$$

il vient

$$F'(x) = \frac{n\omega}{\Theta(1)}\Phi(\omega^2 x);$$

or $\Phi(x)$ est un polynôme de la même espèce que $F(x)$, puisque $H(x)$ est décomposable en facteurs linéaires réels du premier degré et n'est jamais négatif pour aucune valeur positive de x.

Ce que je viens d'établir pour la première dérivée subsiste encore évidemment pour les dérivées suivantes.

3° Si l'on pose, en séparant la partie réelle de la partie imaginaire,

$$F(ix) = V(x) + iW(x),$$

les équations $V(x) = 0$ et $W(x) = 0$ ont toutes leurs racines réelles et, plus généralement, a désignant une constante réelle quelconque, l'équation

$$V(x) + aW(x) = 0$$

a toutes ses racines réelles.

Pour le démontrer, il suffit de remarquer que cette équation peut s'écrire

$$1 + \frac{n\omega x}{\Theta(1)} a - \frac{n(n-1)}{1.2} \frac{\omega^4 x^2}{\Theta(1)\Theta(2)} - \frac{n(n-1)(n-2)}{1.2.3} \frac{\omega^9 x^3}{\Theta(1)\Theta(2)\Theta(3)} a + \ldots = 0,$$

et que l'équation

$$\left[1 - \frac{n(n-1)}{1.2} x^2 + \frac{n(n-1)(n-2)(n-3)}{1.2.3.4} x^4 + \ldots\right] + a\left[nx - \frac{n(n-1)(n-2)}{1.2.3} x^3 + \ldots\right] = 0$$

a toutes ses racines réelles, quelle que soit la constante réelle a; c'est, en effet, l'équation qui détermine tang $\frac{\alpha}{n}$ quand on se donne tang α.

En particulier, si l'on fait $\Theta(x) = x$ et $\omega = 1$, on a

$$F(x) = 1 + \frac{nx}{1} + \frac{n(n-1)}{1.2} \frac{x^2}{1.2} + \frac{n(n-1)(n-2)}{1.2.3} \frac{x^3}{1.2.3} + \ldots + \frac{x^n}{1.2.3\ldots n},$$

polynôme qui se présente dans plusieurs questions importantes d'Analyse ([1]).

En faisant, en second lieu, $\Theta(x) = 1$, on a

$$F_n(x) = 1 + n\omega x + \frac{n(n-1)}{1.2} \omega^4 x^2 + \frac{n(n-1)(n-2)}{1.2.3} \omega^9 x^3 + \ldots + \omega^{n^2} x^n;$$

les polynômes ainsi définis satisfont à l'équation suivante

$$F_n(x) = n\omega F_{n-1}(\omega^2 x).$$

24. Un cas particulièrement intéressant est celui où, dans l'équation $\int_a^b e^{-z}\,\Theta(z)\,dz = 0$, on suppose que $\Theta(z)$ soit un poly-

([1]) Voir à ce sujet un Mémoire de M. Tchebychef (*Mélanges mathématiques et astronomiques*, t. II, p. 182. Saint-Pétersbourg, 1859), ma Note *Sur l'intégrale* $\int_x^\infty \frac{e^{-x}dx}{x}$ (*Bulletin de la Société mathématique*, t. VII, p. 72) et une Note de M. Halphen, *Sur une série pour développer les fonctions d'une variable* (*Comptes rendus des séances de l'Académie des Sciences*, 9 octobre 1882).

nôme entier dont la forme change successivement lorsque la variable z croît depuis a jusqu'à b.

Cette équation peut se mettre alors sous la forme suivante

$$e^{\alpha_0 x} f_0(x) + e^{\alpha_1 x} f_1(x) + \ldots + e^{\alpha_n x} f_n(x) = 0,$$

les α_i désignant des constantes et les f_i des polynômes entiers.

Pour examiner le cas le plus simple, soient $\alpha_0, \alpha_1, \ldots, \alpha_n$ des quantités réelles quelconques rangées par ordre croissant de grandeur et $a_0, a_1, \ldots, a_n$ des quantités réelles quelconques; posons, pour abréger,

$$\begin{aligned} p_0 &= a_0, \\ p_1 &= a_0 + a_1, \\ p_2 &= a_0 + a_1 + a_2, \\ &\ldots\ldots\ldots\ldots\ldots\ldots, \\ p_n &= a_0 + a_1 + a_2 + \ldots + a_n, \end{aligned}$$

et considérons l'équation

$$\int_{\alpha_0}^{\alpha_1} e^{-zx} p_0\, dz + \int_{\alpha_1}^{\alpha_2} e^{-zx} p_1\, dz + \int_{\alpha_2}^{\alpha_1} e^{-zx} p_2\, dz + \ldots + \int_{\alpha_n}^{x} e^{-zx} p_n\, dz = 0.$$

En effectuant les intégrations, il est aisé de voir qu'elle devient simplement

$$a_0 e^{-\alpha_0 x} + a_1 e^{-\alpha_1 x} + a_2 e^{-\alpha_2 x} + \ldots + a_n e^{-\alpha_n x} = 0;$$

et le nombre p de ses racines positives est le même que celui des racines de l'équation

$$a_0 z^{\alpha_0} + a_1 z^{\alpha_1} + a_2 z^{\alpha_2} + \ldots + a_n z^{\alpha_n} = 0,$$

qui sont comprises entre 0 et $+1$. Cette équation résulte en effet de la première quand on y pose $e^{-x} = z$.

On sait d'ailleurs (n° 16) que le nombre p est au plus égal au nombre des alternances de la suite

$$\int_{\alpha_0}^{\alpha_1} p_0\, dz + \int_{\alpha_1}^{\alpha_2} p_1\, dz + \int_{\alpha_2}^{\alpha_3} p_2\, dz + \ldots + \int_{\alpha_n}^{\infty} p_n\, dz.$$

d'où les propositions suivantes :

Les nombres α_0, α_1, α_2, ..., α_n étant rangés par ordre croissant de grandeur, le nombre des racines de l'équation

$$(1)\qquad a_0 z^{\alpha_0} + a_1 z^{\alpha_1} + a_2 z^{\alpha_2} + \ldots + a_n z^{\alpha_n} = 0$$

qui sont comprises entre o *et* + 1 *est au plus égal au nombre des alternances de la suite*

$$(2)\qquad p_0(\alpha_1 - \alpha_0) + p_1(\alpha_2 - \alpha_1) + \ldots + p_{n-1}(\alpha_n - \alpha_{n-1}) + p_n . \infty \quad (^1),$$

où p_0, p_1, p_2, ..., p_n ont la signification donnée ci-dessus.

Et encore (ce qui est le même théorème sous une autre forme) :

Si les nombres α_0, α_1, α_2, ..., α_n sont rangés par ordre décroissant de grandeur, le nombre des racines de l'équation (1) *qui sont plus grandes que l'unité est au plus égal au nombre des alternances de la suite* (2).

25. J'ai fait voir plus haut (n° **14**) que le nombre des racines positives de l'équation

$$(1)\qquad A_0 F(\alpha_0 x) + A_1 F(\alpha_1 x) + A_2 F(\alpha_2 x) + \ldots + A_n F(\alpha_n x) = 0$$

était au plus égal au nombre des racines de l'équation

$$A_0 z^{\log \alpha_0} + A_1 z^{\log \alpha_1} + \ldots + A_n z^{\log \alpha_n} = 0,$$

qui sont supérieures à l'unité; d'ailleurs les nombres $\log \alpha_0$, $\log \alpha_1$, ..., $\log \alpha_n$ vont en décroissant.

Posons maintenant

$$\begin{aligned} p_0 &= A_0, \\ p_1 &= A_0 + A_1, \\ p_2 &= A_0 + A_1 + A_2, \\ &\ldots\ldots\ldots\ldots \\ p_n &= A_0 + A_1 + A_2 + \ldots + A_n; \end{aligned}$$

il résulte, de ce qui précède, que *le nombre des racines posi-*

(1) D'après la définition des alternances d'une suite, il est clair que le nombre des alternances de la suite $a + b + c + d.\infty$ est le nombre des variations des termes de la suite

$$a, \quad a + b, \quad a + b + c, \quad d,$$

tives de l'équation (1) *est au plus égal au nombre des alternances de la suite*

$$p_0 \log\frac{\alpha_1}{\alpha_0} + p_1 \log\frac{\alpha_2}{\alpha_1} + \ldots + p_{n-1}\log\frac{\alpha_n}{\alpha_{n-1}} + p_n . x.$$

IV. — Sur les équations de la forme

$$\frac{a_0}{(x-\alpha_0)^\omega} + \frac{a_1}{(x-\alpha_1)^\omega} + \frac{a_2}{(x-\alpha_2)^\omega} + \ldots + \frac{a_n}{(x-\alpha_n)^\omega} = 0.$$

26. Soit l'équation

$$(1) \qquad \frac{a_0}{(x-\alpha_0)^\omega} + \frac{a_1}{(x-\alpha_1)^\omega} + \frac{a_2}{(x-\alpha_2)^\omega} + \ldots + \frac{a_n}{(x-\alpha_n)^\omega} = 0,$$

où les nombres $\alpha_0, \alpha_1, \ldots, \alpha_n$ sont rangés par ordre décroissant de grandeur et ω un nombre positif arbitraire.

Choisissons un nombre positif k assez grand pour que toutes les quantités $k+\alpha_0, k+\alpha_1, \ldots, k+\alpha_n$ soient positives et formons la transformée en $y = x + k$,

$$\frac{a_0}{[y-(k+\alpha_0)]^\omega} + \frac{a_1}{[y-(k+\alpha_1)]^\omega} + \ldots + \frac{a_n}{[y-(k+\alpha_n)]^\omega} = 0$$

ou, pour abréger l'écriture,

$$\frac{a_0}{(y-\alpha'_0)^\omega} + \frac{a_1}{(y-\alpha'_1)^\omega} + \ldots + \frac{a_n}{(y-\alpha'_n)^\omega} = 0.$$

Cette équation peut s'écrire

$$(2) \qquad \frac{a_0}{\left(1-\frac{\alpha'_0}{y}\right)^\omega} + \frac{a_1}{\left(1-\frac{\alpha'_1}{y}\right)^\omega} + \ldots + \frac{a_n}{\left(1-\frac{\alpha'_n}{y}\right)^\omega} = 0.$$

Soit

$$\left(1-\frac{1}{y}\right)^{-\omega} = 1 + \frac{M_1}{y} + \frac{M_2}{y^2} + \frac{M_3}{y^3} + \ldots = F\left(\frac{1}{y}\right);$$

l'équation précédente peut se mettre sous la forme

$$F\left(\frac{\alpha'_0}{y}\right) + F\left(\frac{\alpha'_1}{y}\right) + \ldots + F\left(\frac{\alpha'_n}{y}\right) = 0,$$

où le premier membre est convergent pour toutes les valeurs de y plus grandes que α'_0.

Si l'on observe maintenant que tous les coefficients M_i sont positifs, on établira, comme ci-dessus (n° 13), que le nombre des racines de l'équation (2) qui sont supérieures à α'_0 est au plus égal au nombre des racines de l'équation

$$a_0 x^{\log \alpha'_0} + a_1 x^{\log \alpha'_1} + \ldots + a_n x^{\log \alpha'_n} = 0,$$

qui sont supérieures à l'unité; ce nombre est donc au plus égal au nombre des alternances de la suite

$$a_0 + a_1 + \ldots + a_n.$$

D'ailleurs le nombre des racines de l'équation (2) qui sont supérieures à α'_0, c'est-à-dire à $\alpha_0 + k$, est précisément égal au nombre des racines de l'équation (1) qui sont supérieures à α_0. Nous pouvons donc énoncer la proposition suivante :

Les quantités $\alpha_0, \alpha_1, \ldots, \alpha_n$ étant rangées par ordre décroissant de grandeur, le nombre des racines de l'équation

$$\frac{a_0}{(x - \alpha_0)^\omega} + \frac{a_1}{(x - \alpha_1)^\omega} + \ldots + \frac{a_n}{(x - \alpha_n)^\omega} = 0$$

qui sont supérieures à α_0 est au plus égal au nombre des alternances de la suite

$$a_0 + a_1 + \ldots + a_n.$$

Le nombre des alternances est pair ou impair, suivant que les deux quantités a_0 et $(a_0 + a_1 + \ldots + a_n)$ sont de même signe ou de signes contraires; il en est de même du nombre des racines de l'équation supérieures à α_0, comme on le voit en substituant successivement dans le premier membre de l'équation $+\infty$ et la quantité $\alpha_0 + \varepsilon$, où ε désigne une quantité infiniment petite. Ceci ne s'applique pas au cas où l'on aurait $a_0 + a_1 + \ldots + a_n = 0$; ce cas écarté, on peut dire que :

Si le nombre des racines de l'équation supérieures à α_0 et le nombre des alternances de la suite formée par les coefficients diffèrent, leur différence est un nombre pair.

28. Laissant de côté, pour l'instant, le cas général, je m'occuperai en particulier de l'équation

$$(1) \qquad \frac{a_0}{x-\alpha_0}+\frac{a_1}{x-\alpha_1}+\frac{a_2}{x-\alpha_2}+\ldots+\frac{a_n}{x-\alpha_n}=0.$$

Dans l'intervalle compris entre α_i et α_{i+1}, intercalons deux nombres ξ et ξ', de telle sorte que les nombres

$$(A) \qquad \alpha_0,\quad \ldots,\quad \alpha_i,\quad \xi,\quad \xi',\quad \alpha_{i+1},\quad \ldots,\quad \alpha_n$$

soient rangés par ordre croissant ou décroissant de grandeur, et faisons la substitution

$$x=\frac{X\xi-\xi'}{X-1},$$

d'où l'on déduit

$$X=\frac{x-\xi'}{x-\xi}.$$

Aux quantités de la suite (A) correspondent les quantités suivantes :

$$\alpha'_0,\quad \ldots,\quad \alpha'_i,\quad \infty,\quad 0,\quad \alpha'_{i+1},\quad \alpha'_n,$$

qui seront rangées par succession de grandeur [1].

---

[1] Il est bon de préciser ce que j'entends par là. Des quantités sont dites rangées par succession croissante ou décroissante de grandeur si une quantité variable, qui varie toujours dans le même sens, prend successivement les valeurs des termes de la suite de ces quantités, en passant par l'infini si cela est nécessaire

Ainsi les quantités

$$+4,\quad -3,\quad 0,\quad +1$$

sont rangées par succession croissante de grandeur, et les quantités

$$1,\quad 0,\quad -1,\quad +5$$

par succession décroissante de grandeur.

Au lieu de ranger les quantités sur une ligne droite, on peut les ranger ainsi :

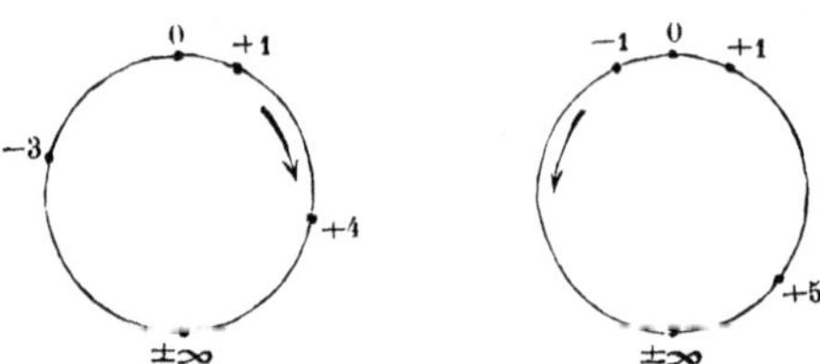

sur un *cycle* (cercle parcouru dans un sens déterminé).

On voit aisément que toutes les quantités α'_k sont positives : α'_i est donc la plus grande d'entre elles; l'équation (1) devient, en effectuant la substitution indiquée ci-dessus,

$$\sum \frac{a_k}{\frac{X\xi - \xi'}{X - 1} - \alpha_k} = 0$$

ou encore

$$\sum \frac{a_k}{X(\xi - \alpha_k) - (\xi' - \alpha_k)} = \sum \frac{a_k}{\xi - \alpha_k} \frac{1}{X - \alpha'_k}.$$

Or, α'_i étant le plus grand des nombres α'_k qui sont tous positifs, en appliquant la proposition démontrée précédemment, on voit que le nombre des racines de l'équation

$$(2) \qquad \sum \frac{a_k}{\xi - \alpha_k} \frac{1}{X - \alpha'_k} = 0$$

qui sont supérieures à α'_k, c'est-à-dire le nombre des racines de l'équation (1) qui sont comprises dans l'intervalle (ξ, α_i) (1), est au plus égal au nombre des alternances de la suite

$$\frac{a_i}{\xi - \alpha_i} + \frac{a_{i-1}}{\xi - \alpha_{i-1}} + \frac{a_{i-2}}{\xi - \alpha_{i-2}} + \ldots + \frac{a_{i+2}}{\xi - \alpha_{i+2}} + \frac{a_{i+1}}{\xi - \alpha_{i+1}}.$$

29. Comme application, considérons l'équation

$$(1) \qquad \frac{14}{x+2} - \frac{1}{x+1} + \frac{2}{x} - \frac{1}{x-1} + \frac{14}{x-2} = 0.$$

Les quantités

$$-2, \quad -1, \quad 0, \quad +1, \quad +2$$

étant rangées par succession de grandeur, nous aurons à considérer les cinq intervalles

$$(-2, -1), \quad (-1, 0), \quad (0, +1), \quad (+1, +2), \quad (+2, -2),$$

dont le dernier renferme l'infini.

---

(1) Des quantités $\alpha, \beta, \ldots, \lambda, \mu, \ldots, \tau, \omega$ étant rangées par succession de grandeur, j'appelle intervalle (λ, μ) celui des intervalles déterminés par ces deux nombres qui ne renferme aucun des autres nombres. Cet intervalle peut renfermer l'infini si λ et μ sont de signe contraire; ainsi, étant donnée la suite

$$+4, \quad -3, \quad 0, \quad +1,$$

l'intervalle $(+4, -3)$ renferme l'infini.

En désignant par ξ une quantité réelle quelconque, nous déduisons, de ce qui précède, les conséquences suivantes :

1° ξ étant dans l'intervalle $(-2, -1)$, le nombre des racines de l'équation (1) qui sont comprises entre ξ et -2 est au plus égal au nombre des alternances de la suite

$$\frac{14}{\xi+2}+\frac{14}{\xi-2}-\frac{1}{\xi-1}+\frac{2}{\xi}-\frac{1}{\xi+1},$$

et le nombre des racines qui sont comprises entre ξ et -1, au plus égal au nombre des alternances de la suite

$$-\frac{1}{\xi+1}+\frac{2}{\xi}-\frac{1}{\xi-1}+\frac{14}{\xi-2}+\frac{14}{\xi+2}.$$

En particulier, faisons, dans la première suite, $\xi=-1-\varepsilon$, ε désignant une quantité infiniment petite positive; la suite devient

$$14-\frac{14}{3}+\frac{1}{2}-2+\infty;$$

comme elle ne présente pas d'alternance, on en conclut que l'équation (1) n'a pas de racine dans l'intervalle $(-2, -1)$.

2° ξ étant dans l'intervalle $(-1, 0)$, le nombre des racines de l'équation qui sont comprises entre ξ et -1 est au plus égal au nombre des alternances de la suite

$$-\frac{1}{\xi+1}+\frac{14}{\xi+2}+\frac{14}{\xi-2}-\frac{1}{\xi-1}+\frac{2}{\xi},$$

et le nombre des racines qui sont comprises entre ξ et 0 au plus égal au nombre des alternances de la suite

$$\frac{2}{\xi}-\frac{1}{\xi-1}+\frac{14}{\xi-2}+\frac{14}{\xi+2}-\frac{1}{\xi+1}. \tag{2}$$

Faisons, en particulier, dans la première suite, $x=-\varepsilon$; la suite devient

$$-1+7-7+1-\infty;$$

comme elle présente deux alternances, on voit que l'intervalle $(-1, 0)$ comprend deux racines ou n'en comprend pas.

3° ξ étant dans l'intervalle $(0, +1)$, le nombre des racines de l'équation qui sont comprises entre o et ξ est au plus égal au nombre des alternances de la suite

$$(3) \qquad \frac{2}{\xi} - \frac{1}{\xi+1} + \frac{14}{\xi+2} + \frac{14}{\xi-2} - \frac{1}{\xi-1},$$

et celui des racines qui sont comprises entre ξ et $+1$, au plus égal au nombre des alternances de la suite

$$-\frac{1}{\xi-1} + \frac{14}{\xi-2} + \frac{14}{\xi+2} - \frac{1}{\xi+1} + \frac{2}{\xi}.$$

Faisons, par exemple, $\xi = 1 - \varepsilon$, la première suite devient

$$2 - \frac{1}{2} + \frac{14}{3} - 14 + \infty;$$

elle présente deux alternances : donc l'équation a dans l'intervalle $(0, +1)$ un nombre de racines égal à 0 ou à 2.

On arrive à la même conclusion en substituant dans la seconde suite $+\varepsilon$; elle devient, en effet,

$$+1 - 7 + 7 - 1 + \infty,$$

et cette suite présente également deux alternances.

4° ξ étant dans l'intervalle $(+1, +2)$, le nombre des racines qui sont comprises entre ξ et $+1$ est au plus égal au nombre des alternances de la suite

$$-\frac{1}{\xi-1} + \frac{2}{\xi} - \frac{1}{\xi+1} + \frac{14}{\xi+2} + \frac{14}{\xi-2},$$

et le nombre des racines qui sont comprises entre ξ et $+2$, au plus égal au nombre des alternances de la suite

$$\frac{14}{\xi-2} + \frac{14}{\xi+2} - \frac{1}{\xi+1} + \frac{2}{\xi} - \frac{1}{\xi-1}.$$

Faisons, par exemple, dans la deuxième suite $\xi = 1 + \varepsilon$, elle devient

$$-14 + \frac{14}{3} - \frac{1}{2} + 2 - \infty;$$

comme elle ne représente aucune alternance, l'équation n'a aucune racine dans l'intervalle considéré.

5° Considérons enfin l'intervalle $(+2, -2)$ qui contient l'infini; ξ étant dans cet intervalle, le nombre des racines qui sont comprises entre ξ et $+2$ est au plus égal au nombre des alternances de la suite

$$\frac{14}{\xi-2}-\frac{1}{\xi-1}+\frac{2}{\xi}-\frac{1}{\xi+1}+\frac{14}{\xi+2},$$

et le nombre des racines qui sont comprises entre ξ et -2, au plus égal au nombre des alternances de la suite

$$\frac{14}{\xi+2}-\frac{1}{\xi+1}+\frac{2}{\xi}-\frac{1}{\xi-1}+\frac{14}{\xi-2}.$$

Faisons, par exemple, dans la deuxième suite, $\xi=2+\varepsilon$, elle devient

$$\frac{7}{2}-\frac{1}{3}+1-1+\infty;$$

et, comme elle ne présente aucune alternance, l'équation proposée n'a aucune racine dans l'intervalle $(+2, -2)$.

30. L'équation précédente ne peut donc avoir de racines que dans les intervalles $(-1, 0)$ et $(0, +1)$.

Faisons $\xi=-\frac{3}{4}$ dans la suite (2), elle devient

$$-\frac{8}{3}+\frac{4}{7}-\frac{14.4}{11}+\frac{14.4}{5}-4,$$

et présente une alternance; l'équation a donc une racine et une seule comprise entre 0 et $-\frac{3}{4}$ et, par suite, une et une seule comprise entre $-\frac{3}{4}$ et -1.

En second lieu, faisons, dans la suite (3), $\xi=\frac{3}{4}$, elle devient

$$\frac{8}{3}-\frac{4}{7}+\frac{14.4}{11}-\frac{14.4}{3}+4;$$

comme elle ne présente qu'une alternance, il en résulte que l'intervalle $\left(0, \frac{3}{4}\right)$ comprend une seule racine et il en est de même, par suite, de l'intervalle $\left(\frac{3}{4}, 1\right)$.

On voit ainsi que l'équation proposée a toutes ses racines réelles; la première est comprise entre -1 et $-\frac{3}{4}$, la deuxième entre $-\frac{3}{4}$ et 0, la troisième entre zéro et $+\frac{3}{4}$, et la quatrième entre $+\frac{3}{4}$ et $+1$.

C'est ce qu'il est, du reste, aisé de vérifier, l'équation mise sous forme entière étant

$$(2x^2-1)(7x^2-4)=0\ (^1).$$

---

(1) Ce Mémoire formait les premiers Chapitres d'un Traité que Laguerre se proposait de publier sur la *théorie de la résolution des équations numériques*. La plupart des propositions qu'il renferme avaient été déjà exposées autre part par l'Auteur, mais d'une façon moins complète. C'est pourquoi, afin d'éviter des répétitions et de présenter les résultats sous la forme à laquelle Laguerre avait donné définitivement la préférence, nous avons cru devoir placer ce Mémoire en tête des contributions relatives à la théorie des équations, en dérogeant à la règle que nous nous sommes imposée de classer suivant l'ordre chronologique les travaux relatifs à un même sujet. E. R.

SUR LE ROLE DES ÉMANANTS

DANS LA

THÉORIE DES ÉQUATIONS NUMÉRIQUES.

Comptes rendus des séances de l'Académie des Sciences, t. LXXVIII; 1874.

On peut toujours considérer un polynôme algébrique, fonction de la variable x, comme provenant d'une forme homogène $f(x,y)$, dans laquelle on a fait $y=1$; dans tout ce qui suit, je supposerai que la variable y et les variables analogues y', η, η',... que je pourrai introduire soient toutes égales à l'unité.

1. Le premier émanant de la forme $f(x,y)$ est le polynôme $\xi\frac{df}{dx}+\eta\frac{df}{dy}$; les autres émanants s'obtiennent en opérant sur la forme donnée avec le symbole $\Delta=\left(\xi\frac{d}{dx}+\eta\frac{d}{dy}\right)$, et, pour abréger, je les désignerai par la notation $\Delta^i f(x,y)$. Ils jouent un rôle important dans la théorie de l'équation $f(x,y)=0$, et, à cet égard, j'énoncerai d'abord le théorème de Rolle sous la forme suivante :

Étant donnée une équation de degré m et à coefficients réels $f(x,y)=0$, si l'on pose, pour abréger,

$$\Omega=(x\eta-y\xi)\left(\xi\frac{df}{dx}+\eta\frac{df}{dy}\right),$$

où ξ désigne une quantité réelle quelconque,

1° *Deux racines consécutives de la proposée contiennent toujours un nombre impair de racines de l'équation $\Omega=0$;*

2° *Si toutes les racines de la proposée sont réelles, toutes celles de l'équation $\Omega=0$ sont également réelles et séparent celles de la proposée.*

Je ferai remarquer que l'on peut remplacer l'équation $\Omega = 0$ par l'équation

$$\left(x\frac{dF}{d\xi} + y\frac{dF}{d\eta}\right)\left(\frac{dF}{dx}\frac{dF}{d\eta} - \frac{dF}{d\xi}\frac{dF}{dy}\right) = 0,$$

dont deux racines sont en évidence, les autres pouvant être déterminées par la résolution d'une équation du degré $(m-2)$.

2. Soit une équation, de degré m, $f(x, y) = 0$, à coefficients réels ou imaginaires; représentons, avec Cauchy, ses m racines par m points du plan que nous appellerons les *points racines;* nous aurons les propositions suivantes :

Théorème I. — *Étant donné un cercle quelconque contenant tous les points racines de l'équation, et étant pris un point quelconque ξ en dehors de ce cercle, toutes les racines d'une quelconque des équations*

$$\Delta^i f(x, y) = 0,$$

que l'on obtient en égalant à zéro un émanant de l'équation proposée, sont également contenues dans l'intérieur de ce cercle.

Remarque. — Si toutes les racines de la proposée étaient en dehors du cercle, le point ξ étant situé en dedans, toutes les racines des équations, obtenues en égalant les émanants à zéro, seraient également en dehors du cercle.

Théorème II. — *Si deux points du plan ξ, ξ' satisfont à la relation*

$$\xi'\frac{df}{d\xi} + \eta'\frac{df}{d\eta} = 0,$$

tout cercle mené par ces deux points (passât-il même par un certain nombre de points racines, pourvu qu'il ne les contienne pas tous) *contient au moins un point racine; il y a en outre au moins un point racine à l'extérieur de ce cercle.*

Remarque I. — La même proposition a lieu si les deux points ξ et ξ' satisfont à l'une quelconque des équations

$$\left(\xi'\frac{d}{d\xi} + \eta'\frac{d}{d\eta}\right)^i f(\xi, \eta) = 0.$$

Remarque II. — En particulier, le cercle décrit sur $\xi\xi'$ comme diamètre contient au moins un point racine; si ξ est une valeur suffisamment approchée d'une racine x_1 de la proposée, ξ' sera lui-même très voisin de ξ, et le cercle ξ ayant $\xi\xi'$ pour diamètre contiendra nécessairement la racine x_1; il résulte même de ce qui précède que cette racine s'écartera très peu du diamètre. On peut rapprocher ce résultat de la méthode d'approximation donnée par Newton.

3. Cauchy a donné, dans son théorème sur les contours, relativement aux racines imaginaires, l'équivalent du théorème de Sturm. Les théorèmes beaucoup plus élémentaires, mais non moins importants, de Rolle et de Descartes, n'ont pas, jusqu'à présent, été étendus au cas des racines imaginaires. Les propositions précédentes, quoique très simples, pourront peut-être jeter quelque jour sur cette question; dans tous les cas, elles mettent indubitablement en évidence le rôle fondamental que jouent dans cette théorie les contours circulaires.

SUR UNE FORMULE NOUVELLE PERMETTANT D'OBTENIR,

PAR APPROXIMATIONS SUCCESSIVES,

LES RACINES D'UNE ÉQUATION

DONT TOUTES LES RACINES SONT RÉELLES.

Comptes rendus des séances de l'Académie des Sciences, t. LXXIX; 1874.

1. Dans ce qui suit, A et B désignant deux quantités quelconques, j'appellerai AB l'intervalle rempli par l'ensemble des valeurs que prend une variable qui, partant de la valeur initiale A, atteint en croissant constamment la valeur finale B. On voit que, si A est plus grand que B, l'intervalle AB contient la valeur $\pm\infty$.

Cela posé, on a la proposition suivante :

Théorème. — *Étant donnée une équation, de degré* n, $f(x) = 0$, dont toutes les racines sont réelles, *supposons que l'on ait déterminé deux nombres* A *et* B, *tels que l'intervalle* AB *comprenne une seule racine* ξ *de l'équation proposée; si l'on prend, dans cet intervalle, un nombre* α *arbitraire, tel que*

$$\alpha - \frac{nf(\alpha)}{f'(\alpha)}$$

soit comprise dans le même intervalle, la racine ξ *est nécessairement comprise dans l'intervalle* ba, *les quantités* a *et* b *étant déterminées par les formules*

$$a = \alpha + f(\alpha)\frac{(\alpha - A)f'(\alpha) - nf(\alpha)}{f(\alpha)f'(\alpha) + (\alpha - A)[f(\alpha)f''(\alpha) - f'^2(\alpha)]}$$

et

$$b = \alpha + f(\alpha)\frac{(\alpha - B)f'(\alpha) - nf(\alpha)}{f(\alpha)f'(\alpha) + (\alpha - B)[f(\alpha)f''(\alpha) - f'^2(\alpha)]}.$$

2. Cette méthode diffère, comme on le voit, profondément de celle de Newton, en ce qu'elle utilise non seulement les propriétés de l'équation dans le voisinage de la racine cherchée, mais encore la façon dont elle se comporte pour des valeurs assez éloignées de cette racine.

SUR LA

RÉSOLUTION DES ÉQUATIONS NUMÉRIQUES

DONT TOUTES LES RACINES SONT RÉELLES.

Comptes rendus des séances de l'Académie des Sciences, t. LXXIX; 1874.

1. Étant données deux quantités réelles quelconques A et B, j'appellerai *intervalle* AB l'ensemble des valeurs que prend une quantité variable partant de la valeur initiale A et acquérant, après avoir crû constamment, la valeur finale B. En représentant A et B par deux points d'un axe fixe, ayant respectivement ces quantités pour abscisses, on voit que, si A est plus grand que B, l'intervalle AB renferme le point situé à l'infini.

Je désignerai aussi par *cercle* AB la portion du plan limitée à la circonférence décrite sur AB comme diamètre et renfermant l'intervalle AB; en sorte que, si A est plus grand que B, le cercle AB s'étendra à l'infini.

Enfin je dirai que deux quantités A et B limitent les racines d'une équation, lorsque, des deux intervalles AB et BA, l'un renferme toutes les racines réelles de l'équation, tandis que l'autre n'en renferme aucune; qu'elles les séparent, lorsque chacun de ces intervalles enferme au moins une racine réelle de l'équation.

2. Cela posé, considérons une équation du degré n

$$f(x,y) = 0 \text{ [1]}, \tag{1}$$

ayant toutes ses racines réelles; en désignant par H son hessien et en représentant, pour abréger, $n^2(n-1)\mathrm{H}$ par $-\Delta$, on sait que Δ restera toujours positif, quelle que soit la valeur de la variable, et l'on pourra énoncer les propositions suivantes :

[1] La variable y, que j'introduis ici, pour l'homogénéité des formules, est égale à l'unité ainsi que les variables analogues y' et η.

Théorème I. — *Quelle que soit la valeur réelle attribuée à la variable* ξ, *si deux quantités réelles* x *et* x' *satisfont à la relation*

$$(2)\quad (x\eta - y\xi)(x'\eta - y'\xi)\Delta_\xi + \left(x\frac{df}{d\xi} + y\frac{df}{d\eta}\right)\left(x'\frac{df}{d\xi} + y'\frac{df}{d\eta}\right) = 0,$$

ces deux quantités séparent les racines de l'équation (1).

Théorème II. — *Étant données deux quantités quelconques* x *et* x', *ces deux quantités limitent ou séparent les racines de l'équation* (1), *suivant que l'équation* (2), *en y considérant* ξ *comme l'inconnue, a toutes ses racines imaginaires ou bien a des racines réelles.*

3. Le théorème I peut être mis sous une autre forme plus commode dans les applications. Si, donnant à ξ une valeur réelle fixe, nous faisons varier simultanément x et x' de façon à satisfaire à l'équation (2), nous voyons que les deux points x et x' forment sur l'axe deux *divisions en involution*, dont les points doubles (nécessairement imaginaires) sont donnés par l'équation

$$(x\eta - y\xi)^2\Delta_\xi + \left(x\frac{df}{d\xi} + y\frac{df}{d\eta}\right)^2 = 0.$$

En appelant m le point de l'axe dont l'abscisse est ξ, représentons par M le point du plan dont les coordonnées rectangulaires sont

$$u = \xi - \frac{nf\dfrac{df}{d\xi}}{\left(\dfrac{df}{d\xi}\right)^2 + \Delta_\xi}, \qquad v = -\frac{nf}{\left(\dfrac{df}{d\xi}\right)^2 + \Delta_\xi}\sqrt{\Delta_\xi}.$$

Lorsque m se déplacera sur l'axe, le point M (que j'appellerai le *point adjoint à* m) décrira une courbe (M), dont tous les points jouissent de la propriété suivante :

Théorème III. — *Si, par un point quelconque de la courbe* (M), *on mène deux droites rectangulaires entre elles, les deux points où elles rencontrent l'axe séparent les racines de la proposée.*

4. Concevons maintenant que l'on ait déterminé un intervalle

AB contenant une seule racine α de la proposée et un point M de la courbe (M) situé dans le cercle AB : on pourra toujours le faire, si l'on a une valeur suffisamment approchée de la racine; car, à mesure qu'un point de l'axe se rapproche de cette racine, le point adjoint s'en rapproche lui-même indéfiniment. Menons, par le point M, deux droites respectivement perpendiculaires à MA et MB, et rencontrant l'axe aux points a et b; d'après le théorème III, la racine α est comprise dans les intervalles Aa et bB, et, par suite, dans l'intervalle ba qui leur est commun.

On obtient ainsi deux limites de la racine d'autant plus rapprochées que le point M est plus voisin de la racine. La condition nécessaire et suffisante pour l'application de cette méthode est que le point M soit situé dans le cercle AB; dans la pratique il sera plus commode d'employer un autre critérium.

5. Soit, à cet effet, m un point de l'axe ayant pour abscisse ξ, et m' un autre point de l'axe ayant pour abscisse la valeur ξ' déduite de la relation $\xi' \frac{df}{d\xi} + \eta' \frac{df}{d\xi} = 0$.

Je dis que, si le point m' est compris dans l'intervalle AB, la méthode précédente peut toujours être employée. On vérifie, en effet, facilement que la circonférence décrite sur mm' comme diamètre passe par le point adjoint M; par hypothèse, cette circonférence est située dans le cercle AB : il en est donc de même du point M.

Le critérium précédent est d'une application plus facile que le premier; il conduit, en outre, à un procédé parfaitement régulier pour approcher indéfiniment de la racine cherchée.

On établira, en effet, facilement la proposition suivante :

Théorème IV. — *Ayant déterminé un intervalle* AB *comprenant une seule racine α de l'équation proposée, soit β une quantité prise dans l'intervalle* AB, *et telle que la quantité* $\beta - \frac{nf(\beta)}{f'(\beta)}$ *soit elle-même comprise dans cet intervalle; supposons, pour fixer les idées, que, quand une variable décrit dans le sens direct l'intervalle* AB, *elle passe par la valeur β avant de passer par la valeur* $\beta - \frac{nf(\beta)}{f'(\beta)}$.

Cela posé, en appelant m le point dont l'abscisse est β et M *le point qui lui est adjoint, nous mènerons par* M *une perpendiculaire à la ligne* MB *et coupant l'axe au point m_1. De même, par le point M_1 adjoint au point m_1, nous mènerons une droite perpendiculaire à M_1B et coupant l'axe au point m_2.*

En continuant ainsi, nous déterminerons sur l'axe une série de points m, m_1, m_2, ..., m_i et la série des points adjoints M, M_1, M_2, ..., M_i.

Les valeurs des abscisses des points m, m_1, m_2, ..., m_i formeront une suite de quantités s'approchant infiniment de la valeur α de la racine et toujours dans le même sens.

Pour avoir, quand on s'arrête à un terme quelconque de la série, m_i par exemple, une limite de l'erreur commise, il suffira de mener par le point M_{i-1} une perpendiculaire à la droite MA, *et de prendre son point d'intersection n_i avec l'axe; la racine α sera nécessairement comprise entre les points m_i et n_i.*

6. Les considérations et les constructions géométriques dont, pour plus de clarté, je me suis servi dans tout ce qui précède devront, dans les applications, être remplacées par des formules analytiques.

On obtiendra ainsi, en particulier, celles que j'ai données brièvement dans une Note que j'ai eu l'honneur de présenter récemment à l'Académie (24 août 1874) ([1]).

([1]) C'est la note de la page 51 du présent volume; d'ailleurs cette note, l'article actuel et le Mémoire suivant sont, en quelque sorte, inséparables.

E. R.

SUR LA

RÉSOLUTION DES ÉQUATIONS NUMÉRIQUES.

Nouvelles Annales de Mathématiques, 2e série, t. XVII; 1878.

I.

1. Soit une équation algébrique de degré n et à coefficients réels ou imaginaires; en prenant $\frac{x}{y}$ pour inconnue, elle peut s'écrire sous la forme suivante

$$f(x, y) = 0,$$

f désignant un polynôme homogène et du degré n par rapport aux quantités x et y; ou encore, en posant $z = \frac{x}{y}$,

$$F(z) = f(z, 1) = 0.$$

En prenant d'une façon arbitraire, dans un plan, deux droites rectangulaires pour axe des abscisses et pour axe des ordonnées, je conviendrai, suivant l'usage habituel, de représenter une quantité imaginaire $\alpha + \beta i$ par un point ayant α pour abscisse et β pour ordonnée.

Cela posé, $z = \frac{x}{y}$ étant une quantité imaginaire quelconque représentée par le point m du plan, j'appellerai *point dérivé du point m* le point μ représentant la quantité $\zeta = \frac{\xi}{\eta}$ déterminée par l'équation

$$\xi f'_y + \eta f'_y = 0.$$

On déduit de cette équation

$$\zeta = -\frac{f'_y}{f'_x},$$

ou, en vertu du théorème sur les fonctions homogènes,

$$\zeta = z - n\,\frac{F(z)}{F'(z)}.$$

Lorsque l'on considère z comme la valeur approchée d'une racine de l'équation $F(Z) = 0$, en désignant par z' la valeur que l'on en déduit pour cette racine, par la méthode de Newton, on a

$$z' = z - \frac{F(z)}{F'(z)};$$

d'où cette conclusion : Si m est un point du plan représentant une valeur approchée d'une racine de l'équation $F(Z) = 0$, et si la valeur approchée de cette racine, que l'on en déduit par la méthode de Newton, est représentée par le point m', le point μ dérivé du point m s'obtient en portant dans la direction mm', et à partir du point m, une longueur égale à $n \times mm'$.

2. J'établirai d'abord la proposition suivante :

Théorème I. — *Étant donnée une équation algébrique du degré n, si l'on prend un point m arbitrairement dans le plan et si l'on désigne par μ le point dérivé du point m, tout cercle passant par les deux points m et μ, s'il ne passe pas par toutes les racines de l'équation, contient au moins une de ces racines; et, dans ce cas, une au moins des racines est située à l'extérieur du cercle.*

Pour démontrer cette proposition, je remarquerai que, α, β, γ, δ désignant des quantités imaginaires quelconques, les différents points représentés par l'expression

$$Z = \frac{\alpha + \beta t}{\gamma + \delta t},$$

quand on donne à t toutes les valeurs *réelles* possibles, sont situés sur un même cercle, et que, pour deux valeurs imaginaires quelconques de t, les points représentant les valeurs correspondantes de z sont situés du même côté par rapport au contour du cercle, ou de côtés différents, suivant que, dans les valeurs de la variable t, les coefficients de i sont de même signe ou de signes contraires.

Cela posé, $z = \frac{x}{y}$ ayant une valeur quelconque et ζ étant déterminé par l'équation

$$\zeta = \frac{\xi}{\eta} = -\frac{f'_y}{f'_x},$$

l'expression

$$Z = \frac{tx - \lambda f'_y}{ty - \lambda f'_x},$$

quand on y donne à t toutes les valeurs réelles, représente un cercle passant par le point m représentant z, puisque, pour $t = \infty$, on a $Z = \frac{x}{y}$; ce cercle passe également par le point dérivé μ représentant ζ, puisque, pour $t = 0$, on a

$$Z = -\frac{f'_y}{f'_x}.$$

On voit ainsi, à cause de l'indétermination de λ, que l'expression précédente représente, pour des valeurs réelles de t, les différents points d'un cercle quelconque passant par les deux points m et μ et, d'après ce que j'ai dit plus haut, pour démontrer la proposition énoncée, il suffira de prouver que l'équation

$$F\left(\frac{tx - \lambda f'_y}{tx + \lambda f'_x}\right) = 0,$$

si elle admet des racines imaginaires, admet au moins une racine où le coefficient de i est positif et une racine où ce coefficient est négatif.

L'équation précédente peut s'écrire ainsi :

$$f(tx - \lambda f'_y, ty + \lambda f'_x) = 0,$$

ou, en développant suivant les puissances de t,

$$(1) \qquad At^n + Bt^{n-2} + Ct^{n-3} + \ldots = 0.$$

Le coefficient de t^{n-1} dans cette équation est égal à zéro; un calcul facile montre, en effet, qu'il est égal à

$$\lambda(f'_x f'_y - f'_x f'_y).$$

De là résulte que la somme des racines de l'équation (1) est nulle;

en désignant donc par $a+bi$, $a'+b'i$, ... ces racines, on a

$$\Sigma(a+bi)=0,$$

d'où

$$\Sigma b=0;$$

et, par suite, si toutes les valeurs de b ne sont pas nulles, il y a au moins deux de ces valeurs qui sont de signes contraires, ce qui démontre la proposition énoncée.

3. Théorème II. — *Étant donnés un cercle quelconque qui renferme toutes les racines de l'équation $f(X, Y)=0$ et un point $\zeta=\frac{\xi}{\eta}$, situé en dehors de ce cercle, tous les points $z=\frac{x}{y}$, définis par l'équation*

$$\xi f'_x+\eta f'_y=0,$$

sont situés dans l'intérieur du cercle.

En effet, z désignant l'un quelconque des points ainsi définis, ζ est son point dérivé; si z n'était pas situé dans l'intérieur du cercle, par les deux points z et ζ qui lui sont tous deux extérieurs, on pourrait mener un cercle renfermant dans son intérieur le cercle donné et, par suite, toutes les racines, ce qui est contraire à la proposition précédente. Le théorème est donc démontré.

On démontrerait de même la proposition suivante :

Étant donnés un cercle quelconque à l'extérieur duquel sont situées toutes les racines de l'équation

$$f(X, Y)=0,$$

et un point $\zeta=\frac{\xi}{\eta}$, situé dans l'intérieur de ce cercle, tous les points $z=\frac{x}{y}$, définis par l'équation

$$\xi f'_x+\eta f'_y=0,$$

sont situés à l'extérieur de ce cercle.

4. Étant donnée une équation de degré n, $F(z)=0$, et m étant le point représentatif d'une valeur z, approchée d'une racine de cette équation, désignons par m' le point représentatif de la valeur approchée de cette racine que donne la méthode de Newton. Le

point μ dérivé de m s'obtient en portant, à partir de m dans la direction mm', une longueur égale à $n \times mm'$, et tout cercle passant par les points m et μ contient au moins une racine de l'équation.

En particulier, le cercle décrit sur $m\mu$ comme diamètre contiendra une racine, et, si m est suffisamment voisin de la racine, m sera très voisin de m' et par conséquent de μ; le cercle dont je viens de parler aura donc un rayon très petit et contiendra la racine cherchée.

Dans tous les cas, on peut énoncer la proposition suivante :

Quelle que soit la quantité z, il y a au moins une racine de l'équation $F(z) = 0$ *dont la différence avec l'expression*

$$z - \frac{F(z)}{F'(z)}$$

a un module moindre que $(n-1)$ *fois le module de* $\frac{F(z)}{F'(z)}$.

II.

Examen du cas où toutes les racines de l'équation sont réelles.

5. Considérons une équation du degré n, $F(z) = 0$, ayant toutes ses racines réelles.

Soit la courbe dont l'équation est $u = F(z)$, prenons un point quelconque M sur cette courbe et par ce point menons une parallèle à l'axe des u et la tangente à la courbe. Soient respectivement P et T les points où ces droites coupent l'axe des z; portons sur cet axe, à partir du point P et dans la direction PT, une longueur PT' égale à $n \times$ PT.

Du théorème I et de l'interprétation géométrique de la méthode de Newton, on déduit immédiatement la proposition suivante :

La courbe dont l'équation est $u = F(z)$ *rencontre au moins une fois l'axe des z entre les points* T *et* T'.

6. Cette propriété n'est qu'un cas particulier d'une propriété beaucoup plus générale.

Convenons, comme précédemment, de représenter une quantité imaginaire quelconque $\alpha + \beta i$ par un point d'un plan ayant respectivement α et β pour abscisse et pour ordonnée relativement à deux axes rectangulaires arbitrairement choisis.

L'équation $F(z) = 0$ ayant toutes ses racines réelles, ces diverses racines seront représentées par divers points de l'axe des abscisses.

Cela posé, j'énoncerai d'abord la proposition suivante :

La condition nécessaire et suffisante pour qu'une équation $F(z) = 0$ *ait toutes ses racines réelles est que chaque point du plan et son point dérivé soient situés de part et d'autre de l'axe des abscisses.*

En effet, si un point m et son point dérivé μ se trouvaient d'un même côté relativement à l'axe des abscisses, on pourrait, par les deux points m et μ, faire passer un cercle situé entièrement d'un même côté par rapport à cet axe. L'équation, en vertu du théorème I, aurait donc au moins une racine imaginaire, ce qui est contraire à l'hypothèse.

Réciproquement, si l'équation a des racines imaginaires, on peut trouver une infinité de points dont les points dérivés sont situés du même côté relativement à l'axe des abscisses.

Il suffit pour le démontrer de remarquer que, quand un point m du plan tend vers une racine ζ de l'équation, le point dérivé μ tend vers la même racine; en prenant m suffisamment rapproché de ζ, on pourra évidemment faire en sorte que le point dérivé soit situé du même côté relativement à l'axe des abscisses.

La proposition précédente est donc entièrement établie.

7. La droite $\alpha\beta$ désignant l'axe des abscisses (*fig.* 1), soit M un point quelconque du plan et μ son point dérivé. Comme je viens de le faire remarquer, les deux points M et μ sont situés de part et d'autre de l'axe des abscisses; menons par ces points un cercle quelconque, et soient H et K les points où ce cercle coupe l'axe $\alpha\beta$.

En vertu du théorème I, le cercle renferme au moins une racine, et comme, par hypothèse, toutes les racines de l'équation sont réelles, cette racine est comprise entre les points H et K.

Les points M et μ restant fixes, on peut faire varier le cercle, et l'on obtiendra ainsi une infinité de segments analogues à HK et tels que chacun d'eux renfermera au moins une racine. Soit I le

Fig. 1.

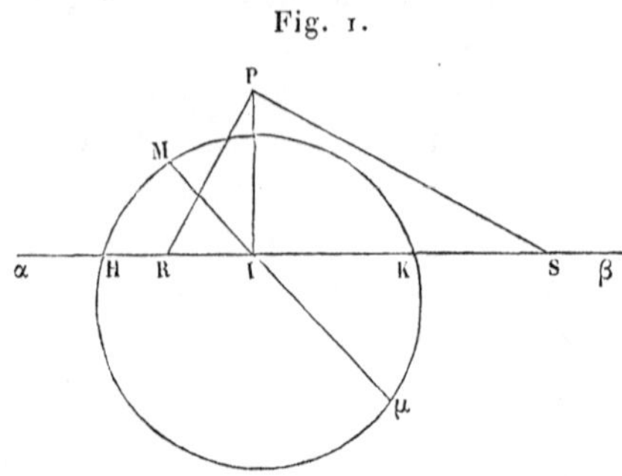

point de rencontre de Mμ avec l'axe ; au point I, élevons une perpendiculaire IP, telle que $\overline{\text{IP}}^2 = \overline{\text{MI}} \times \mu\text{I}$.

Les divers segments dont je viens de parler sont vus du point P sous un angle droit.

A chaque point M du plan correspond donc un point P, défini comme je viens de le dire et jouissant de la propriété énoncée dans la proposition suivante :

Si, par le point P, *on mène deux droites rectangulaires quelconques interceptant sur l'axe un segment* RS, *ce segment renferme au moins une racine de l'équation et en renferme au plus* $(n - 1)$.

En considérant diverses positions du point M, on obtiendra autant de positions du point correspondant P. Il est facile de se rendre compte comment ces points P sont distribués dans le plan.

Supposons, pour fixer les idées, que l'équation soit du troisième degré et désignons par a, b, c (*fig.* 2) les points qui, sur l'axe $\alpha\alpha'$, représentent les racines de l'équation.

Sur chacun des trois segments ab, bc et ca comme diamètres décrivons une demi-circonférence : nous obtiendrons ainsi trois arcs de cercle formant une sorte de triangle curviligne $ac'ba'cb'a$.

En examinant la figure, on verra facilement que deux droites rectangulaires quelconques passant par un point situé dans l'intérieur de ce triangle interceptent sur l'axe un segment renfermant au moins une racine de l'équation et en renfermant au plus deux. Au contraire, si l'on prend arbitrairement un point en dehors de ce triangle, on peut toujours par ce point mener deux droites

Fig. 2.

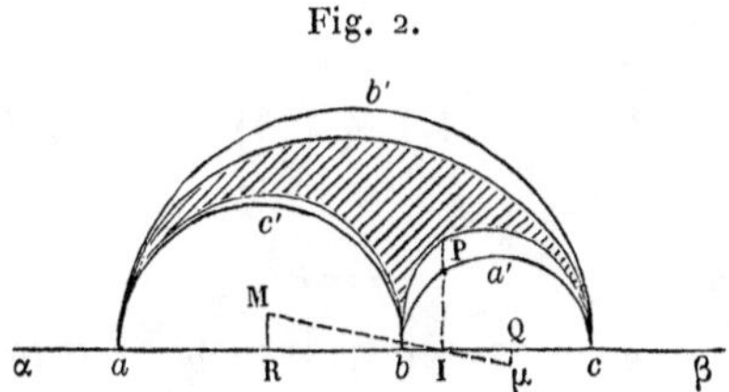

rectangulaires interceptant sur l'axe un segment ne comprenant aucune racine de l'équation ou les comprenant toutes.

Tous les divers points P couvrent donc une portion du plan comprise tout entière dans le triangle curviligne $ac'ba'cb'a$, et il est facile de voir que la courbe qui la limite est tangente aux cercles aux points a, b, c et a un rebroussement en chacun de ces points.

Dans la *fig.* 2, cette portion du plan a été couverte de hachures.

REMARQUES SUR QUELQUES POINTS

DE LA

THÉORIE DES ÉQUATIONS NUMÉRIQUES.

Nouvelles Annales de Mathématiques, 2e série, t. XVII; 1878.

1. Étant donné un polynôme $f(x)$, du degré n, on sait le rôle important que joue sa dérivée $f'(x)$ dans la résolution de l'équation $f(x) = 0$.

Dans la plupart des cas, on peut remplacer cette dérivée par le polynôme

$$\varphi(x) = (\lambda - x)f'(x) + nf(x),$$

qui renferme une constante arbitraire λ et qui, quel que soit λ, est généralement, ainsi que la dérivée, du degré $(n - 1)$.

2. Supposons, par exemple, qu'en effectuant sur $f(x)$ et $\varphi(x)$ l'opération du plus grand commun diviseur, en changeant de signe tous les restes, nous formions une suite de polynômes $f, \varphi, \varphi_1, \varphi_2, \ldots$, analogues à ceux que l'on forme, dans la méthode de Sturm, en prenant pour point de départ les polynômes f et f'.

Sans entrer dans les détails de la démonstration, on voit clairement que, si l'on fait varier x, la suite des termes $f, \varphi, \varphi_1, \ldots$ ne peut perdre de variations que quand $f(x)$ s'annule. Dans ce cas, l'expression

$$\frac{\varphi(x)}{f(x)} = n + (\lambda - x)\frac{f'(x)}{f(x)}$$

passe évidemment du positif au négatif si $x > \lambda$, et du négatif au positif si $x < \lambda$.

D'où la proposition suivante, due à M. Hermite [1] :

Si, dans la suite des polynômes f, φ, φ_1, φ_2, ..., on substitue deux nombres α et β ($\alpha < \beta$), l'excès du nombre des variations de cette suite pour $x = \alpha$, sur le nombre des variations de cette suite pour $x = \beta$, est égal à l'excès du nombre des racines de l'équation $f(x) = 0$, comprises entre α et β et plus petites que λ, sur le nombre de ces racines qui sont plus grandes que λ.

Il est clair que la proposition précédente peut servir aux mêmes usages que le théorème de Sturm, en ayant soin, lorsque l'on veut déterminer le nombre des racines réelles comprises entre α et β, de substituer le nombre λ dans la suite, si λ est compris entre α et β.

Je remarquerai maintenant que l'on peut toujours déterminer λ de telle sorte que le polynôme $\varphi(x)$ s'abaisse au degré $(n-2)$. On aura, par suite, une division de moins à faire que dans l'application de la méthode de Sturm; ce qui, dans certains cas, pourra être plus avantageux.

3. Je prendrai, comme second exemple, la séparation des racines d'une équation du cinquième degré.

M. Maleyx, qui a, dans ce Journal, publié plusieurs Notes intéressantes sur la séparation des racines [2], a remarqué que les racines de l'équation du cinquième degré pouvaient être séparées en résolvant deux équations du deuxième degré.

Le procédé suivant sera peut-être plus commode dans la pratique.

En désignant par $f(x)$ un polynôme du cinquième degré, déterminons λ de telle sorte que le polynôme

$$\varphi(x) = (\lambda - x) f'(x) + 5 f(x)$$

s'abaisse au troisième degré; puis effectuons la division de f par φ. Nous obtiendrons l'équation

$$f = \varphi Q + R,$$

où Q et R sont des polynômes du second degré.

(1) *Mémoire sur l'équation du cinquième degré*, p. 31.

(2) *Nouv. Ann*, 2e série, t. XI, p. 404, et t. XIII, p. 385.

En remplaçant φ par sa valeur, la relation précédente peut s'écrire

$$f(1-5Q) = (\lambda - x)\,Q\,f'(x) + R;$$

on en conclut que les racines de $f(x) = 0$ sont séparées par les racines des équations

$$x - \lambda = 0, \qquad Q = 0, \qquad R = 0,$$

dont une est du premier degré et les deux autres du second seulement.

SUR LA

RÈGLE DES SIGNES DE DESCARTES[1]

Nouvelles Annales de Mathématiques, 2e série, t. XVIII; 1879.

4. Pour appliquer cette proposition [2] à la recherche du nombre des racines positives de l'équation

$$(4) \qquad f(x) = 0,$$

où $f(x)$ désigne un polynôme entier, je choisirai un polynôme $\varphi(x)$, assujetti à la seule condition que le développement de $\frac{f(x)}{\varphi(x)}$ suivant les puissances croissantes de x ne renferme qu'un nombre limité de variations.

Cela posé, A désignant le plus petit des modules des racines de l'équation $\varphi(x) = 0$, ce développement est convergent pour toutes les valeurs positives de x plus petites que A et est divergent pour $x = A$; il s'annule d'ailleurs pour toutes les racines positives de l'équation (4) qui sont inférieures à A.

On peut donc énoncer cette proposition :

Le polynôme $\varphi(x)$ satisfaisant à la condition ci-dessus énoncée, le nombre des racines positives de l'équation $f(x) = 0$, dont la valeur est inférieure à A, est au plus égal au nombre des variations du développement de $\frac{f(x)}{\varphi(x)}$ suivant les puissances croissantes de x, et, s'il lui est inférieur, la différence est un nombre pair.

5. En considérant seulement les cas les plus simples, soit d'a-

---

(1) Nous avons supprimé les trois premiers numéros de ce Mémoire qui ne sont que la reproduction des pages 3, 4 et 5 du présent Volume. E. R.

(2) C'est la proposition dont l'énoncé est imprimé en italiques à la page 5. E. R.

bord $\varphi(x) = p - x$, p désignant un nombre quelconque positif.

Soit n le degré de $f(x)$; en désignant par P un polynôme du degré $(n - 1)$, on a identiquement

$$\frac{f(x)}{p-x} = \mathrm{P} + \frac{f(p)}{p-x} = \mathrm{P} + f(p)\left(\frac{1}{p} + \frac{x}{p^2} + \frac{x^2}{p^3} + \ldots\right).$$

On voit que tous les termes de ce développement ont, à partir du coefficient de x^n, le même signe. D'ailleurs, ce développement est convergent pour toutes les valeurs positives de x inférieures à p; donc le nombre des racines positives de l'équation $f(x) = 0$, dont la valeur est inférieure à p, est au plus égal au nombre des variations que présentent les termes du développement de $\frac{f(p)}{p-x}$ dont le degré ne dépasse pas n.

Comme il s'agit seulement d'obtenir les signes des termes de ce développement et que p est positif, on peut remplacer l'expression $\frac{f(x)}{p-x}$ par $\frac{f(px)}{p(1-x)}$, ou encore par la suivante :

$$\frac{f(px)}{1-x} = f(px)(1 + x + x^2 + x^3 + \ldots);$$

d'où cette proposition :

Étant donnée l'équation

$$\mathrm{A}_0 x^n + \mathrm{A}_1 x^{n-1} + \mathrm{A}_2 x^{n-2} + \ldots + \mathrm{A}_{n-1} x + \mathrm{A}_n = 0,$$

le nombre des racines positives de cette équation, dont la valeur est inférieure au nombre positif p, est au plus égal au nombre des variations de la suite

$$\begin{array}{r}
\mathrm{A}_0 p^n + \mathrm{A}_1 p^{n-1} + \mathrm{A}_2 p^{n-2} + \ldots + \mathrm{A}_{n-2} p^2 + \mathrm{A}_{n-1} p + \mathrm{A}_n,\\
\mathrm{A}_1 p^{n-1} + \mathrm{A}_2 p^{n-2} + \ldots + \mathrm{A}_{n-2} p^2 + \mathrm{A}_{n-1} p + \mathrm{A}_n,\\
\mathrm{A}_2 p^{n-2} + \ldots + \mathrm{A}_{n-2} p^2 + \mathrm{A}_{n-1} p + \mathrm{A}_n,\\
\ldots\ldots\ldots\ldots\ldots\ldots\ldots\ldots,\\
\ldots\ldots\ldots\ldots\ldots\ldots\ldots,\\
\mathrm{A}_{n-2} p^2 + \mathrm{A}_{n-1} p + \mathrm{A}_n,\\
\mathrm{A}_{n-1} p + \mathrm{A}_n,\\
\mathrm{A}_n;
\end{array}$$

et, s'il lui est inférieur, la différence est un nombre pair.

6. En désignant toujours par p un nombre quelconque positif, faisons en second lieu

$$\varphi(x) = (p - x)^2.$$

On a identiquement, P étant un polynôme entier du degré $(n - 2)$,

$$\begin{aligned}
\frac{f(x)}{(p-x)^2} &= \mathrm{P} + \frac{f(p)}{(p-x)^2} - \frac{f'(p)}{p-x} \\
&= \mathrm{P} + \frac{f(p)}{p^2}\left[1 - p\,\frac{f'(p)}{f(p)}\right] \\
&\quad + \frac{f(p)}{p^3}\left[2 - p\,\frac{f'(p)}{f(p)}\right]x + \ldots \\
&\quad + \frac{f(p)}{p^{n+1}}\left[n - p\,\frac{f'(p)}{f(p)}\right]x^{n-1} \\
&\quad + \frac{f(p)}{p^{n+1}}\left[n + 1 - p\,\frac{f'(p)}{f(p)}\right]x^{n} \\
&\quad + \frac{f(p)}{p^{n+3}}\left[n + 2 - p\,\frac{f'(p)}{f(p)}\right]x^{n+1} + \ldots
\end{aligned}$$

Le nombre des variations du second membre se compose d'abord des variations du polynôme entier Q, formé des termes du développement de $\frac{f(x)}{(p-x)^2}$ dont l'exposant est inférieur à n, et ensuite des variations des termes de la suite

$$n - p\,\frac{f'(p)}{f(p)}, \quad n + 1 - p\,\frac{f'(p)}{f(p)}, \quad n + 2 - p\,\frac{f'(p)}{f(p)}, \quad \ldots.$$

Comme ces termes vont toujours en croissant, la suite ne peut présenter qu'une variation, et elle la présentera effectivement si le nombre $n - p\,\frac{f'(p)}{f(p)}$ est négatif.

Au lieu du développement de $\frac{f(x)}{(p-x)^2}$, on peut évidemment considérer le suivant :

$$\frac{f(px)}{(1-x)^2} = f(px)(1 + 2x + 3x^2 + 4x^3 + \ldots)$$

et énoncer cette proposition :

Étant donnée l'équation

$$f(x) = \mathrm{A}_0 x^n + \mathrm{A}_1 x^{n-1} + \mathrm{A}_2 x^{n-2} + \ldots + \mathrm{A}_{n-2} x^2 + \mathrm{A}_{n-1} x + \mathrm{A}_n,$$

si λ désigne le nombre des racines de l'équation

$$f(x) = 0$$

positives et inférieures au nombre positif p, et μ le nombre des variations des termes de la suite

$$\begin{array}{r} A_1 p^{n-1} + 2A_2 p^{n-2} + \ldots + (n-2)A_{n-2}p^2 + (n-1)A_{n-1}p + nA_n, \\ A_2 p^{n-2} + \ldots + (n-3)A_{n-2}p^2 + (n-2)A_{n-1}p + (n-1)A_n, \\ \ldots\ldots\ldots\ldots\ldots\ldots\ldots\ldots\ldots\ldots\ldots\ldots \\ \ldots\ldots\ldots\ldots\ldots\ldots\ldots\ldots \\ A_{n-2}p^2 + 2A_{n-1}p + 3A_n, \\ A_{n-1}p + 2A_n, \\ A_n, \end{array}$$

le nombre λ est au plus égal au nombre $(\mu + 1)$, et leur différence est un nombre impair si la quantité $n - p\dfrac{f'(p)}{f(p)}$ est positive ou nulle; la différence est zéro ou un nombre pair si cette quantité est négative.

7. Soient p et q deux nombres positifs quelconques assujettis à la seule condition que q soit plus grand que p; faisons

$$\varphi(x) = (p - x)(q - x).$$

Le développement en série de $\dfrac{f(x)}{(p-x)(q-x)}$ est convergent pour toutes les valeurs positives de x inférieures à p, et l'on a identiquement, P désignant un polynôme entier du degré $(n-2)$,

$$\begin{aligned} \frac{f(x)}{(p-x)(q-x)} &= P + \frac{f(p)}{q-p}\,\frac{1}{p-x} - \frac{f(q)}{q-p}\,\frac{1}{q-x} \\ &= P + \frac{1}{q-p}\left\{ \frac{f(p)}{q}\left[\frac{q}{p} - \frac{f(q)}{f(p)}\right] \right. \\ &\quad + \frac{f(p)}{q^2}\left[\frac{q^2}{p^2} - \frac{f(q)}{f(p)}\right] x + \ldots \\ &\quad + \frac{f(p)}{q^n}\left[\frac{q^n}{p^n} - \frac{f(q)}{f(p)}\right] x^{n-1} \\ &\quad + \frac{f(p)}{q^{n+1}}\left[\frac{q^{n+1}}{p^{n+1}} - \frac{f(q)}{f(p)}\right] x^n \\ &\quad \left. + \frac{f(p)}{q^{n+2}}\left[\frac{q^{n+2}}{p^{n+2}} - \frac{f(q)}{f(p)}\right] x^{n+1} + \ldots \right\}. \end{aligned}$$

Le nombre des variations du second membre se compose d'abord des variations du polynôme entier Q, formé des termes du développement de $\frac{f(x)}{(p-x)(q-x)}$ dont l'exposant est inférieur à n, et ensuite des variations des termes de la suite

$$\frac{q^n}{p^n}-\frac{f(q)}{f(p)},\quad \frac{q^{n+1}}{p^{n+1}}-\frac{f(q)}{f(p)},\quad \frac{q^{n+2}}{p^{n+2}}-\frac{f(q)}{f(p)},\quad \cdots.$$

Or, $\frac{q}{p}$ étant plus grand que 1, les termes de cette suite vont toujours en croissant et ne peuvent présenter qu'une variation; elle se présentera si $\frac{q^n}{p^n}-\frac{f(q)}{f(p)}$ est négatif.

Si l'on se reporte à ce que j'ai dit plus haut, on peut donc énoncer la proposition suivante :

En désignant par $f(x)$ un polynôme entier du degré n, et par p et q deux nombres positifs arbitraires, mais dont le second soit supérieur au premier, soient λ le nombre des racines positives de l'équation $f(x)=0$ qui sont inférieures à p, et μ le nombre des variations du polynôme formé des termes du développement de

$$\frac{f(x)}{(p-x)(q-x)},$$

dont l'exposant est inférieur à n; le nombre μ est au plus égal au nombre $(\lambda+1)$, et leur différence est un nombre impair si la quantité

$$\frac{q^n}{p^n}-\frac{f(q)}{f(p)}$$

est positive ou nulle; elle est zéro ou un nombre pair si cette quantité est négative.

SUR LA

DÉTERMINATION D'UNE LIMITE SUPÉRIEURE

DES RACINES D'UNE ÉQUATION

ET SUR LA

SÉPARATION DES RACINES.

Comptes rendus des séances de l'Académie des Sciences, t. LXXXIX; 1879 [1].
Nouvelles Annales de Mathématiques, 2ᵉ série, t. XIX; 1880.

I.

1. Étant donnée une équation du degré m

$$f(x) = 0, \tag{1}$$

dans laquelle le coefficient de x^m est supposé positif, Newton a fait connaître une méthode très élégante pour obtenir une limite supérieure des racines positives de cette équation; elle consiste, comme on le sait, à déterminer une quantité a qui rende positives toutes les fonctions

$$f(x), \quad f'(x), \quad f''(x), \quad \ldots, \quad f^{m-1}(x), \quad f^m(x).$$

L'application de la méthode de Newton ne laisse pas que d'être assez longue dans la pratique, le calcul numérique des termes de la suite

$$f(a), \quad f'(a), \quad \ldots, \quad f^{m-1}(a), \quad f^m(a) \tag{2}$$

étant d'autant plus pénible que la connaissance de quelques-uns des termes de cette suite ne facilite en aucune façon le calcul des autres termes.

2. En posant

$$f(x) = A_0 x^m + A_1 x^{m-1} + a_2 x^{m-2} + \ldots + A_{m-1} x + A_m,$$

[1] L'article des *Comptes rendus* se compose des nᵒˢ 5, 7, 9 et 10 du présent Mémoire. E. R.

je considérerai la suite des polynômes

$$(3)\quad \begin{cases} f_m(x) = A_0, \\ f_{m-1}(x) = A_0 x + A_1, \\ f_{m-2}(x) = A_0 x^2 + A_1 x + A_2, \\ \ldots\ldots\ldots\ldots\ldots\ldots\ldots\ldots, \\ f_1(x) = A_0 x^{m-1} + A_1 x^{m-2} + \ldots + A_{m-1}, \\ f(x) = A_0 x^m + A_1 x^m + \ldots + A_{m-1} x + A_m, \end{cases}$$

dont le dernier est précisément le premier membre de l'équation proposée.

Les valeurs que prennent ces polynômes pour une valeur donnée de la variable égale à a se calculent aisément par voie récurrente; on a, en effet, la relation bien connue

$$f_i(a) = a f_{i+1}(a) + A_{m-i},$$

et les quantités

$$f_m(a),\quad f_{m-1}(a),\quad \ldots,\quad f_1(a),\quad f(a)$$

se rencontrent d'elles-mêmes quand on veut obtenir le résultat de la substitution de a dans $f(x)$.

Cela posé, *si un nombre positif a rend positifs tous les polynômes de la suite* (3), *ce nombre est une limite supérieure des racines de l'équation* $f(x) = 0$.

On a, en effet, identiquement,

$$f(x) = (x - a)[f_m(a) x^{m-1} + f_{m-1}(a) x^{m-2} + \ldots + f_1(a)] + f(a),$$

et il est bien clair que, sous les conditions énoncées ci-dessus, le polynôme $f(x)$ a une valeur positive pour toutes les valeurs de x supérieures à a; on peut même ajouter que, pour ces valeurs, $f(x)$ va toujours en croissant avec x, d'où il résulte que a est une limite supérieure des racines de l'équation $f(x) = 0$ et de l'équation $f'(x) = 0$.

3. Pour trouver une limite supérieure des racines de l'équation (1), on essayera donc d'abord la racine α de l'équation

$$f_{m-1}(x) = A_0 x + A_1 = 0,$$

et l'on calculera de proche en proche les diverses expressions

$$f_{m-2}(\alpha),\quad f_{m-3}(\alpha),\quad \ldots;$$

ce sont, du reste, les nombres que l'on a à calculer quand on veut trouver la valeur de $f(\alpha)$.

Si tous ces nombres sont positifs, α est une limite des racines de l'équation proposée; sinon, on essayera le nombre entier consécutif et l'on poursuivra les opérations jusqu'à ce qu'on arrive à un nombre β tel que tous les nombres intermédiaires qui se présentent dans le calcul de $f(\beta)$ soient tous positifs.

4. Comme application, considérons l'équation

$$f(x) = x^5 - 10x^4 - 32x^3 + 7x^2 - 500x - 120 = 0,$$

à laquelle est appliquée la méthode de Newton dans l'*Algèbre* de M. Briot [1].

En cherchant le résultat de la substitution de 10 dans $f(x)$, on rencontre le nombre suivant

$$-32;$$

10 est donc trop faible.

En substituant 11, on obtient les nombres

$$+1,\quad +1,\quad -21;$$

ce dernier nombre étant négatif, 11 est trop faible.

En substituant 12, on obtient les nombres

$$+1,\quad +2,\quad -8;$$

12 est donc trop faible.

En substituant 13, on obtient les nombres

$$+1,\quad +3,\quad +7,\quad 1183-500,\quad 13(1183-500)-120;$$

tous ces nombres étant positifs, on en conclut que 13 est une limite supérieure des racines de l'équation proposée. C'est précisément la limite entière à laquelle conduit l'application de la méthode de Newton.

---

[1] *Leçons d'Algèbre*, 8e édition, p. 298.

II.

5. Les signes des termes de la suite (3), dont les valeurs se présentent d'elles-mêmes quand on calcule la valeur numérique de $f(a)$, peuvent servir à déterminer une limite supérieure du nombre des racines de l'équation, supérieures au nombre a, ce nombre étant d'ailleurs supposé positif.

On a, en effet, la proposition suivante :

Si a est un nombre positif, le nombre des variations de la suite (3) *est au plus égal au nombre des racines de l'équation* (1) *qui sont supérieures à a, et, s'il est plus grand, la différence de ces deux nombres est un nombre pair.*

Pour la démontrer, je considère l'identité

$$\frac{f(x)}{x-a} = f_m(a)x^{m-1} + f_{m-1}(a)x^{m-2} + \ldots + f_1(a) + \frac{f(a)}{x-a};$$

pour des valeurs de x supérieures à a, le second membre est développable en une série convergente procédant suivant les puissances décroissantes de x, et l'on a

$$(4) \quad \left\{ \begin{aligned} \frac{f(x)}{x-a} &= f_m(a)x^{m-1} + f_{m-1}(a)x^{m-2} + \ldots \\ &\quad + f_1(a) + \frac{f(a)}{x} + \frac{af(a)}{x^2} + \frac{a^2f(a)}{x^3} + \ldots . \end{aligned} \right.$$

Comme je l'ai démontré dans une Note antérieure, *Sur la règle des signes de Descartes* [1], le nombre des racines de l'équation (1) qui sont supérieures à a est au plus égal au nombre des variations de la série qui compose le second membre de la relation (4). Ce nombre est d'ailleurs le même que le nombre des variations de la suite (3); la proposition est donc démontrée.

6. Comme application, je considérerai l'équation

$$(5) \qquad x^5 - 3x^3 + x^2 - 8x - 10 = 0,$$

étudiée par Briot dans ses *Leçons d'Algèbre* (p. 326).

---

[1] Page 3.

En calculant successivement le résultat de la substitution dans le premier membre de l'équation (1) des nombres 0, 1, 2 et 3, on forme le Tableau suivant :

x.	$f_5(x)$.	$f_3(x)$.	$f_2(x)$.	$f_1(x)$.	$f(x)$.
0	+1	−3	+1	−8	−10
+1	+1	−2	−1	−9	−19
+2	+1	+1	+3	−2	−14
+3	+1	+6	+19	+49	+137

Tous les nombres relatifs à $+3$ étant positifs, on en conclut d'abord que $+3$ est une limite supérieure des racines de l'équation (5); c'est le résultat auquel arrive Briot en groupant les termes du premier membre de l'équation de la façon suivante :

$$(x^5 - 3x^3 - 8x - 10) + x^2.$$

De plus, les nombres relatifs à $+2$ présentant une seule variation, on est certain qu'il y a une racine entre $+2$ et $+3$, et qu'il n'y en a qu'une; Briot arrive aussi à cette conclusion en étudiant la dérivée de l'équation proposée.

D'ailleurs, les nombres relatifs à $+1$ ne présentant non plus qu'une seule variation, on en conclut qu'il n'y a aucune racine entre $+1$ et $+2$; et, comme il est évident que, quand x varie entre 0 et $+1$, le premier membre de l'équation (5) demeure négatif, on voit que cette équation a une seule racine positive comprise entre 2 et $+3$.

III.

7. Des considérations semblables permettent de déterminer une limite supérieure du nombre des racines comprises entre deux nombres *positifs* a et b.

Soit, en effet, l'équation

$$f(x) = 0. \tag{1}$$

Supposons $a < b$ et effectuons la division de $f(x)$ par le trinôme $(x-a)(x-b)$; en désignant par $Mx + N$ le reste de la division, nous obtiendrons un résultat de la forme suivante :

$$\frac{f(x)}{(x-a)(x-b)} = \varphi(x) + \frac{Mx+N}{(x-a)(x-b)}.$$

Mettons la fraction $\frac{Mx+N}{(x-a)(x-b)}$ sous la forme

$$\frac{A}{x-a}+\frac{B}{x-b},$$

où, comme il est facile de le voir,

$$A=-\frac{f(a)}{b-a} \quad \text{et} \quad B=\frac{f(b)}{b-a};$$

la relation précédente devient

$$\begin{aligned}\frac{f(x)}{(x-a)(x-b)} &= \varphi(x)+\frac{A}{x-a}+\frac{B}{x-b}\\ &= \varphi(x)+\frac{A}{x}\frac{1}{1-\frac{a}{x}}-\frac{B}{b}\frac{1}{1-\frac{x}{b}}.\end{aligned}$$

Pour toutes les valeurs de x comprises entre a et b, la fraction $\frac{1}{1-\frac{a}{x}}$ est développable suivant les puissances décroissantes de x, et la fraction $\frac{1}{1-\frac{x}{b}}$ suivant les puissances croissantes de x. Si l'on effectue ces deux développements, le nombre des racines de l'équation (1) comprises entre a et b est, comme je l'ai montré dans ma Note déjà citée, au plus égal au nombre des variations présentées par la série ainsi obtenue; on peut d'ailleurs remarquer que tous les termes dans lesquels x a un exposant négatif ont le même signe que $\frac{A}{x}$, et que tous les termes dans lesquels x a un exposant supérieur à $(m-1)$ ont le même signe que $-B$.

D'où la proposition suivante :

En désignant par a et b deux nombres positifs dont le plus grand soit b, effectuons la division de $f(x)$ par $(x-a)(x-b)$; soient $\varphi(x)$ le polynôme du degré $(m-2)$ qui constitue la partie entière du quotient, et $Mx+N$ le reste de la division. Décomposons la fraction

$$\frac{Mx+N}{(x-a)(x-b)}$$

en éléments simples, en sorte que l'on ait

$$\frac{Mx+N}{(x-a)(x-b)} = \frac{A}{x-a} + \frac{B}{x-b}.$$

Soit $\psi(x)$ *l'ensemble des termes dont le degré est inférieur à* m *dans le développement de* $\frac{B}{x-b}$ *suivant les puissances croissantes de* x.

Cela posé, si l'on ordonne suivant les puissances décroissantes de x *le polynôme*

$$\varphi(x) + \psi(x)$$

et si l'on ajoute à la suite de ce polynôme le terme $\frac{A}{x}$, *le nombre des variations que présente la suite ainsi obtenue est au plus égal au nombre des racines de l'équation* (1) *qui sont comprises entre* a *et* b, *et, si ces deux nombres sont différents, ils diffèrent d'un nombre pair.*

7. L'application de la proposition précédente, qui n'exige guère que la division de $f(x)$ par $(x-a)(x-b)$, me paraît devoir être plus facile que celle de la méthode due à Budan et à Fourier, laquelle exige le calcul pénible des nombres

$$f(a),\quad f'(a),\quad f''(a),\quad \ldots$$

et

$$f(b),\quad f'(b),\quad f''(b),\quad \ldots.$$

Comme application, je considérerai l'équation

$$f(x) = x^5 - 3x^3 + x^2 - 8x - 10 = 0,$$

que j'ai déjà traitée plus haut.

Pour avoir une limite du nombre des racines comprises entre $+1$ et $+2$, je divise $f(x)$ par $x^2 - 3x + 2$.

On a

$$\frac{f(x)}{x^2-3x+2} = x^3 + 3x^2 + 4x + 7 + \frac{5x-24}{x^2-3x+2}$$

$$= x^3 + 3x^2 + 4x + 7 + \frac{19}{x-1} - \frac{14}{x-2}.$$

En développant $-\frac{14}{x-2}$ suivant les puissances croissantes de x, l'ensemble des termes du quatrième degré dans le développement est

$$7+\frac{7x}{2}+\frac{7x^2}{4}+\frac{7x^3}{16}+\frac{7x^4}{32}.$$

Si nous considérons maintenant la suite des termes de l'expression

$$\frac{7}{32}x^4+\left(\frac{7}{16}+1\right)x^3+\left(\frac{7}{4}+3\right)x^2+\left(\frac{7}{2}+4\right)x+14+\frac{19}{2},$$

comme elle ne présente aucune variation, nous en concluons que l'équation proposée ne renferme aucune racine entre $+1$ et $+2$.

8. J'ajouterai encore, pour éclaircir ce qui précède, une seconde application.

Soit l'équation

$$f(x)=x^5-5x^4-16x^3+12x^2-9x-5=0,$$

qui a été considérée par M. J. Petersen dans sa *Théorie des équations algébriques* (1).

En substituant successivement o et $+1$ dans le polynôme $f(x)$ et dans ses dérivées, on déduit du théorème de Budan que l'équation proposée n'a aucune racine comprise entre les limites considérées ou qu'elle en a deux, et l'on peut trancher la difficulté en substituant, comme le fait M. Petersen, un nombre intermédiaire et en mettant en usage une règle due à Fourier.

Appliquons la méthode exposée ci-dessus et effectuons la division du polynôme

$$x^5-5x^4-16x^3+12x^2-9x-5$$

par x^2-x; on trouve aisément

$$\begin{aligned}&x^5-5x^4-16x^3+12x^2-9x-5\\&\quad=(x^3-4x^2-20x-8)(x^2-x)-17x-5,\end{aligned}$$

d'où

$$\begin{aligned}&\frac{x^5-5x^4-16x^3+12x^2-9x-5}{x^2-x}\\&\quad=x^3-4x^2-20x-8-\frac{17x+5}{x^2-x}\\&\quad=x^3-4x^2-20x-8-\frac{22}{x-1}+\frac{5}{x};\end{aligned}$$

(1) *Theorie der algebraischen Gleichungen*, p. 202.

ce qui donne, en développant $\frac{22}{x-1}$ suivant les puissances croissantes de x et en ne retenant du développement que les termes d'un degré inférieur à celui de x^5,

$$x^3 - 4x^2 - 20x - 8 + 22 + 22x + 22x^2 + 22x^3 + 22x^4 + \frac{5}{x},$$

ou, en ordonnant,

$$22x^4 + 23x^3 + 18x^2 + 2x + 14 + \frac{5}{x}.$$

Cette suite ne présentant aucune variation, nous en conclurons que l'équation proposée n'a aucune racine comprise entre 0 et $+1$; c'est le résultat auquel conduit l'application de la règle de Fourier.

IV.

9. Il y aura souvent lieu de faire simultanément usage du théorème de Budan et du procédé de la division. Il est facile, du reste, d'imaginer des cas très étendus où ce procédé est plus avantageux que l'emploi du théorème de Budan.

Pour en donner un exemple, j'énoncerai d'abord, sous la forme suivante, la proposition que j'ai démontrée plus haut :

En désignant par a et b deux nombres positifs, soit

$$C_0 + C_1 x + \ldots + C_{m-2} x^{m-2}$$

la partie entière du quotient du polynôme $f(x)$ par $(x-a)(x-b)$, et considérons la suite

$$(5) \quad \begin{cases} f(a), \quad f(b) - b(b-a)C_0, \\ f(b) - b^2(b-a)C_1, \quad \ldots, \\ f(b) - b^{m-1}(b-a)C_{m-2}, \quad f(b); \end{cases}$$

le nombre des racines de l'équation

$$f(x) = 0$$

qui sont comprises entre a et b est au plus égal au nombre des variations des termes de cette suite, et, si ces deux nombres sont différents, leur différence est un nombre pair.

10. Cela posé, proposons-nous le problème suivant :

Étant donné un polynôme entier $f(x)$, déterminer deux limites entre lesquelles demeure comprise la valeur de ce polynôme, lorsque x prend toutes les valeurs comprises entre les deux nombres positifs a et b.

Il est clair que ce problème peut s'énoncer ainsi qu'il suit :

Trouver deux nombres α et β tels que, pour toutes les valeurs de λ inférieures à α et pour toutes les valeurs de cette variable supérieures à β, l'équation

$$f(x) - \lambda = 0$$

n'ait pas de racine réelle comprise entre a et b.

L'emploi du théorème de Budan ne peut, en général, être d'aucun secours pour la détermination de ces nombres; car, si l'on considère les deux suites

$$f(a) - \lambda, \quad f'(a), \quad f''(a), \quad \ldots$$

et

$$f(b) - \lambda, \quad f'(b), \quad f''(b), \quad \ldots,$$

on voit que, quand l'ensemble des termes $f'(a), f''(a), \ldots$ et l'ensemble des termes $f'(b)$, $f''(b)$, ... ne présentent pas le même nombre de variations, il est impossible de déterminer λ de telle sorte que les deux suites précédentes offrent le même nombre de variations : ce qui serait nécessaire pour pouvoir conclure du théorème de Budan que l'équation $f(x) - \lambda = 0$ n'a aucune racine réelle comprise dans l'intervalle considéré.

J'emploierai ici la méthode de la division, et, en désignant comme ci-dessus par

$$C_0 + C_1 x + \ldots + C_{m-2} x^{m-2}$$

la partie entière du quotient de $f(x)$ par $(x - a)(x - b)$, je remarque d'abord que ce polynôme est aussi la partie entière du quotient de $f(x) - \lambda$ par $(x - a)(x - b)$.

La suite que nous avons à considérer devient ainsi

$$(6)\qquad \begin{cases} f(a)-\lambda, \quad f(b)-\lambda-b(b-a)C_0, \\ f(b)-\lambda-b^2(b-a)C_1, \quad \ldots, \\ f(b)-\lambda-b^{m-1}(b-a)C_{m-2}, \quad f(b)-\lambda. \end{cases}$$

Désignons respectivement par α et par β le plus petit et le plus grand des termes de la suite (5); si l'on donne à λ une valeur quelconque inférieure à α, tous les termes de la suite (6) sont positifs, d'où il résulte que l'équation $f(x)-\lambda=0$ n'a aucune racine réelle comprise entre a et b lorsque λ est plus petit que α. On prouverait de même que cette équation n'a aucune racine réelle comprise entre ces limites lorsque λ est plus grand que β.

D'où la proposition suivante :

La valeur que prend le polynôme $f(x)$, quand x varie depuis a jusqu'à b, demeure toujours comprise entre les nombres α et β.

V.

11. J'ai démontré précédemment qu'étant donnée une expression entière

$$f(x)=Ax^m+Bx^n+Cx^p+\ldots,$$

où les termes sont ordonnés suivant les puissances décroissantes de x, si l'on forme les polynômes

$$\begin{aligned} \Phi_0(x)&=A_0x^m, \\ \Phi_1(x)&=A_0x^m+Bx^n, \\ \Phi_2(x)&=A_0x^m+Bx^n+Cx^p, \\ &\ldots\ldots\ldots\ldots\ldots\ldots, \end{aligned}$$

le nombre des racines de l'équation $f(x)=0$ qui sont supérieures au nombre positif a est au plus égal au nombre des variations que présentent les termes de la suite

$$\Phi_0(a), \quad \Phi_1(a), \quad \Phi_2(a), \quad \ldots.$$

La démonstration supposait évidemment que les exposants $m, n, p, \ldots$ étaient des nombres entiers et positifs; mais il est facile de voir que cette restriction est inutile.

En premier lieu, si quelques-uns étaient négatifs, en multipliant $f(x)$ par une puissance de x convenablement choisie (ce qui n'altérerait pas le nombre des racines positives de l'équation), on pourrait rendre tous ces exposants positifs.

En second lieu, si quelques-uns des nombres m, n, p, ... étaient fractionnaires, on pourrait les rendre entiers en changeant x en x^ω, ω étant le plus petit commun multiple des dénominateurs des nombres m, n, p, ... Par un raisonnement connu, on en déduit que la proposition subsiste encore lorsque les exposants sont incommensurables.

Rien n'empêche même de supposer que le nombre des termes de la fonction $f(x)$ soit illimité, pourvu que la série composée de ces termes soit convergente pour $x = a$.

On peut donc énoncer la proposition suivante :

Étant donnée l'expression

$$f(x) = Ax^m + Bx^n + Cx^p + \ldots,$$

où le second membre est une série ordonnée suivant les puissances décroissantes de x et convergente pour $x = a$, le nombre des racines positives de l'équation

$$f(x) = 0$$

qui sont supérieures au nombre positif a est au plus égal au nombre des variations que présentent les termes de la suite

$$\Phi_0(a), \quad \Phi_1(a), \quad \Phi_2(a), \quad \ldots,$$

et, si ces deux nombres sont différents, leur différence est un nombre pair.

Le nombre de ces variations sera du reste évidemment fini, si la série tend, pour $x = a$, vers une limite différente de zéro, puisque, pour une valeur suffisamment grande de n, les termes

$$\Phi_n(a), \quad \Phi_{n+1}(a), \quad \Phi_{n+2}(a), \quad \ldots$$

doivent avoir le même signe que $f(a)$.

12. Semblablement, étant donnée une expression

$$f(x) = A + Bx^m + Cx^n + Dx^p + \ldots,$$

où le second membre est une série ordonnée suivant les puissances croissantes de x (les exposants m, n, p, ... pouvant être d'ailleurs entiers, fractionnaires ou irrationnels) et convergente pour une valeur positive de x égale à a, formons la suite des polynômes

$$\Phi_0(x) = A, \qquad \Phi_1(x) = A + Bx^m, \qquad \Phi_2(x) = A + Bx^m + Cx^n, \quad \ldots.$$

Cela posé, *le nombre des racines positives de l'équation $f(x) = 0$ qui sont inférieures à a est au plus égal au nombre des variations que présentent les termes de la suite*

$$\Phi_0(a), \quad \Phi_1(a), \quad \Phi_2(a), \quad \ldots,$$

et, si ces deux nombres sont différents, leur différence est un nombre pair.

VI.

13. Je donnerai encore, en terminant, une application de la règle des signes de Descartes aux équations que l'on obtient en égalant à zéro les dénominateurs des réduites de la fonction e^x.

On appelle, comme on le sait, réduite de rang n de la fonction e^x une fraction

$$\frac{\Phi(x)}{F(x)}$$

dont les deux termes sont des polynômes de degré n, tels que le développement de cette fraction suivant les puissances croissantes de x coïncide, jusqu'au terme du degré $2n$ inclusivement, avec le développement de e^x (1); on peut poser, par conséquent,

$$F(x)e^x = \Phi(x) + R,$$

R désignant une série ordonnée suivant les puissances croissantes de x et commençant par un terme de l'ordre de x^{2n+1}.

---

(1) Sur ces réduites, *voir* notamment le Mémoire de M. Hermite *Sur la fonction exponentielle,* p. 4.

On a d'ailleurs

$$F(x) = x^n - n(n+1)x^{n-1} + \frac{n(n-1)}{1.2}(n+1)(n+2)x^{n-2} - \dots,$$

en sorte que le polynôme $F(x)$ ne présente que des variations; par suite, l'équation

$$F(x) = 0$$

ne peut avoir que des racines positives.

Le polynôme $\Phi(x)$, étant égal à $F(-x)$, ne présente que des permanences. J'observe maintenant que la série R satisfait à l'équation différentielle

$$x\frac{d^2y}{dx^2} - (x+2n)\frac{dy}{dx} + ny = 0.$$

Cette série est de la forme

$$\Sigma A_m x^m,$$

où m doit prendre toutes valeurs entières depuis $2n+1$ jusqu'à l'infini. En substituant cette expression dans l'équation différentielle, on voit aisément que l'on a identiquement

$$\Sigma m(m-1)A_m x^{m-1} - \Sigma m A_m (x^m + 2n x^{m-1}) + n\Sigma A_m x^m = 0,$$

d'où la relation suivante :

$$A_{m+1} = \frac{m-n}{(m-2n)(m+1)} A_m.$$

La fraction

$$\frac{m-n}{(m-2n)(m+1)}$$

étant positive pour toutes les valeurs de m supérieures à $2n$, on en conclut que tous les termes de la série R ont le même signe.

Par suite, le polynôme $\Phi(x)$ et la série R n'ayant que des permanences, on voit que le développement de $e^x F(x)$ présente au plus une seule variation; l'équation

$$e^x F(x) = 0,$$

qui a les mêmes racines que l'équation $F(x) = 0$ et dont le développement est d'ailleurs convergent pour toutes les valeurs de la variable, a donc, en vertu de la règle des signes de Descartes, une racine positive au plus; l'équation $F(x) = 0$ ne peut avoir du reste que des racines positives.

D'où la conclusion suivante :

Si le nombre n est pair, l'équation $F(x) = 0$ *a toutes ses racines imaginaires.*

Si ce nombre est impair, elle a une seule racine réelle (1).

---

(1) Quelques parties, d'ailleurs peu étendues (p. 75, 76 et 83), du présent travail se trouvent, au fond, dans le Mémoire placé en tête de ce Volume; nous avons cru cependant devoir les conserver, pour ne pas rompre la suite des idées. Nous estimons, en effet, qu'il faut avant tout conserver le caractère de l'œuvre, même au prix de quelques redites. E. R.

SUR UNE

MÉTHODE POUR OBTENIR PAR APPROXIMATION

LES

RACINES D'UNE ÉQUATION ALGÉBRIQUE

QUI A TOUTES SES RACINES RÉELLES.

Nouvelles Annales de Mathématiques, 2e série, t. XIX; 1880.

I.

1. Quand on a une valeur suffisamment approchée d'une racine d'une équation, la méthode d'approximation de Newton et la méthode des parties proportionnelles fournissent toutes les deux des moyens commodes et rapides d'approcher indéfiniment de cette racine. La principale difficulté consiste à obtenir cette première valeur approchée que l'on doit prendre comme point de départ.

Je ne crois pas que, si l'on considère la question dans toute sa généralité, il y ait beaucoup à ajouter à ce que l'on sait déjà; il me semble que le problème doit être posé différemment et de la façon suivante :

Une équation étant donnée (ou, si l'on veut, un type d'équations étant donné), trouver une méthode qui conduise de la façon la plus sûre et la plus rapide aux valeurs approchées de ses racines.

La Note qui suit a pour objet de donner une solution de ce problème dans le cas où l'équation proposée est algébrique et a toutes ses racines réelles. Les équations de ce genre se présentent du reste, comme on le sait, très fréquemment dans un grand nombre de questions importantes de l'Analyse.

II.

2. Soit

$$f(x)=0 \tag{1}$$

une équation algébrique du degré n, et α, β, γ, ... ses différentes racines; on a l'identité

$$\frac{f'(x)}{f(x)} = \frac{1}{x-\alpha} + \frac{1}{x-\beta} + \frac{1}{x-\gamma} + \cdots. \tag{2}$$

Si x est une valeur suffisamment approchée de la racine α, la quantité $\frac{1}{x-\alpha}$ qui figure dans le second membre de cette relation est très grande, tandis que les autres quantités $\frac{1}{x-\beta}$, $\frac{1}{x-\gamma}$, ... ont des valeurs beaucoup plus petites; on aura donc sensiblement

$$\frac{f'(x)}{f(x)} = \frac{1}{x-\alpha},$$

et de cette formule on déduit une valeur approchée de α qui ne diffère pas, comme il est aisé de le voir, de la valeur donnée par la méthode d'approximation de Newton.

Je ne chercherai pas ici à corriger cette méthode en essayant d'obtenir une valeur approchée des termes négligés

$$\frac{1}{x-\beta} + \frac{1}{x-\gamma} + \cdots;$$

je prendrai plutôt comme point de départ l'équation suivante, que l'on obtient en dérivant l'identité (2) :

$$\frac{f'^2 - ff''}{f^2} = \frac{1}{(x-\alpha)^2} + \frac{1}{(x-\beta)^2} + \frac{1}{(x-\gamma)^2} + \cdots.$$

On en déduit que, α désignant une racine quelconque de l'équation (1), on a

$$\frac{1}{(x-\alpha)^2} < \frac{f'^2 - ff''}{f^2}.$$

En convenant donc, pour plus de clarté, de représenter les différentes valeurs que peut prendre la variable x par des longueurs portées sur une droite à partir d'une origine fixe, on voit que, si l'on représente par un point M une valeur arbitraire attribuée à x et si l'on porte de part et d'autre du point M une longueur égale en valeur absolue à

$$\frac{f}{\sqrt{f'^2 - ff''}},$$

aucune racine de l'équation (1) ne peut se trouver entre les extrémités N et N' des segments ainsi déterminés, en sorte que les racines de cette équation seront ou supérieures au nombre déterminé par le point N' ou inférieures au nombre déterminé par le point N.

3. Cette propriété n'est évidemment qu'un cas particulier d'une propriété plus générale et renfermant une constante arbitraire.

Toutes les fois, en effet, qu'une proposition relative à des polynômes entiers ne comprend pas uniquement dans son énoncé des covariants (simples ou multiples de ces polynômes), elle est un cas particulier d'une proposition plus générale, dans l'énoncé de laquelle n'entrent que des covariants, et cette proposition plus générale peut se déduire immédiatement de la proposition particulière dont je viens de parler [1].

C'est ce que je pourrais faire ici; mais, pour être mieux compris dans un premier exemple, je suivrai une autre marche et partirai de l'identité suivante, où ξ désigne une quantité arbitraire et où le signe Σ s'étend à toutes les racines de l'équation (1) :

$$\begin{aligned}
\sum\left(\frac{\xi-\alpha}{x-\alpha}\right)^2 &= \sum\frac{(\xi - x + x - \alpha)^2}{(x-\alpha)^2} \\
&= (\xi - x)^2\sum\frac{1}{(x-\alpha)^2} + 2(\xi - x)\sum\frac{1}{x-\alpha} + n \\
&= (\xi - x)^2\frac{f'^2 - ff''}{f^2} + 2(\xi - x)\frac{f'}{f} + n \\
&= \frac{nf^2 + 2(\xi - x)ff' + (\xi - x)^2(f'^2 - ff'')}{f^2} \\
&= \frac{[nf + (\xi - x)f']^2 + (\xi - x)^2[(n-1)f'^2 - nff'']}{nf^2}.
\end{aligned}$$

[1] C'est de la même façon qu'en Géométrie tout théorème dans lequel la droite de l'infini ou les ombilics du plan jouent un rôle particulier est un cas particulier d'un théorème plus général dans lequel les ombilics sont remplacés par deux points quelconques du plan. Il est du reste, comme on le sait, très fa-

Pour transformer cette relation, j'introduirai la fonction $f(x, y)$ homogène des deux variables x et y, qui se réduit à $f(x)$ quand on y fait $y = 1$; en supposant donc que cette variable soit toujours, dans la suite des calculs, remplacée par l'unité, j'aurai

$$f(x) = f(x, y)$$

et, en vertu du théorème des fonctions homogènes,

$$nf + (\xi - x)f' = \xi f'_x + f'_y.$$

Le polynôme $(n-1)f'^2 - nff''$ ne diffère que par un facteur purement numérique du covariant de $f(x, y)$ que l'on désigne sous le nom de *hessien;* je le représenterai par la lettre H, en sorte que la relation précédente pourra s'écrire

$$(3) \qquad \sum\left(\frac{\xi - \alpha}{x - \alpha}\right)^2 = \frac{(\xi f'_x + f'_y)^2 + (\xi - x)^2 \mathrm{H}}{nf^2}.$$

4. En représentant par P le second membre de cette égalité (P est évidemment toujours positif, et il en est de même, comme on le sait, du covariant H), je considère les deux racines X′ et X″ de l'équation

$$(4) \qquad \left(\frac{\xi - \mathrm{X}}{x - \mathrm{X}}\right)^2 = \mathrm{P},$$

que l'on peut écrire

$$\mathrm{P}(x - \mathrm{X})^2 - (\xi - \mathrm{X})^2 = 0.$$

Si, dans le premier membre de cette équation, on remplace X par la valeur d'une racine quelconque α de l'équation (1), on obtient un résultat positif; car, en vertu de l'identité (3), on a évidemment

$$\left(\frac{\xi - \alpha}{x - \alpha}\right)^2 < \mathrm{P}.$$

On conclut de là que *toutes les racines* de l'équation (1) sont

---

cile de passer du théorème particulier au théorème général; j'ai le premier résolu cette question, relativement aux relations angulaires, dans ma *Note sur la théorie des foyers* (*Nouvelles Annales de Mathématiques,* p. 57; 1853).

comprises dans l'un des intervalles compris entre les nombres X' et X'' (¹).

Si, au contraire, on remplace X par x, on obtient un résultat négatif, d'où l'on voit que celui des deux segments déterminés par les points X' et X'' qui renferme toutes les racines est celui en dehors duquel est situé le point x.

5. Supposons, pour fixer les idées, que α et β désignent deux racines consécutives de l'équation (1) (α étant $< \beta$) et que nous donnions à x une valeur arbitraire comprise entre ces deux racines; désignons par X' et X'' les deux racines de l'équation (4), X' étant la plus petite des racines.

Il suit de ce qui précède que X' et X'' sont situés, *quelle que soit la quantité* ξ, de part et d'autre du point x, et que toutes les racines sont ou supérieures à X'' ou inférieures à X'; X' et X'' sont donc respectivement des valeurs approximatives des racines α et β plus approchées que la quantité x dont on est parti.

Plus généralement, on peut dire que :

Si l'on désigne par x une quantité prise arbitrairement dans l'intervalle compris entre deux racines consécutives α et β de l'équation (1), *et par* X' *et* X'' *les deux racines de l'équation* (4), *les quantités*

$$\alpha, \quad X', \quad x, \quad X'', \quad \beta$$

sont placées par ordre croissant ou décroissant de grandeur (²) *quelle que soit la quantité* ξ.

En particulier, si l'on suppose $\xi = \infty$, l'équation (4) devient

$$\frac{1}{(x - X)^2} = \frac{f'^2 - ff''}{f^2},$$

et l'on retrouve la proposition que j'ai démontrée tout d'abord (nº 2).

(¹) On peut passer de la valeur X' à la valeur X'' sans passer par l'infini, ce qui donne un premier intervalle; le second intervalle comprend la valeur infinie de la variable ou, si l'on veut, le point situé à l'infini sur la droite dont les différents points représentent les valeurs de la variable.

(²) Si, en particulier, on considère la plus petite racine α et la plus grande racine β de l'équation, on doit les regarder comme consécutives, l'intervalle qui les sépare comprenant la valeur infinie de la variable.

Pour établir la proposition générale, il suffit même de la supposer démontrée dans ce cas particulier; en introduisant en effet, pour l'homogénéité, des variables Y et η égales à l'unité, l'équation (4) peut se mettre sous la forme suivante

$$\left(\frac{\xi Y - X\eta}{xY - Xy}\right)^2 = \frac{(\xi f'_x + \eta f'_y)^2 + (\xi y - \eta x)^2 H}{nf^2},$$

où l'on voit clairement qu'elle ne renferme que des covariants de la forme $f(x, y)$. Si donc la proposition énoncée est vraie pour une valeur particulière de ξ, elle est vraie (puisque, pour emprunter le langage de la Géométrie, elle est projective) pour toute autre valeur de la même variable.

III.

6. Il résulte des considérations précédentes que, x désignant une quantité prise arbitrairement entre deux racines consécutives α et β de l'équation proposée, on peut trouver une infinité de systèmes de nombres X' et X'' jouissant de la propriété que X' soit compris dans l'intervalle αx et X'' dans l'intervalle $x\beta$.

Comme on peut donner à ξ des valeurs arbitraires, on peut rechercher quelles sont les valeurs de X' et de X'' qui se rapprocheront le plus de α et de β, et il suffit évidemment de résoudre la question dans le cas particulier où $x = \infty$; de là on passera sans difficulté au cas général.

En posant

$$f(x) = ax^n + nbx^{n-1} + \frac{n(n-1)}{1.2}cx^{n-2} + \ldots,$$

on trouve aisément que

$$H = n^2(n-1)(b^2 - ac)x^{2(n-2)} + \ldots$$

et qu'en faisant $x = \infty$ la formule (4) devient

$$(\xi - X)^2 = \frac{n(a\xi + b)^2 + n(n-1)(b^2 - ac)}{a^2};$$

d'où l'équation suivante, qui détermine les valeurs de X,

$$(n-1)a^2\xi^2 + 2a(nb + aX)\xi$$
$$+ n^2b^2 - n(n-1)ac - a^2X^2 = 0.$$

Les valeurs extrêmes de X s'obtiendront en exprimant que cette équation a ses racines égales; elles seront ainsi déterminées par la relation

$$(nb + aX)^2 - (n-1)[n^2b^2 - n(n-1)ac - a^2X^2] = 0,$$

qui peut s'écrire, toutes réductions faites,

$$a^2X^2 + 2abX + (n-1)^2ac - n(n-2)b^2 = 0,$$

d'où l'on déduit

$$X = \frac{-b \pm (n-1)\sqrt{b^2 - ac}}{a},$$

et, d'après ce que j'ai démontré plus haut, l'une de ces valeurs est une limite supérieure des racines de l'équation proposée, l'autre en est une limite inférieure [1].

7. Cette proposition n'est évidemment qu'un cas particulier d'une proposition plus générale relative à une valeur arbitraire de x, le cas que je viens de considérer correspondant à $x = \infty$.

---

[1] Cette proposition peut s'établir directement de la façon suivante. En désignant par α, β, γ, ... les racines de l'équation $f(x) = 0$, par s_1 la somme de ces racines et par s_2 la somme de leurs carrés, on a évidemment

$$\Sigma(x - \alpha)^2 = nx^2 - 2s_1x + s_2.$$

En désignant par α l'une quelconque des racines, on a donc

$$(x - \alpha)^2 < nx^2 - 2s_1x + s_2;$$

d'où l'on voit que le polynôme

$$(n-1)x^2 + 2(\alpha - s_1)x + s_2 - \alpha^2$$

a toujours une valeur positive. Ses facteurs sont donc imaginaires, et l'on a, pour toute racine de l'équation,

$$(n-1)(s_2 - \alpha^2) - (\alpha - s_1)^2 > 0;$$

par suite, l'équation

$$(n-1)(s_2 - x^2) - (x - s_1)^2 = 0$$

détermine deux limites des racines de l'équation (1).

Elle peut s'écrire

$$nx^2 - 2s_1x + s_1^2 - (n-1)s_2 = 0,$$

ou

$$a^2x^2 + 2abx + (n-1)^2ac - n(n-2)b^2 = 0$$

en remplaçant respectivement s_1 et s_2 par leurs valeurs $\frac{nb}{a}$ et $\frac{n^2b^2 - n(n-1)ac}{a^2}$; c'est, sauf la notation, l'équation obtenue plus haut par une voie différente.

Pour la trouver, je mettrai la relation précédente sous la forme

$$(5)\qquad (naX + nb)^2 - n^2(n-1)^2(b^2 - ac) = 0,$$

et je considérerai l'équation suivante

$$(6)\qquad (Xf'_x + Yf'_y)^2 - (n-1)(Xy - Yx)^2 H = 0,$$

qui ne renferme que des covariants de $f(x, y)$.

Je remarque que, quand on y fait $x = \infty$, elle se réduit à l'équation (5); sans autre démonstration, on peut donc en conclure que :

Si l'on donne, dans l'équation (6), *à la variable x une valeur comprise entre deux racines consécutives α et β de l'équation* (1), *de ses deux racines X' et X'', l'une est comprise entre α et x et l'autre entre x et β.*

Ces quantités sont d'ailleurs, de toutes celles que l'on peut, en donnant à ξ toutes les valeurs possibles, déduire de l'équation (4), *celles qui approchent le plus des racines α et β.*

Pour résoudre l'équation (6), j'y fais, pour simplifier l'écriture, $Y = y = 1$, et, après l'avoir écrite de la façon suivante

$$[nf + (X - x)f']^2 = (n-1)(X - x)^2 H,$$

j'extrais la racine carrée des deux membres.

On en déduit

$$(7)\qquad \frac{1}{X - x} = \frac{-f' \pm \sqrt{(n-1)^2 f'^2 - n(n-1)ff''}}{nf}.$$

8. La formule qui précède résout complètement la question suivante :

Étant donné un nombre arbitraire x, déterminer, sans tâtonnement et par une suite d'opérations régulières, des valeurs de plus en plus approchées de la racine immédiatement supérieure à x ou de la racine qui lui est immédiatement inférieure.

Si, par exemple, on veut déterminer la racine immédiatement supérieure à x, on tirera de la formule (7) une valeur convenable de la correction $X - x$, en prenant le radical (qui détermine le signe du second membre) avec un signe contraire à celui de f; en partant de cette nouvelle valeur ou, pour faciliter les substitutions, de toute autre valeur comprise entre x et X, on continuera les opérations, qui permettront ainsi d'approcher indéfiniment de la racine cherchée.

Quelle que soit la valeur x dont on parle, cette méthode n'est jamais en défaut comme peut l'être la méthode de Newton, et, dans le cas où la méthode de Newton peut être employée avec sûreté, elle donne toujours une approximation plus grande.

Supposons, pour fixer les idées, que nous appliquions la méthode de Newton au nombre x en vue d'obtenir la racine immédiatement supérieure; la correction est égale à

$$-\frac{f'}{f},$$

quantité positive, et l'on a $ff'' > 0$.

La correction proposée est égale à

$$\frac{nf}{-f' \pm \sqrt{(n-1)^2 f'^2 - n(n-1)^2 ff''}},$$

où le radical doit avoir le même signe que f.

Or, ff'' étant positif, il est clair qu'en valeur absolue le dénominateur est plus petit que nf'; la correction proposée est donc supérieure à celle qui résulte de la formule de Newton, et, comme elle demeure également inférieure à l'excès de la racine cherchée sur le nombre x, elle est plus avantageuse.

IV.

9. Pour éclaircir, par quelques exemples, les considérations qui précèdent, je considère d'abord l'équation

$$f = x^3 + 3x^2 - 17x + 5,$$

et je me propose de calculer la racine immédiatement supérieure à 2.

L'équation étant du troisième degré, la formule de correction est

$$\frac{1}{X-x} = \frac{-f' + \sqrt{4f'^2 - 6ff''}}{3f}.$$

On trouve aisément les valeurs suivantes

$$f = -9, \qquad f' = 7, \qquad f'' = 18,$$

d'où l'on déduit

$$X - 2 = \frac{27}{7 + \sqrt{1168}} = 0,655,$$

et la valeur approchée $X = 2,655$; la véritable valeur étant, avec trois décimales exactes, $2,669$, l'erreur est plus petite que $\frac{1}{50}$.

La méthode de Newton est ici inapplicable et conduit à la valeur

$$2 + \frac{9}{7} = 3,28\ldots.$$

10. Je considérerai l'équation

$$x^3 - 7x - 7 = 0,$$

en me proposant de calculer sa plus grande racine.

On peut, comme je l'ai montré plus haut (nº 6), prendre pour limites des racines les quantités

$$\frac{-b \pm (n-1)\sqrt{b^2 - ac}}{a}.$$

Dans le cas actuel, on a $n = 3$, $a = 1$, $b = 0$ et $c = -\frac{7}{3}$; on en déduit les deux limites

$$\pm 2\sqrt{\frac{7}{3}}.$$

La plus grande racine est donc inférieure à

$$\sqrt{\frac{7}{3}} = 3,055\ldots.$$

Pour abréger les calculs, je substituerai immédiatement le nombre $3,05$; si, en effet, il était trop faible, la suite des calculs l'indiquerait en amenant une correction positive.

On a

$$f = 0,022625, \qquad f' = 20,9075, \qquad f'' = 18,3,$$

d'où

$$X = 3,05 - \frac{0,067875}{20,9075 + \sqrt{1745,655}} = 3,0489154\ldots,$$

valeur dont les cinq premières décimales sont exactes et qui est approchée par excès.

11. Soit encore l'équation $X_n = 0$ qui définit le polynôme de Legendre du degré n; on sait que les racines de cette équation sont toutes réelles et comprises entre -1 et $+1$.

Proposons de trouver une valeur approchée de la plus grande racine de cette équation; en la désignant par α et en prenant $+1$ comme point de départ, on trouve aisément

$$X_n(1) = 1, \qquad X'_n(1) = \frac{n(n+1)}{2},$$
$$X''_n(1) = \frac{n(n-1)(n+1)(n+2)}{8};$$

la formule (7) donne

$$\frac{1}{\alpha - 1} = -\frac{\frac{n(n+1)}{2} - \sqrt{\frac{(n-1)^2 n^2 (n+1)^2}{4} - \frac{n^2(n-1)^2(n+1)(n+2)}{8}}}{n}$$
$$= -\frac{n + 1 - (n-1)\sqrt{\frac{n^2+n}{2}}}{2},$$

d'où

$$\alpha = 1 - \frac{2}{n + 1 - (n-1)\sqrt{\frac{n^2+n}{2}}}.$$

La quantité α est approchée par excès. Si, comme exemple, nous faisons $n = 7$, il vient

$$\alpha = 1 - \frac{1}{4 + 6\sqrt{7}} = 0,9496\ldots;$$

la valeur de la racine, calculée avec quatre décimales, est, d'après Gauss [1],

$$0,9491.$$

---

(1) *Methodus nova integralium valores per approximationem inveniendi* (*Œuvres de Gauss*, t. III, p. 195)

Si l'on employait la correction de Newton, on trouverait pour valeur approchée

$$\alpha = 1 - \frac{1}{28} = 0,9643\ldots;$$

on voit qu'elle s'éloigne notablement de la véritable valeur.

V.

12. Un autre exemple plus intéressant est fourni par l'équation du degré n qui détermine $\cos\frac{\pi}{2n}$.

Cette quantité est la plus grande racine de l'équation

$$\begin{aligned} f(x) = 1 - \frac{n}{1}\frac{n}{1}(1-x) + \frac{n(n-1)}{1.2}\frac{(n+1)}{1.3}(1-x)^2 \\ - \frac{n(n-1)(n-2)}{1.2.3}\frac{n(n+1)(n+2)}{1.3.5}(1-x)^3 + \ldots = 0. \end{aligned}$$

Cherchons-en une valeur approchée α, en prenant l'unité pour point de départ.

On a

$$f(1) = 1, \qquad f'(1) = n^2, \qquad f''(1) = \frac{n^2(n^2-1)}{3}.$$

La formule (7) donne donc

$$\begin{aligned} \frac{1}{\alpha - 1} &= -\frac{n^2 + \sqrt{n^4(n-1)^2 - \dfrac{n^3(n-1)^2(n+1)}{3}}}{n} \\ &= -\left[n + (n-1)\sqrt{\frac{2n^2-n}{3}}\right] \end{aligned}$$

et enfin

$$= 1 - \frac{1}{n + (n-1)\sqrt{\dfrac{2n^2-n}{3}}}.$$

On a donc approximativement

$$\cos\frac{\pi}{2n} = 1 - \frac{1}{n + (n-1)\sqrt{\dfrac{2n^2-n}{3}}},$$

ou, en posant $x = \frac{1}{n}$,

$$\cos\frac{\pi x}{2} = 1 - \frac{x^2}{x + (x-1)\sqrt{\frac{2-x}{3}}}. \tag{8}$$

13. Cette formule approximative n'est justifiée que si $\frac{1}{x}$ est un nombre entier égal ou supérieur à 2. On peut cependant l'employer pour toutes les valeurs de x comprises entre 0 et +1.

Pour donner une idée de l'approximation qu'elle comporte, je transcris ici, pour un certain nombre d'arcs, les valeurs des cosinus correspondants calculés au moyen de la formule (8), et en regard leurs véritables valeurs. Dans celles qui sont exprimées en décimales, les quatre premiers chiffres décimaux sont exacts.

Angles.	Valeur du cosinus calculée par la formule (8).	Valeur exacte du cosinus.
0°	1	1
18	0,9512	0,9511
30	0,8662	0,8660
45	$\frac{1}{\sqrt{2}}$	$\frac{1}{\sqrt{2}}$
54	0,5878	0,5878
60	$\frac{1}{2}$	$\frac{1}{2}$
75	0,2591	0,2588
90	0	0

Je ferai remarquer que, quand l'angle est compris entre 0° et 45° ou entre 60° et 90°, la valeur calculée est supérieure à la valeur exacte; elle lui est inférieure quand l'angle est compris entre 45° et 60°.

Si l'on pose

$$\cos\frac{\pi x}{2} = 1 - \frac{Vx^2}{x + (x-1)\sqrt{\frac{2-x}{3}}},$$

la fonction V diffère très peu de l'unité quand x varie de 0 à +1.

Elle s'en écarte le plus pour $x = 0$; on a alors, comme il est facile de le voir,

$$V = \frac{\pi^2}{4\sqrt{6}} = 1,00731\ldots.$$

Le maximum de l'erreur commise en employant la formule (8) est environ 0,0003.

VI.

14. La méthode que j'ai exposée ci-dessus présente des avantages incontestables sur celle de Newton; toutefois, elle exige l'extraction d'une racine carrée et la substitution dans le polynôme $f''(x)$ de la valeur approchée de la racine.

L'extraction de la racine carrée n'augmente guère les calculs lorsque l'on peut employer les logarithmes. Quant à la substitution dans la dérivée seconde, il est facile, dans un très grand nombre de cas, d'en obtenir le résultat.

Il existe en effet une classe nombreuse d'équations, ayant toutes leurs racines réelles, qui jouent un rôle important en Analyse [à cette classe appartiennent notamment les polynômes de Legendre, les polynômes définis par l'expression $\cos n(\operatorname{arc}\cos x)$, etc.] et qui jouissent des propriétés suivantes :

En premier lieu, en désignant par V_n le polynôme qui forme le premier membre d'une de ces équations et par n son degré, V_n s'exprime linéairement en fonction de V_{n-1} et de V_{n-2}.

En second lieu, V'_n et V''_n s'expriment d'une façon très simple quand on connaît V_n et V_{n-1}.

Pour trouver le résultat de la substitution d'un nombre donné α dans V_n, on calculera successivement et par voie récurrente le résultat qu'on obtient en effectuant la substitution dans $V_0, V_1, \ldots, V_{n-1}, V_n$; cela posé, les valeurs de $V'_n(\alpha)$ et $V''_n(\alpha)$ s'en déduisent presque sans calcul.

VII.

15. J'ai montré précédemment qu'on pouvait obtenir une infinité d'intervalles ne renfermant aucune racine d'une équation donnée qui a toutes ses racines réelles.

On peut déterminer également une infinité d'intervalles renfermant au moins une racine d'une telle équation.

Pour abréger, je dirai que deux nombres A et A' séparent les racines d'une équation lorsque *chacun des intervalles* compris entre ces nombres renferme au moins une racine, et qu'ils ne les séparent pas lorsque l'un des intervalles renferme toutes les racines, tandis que l'autre n'en renferme aucune.

Cela posé, j'ai donné sans démonstration ([1]) la proposition suivante :

Si l'on désigne par x une quantité réelle arbitraire, les nombres ξ et ξ' qui satisfont à la relation

$$(9)\quad \left\{ \begin{array}{l} (\xi - x)(\xi' - x)(f'^2 - ff'') \\ \quad + (\xi + \xi' - 2x)ff' + nf^2 = 0, \end{array} \right.$$

et dont l'un est arbitraire, séparent les racines de l'équation

$$f(X) = 0.$$

Le nombre n désigne ici, comme ci-dessus, le degré du polynôme $f(X)$.

16. Pour démontrer ce théorème, je remarque d'abord que, en désignant par y, η et η' des quantités introduites pour rendre les expressions homogènes et dont la valeur soit égale à l'unité, la relation précédente devient

$$(\xi f'_x + \eta f'_y)(\xi' f'_x + \eta' f'_y) + (\xi y - x\eta)(\xi' y - x\eta')H = 0,$$

H représentant, comme plus haut, le covariant

$$(n - 1)f'^2 - nff''.$$

La relation, sous cette nouvelle forme, ne renfermant que des covariants de $f(X, Y)$, la propriété énoncée est *projective;* il suffit donc, pour l'établir, de la démontrer pour deux valeurs particulières des variables indépendantes x et ξ'.

Je supposerai $x = \infty$ et $\xi' = 0$.

([1]) *Sur la résolution des équations qui ont toutes leurs racines réelles* (*Comptes rendus des séances de l'Académie des Sciences*, t. LXXIX, p. 996).

Alors, si l'on fait

$$f(X) = aX^n + nbX^{n-1} + \frac{n(n-1)}{2}cX^{n-2} + \ldots,$$

l'équation (9) devient

$$ab\xi = (n-1)ac - nb^2,$$

d'où

$$\xi = (n-1)\frac{c}{b} - n\frac{b}{a},$$

et, en désignant par α, β, ..., ω les racines de $f = 0$,

$$\xi = \frac{\alpha^2 + \beta^2 + \ldots + \omega^2}{\alpha + \beta + \ldots + \omega}.$$

Il faut maintenant prouver qu'une racine au moins de l'équation est comprise entre 0 et ξ et que toutes les racines ne sont pas comprises dans cet intervalle.

Pour fixer les idées, je supposerai ξ positif et je distinguerai deux cas :

1° Si toutes les racines sont positives, ξ est une valeur moyenne entre les quantités

$$\frac{\alpha^2}{\alpha}, \quad \frac{\beta^2}{\beta}, \quad \ldots, \quad \frac{\omega^2}{\omega},$$

c'est-à-dire

$$\alpha, \quad \beta, \quad \ldots, \quad \omega;$$

il en résulte qu'une au moins de ces racines est comprise entre 0 et ξ et une au moins en dehors de ces limites.

La proposition est donc démontrée.

2° Si quelques racines sont négatives, soient

$$\alpha, \quad \beta, \quad \ldots, \quad \lambda$$

les racines positives de l'équation; on a évidemment

$$\xi > \frac{\alpha^2 + \beta^2 + \ldots + \lambda^2}{\alpha + \beta + \ldots + \lambda},$$

La quantité ξ étant supérieure à la valeur moyenne des racines positives, l'une au moins de ces racines est comprise dans l'intervalle 0, ξ; toutes ces racines peuvent même y être comprises, mais il y a au moins une racine négative en dehors de cet intervalle.

La proposition subsiste donc encore dans ce cas.

17. Il résulte de ce qui précède que, si les quantités ξ et ξ' ne séparent pas les racines de l'équation $f = 0$, l'équation (9) a toutes ses racines imaginaires, et que, si elles les séparent, cette même équation a nécessairement des racines réelles. Mais je ne m'étendrai pas davantage sur ce sujet; quant aux applications que l'on peut faire de ce qui précède à la résolution par approximation d'une équation ayant toutes ses racines réelles, je renverrai à la Note insérée dans les *Comptes rendus des séances de l'Académie des Sciences* et que j'ai rappelée plus haut.

SUR L'APPROXIMATION

DES

FONCTIONS CIRCULAIRES

AU MOYEN DES FONCTIONS ALGÉBRIQUES.

Comptes rendus des séances de l'Académie des Sciences,
t. XC; 1880.

1. Les équations dont toutes les racines sont réelles constituent à bien des égards, dans l'ensemble des équations algébriques, une classe particulièrement importante, et les problèmes qui s'y rattachent sont souvent susceptibles de solutions simples auxquelles échappent les cas les plus généraux.

Je rappellerai, par exemple, comment le théorème de Fourier suffit, dans ce cas, pour déterminer le nombre des racines comprises entre deux nombres donnés. Des faits analogues se présentent dans la recherche de la valeur approchée des racines, et je mentionnerai notamment la proposition suivante :

En désignant par $f(x) = 0$ une équation dont toutes les racines sont réelles et par α une quantité arbitraire, les deux valeurs de x déterminées par l'équation

$$\frac{1}{x-\alpha} = \frac{-f'(\alpha) \pm \sqrt{(n-1)^2 f'^2(\alpha) - n(n-1)f(\alpha)f''(\alpha)}}{nf(\alpha)}$$

sont respectivement comprises entre α et les deux racines de l'équation proposée qui avoisinent α.

La quantité qui figure ici sous le radical est, à un facteur numérique près, le hessien du polynôme $f(x)$ et a, comme on le sait, une valeur toujours positive.

De là résulte, pour les racines des équations qui jouissent de la propriété indiquée, une méthode d'approximation spéciale qui permet, avec toute sûreté et sans discussion préalable, d'approcher indéfiniment de la racine immédiatement supérieure ou immédiatement inférieure à un nombre donné. L'approximation est notamment plus grande que celle fournie par la méthode de Newton, surtout quand les racines sont resserrées dans un intervalle assez étroit.

2. Parmi les équations qui ont toutes leurs racines réelles, il convient même de distinguer celles dont le premier membre est un polynôme satisfaisant à une équation linéaire du second ordre, et, pour le montrer par un exemple, je considérerai ceux qui ont été étudiés par M. Hermite dans sa Note *Sur un nouveau développement en série des fonctions* (*Comptes rendus des séances de l'Académie des Sciences,* 8 février 1864).

Soient α et β deux racines consécutives de l'équation $U_n = 0$; elles comprennent une racine λ de l'équation $U_{n+1} = 0$, et le polynôme U_{n+1} satisfait à l'équation

$$U''_{n+1} - x U'_{n+1} + (n+1) U_{n+1} = 0. \tag{1}$$

De la proposition que j'ai énoncée plus haut on déduit aisément, si l'on remarque que U_n est égal, à un facteur près, à U'_{n+1},

$$\alpha + \sqrt{-\left(\frac{n+1}{n}\right)\frac{U''_{n+1}(\alpha)}{U_{n+1}(\alpha)}} < \lambda$$

et

$$\beta - \sqrt{-\left(\frac{n+1}{n}\right)\frac{U''_{n+1}(\beta)}{U_{n+1}(\beta)}} > \lambda.$$

On a d'ailleurs, en vertu de l'équation (1),

$$\frac{U''_{n+1}(\alpha)}{U_{n+1}(\alpha)} = \frac{U''_{n+1}(\beta)}{U_{n+1}(\beta)} = -\frac{1}{n+1};$$

il en résulte

$$\alpha + \frac{1}{\sqrt{n}} < \lambda \quad \text{et} \quad \beta - \frac{1}{\sqrt{n}} > \lambda,$$

et par suite

$$\beta - \alpha > \frac{2}{\sqrt{n}}.$$

On peut ainsi, sans former l'équation aux carrés des différences et en s'appuyant seulement sur l'équation différentielle à laquelle satisfait U_{n+1}, trouver une limite inférieure de la différence entre deux racines consécutives de l'équation $U_n = 0$.

3. Comme deuxième application, je considérerai l'équation

$$f(x) = 1 - \cos\alpha - n^2(1-x) + \frac{n(n-1)}{1.2}\frac{n(n+1)}{1.3}(1-x)^2 - \ldots.$$

dont la plus grande racine est $\cos\frac{\alpha}{n}$. Cette quantité étant voisine de l'unité, je partirai de la valeur initiale $+1$; on trouve aisément

$$f(1) = 1 - \cos\alpha, \qquad f'(1) = n^2, \qquad f''(1) = \frac{n^2(n^2-1)}{3};$$

d'où la valeur approchée suivante :

$$(2) \qquad \cos\frac{\alpha}{n} = 1 - \frac{2\sin^2\frac{\alpha}{2}}{n + (n-1)\sqrt{n^2 - \frac{2n(n+1)}{3}\sin^2\frac{\alpha}{2}}}.$$

Cette formule donne une solution d'un problème intéressant de Géométrie élémentaire : *Partager approximativement, avec la règle et le compas, un arc donné en n parties égales.*

On voit, en effet, que le second membre ne renferme qu'un radical carré et d'autre quantité transcendante que $\cos\alpha$.

Je ferai, en particulier, $\alpha = \frac{\pi}{3}$ dans la relation précédente; on en déduit

$$\cos\frac{\pi}{3n} = 1 - \frac{1}{2n + (n-1)\sqrt{\frac{2n(5n-1)}{3}}},$$

et j'observe que cette formule approximative, établie pour des valeurs entières de n, peut être évidemment encore employée (sauf vérification) pour des valeurs quelconques de n supérieures à l'unité; en y faisant, par exemple, $n = \frac{6}{5}$, on obtient pour $\cos 50^\circ = \sin 40^\circ$ la valeur rationnelle $\frac{9}{14}$, ou, en décimales, $0{,}642857\ldots$ La véritable valeur étant $0{,}64278 8\ldots$, l'erreur commise est plus petite que $0{,}00007$.

Le calcul précédent détermine approximativement le côté de l'ennéagone régulier étoilé; on voit qu'il est sensiblement égal aux $\frac{9}{7}$ du rayon. En prenant cette valeur dans un cercle ayant un rayon de 1^{m}, l'erreur commise sur la longueur du côté est plus petite que $\frac{1}{7}$ de millimètre.

4. Je ferai encore, dans la formule (2), $\alpha = \frac{\pi}{2}$, d'où

$$\cos\frac{\pi}{2n} = 1 - \frac{1}{n + (1-n)\sqrt{\frac{n(2n-1)}{3}}},$$

et, en posant $x = \frac{1}{n}$,

$$\cos\frac{\pi x}{2} = 1 - \frac{x^2}{x + (x-1)\sqrt{\frac{2-x}{3}}}. \tag{3}$$

Cette formule n'est justifiée que pour $x = \frac{1}{n}$, n étant un entier au moins égal à 2; mais, si l'on remarque qu'elle donne des résultats exacts pour $x = 1$ et $x = \frac{2}{3}$, on en conclut qu'elle doit donner une assez grande approxination pour toutes les valeurs de x comprises entre 0 et $+1$.

Pour donner une idée de l'approximation qu'elle comporte, je transcris ci-après une Table donnant, pour un certain nombre de valeurs de l'angle $\frac{\pi x}{2}$, la valeur des cosinus calculés au moyen de la formule (3) et leur véritable valeur; quand ces quantités sont exprimées en décimales, les quatre premières décimales sont exactes.

Angles.	Valeur du cosinus calculée par la formule (3).	Valeur exacte du cosinus.
$0°$	1	1
9	0,9877	0,9877
18	0,9512	0,9511
24	0,9137	0,9135
30	0,8662	0.8660
40	0,7661	0,7660
45	$\frac{1}{\sqrt{2}}$	$\frac{1}{\sqrt{2}}$
50	0,6428	0,6428
54	0,5878	0,5878
60	$\frac{1}{2}$	$\frac{1}{2}$
70	0,3422	0,3420
75	0,2591	0,2588
80	0,1739	0,1736
85	0,0874	0,0872
90	0	0

SUR QUELQUES

PROPRIÉTÉS DES ÉQUATIONS ALGÉBRIQUES

QUI ONT TOUTES LEURS RACINES RÉELLES.

Nouvelles Annales de Mathématiques, t. XIX; 1880.

I.

1. Je considérerai d'abord l'équation qui détermine $\operatorname{tang}\frac{\alpha}{n}$ quand on connaît $\operatorname{tang}\alpha$.

On a, d'après la formule de Moivre,

$$\left(\cos\frac{\alpha}{n}+i\sin\frac{\alpha}{n}\right)^n=\cos\alpha+i\sin\alpha$$

et

$$\left(\cos\frac{\alpha}{n}-i\sin\frac{\alpha}{n}\right)^n=\cos\alpha-i\sin\alpha;$$

on en déduit

$$\left(\frac{\cos\frac{\alpha}{n}+i\sin\frac{\alpha}{n}}{\cos\frac{\alpha}{n}-i\sin\frac{\alpha}{n}}\right)^n=\frac{\cos\alpha+i\sin\alpha}{\cos s-i\sin\alpha},$$

ou, en posant $\operatorname{tang}\frac{\alpha}{n}=x$,

$$\left(\frac{1+ix}{1-ix}\right)^n=\frac{1+i\operatorname{tang}\alpha}{1-i\operatorname{tang}\alpha}. \tag{1}$$

On voit immédiatement que cette équation ne peut avoir des racines égales; pour démontrer que toutes ses racines sont réelles, je remarquerai que, pour chacune d'elles, on a

$$\operatorname{mod}(1+ix)=\operatorname{mod}(1-ix);$$

de cette identité on déduit aisément la réalité de x.

Supposons, en effet, que x puisse avoir la valeur imaginaire $\alpha+\beta i$; on aurait

$$\operatorname{mod}(1-\beta+\alpha i)=\operatorname{mod}(1+\beta-\alpha i)$$

ou bien

$$(1-\beta)^2+\alpha^2=(1+\beta)^2+\alpha^2,$$

ce qui est évidemment impossible si β est différent de zéro.

L'équation (1) a donc toutes ses racines réelles et inégales (¹).

2. Les mêmes considérations permettent de démontrer une importante proposition, due à M. Hermite (²) et que l'on peut énoncer de la façon suivante :

Soient $\alpha+\beta i$, $\gamma+\delta i$, $\ldots$, $\lambda+\mu i$ *des quantités imaginaires, dans lesquelles les coefficients de i ont tous le même signe; si l'on pose, pour abréger,*

$$\begin{aligned}\Pi(x-\alpha-\beta i)&=(x-\alpha-\beta i)(x-\gamma-\delta i)\ldots(x-\lambda-\mu i)\\&=\mathrm{F}(x)+i\Phi(x),\end{aligned}$$

l'équation

$$p\mathrm{F}(x)+q\Phi(x)=0,$$

où p et q désignent des nombres réels arbitraires, a toutes ses racines réelles.

Cette équation peut se mettre sous la forme suivante

$$(p-iq)\Pi(x-\alpha-\beta i)+(p+iq)\Pi(x-\alpha+\beta i)=0,$$

d'où l'on déduit

$$\operatorname{mod}\Pi(x-\alpha-\beta i)=\operatorname{mod}\Pi(x-\alpha+\beta i), \tag{2}$$

et il est aisé d'en conclure que x est nécessairement réel.

(¹) *Voir* à ce sujet deux Notes de M. Biehler : *Sur une application de la méthode de Sturm* et *Sur quelques équations algébriques qui ont toutes leurs racines réelles* (*Nouvelles Annales de Mathématiques*, 2ᵉ série, t. XIX, p. 76 et 149).

(²) *Sur l'indice des fractions rationnelles* (*Bulletin de la Société mathématique*, t. VII, p. 131).

M. Biehler est arrivé en même temps au même théorème, qu'il a démontré dans une Note *Sur une classe d'équations algébriques dont toutes les racines sont réelles*, insérée au *Journal de M. Borchardt*, t. 87, p. 350.

Ayant, en effet, tracé dans un plan deux axes rectangulaires OX et OY, je représente, suivant l'usage ordinaire, la quantité imaginaire $X + Yi$ par le point dont les coordonnées sont X et Y. Soient A, C, ..., L les points qui représentent les quantités $\alpha + \beta i$, $\gamma + \delta i$, ..., $\lambda + \mu i$; les nombres β, δ, ..., μ ayant tous le même signe, ces points sont tous situés d'un même côté de l'axe OX, au-dessus de cet axe par exemple; quant aux points A', C', ..., L', qui représentent les quantités conjuguées $\alpha - \beta i$, $\gamma - \delta i$, ..., $\lambda - \mu i$, comme ils sont symétriques des premiers relativement à l'axe OX, ils sont situés au-dessous de cette droite.

Cela posé, en désignant par P le point représentatif de x, l'égalité (2) peut s'écrire ainsi qu'il suit :

$$\mathrm{PA}.\mathrm{PC}\ldots\mathrm{PL} = \mathrm{PA}'.\mathrm{PC}'\ldots\mathrm{PL}'.$$

Or, si x était imaginaire, le point P serait situé en dehors de l'axe OX, au-dessus de cette droite par exemple, et l'on aurait

$$\mathrm{PA} < \mathrm{PA}', \qquad \mathrm{PB} < \mathrm{PB}', \qquad \ldots, \qquad \mathrm{PL} < \mathrm{PL}',$$

inégalités incompatibles avec la relation précédente.

La quantité x est donc nécessairement réelle et la proposition est entièrement démontrée.

3. Parmi les conséquences que l'on peut en déduire, je mentionnerai la suivante, à cause de sa simplicité.

Soit $f(x) = 0$ une équation algébrique ayant toutes ses racines réelles; en désignant par ω, p et q des quantités réelles quelconques, si l'on pose, pour abréger,

$$f(x + \omega i) = \mathrm{F}(x) + i\Phi(x),$$

l'équation

$$p\,\mathrm{F}(x) + q\,\Phi(x) = 0$$

a également toutes ses racines réelles.

II.

4. Quand, une équation algébrique étant ordonnée suivant les puissances croissantes de la variable, la suite des termes présente

des lacunes, on peut, comme on le sait, en déduire aisément une limite supérieure du nombre des racines réelles de l'équation.

Cette conséquence immédiate de la règle des signes de Descartes a de nombreuses applications; en voici quelques-unes très simples qui présentent quelque intérêt.

Soit $f(x)=0$ une équation algébrique du degré n et ayant toutes ses racines réelles; développons $\frac{1}{f(x)}$ suivant les puissances croissantes de x. Soient $F(x)$ la série que l'on obtient ainsi et $\Phi(x)$ l'ensemble des termes de cette série dont le degré ne dépasse pas m.

Par définition, le polynôme $\Phi(x)$ du degré m est tel que le développement de la différence $\frac{1}{f(x)} - \Phi(x)$, suivant les puissances croissantes de x, commence par un terme d'un ordre supérieur à m; on en déduit facilement l'égalité suivante

$$1 = f(x)\,\Phi(x) + x^p\,P,$$

où P désigne un polynôme et p un nombre entier supérieur à m, d'où encore

$$f(x)\Phi(x) = 1 - x^p\,P.$$

Considérons maintenant l'équation

$$f(x)\,\Phi(x) = 0,$$

que l'on peut écrire

$$1 - x^p\,P = 0.$$

Cette équation présentant une lacune de $(p-1)$ termes entre le premier et le second terme, le nombre de ses racines imaginaires est au moins égal à $(p-2)$, et par conséquent au moins égal à $(m-1)$, puisque p est plus grand que m. Ces racines appartiennent toutes aux deux équations $f(x)=0$ et $\Phi(x)=0$; la première a d'ailleurs toutes ses racines réelles et la seconde est du degré m, d'où il suit que, ayant au moins $(m-1)$ racines imaginaires, elle ne peut avoir qu'une seule racine réelle, ce qui aura lieu si elle est de degré impair.

Les considérations qui précèdent s'appliquent au développement de l'expression $\frac{1}{\sqrt[q]{f(x)}}$, où q désigne un nombre entier positif quelconque et $f(x)$ un polynôme décomposable en facteurs réels du premier degré.

Désignons par $\Phi(x)$ l'ensemble des termes de ce développement dont le degré ne dépasse pas m; le premier terme de la série

$$\frac{1}{\sqrt[q]{f(x)}} - \Phi(x)$$

étant d'un ordre supérieur à m, on en conclut aisément l'égalité

$$1 = f(x)\Phi^q(x) + x^p \mathrm{P},$$

où P désigne un polynôme et p un nombre entier supérieur à m.

Cette égalité peut s'écrire

$$1 - x^p \mathrm{P} = f(x)\Phi^q(x),$$

et l'on en conclut, comme précédemment, que l'équation

$$f(x)\Phi^q(x) = 0$$

a au moins $(m-1)$ racines imaginaires; ces racines ne pouvant appartenir qu'à l'équation $\Phi(x) = 0$, celle-ci, qui est du degré m, a au plus une racine réelle.

J'aurais pu considérer l'expression $\frac{1}{[f(x)]^{\frac{r}{q}}}$, où r et q désignent deux nombres entiers positifs quelconques, puisque, si $f(x)$ est décomposable en facteurs réels du premier degré, il en est de même de $f^r(x)$, et de là, en passant au cas où la fraction $\frac{r}{q}$ tend vers un nombre incommensurable quelconque, j'énoncerai la proposition suivante :

En désignant par ω *une quantité* positive *quelconque* (commensurable ou incommensurable), *si l'on développe* $\frac{1}{f^\omega(x)}$ *suivant les puissances croissantes de* x *et si l'on désigne par* $\Phi(x)$ *l'ensemble des termes de ce développement dont le degré ne dépasse pas* m, *quel que soit le nombre* m, *l'équation* $\Phi(x) = 0$ *a au plus une racine réelle.*

5. Comme application, je poserai

$$f(x) = \left(1 - \frac{x}{p}\right)^p;$$

on voit, par ce qui précède, qu'en désignant par $\Phi(x)$ l'ensemble des termes du degré m dans le développement de $\left(1 - \frac{x}{p}\right)^{-p}$, l'équation $\Phi(x) = 0$ a au plus une racine réelle, quel que soit le nombre positif p. Si, maintenant, on fait croître indéfiniment p, l'expression $\left(1 - \frac{x}{p}\right)^{-p}$ a pour limite e^x.

D'où la proposition suivante :

Si l'on égale à zéro l'ensemble des m premiers termes de la série suivant laquelle se développe e^x, l'équation ainsi obtenue a au plus une racine réelle.

Cette proposition peut, du reste, se démontrer très aisément en s'appuyant sur le théorème de Rolle (*voir* notamment le *Cours d'Analyse de l'École Polytechnique* de M. Hermite, année 1867-1868); mais il résulte, en outre, du théorème démontré plus haut, que, si $f(x)$ est un polynôme décomposable en facteurs réels du premier degré, le développement de l'expression

$$\frac{e^x}{f^\omega(x)}$$

jouit de la même propriété, quel que soit le nombre positif ω.

6. Les considérations qui précèdent s'appliquent entièrement à un cas plus général et plus important; mais, avant de l'aborder, je crois devoir rappeler quelques définitions.

En désignant par $V(x)$ un polynôme entier en x ou une série ordonnée suivant les puissances croissantes de x, et par $\frac{\Phi(x)}{F(x)}$ une fraction rationnelle dont le dénominateur est du degré n et le numérateur du degré m, on dit que cette fraction est une réduite de $V(x)$ si le développement en série de la différence

$$V(x) - \frac{\Phi(x)}{F(x)}$$

commence par un terme de l'ordre de x^{m+n+1}.

Il est facile d'obtenir ces réduites; multiplions, en effet, $V(x)$ par un polynôme $F(x)$ du degré n et renfermant, par suite, $(n+1)$ indéterminées. En développant le produit ainsi obtenu, nous obtiendrons d'abord un polynôme du degré m, $\Phi(x)$, puis une série de termes contenant x^m en facteurs, et nous pourrons disposer des $(n+1)$ coefficients indéterminés de façon à annuler, dans le développement, les coefficients de $x^{m+1}, x^{m+2}, \ldots, x^{m+n}$; il suffira, en effet, pour cela, de trouver des valeurs de $(n+1)$ inconnues satisfaisant à n équations linéaires sans second membre, et l'on sait qu'un pareil système d'équations admet toujours au moins une solution dans laquelle les inconnues ne sont pas toutes nulles en même temps. Les polynômes $F(x)$ et $\Phi(x)$ étant déterminés comme je viens de le dire, il est clair que la fraction $\frac{\Phi(x)}{F(x)}$ est une réduite de $F(x)$.

Cela posé, $f(x)$ désignant un polynôme décomposable en facteurs réels du premier degré, soit $\frac{\Phi(x)}{F(x)}$ une réduite de $f(x)$, en sorte que, $\Phi(x)$ étant du degré m et $F(x)$ du degré n, le développement de

$$f(x) - \frac{\Phi(x)}{F(x)}$$

commence par un terme de l'ordre $(m+n+1)$.

On aura évidemment, en désignant par P un polynôme entier,

$$F(x)f(x) - \Phi(x) = x^{m+n+1}P,$$

d'où

$$\Phi(x) + x^{m+n+1}P = F(x)f(x).$$

Or, le terme du degré le plus élevé dans $\Phi(x)$ étant du degré m, on voit que l'équation

$$\Phi(x) + x^{m+n+1}P = 0$$

a au moins $(n-1)$ racines imaginaires, et, comme ces racines appartiennent à l'équation $F(x)f(x) = 0$ et que $f(x) = 0$ a toutes ses racines réelles, on en conclut que l'équation $F(x) = 0$, qui est du degré n, a au plus une racine réelle.

On obtiendrait un résultat analogue en considérant les réduites

$\frac{\Phi(x)}{F(x)}$ du développement de la fraction $\frac{1}{f(x)}$, et l'on établirait facilement que l'équation $\Phi(x) = 0$ a au plus une racine réelle.

En particulier, posons d'abord, en désignant par p un nombre entier arbitraire,

$$f(x) = \left(1 + \frac{x}{p}\right)^p.$$

Si nous faisons croître indéfiniment le nombre entier p, nous en conclurons que les dénominateurs des réduites de e^x ont au plus un facteur réel du premier degré; nous voyons, en outre, que la même proposition a lieu à l'égard des réduites de l'expression $e^x \varphi(x)$, où $\varphi(x)$ désigne un polynôme décomposable en facteurs réels du premier degré.

Semblablement, en posant

$$f(x) = \left(1 - \frac{x}{p}\right)^p$$

et en faisant croître indéfiniment le nombre entier p, nous voyons que les numérateurs des réduites de e^x ont au plus un facteur réel du premier degré, et la même proposition a lieu à l'égard des numérateurs des réduites de l'expression $\frac{e^x}{\varphi(x)}$, où $\varphi(x)$ désigne, comme ci-dessus, un polynôme quelconque décomposable en facteurs réels du premier degré.

7. Comme je viens de le montrer, si l'on considère une réduite quelconque $\frac{\Phi(x)}{F(x)}$ de la transcendante e^x, les équations $\Phi(x) = 0$ et $F(x) = 0$ ont au plus une racine réelle.

Il ne sera peut-être pas inutile de montrer comment on peut facilement former les polynômes $F(x)$ et $\Phi(x)$.

A cet effet, je considérerai l'expression $F(x)e^{zx}$ et poserai

$$F(x)e^{zx} = \Sigma A_p x^p.$$

Le polynôme $F(x)$ étant du degré n, je remarque tout d'abord que A_{m+n}, qui est du degré $(m+n)$, est divisible par z^n. En dérivant par rapport à z l'équation précédente, on a d'ailleurs

$$F(x)e^{zx} = \Sigma A'_p x^{p-1},$$

d'où

$$\Sigma A_p x^p = \Sigma A'_p x^{p-1};$$

et l'on en conclut que chacun des coefficients A_p est la dérivée par rapport à z du coefficient qui le suit dans la série.

Je remarque maintenant que, $F(x)$ étant le dénominateur d'une réduite de e^x, le développement de $F(x)e^x$ manque des termes en x^{m+1}, x^{m+2}, ..., x^{m+n}; tous les coefficients

$$A_{m+1},\quad A_{m+2},\quad \ldots,\quad A_{m+n}$$

s'annulent donc quand on y fait $z=1$. Par suite, A_{m+n}, ainsi que ses $(n-1)$ premières dérivées, s'annule dans la même hypothèse; A_{m+n} est donc divisible par $(z-1)^n$. J'ai montré plus haut que ce coefficient était du degré $(m+n)$ par rapport à la lettre z et qu'il était divisible par z^m; il est donc égal, à un facteur numérique près (que l'on peut prendre arbitrairement), à $z^m(z-1)^n$.

Ainsi, une propriété caractéristique du polynôme $F(x)$ est que, dans le développement de $F(x)e^{zx}$ suivant les puissances croissantes de x, le coefficient de x^{m+n} est (sauf un facteur numérique) $z^m(z-1)^n$.

En supposant donc ce facteur égal à $\frac{1}{1.2.3\ldots(m+n)}$ et en posant

$$F(x)=a_0+a_1x+a_2x^2+\ldots,$$

on obtiendra facilement l'égalité

$$\begin{aligned}a_0z^{m+n}&+a_1(m+n)z^{m+n-1}+a_2(m+n)(m+n-1)z^{m+n-2}+\ldots\\&=z^{m+n}-nz^{m+n-1}+\frac{n(n-1)}{1.2}z^{m+n-2}-\ldots,\end{aligned}$$

d'où l'on déduit

$$a_0=1,\qquad a_1=-\frac{n}{m+n},\qquad a_2=\frac{n(n-1)}{1.2}\,\frac{1}{(m+n)(m+n-1)},\qquad\ldots$$

et

$$\begin{aligned}F(x)=1-\frac{n}{m+n}x&+\frac{n(n-1)}{1.2}\,\frac{1}{(m+n)(m+n-1)}x^2\\&-\frac{n(n-1)(n-2)}{1.2.3}\,\frac{1}{(m+n)(m+n-1)(m+n-2)}x^3+\ldots.\end{aligned}$$

Quant au polynôme $\Phi(x)$, je remarquerai, pour le déterminer, que la fraction $\frac{F(x)}{\Phi(x)}$ est une réduite de e^{-x} et que cette fraction tend vers l'unité quand x tend vers zéro ; on a donc, en appliquant la formule précédente,

$$\Phi(x) = 1 + \frac{m}{m+n}x + \frac{m(m-1)}{1.2}\frac{1}{(m+n)(m+n-1)}x^2 + \frac{m(m-1)(m-2)}{1.2.3}\frac{1}{(m+n)(m+n-1)(m+n-2)}x^3 + \ldots.$$

8. Considérons en particulier les *réduites principales*, c'est-à-dire celles où $m = n$; on a alors (¹)

$$F(x) = 1 - \frac{x}{2} + \frac{n(n-1)}{1.2}\frac{1}{2n(2n-1)}x^2 - \frac{n(n-1)(n-2)}{1.2.3}\frac{1}{2n(2n-1)(2n-2)}x^3 + \ldots$$

et

$$\Phi(x) = 1 + \frac{x}{2} + \frac{n(n-1)}{1.2}\frac{1}{2n(2n-1)}x^2 + \frac{n(n-1)(n-2)}{1.2.3}\frac{1}{2n(2n-1)(2n-2)}x^3 + \ldots,$$

en sorte que $\Phi(x) = F(-x)$.

Ayant

$$e^x = \frac{\Phi(x)}{F(x)} + (x^{2n+1}) \text{ (²)}$$

on en déduit

$$x = \log\frac{\Phi(x)}{F(x)} + (x^{2n+1})$$

et, en égalant les dérivées des deux membres,

$$\frac{F'(x)}{F(x)} - \frac{\Phi'(x)}{\Phi(x)} = -1 + (x^{2n}).$$

En désignant par $\alpha, \beta, \gamma, \ldots$ les diverses racines de l'équation $F(x) = 0$, on voit aisément que les racines de l'équation $\Phi(x) = 0$

(¹) Sur ces polynômes, *voir* le Mémoire de M. Hermite *Sur la fonction exponentielle.*

(²) Je désigne ici et dans tout ce qui suit par (x^p) une série ordonnée suivant les puissances de x et commençant par un terme de l'ordre x^p.

sont $-\alpha$, $-\beta$, $-\gamma$, ...; l'égalité précédente peut donc s'écrire

$$\sum \frac{1}{x-\alpha} - \sum \frac{1}{x+\alpha} = -1 + (x^{2n})$$

ou encore

$$\sum \frac{2\alpha}{x^2-\alpha^2} = -1 + (x^{2n}).$$

En désignant par S_{-p} la somme des inverses des puissances $p^{\text{ièmes}}$ des racines de l'équation $F(x) = 0$, on en déduit, en développant le premier membre en série,

$$2S_{-1} + 2S_{-3}x^2 + 2S_{-5}x^4 + \ldots = 1 + (x^{2n}),$$

d'où les relations suivantes, qui caractérisent entièrement le polynôme $F(x)$:

$$S_{-1} = \frac{1}{2}, \qquad S_{-3} = 0, \qquad S_{-5} = 0, \qquad \ldots, \qquad S_{-(2n-1)} = 0 \quad (^1).$$

---

(1) Sur cette question, *voir* ma Note *Sur un problème d'Algèbre* (*Bulletin de la Société mathématique*, t. V; 1877.

C'est la Note suivante, pages 119-122. E. R.

SUR UN

PROBLÈME D'ALGÈBRE.

Bulletin de la Société mathématique de France, t. V; 1877.

1. En désignant par S_μ la somme des puissances d'ordre μ des racines de l'équation de degré n, $f(x) = 0$, on peut se proposer de déterminer le polynôme $f(x)$ connaissant $S_1, S_3, \ldots, S_{2n-1}$.

Comme on a ainsi n équations de condition pour déterminer les coefficients du polynôme, il est clair que le problème est généralement déterminé. Il peut se faire néanmoins qu'il y ait une infinité de solutions; car, si l'on satisfait à la question, ce qui, dans certains cas, sera évidemment possible, en prenant pour $f(x)$ un polynôme de *degré inférieur à n*, en désignant par $\varphi(x^2)$ un polynôme quelconque ne renfermant que des puissances paires de x, on y satisfera aussi en remplaçant $f(x)$ par $f(x) + \varphi(x^2)x^m$, les coefficients de $\varphi(x^2)$ et l'exposant m étant du reste arbitraires, pourvu que le degré de l'expression précédente soit égal à n.

2. Pour poser d'une façon plus précise le problème à résoudre, je l'énoncerai ainsi :

Déterminer un polynôme $f(x)$, de degré égal ou inférieur à n, jouissant de la propriété énoncée et tel, que $f(x)$ et $f(-x)$ n'aient aucun facteur commun.

Il est facile alors de démontrer que si le problème a une solution, le polynôme $f(x)$ est parfaitement déterminé.

A cet effet, posons $f(-x) = \varphi(x)$; d'après ce que je viens de dire, la fraction $\dfrac{\varphi(x)}{f(x)}$ sera irréductible. Soient de plus $a, b, c, \ldots$ les racines de l'équation $f(x) = 0$, on aura évidemment

$$\begin{aligned}\frac{\varphi'(x)}{\varphi(x)} - \frac{f'(x)}{f(x)} &= \sum \frac{1}{x+a} - \sum \frac{1}{x-a} = \sum \frac{-2a}{x^2-a^2}\\ &= -\frac{2S_1}{x^2} - \frac{2S_3}{x^4} - \ldots - \frac{2S_{2n-1}}{x^{2n}} + \left(\frac{1}{x^{2n+2}}\right),\end{aligned}$$

l'expression $\left(\frac{1}{x^m}\right)$ désignant, en général, sans que je me préoccupe des valeurs des coefficients, une série développée suivant les puissances de $\frac{1}{x}$ et commençant par un terme d'un degré au plus égal à $-m$.

En intégrant l'équation précédente entre les limites x et ∞, il viendra

$$\log\frac{\varphi(x)}{f(x)} = 2\left[\frac{S_1}{x} + \frac{S_3}{3x^3} + \ldots + \frac{S_{2n-1}}{(2n-1)x^{2n-1}}\right] + \left(\frac{1}{x^{2n+1}}\right),$$

ou, en posant, pour abréger,

$$W = \frac{S_1}{x} + \frac{S_3}{3x^3} + \ldots + \frac{S_{2n-1}}{(2n-1)x^{2n-1}}$$

et en passant des logarithmes aux nombres,

$$(1) \qquad e^{2W} = \frac{\varphi(x)}{f(x)} + \left(\frac{1}{x^{2n+1}}\right).$$

3. La détermination du polynôme $f(x)$ est donc ramenée à la question suivante :

Déterminer une fraction rationnelle irréductible dont le dénominateur et le numérateur soient d'un degré au plus égal à n, et qui soit égale au développement de e^{2W}, en négligeant les termes d'un ordre supérieur à celui de $\frac{1}{x^{2n}}$. Il faut, en outre, qu'en désignant par $f(x)$ ce dénominateur, le numérateur de la fraction soit égal à $f(-x)$; mais, comme je le ferai voir, il n'y a pas à se préoccuper de cette condition, qui sera satisfaite d'elle-même si la première condition est remplie.

Je démontrerai d'abord qu'il ne peut exister qu'un seul polynôme $f(x)$ qui y satisfasse; en effet, si $f_1(x)$ était une autre solution, on aurait évidemment

$$\frac{\varphi(x)}{f(x)} - \frac{\varphi_1(x)}{f_1(x)} = \left(\frac{1}{x^{2n+1}}\right),$$

d'où

$$\varphi(x)f_1(x) - f(x)\varphi_1(x) = f(x)f_1(x)\left(\frac{1}{x^{2n+1}}\right),$$

relation évidemment impossible, à moins que le premier membre ne soit nul; car c'est un polynôme entier en x, tandis que le second membre (s'il n'est pas nul) se développe suivant une série commençant par un terme en $\frac{1}{x}$, puisque chacun des polynômes $f(x)$ et $f_1(x)$ est d'un degré au plus égal à n.

La relation précédente ne peut donc avoir lieu que si l'on a

$$\varphi(x)f_1(x)-f(x)\varphi_1(x)=0$$

ou encore

$$\frac{\varphi_1(x)}{f_1(x)}=\frac{\varphi(x)}{f(x)},$$

et, si l'on suppose ces fractions irréductibles, $f_1(x)$ ne doit différer que par un facteur constant de $f(x)$.

Ce polynôme n'étant pas d'ailleurs, par hypothèse, divisible par x, on peut supposer que le terme constant qui y entre est égal à l'unité; il est alors complètement déterminé.

4. Cela posé, il est facile de prouver que, la fraction irréductible $\frac{\varphi(x)}{f(x)}$ ayant été déterminée par la condition ci-dessus énoncée, $\varphi(x)$ est égal à $f(-x)$.

En effet, W ne renfermant que des puissances impaires de x, en changeant x en $-x$ dans l'équation (1), il viendra

$$e^{-2W}=\frac{1}{e^{2W}}=\frac{\varphi(-x)}{f(-x)}+\left(\frac{1}{x^{2n+1}}\right);$$

d'où, par une transformation facile,

$$e^{2W}=\frac{f(-x)}{\varphi(-x)}+\left(\frac{1}{x^{2n+1}}\right);$$

le polynôme $\varphi(-x)$, d'après ce que je viens d'établir, ne peut différer que par un facteur constant de $f(x)$; d'ailleurs, e^{2W}, pour $x=0$, se réduit à l'unité; donc le premier terme de $\varphi(-x)$ est aussi l'unité et, par suite,

$$\varphi(-x)=f(x).$$

5. Le problème est donc entièrement ramené à trouver un polynôme $f(x)$, de degré au plus égal à n, et satisfaisant à l'équation (1); mais on peut supposer que $f(x)$ soit effectivement de degré n, en faisant abstraction de la condition imposée jusqu'ici, à savoir que $\varphi(x)$ et $f(x)$ sont premiers entre eux.

Effectivement, si $f(x)$ était d'un degré $m < n$, il suffirait de multiplier les deux termes de la fraction $\frac{\varphi(x)}{f(x)}$ par un polynôme arbitraire de degré $(n - m)$ pour obtenir une fraction satisfaisant à la relation (1) et dont le dénominateur soit du degré n.

Nous poserons donc $f(x) = 1 + ax + bx^2 + \ldots + lx^n$; $a, b, \ldots, l$ désignant n coefficients indéterminés, et nous exprimerons que le produit $e^{2W}f(x)$ manque des termes en $\frac{1}{x}, \frac{1}{x^2}, \ldots, \frac{1}{x^n}$; nous aurons ainsi, pour déterminer les n coefficients inconnus, n équations linéaires avec second membre.

Généralement, le déterminant de ces équations étant différent de zéro, elles fourniront pour les coefficients des valeurs bien déterminées; le polynôme $f(x)$ sera donc effectivement du degré n.

Si le déterminant est nul, il se peut que le problème n'ait pas de solution; s'il y en a une infinité, on déterminera l'un quelconque des polynômes $f(x)$ satisfaisant aux équations, et l'on en déduira le numérateur correspondant $\varphi(x)$; on réduira ensuite la fraction $\frac{\varphi(x)}{f(x)}$ à sa plus simple expression : le dénominateur de la fraction irréductible ainsi obtenue sera la solution cherchée, et son degré sera inférieur à n.

6. Il est clair que l'on peut remplacer l'expression e^{2W} par toute autre expression dont le développement coïnciderait avec elle jusqu'aux termes de l'ordre de $\frac{1}{x^{2n}}$ inclusivement.

Ainsi, si l'on développe en fraction continue l'expression $\left(\frac{1+x}{1-x}\right)^m$, où m désigne un nombre quelconque, et si l'on forme la réduite dont le dénominateur $f(x)$ est de degré n, les racines de l'équation $f(x) = 0$ jouiront de la propriété que les sommes $S_1, S_3, \ldots, S_{2n-1}$ soient toutes égales à m.

7. Les résultats obtenus dans cette Note peuvent s'énoncer ainsi :

Les coefficients d'un polynôme de degré n s'expriment rationnellement en fonction des fonctions symétriques $S_1, S_3, \ldots, S_{2n-1}$ des racines de l'équation $f(x) = 0$. C'est ce qu'il est facile du reste de vérifier au moyen des formules de Newton, au moins pour de petites valeurs du nombre n.

SUR LA

DÉTERMINATION D'ÉQUATIONS NUMÉRIQUES

AYANT UN NOMBRE DONNÉ DE RACINES IMAGINAIRES.

Comptes rendus des séances de l'Académie des Sciences, t. XC; 1880.

Il est très facile de former des types d'équations ayant toutes leurs racines réelles, et de celles-là on déduit, comme on le sait, par les moyens les plus élémentaires, un nombre indéfini d'équations qui ont toutes leurs racines imaginaires ou du moins ne peuvent avoir qu'une racine réelle.

Il est moins aisé de former des équations ayant un nombre déterminé de racines réelles et un nombre déterminé de racines imaginaires; l'étude des polynômes entiers qui satisfont à une équation différentielle du second ordre fournit néanmoins un grand nombre de solutions de ce problème.

Pour en donner un exemple, je considérerai l'équation

$$x\frac{d^2y}{dx^2}+(x+1)\frac{dy}{dx}-my=0,$$

à laquelle satisfait le dénominateur f_m de la $m^{\text{ième}}$ réduite de la transcendante

$$e^x\int_x^\infty \frac{e^{-x}\,dx}{x}.$$

On a, comme on le sait [1],

$$f_m = x^m + m^2x^{m-1} + \frac{m^2(m-1)^2}{1.2}x^{m-2}+\ldots$$
$$+m.1.2.3\ldots mx + 1.2.3\ldots m.$$

[1] Voir ma Note *Sur l'intégrale* $\int_x^\infty \frac{e^{-x}\,dx}{x}$ (*Bulletin de la Société mathématique de France*, t. VII, p. 72).

et l'équation $f_m = 0$ a toutes ses racines réelles, inégales et négatives. Deux polynômes f_m et f_n, où m et n désignent deux nombres entiers différents (je supposerai $m > n$), ne peuvent, d'ailleurs, avoir de racine commune.

Cela posé, des deux identités

$$x f''_m + (x+1) f'_m = m f$$

et

$$x f''_n + (x+1) f'_n = n f_n$$

on déduit aisément l'égalité suivante,

$$x V' + (x+1) V = (m-n) f_m f_n,$$

où j'ai posé, pour abréger l'écriture,

$$V = f_n f'_m - f_m f'_n.$$

L'équation $V = 0$ a, du reste, toutes ses racines inégales; car, si un nombre α annulait à la fois V et sa dérivée, il annulerait évidemment un des polynômes f_m et f_n sans annuler l'autre; en supposant qu'il annule f_m, il devrait annuler également f'_m, ce qui est impossible, puisque l'équation $f'_m = 0$ a toutes ses racines inégales.

De la relation précédente on déduit

$$x \frac{V'}{V} = (m-n) \frac{f_m f_n}{f_n f'_m - f_m f'_n} - x - 1.$$

En désignant, avec Cauchy, par la lettre I l'indice d'une fonction et par ε une quantité positive très petite, j'en tire l'identité

$$\mathop{\mathrm{I}}_{-\infty}^{-\varepsilon} \frac{x V'}{V} = \mathop{\mathrm{I}}_{-\infty}^{-\varepsilon} \left[(m-n) \frac{f_m f_n}{f_n f'_m - f_m f'_n} - (x+1) \right],$$

où le premier membre est, au signe près, le nombre ρ des racines négatives de l'équation $V = 0$, puisque le facteur x demeure négatif dans l'intervalle considéré. Dans le second membre, on peut négliger le terme $-(x+1)$, qui ne devient jamais infini pour aucune valeur finie de la variable, ainsi que le facteur positif $(m-n)$.

On a d'ailleurs, d'après une proposition fondamentale due à Cauchy,

$$\underset{-\infty}{\overset{-\varepsilon}{\mathrm{I}}} \frac{f_m f_n}{f_n f'_m - f_m f'_n} = 1 - \underset{-\infty}{\overset{-\varepsilon}{\mathrm{I}}} \frac{f_n f'_m - f_m f'_n}{f_m f_n};$$

il suffit, pour le voir, de remarquer que le rapport

$$\frac{f_n f'_m - f_m f'_n}{f_m f_n} = \frac{(m-n)x^{m+n-1} + \ldots + (m-n).1.2.3\ldots m.1.2.3\ldots n}{x^{m+n} + \ldots + 1.2.3\ldots m.1.2.3\ldots n}$$

est négatif pour $x = -\infty$ et positif pour $x = -\varepsilon$.

Les polynômes f_m et f_n étant premiers entre eux, on a

$$\underset{-\infty}{\overset{-\varepsilon}{\mathrm{I}}} \frac{f_n f'_m - f_m f'_n}{f_m f_n} = \underset{-\infty}{\overset{-\varepsilon}{\mathrm{I}}} \frac{f'_m}{f_m} - \underset{-\infty}{\overset{-\varepsilon}{\mathrm{I}}} \frac{f'_n}{f_n} = m - n,$$

d'où

$$\rho = m - n - 1.$$

En désignant de même par θ le nombre des racines positives de l'équation $V = 0$, on a

$$\theta = \underset{+\varepsilon}{\overset{+\infty}{\mathrm{I}}} \frac{xV'}{V} = \underset{+\varepsilon}{\overset{+\infty}{\mathrm{I}}} \frac{f_m f_n}{f_n f'_m - f_m f'_n};$$

ce nombre se réduit à

$$\underset{+\varepsilon}{\overset{+\infty}{\mathrm{I}}} \frac{f_n f'_m - f_m f'_n}{f_m f_n},$$

puisque le rapport $\frac{f_n f'_m - f_m f'_n}{f_m f_n}$ conserve le même signe pour $x = \varepsilon$ et pour $x = \infty$. Il est, du reste, égal à zéro, puisque l'équation $f_m f_n = 0$ n'a pas de racine positive.

On en conclut que l'équation $V = 0$ n'a pas de racines réelles positives, et, comme elle a seulement $m - n - 1$ racines réelles négatives, elle a $2n$ racines imaginaires.

SUR LES

ÉQUATIONS ALGÉBRIQUES

DONT LE PREMIER MEMBRE SATISFAIT A UNE ÉQUATION LINÉAIRE DU SECOND ORDRE.

Comptes rendus des séances de l'Académie des Sciences, t. XC; 1880.

1. Les équations algébriques dont le premier membre satisfait à une équation différentielle linéaire du second ordre jouissent de propriétés particulières qui, pour la solution d'un grand nombre de problèmes, fournissent des méthodes tout à fait spéciales.

En me bornant ici au cas où elles ont *toutes leurs racines réelles,* je prendrai pour point de départ la remarque suivante.

En désignant par $F(x) = 0$ une équation algébrique de degré n, dont toutes les racines sont réelles, et par α une quelconque de ces racines, si l'on pose, pour abréger,

$$\frac{F(x)}{x-\alpha} = f(x),$$

il est clair que l'équation $f(x) = 0$ a également toutes ses racines réelles; par suite, son hessien

$$(n-2)f'^2(x) - (n-1)f(x)f''(x)$$

ne peut avoir une valeur négative, et en particulier l'expression $(n-2)f'^2(\alpha) - (n-1)f(\alpha)f''(\alpha)$ est positive ou nulle.

On a d'ailleurs, comme il est facile de le voir,

$$f(\alpha) = F'(\alpha), \qquad f'(\alpha)\frac{F''(\alpha)}{2} \qquad \text{et} \qquad f''(\alpha) = \frac{F'''(\alpha)}{3},$$

d'où l'inégalité

$$3(n-2)F''^2(\alpha) - 4(n-1)F'(\alpha)F'''(\alpha) \geqq 0.$$

Supposons maintenant que le polynôme F satisfasse à l'équation différentielle linéaire du second ordre

$$Py'' + Qy' + Ry = 0;$$

il satisfait également à l'équation

$$Py''' + (Q + P')y'' + (R + Q')y' + R'y = 0,$$

que l'on déduit de la première par dérivation, et de là résultent, en faisant $x = \alpha$, les deux relations suivantes,

$$P_0 F''(\alpha) + Q_0 F'(\alpha) = 0,$$
$$P_0 F'''(\alpha) + (Q_0 + P'_0) F''(\alpha) + (R_0 + Q'_0) F'(\alpha) = 0,$$

où l'indice 0 indique ce que deviennent les coefficients quand on y a remplacé x par α.

Elles donnent des valeurs respectivement proportionnelles à $F'(\alpha)$, $F''(\alpha)$, $F'''(\alpha)$, et l'on en conclut sans peine que le polynôme

$$\Omega = PR + PQ' - QP' - \frac{n+2}{4(n-1)} Q^2$$

a une valeur positive ou nulle quand on y remplace x par une racine quelconque de l'équation $F(x) = 0$.

Si donc on suppose que Ω ne soit pas positif pour toutes les valeurs de x, on déduira de là des limites entre lesquelles sont comprises les racines de cette équation.

Je ferai remarquer en passant que, si Ω avait constamment une valeur négative, on en conclurait avec certitude que l'équation proposée a des racines imaginaires.

2. Comme première application, je considérerai les polynômes U_n étudiés par M. Hermite dans sa Note *Sur un nouveau développement en série des fonctions* (*Comptes rendus des séances de l'Académie des Sciences*, t. LVIII), et qui satisfont à l'équation différentielle

$$y'' - xy' + ny = 0.$$

On trouve sans peine $\Omega = n - 1 - \frac{n+2}{4(n-1)} x^2$; on a donc, pour toutes les racines de l'équation $U_n = 0$,

$$n - 1 - \frac{n+2}{4(n-1)} x^2 \geqq 0,$$

et l'on voit que la valeur absolue de la plus grande racine est au plus égale à $\frac{2(n-1)}{\sqrt{n+2}}$.

Il est facile d'obtenir, du reste, une limite plus rapprochée et en même temps une limite de la valeur absolue de la plus petite racine. En supposant d'abord n pair et égal à $2m$, je poserai $x^2=\xi$, en sorte que $U_n(x)$ se transforme en un polynôme V_n du degré m en ξ, satisfaisant à l'équation différentielle

$$2\xi\frac{d^2y}{d\xi^2}+(1-\xi)\frac{dy}{d\xi}+my=0;$$

on a alors

$$\Omega=2m\xi-2-\frac{m+2}{4(m-1)}(1-\xi)^2$$

et l'on en conclut, en remplaçant ξ par sa valeur x^2, que les valeurs absolues des racines de l'équation $U_n=0$ (lesquelles sont deux à deux égales et de signes contraires), sont comprises entre les deux racines positives de l'équation

$$(m+2)x^4-2(4m^2-3m+2)x^2+9m-6=0.$$

En y faisant successivement $m=1$ et $m=2$, on obtient les équations

$$3(x^2-1)^2=0 \qquad \text{et} \qquad 4(x^4-6x^2+3)=0,$$

qui déterminent exactement les racines des équations $U_2=0$ et $U_4=0$.

Supposant en second lieu n impair et égal à $2m+1$, et posant encore $x^2=\xi$, je remarque que $\frac{U_n(x)}{x}$ est un polynôme V_n du degré m en ξ et satisfaisant à l'équation différentielle

$$2\xi\frac{d^2y}{d\xi^2}+(3-\xi)\frac{dy}{d\xi}+my=0,$$

et l'on en conclut immédiatement que la valeur absolue des racines de l'équation $U_{2m+1}=0$ (abstraction faite de la racine zéro) est comprise entre les deux racines positives de l'équation

$$(m+2)x^4-2(4m^2-m+6)x^2+33m-6=0.$$

Pour $m = 1$ elle devient

$$3(x^2 - 3)^2 = 0,$$

et pour $m = 2$

$$4(x^4 - 10x^2 + 15) = 0;$$

dans ces deux cas, elle donne les valeurs exactes des racines des équations $U_3 = 0$ et $U_5 = 0$.

3. Comme second exemple, je considérerai les polynômes de Legendre X_n qui satisfont à l'équation différentielle

$$(x^2 - 1)y'' + 2xy' - n(n+1)y = 0.$$

On a

$$\Omega = (n-1)(n+2) - \frac{n^2(n+2)}{n-1}x^2,$$

d'où l'on conclut que toutes les racines de l'équation $X_n = 0$ sont inférieures en valeur absolue à

$$(n-1)\sqrt{\frac{n+2}{n(n^2+2)}}.$$

En effectuant, comme plus haut, la substitution $x^2 = \xi$, on peut déterminer une limite plus approchée et en même temps une limite de la valeur absolue de la plus petite racine.

En supposant d'abord n pair et égal à $2m$, on trouvera sans peine que les valeurs absolues des racines de l'équation $X_{2m} = 0$ sont comprises entre les deux racines positives de l'équation

$$\frac{m+2}{4(m-1)}(3x^2-1)^2 + 2m(2m+1)(x^4 - x^2) + 6x^4 - 4x^2 + 2 = 0.$$

Pour $m = 1$ elle devient

$$(3x^2 - 1)^2 = 0,$$

et pour $m = 2$

$$35x^4 - 30x^2 + 3 = 0;$$

dans les deux cas, elle donne exactement les racines des équations $X_2 = 0$ et $X_4 = 0$. Pour $m = 3$ elle devient

$$429x^4 - 398x^2 + 21 = 0,$$

dont les racines positives sont 0,2373... et 0,9335...; les valeurs absolues de la plus grande et de la plus petite racine de l'équation $X_0 = 0$ sont, d'après Gauss, 0,2386... et 0,9325....

En second lieu, si n est impair et égal à $2m+1$, on trouve que les valeurs absolues des racines de l'équation $X_{2m+1} = 0$ sont comprises entre les deux racines positives de l'équation

$$\frac{m+2}{4(m-1)}(5x^2-3)^2 + 2m(2m+3)(x^4-x^2) + 10x^4 - 12x^2 + 6 = 0.$$

Pour $m = 1$ elle devient

$$(5x^2-3)^2 = 0,$$

et pour $m = 2$

$$63x^4 - 70x^2 + 15 = 0;$$

dans les deux cas, elle détermine exactement (abstraction faite de la racine $x = 0$) les racines des équations $X_3 = 0$ et $X_5 = 0$. Pour $m = 3$, elle devient

$$637x^4 - 678x^2 + 93 = 0,$$

dont les racines sont 0,40231... et 0,950...; les valeurs absolues de la plus petite et de la plus grande racine sont 0,4058... et 0,9492....

4. L'expression Ω, que j'ai considérée précédemment, jouit d'une propriété remarquable qui mérite d'être signalée.

Soit un polynôme, de degré n, $F(x)$, satisfaisant à l'équation différentielle du second ordre

$$Py'' + Qy' + Ry = 0;$$

en désignant par α, β, γ et δ des constantes arbitraires, il est clair que $(\gamma+\delta\xi)^n F\left(\frac{\alpha+\beta\xi}{\gamma+\delta\xi}\right)^n$ est également un polynôme entier du degré n par rapport à ξ. Ce polynôme, que j'appellerai $f(\xi)$, satisfait à une équation différentielle du second ordre qu'il est facile de former.

De l'équation

$$x = \frac{\alpha+\beta\xi}{\gamma+\delta\xi}$$

on tire en effet, en posant, pour abréger,

$$k = \beta\gamma - \alpha\delta \qquad \text{et} \qquad \varepsilon = \gamma + \delta\xi,$$

$$\frac{dx}{d\xi} = \frac{k}{\varepsilon^2},$$

d'où les relations suivantes :

$$y' = \frac{dy}{d\xi}\frac{\varepsilon^2}{k}, \qquad y'' = \frac{d^2y}{d\xi^2}\frac{\varepsilon^4}{k^2} + 2\frac{\delta\varepsilon^3}{k^2}\frac{dy}{d\xi}.$$

On en conclut que l'expression $F\left(\frac{\alpha + \beta\xi}{\gamma + \delta\xi}\right)$ satisfait à l'équation différentielle

$$\frac{P\varepsilon^4}{k^2}\frac{d^2y}{d\xi^2} + \left(\frac{2P\delta\varepsilon^3}{k^2} + \frac{Q\varepsilon^2}{k}\right)\frac{dy}{d\xi} + Ry = 0,$$

et, en posant

$$y = \varepsilon^{-n}u,$$

que le polynôme $f(\xi)$ satisfait à l'équation

$$\frac{P\varepsilon^4}{k^2}\frac{d^2u}{d\xi^2} + \left[\frac{Q\varepsilon^2}{k} - 2(n-1)\frac{P\delta\varepsilon^3}{k^2}\right]\frac{du}{d\xi}$$
$$+ \left[n(n-1)\frac{P\delta^2\varepsilon^2}{k^2} - n\frac{Q\delta\varepsilon}{k} + R\right]u = 0,$$

que j'écrirai, pour abréger l'écriture, de la façon suivante :

$$p\frac{d^2u}{d\xi^2} + q\frac{du}{d\xi} + r = 0$$

En désignant par $\omega(\xi)$ l'expression

$$pr + pq' - qp' - \frac{n+2}{4(n-1)}q^2,$$

on trouvera sans peine la relation suivante :

$$\omega(\xi) = \varepsilon^4\Omega(x).$$

En particulier, si Ω et ω sont des polynômes de même (ce qui a lieu dans le cas le plus général), et si, à cause de l'homogénéité, on introduit les variables y et η, on voit que le polynôme $\omega(\xi, \eta)$ se déduit du polynôme $\Omega(x, y)$ par la substitution

$$x = \alpha\eta + \beta\xi,$$
$$y = \gamma\eta + \delta\xi;$$

Ω joue donc ici le rôle d'un covariant

THÉORÈMES GÉNÉRAUX

SUR

LES ÉQUATIONS ALGÉBRIQUES.

Nouvelles Annales de Mathématiques, 2e série, t. XIX; 1880.

I.

1. Soient a et A les affixes de deux quantités imaginaires x et X, liées entre elles par la relation linéaire

$$X = \frac{\alpha x + \beta}{\gamma x + \delta},$$

où α, β, γ et δ désignent des quantités imaginaires quelconques; il est aisé de voir que, quand le point a décrit un cercle (ou une droite), il en est de même du point A. Je m'appuierai fréquemment sur cette propriété très simple, qui se rattache immédiatement à la théorie bien connue de la transformation par rayons vecteurs réciproques.

2. Dans tout ce qui suit, la variable Y et les quantités analogues y, η, ... sont égales à l'unité et uniquement introduites pour l'homogénéité des formules; je les remplacerai même souvent par l'unité lorsqu'il n'y aura lieu de craindre aucune confusion.

Cela posé, soit l'équation

$$f(X, Y) = 0, \tag{1}$$

où $f(X, Y)$ est un polynôme homogène et du degré n par rapport à X et Y. Désignons par a l'affixe d'une quantité imaginaire quelconque x et par α l'affixe de la quantité ξ qui est déterminée par l'équation

$$\xi f'_x + \eta f'_y = 0 \tag{2}$$

On peut énoncer la proposition suivante :

Tout cercle passant par les points a et α renferme au moins une racine de l'équation (1); *il y a aussi au moins une racine à l'extérieur de ce cercle.*

Exceptionnellement, toutes les racines peuvent se trouver sur la circonférence du cercle; si cette circonférence, du reste, passe par $(n-1)$ *des racines, elle passe nécessairement par la* n^{ieme} *racine.*

Pour démontrer cette proposition, je remarquerai que, la relation (2) qui lie entre elles les quantités ξ et x étant projective, il suffit de l'établir pour une position particulière du cercle et des points a et α.

Je supposerai donc que le cercle se réduit à l'axe des abscisses et que l'on a $x=\infty$ et $\xi=0$; la relation (2) se réduit alors à

$$b=0,$$

et, comme b est la somme algébrique des racines, on voit que, si toutes les racines ne sont pas réelles (c'est-à-dire si elles ne sont pas toutes situées sur l'axe des abscisses), l'une au moins doit être située au-dessus de cet axe, tandis qu'une autre est située au-dessous.

La proposition est donc complètement démontrée.

3. Plus généralement, considérons les divers émanants

$$\xi f'_x+\eta f'_y,\quad \xi^2 f''_{x^2}+2\xi\eta f'_{xy}+\eta^2 f''_{y^2}\cdot$$
$$\xi^3 f_{x^3}+3\xi^2\eta f'''_{x^2y}+3\eta\xi^2 f'''_{xy^2}+\eta^3 f'''_{y^3}$$

du polynôme f.

Soient Θ l'un quelconque de ces émanants, ξ et x deux quantités quelconques liées par la relation

$$\Theta=0; \tag{3}$$

on a le théorème suivant :

Tout cercle passant par les points x et ξ renferme au moins une racine de l'équation (1); *il y a aussi au moins une racine à l'extérieur de ce cercle*

Pour le démontrer, je remarquerai que, Θ étant un covariant de f, il suffit de l'établir pour une position particulière du cercle et des valeurs particulières de x et de ξ. Je supposerai, comme précédemment, que le cercle se réduit à l'axe des abscisses et que l'on a $x=\infty$ et $\xi=0$.

En considérant par exemple, pour plus de simplicité, l'émanant du troisième ordre, et en posant

$$f = ax^n + nbx^{n-1} + \frac{n(n-1)}{1.2}cx^{n-2} + \frac{n(n-1)(n-2)}{1.2.3}dx^{n-3} + \ldots,$$

la relation (3) devient

$$a\xi^3 + 3b\xi^2 + 3c\xi + d = 0,$$

d'où l'on déduit $d=0$; et de là résulte immédiatement que, si l'équation proposée n'a pas toutes ses racines réelles, il y a au moins une racine imaginaire dans laquelle le coefficient de i est positif et au moins une dans laquelle il est négatif, ce qui constitue précisément le théorème que je veux démontrer.

En supposant en effet que, dans toutes les racines imaginaires de l'équation (1), les coefficients de i eussent le même signe, et en posant, pour abréger,

$$f = \mathrm{F} + i\Phi,$$

il résulterait d'une remarque importante faite par M. Hermite et M. Biehler que l'équation $p\mathrm{F} + q\Phi = 0$ aurait toutes ses racines réelles, quels que fussent les nombres réels p et q.

Faisons, ce que l'on a toujours le droit de faire, $a=1$, et, mettant en évidence la partie réelle des autres coefficients, posons

$$b = \beta + \beta' i, \qquad c = \gamma + \gamma' i, \qquad e = \varepsilon + \varepsilon' i, \qquad \ldots;$$

il vient, en remarquant que d est nul,

$$(4) \quad \begin{cases} p\mathrm{F} + q\Phi = px^n + n(p\beta + q\beta')x^{n-1} + \dfrac{n(n-1)}{1.2}(p\gamma + q\gamma')x^{n-2} \\ \qquad + \dfrac{n(n-1)(n-2)(n-3)}{1.2.3.4}(p\varepsilon + q\varepsilon')x^{n-4} + \ldots. \end{cases}$$

Or on peut toujours trouver deux nombres p et q qui ne soient pas nuls en même temps et tels que l'on ait

$$p\gamma + q\gamma' = 0;$$

mais alors l'équation manquerait des deux termes consécutifs en x^{n-2} et x^{n-3}; ce qui est impossible, puisqu'elle a toutes ses racines réelles.

Ce raisonnement serait en défaut si les coefficients de x^n et x^{n-1} dans (4) s'annulaient en même temps; mais on aurait dans ce cas $\beta' = 0$, et cela ne peut avoir lieu, puisque β' est la somme de quantités ayant toutes le même signe.

La proposition est donc entièrement établie; je ferai encore observer, comme précédemment, que, dans certains cas particuliers, toutes les racines peuvent se trouver sur la circonférence du cercle.

4. On déduit du théorème précédent une conséquence importante.

Soit K un cercle (ou une droite) quelconque tracé dans le plan; il le divise en deux régions distinctes. Supposons qu'une de ces régions renferme toutes les racines de l'équation (1) et que le point x soit situé dans l'autre région; je dis que toutes les racines de l'équation $\Theta = 0$ sont situées dans la région limitée par le cercle et qui renferme toutes les racines de l'équation (1).

En effet, si l'une des valeurs de ξ satisfaisant à l'équation $\Theta = 0$ était située dans la même région que le point x, par les deux points x et ξ on pourrait faire passer un cercle tangent à K; la portion du plan limitée par ce cercle et ne renfermant pas K devrait renfermer au moins une racine de l'équation (1), ce qui est impossible, puisque toutes les racines de cette équation sont comprises dans la région qui ne renferme pas le point x [1].

II.

5. Il résulte de la proposition précédente que, si l'équation (1) a toutes ses racines réelles, l'équation $\Theta = 0$ (où l'on considère l'une des variables x et ξ comme inconnue, tandis qu'on attribue à l'autre une valeur réelle arbitraire) a toutes ses racines réelles.

---

[1] J'ai énoncé pour la première fois les théorèmes précédents dans une Note *Sur la théorie des équations numériques,* insérée dans les *Comptes rendus des séances de l'Académie des Sciences,* t. LXXIX, p. 996.

En particulier, l'équation

$$\xi^2 f''_{x^2} + 2\xi f''_{xy} + f''_{y^2} = 0$$

a toutes ses racines réelles, quelle que soit la valeur réelle attribuée à x, et de là résulte immédiatement cette proposition importante que j'ai eu plusieurs fois occasion d'employer :

Si l'équation $f = 0$ a toutes ses racines réelles, le hessien du polynôme f

$$f''^2_{xy} - f''_{x^2} f''_{y^2}$$

a toujours une valeur positive ou nulle.

6. On voit aussi que, si l'équation (1) a toutes ses racines réelles, il en est de même de l'équation $\xi f'_x + f'_y = 0$.

Réciproquement, si, quelle que soit la valeur réelle attribuée à ξ, cette dernière équation a toutes ses racines réelles, il en est de même de l'équation (1).

Pour établir cette proposition, je remarquerai d'abord qu'en posant $F = \xi f'_x + f'_y$, l'équation $F = 0$ ayant par hypothèse toutes ses racines réelles, l'expression $F''^2_{xy} - F''_{x^2} F''_{y^2}$ a toujours une valeur positive, quelle que soit la valeur de ξ.

Or on a

$$\begin{aligned} F''_{x^2} &= \xi f'''_{x^3} + f'''_{x^2y}, \\ F''_{xy} &= \xi f'''_{x^2y} + f'''_{xy^2}, \\ F''_{y^2} &= \xi f'''_{xy^2} + f'''_{xy^3}, \end{aligned}$$

et, quand on fait $\xi = x$, ces expressions ont des valeurs respectivement proportionnelles à f''_{x^2}, f''_{xy} et f''_{y^2} ([1]), d'où il résulte que $f''^2_{xy} - f''_{x^2} f''_{y^2}$ a toujours également une valeur positive.

Cela posé, étudions comment varient les racines de l'équation $F = 0$ quand ξ varie depuis $-\infty$ jusqu'à $+\infty$.

En désignant par ξ' la dérivée de ξ par rapport à x, on a

$$\xi' f'_x + \xi f''_{x^2} + f''_{xy} = 0,$$

([1]) Ceci suppose évidemment $n > 2$.

puis, en vertu de la relation $\xi f'_x + f'_y = 0$,

$$\xi' f'^2_x = f'_y f''_{x^2} - f'_x f''_{xy} = (n-1)(f''_{x^2} f''_{y^2} - f''^2_{xy});$$

or de là résulte que ξ' est toujours négatif.

Ainsi, quand ξ croît de $-\infty$ à $+\infty$, les diverses racines de l'équation $F = 0$ vont toujours en décroissant.

Elles ont toujours d'ailleurs des valeurs distinctes (si l'on suppose, ce que l'on peut toujours faire, que l'équation $f = 0$ n'a pas de racines égales) ; car, si, pour deux valeurs différentes de ξ, l'équation $F = 0$ était satisfaite par la même valeur de x, on aurait à la fois

$$\xi f'_x + f'_y = 0$$

et

$$\xi' f'_x + f'_y = 0,$$

ce qui exigerait que l'on eût en même temps $f'_x = 0$ et $f'_y = 0$; or cela est impossible, puisque l'équation $f = 0$ n'a pas de racines égales.

Pour fixer les idées, supposons $n = 4$, et soient, pour $\xi = -\infty$, α, β et γ les racines de l'équation $F = 0$; quand ξ varie de $-\infty$ à $+\infty$, la racine de l'équation $F = 0$ dont la valeur initiale est α va constamment en décroissant, passe de $-\infty$ à $+\infty$ et acquiert finalement la valeur γ ; la racine dont la valeur initiale est β va constamment en décroissant et acquiert finalement la valeur α. De même, la troisième racine décroît constamment depuis γ jusqu'à β.

La variable ξ croissant constamment depuis $-\infty$ jusqu'à $+\infty$, il y a nécessairement un instant où elle a la même valeur que la troisième racine ; à ce moment, ξ étant égal à x, on a

$$\xi f'_x + f'_y = x f'_x + f'_y = n f = 0;$$

d'où il suit que cette valeur de ξ est une racine de l'équation (1).

L'équation (1) a ainsi une racine comprise entre γ et β ; on prouverait de même qu'elle en a une comprise entre β et α, une autre entre α et $-\infty$ et une dernière entre $+\infty$ et γ ; elle a donc toutes ses racines réelles.

7. Comme application, je considérerai l'équation

$$x^3 + px + q = 0.$$

Pour que cette équation ait toutes ses racines réelles, il faut et il suffit, d'après ce qui précède, que l'équation

$$\xi(3x^2+p)+2px+3q=0$$

ait toutes ses racines réelles, quelle que soit la valeur de ξ.

De là résulte que

$$p^2-3p\xi^2-9q\xi$$

doit toujours être positif; ce qui exige que $4p^3+27q^2$ et p soient négatifs. On retrouve ainsi l'équation de condition bien connue

$$4p^3+27q^2<0.$$

III.

8. La propriété du hessien d'un polynôme f décomposable en facteurs réels du premier degré, que j'ai mentionnée plus haut, à savoir qu'il a une valeur constamment positive, est un cas particulier de la proposition suivante, qui a d'utiles applications.

Si le polynôme f est décomposable en facteurs réels du premier degré et si l'on attribue à la variable x une valeur imaginaire quelconque $\alpha+\beta i$, le coefficient de i dans toutes les racines de l'équation $\Theta=0$ est de signe contraire *à celui de* β.

Cette proposition est un corollaire immédiat d'un théorème général que j'ai démontré plus haut (n° 4).

En particulier, si l'on fait $x=\alpha+\beta i$ dans l'expression

$$x-\frac{nf}{f'},$$

le coefficient de i dans le résultat de la substitution est de signe contraire à celui de β.

Il en est de même des diverses expressions

$$x-\frac{(n-1)f'}{f''},\qquad x-\frac{(n-2)f''}{f'''},\quad \ldots,$$

puisque, quand l'équation $f=0$ a toutes ses racines réelles, les équations $f' = 0$, $f'' = 0$, ... (1) jouissent de la même propriété.

9. Comme application, en désignant par f un polynôme décomposable en facteurs réels inégaux du premier degré et par a et b deux constantes réelles arbitraires, je considérerai l'équation

$$\frac{f'}{f} + \frac{x-a}{b} = 0. \tag{4}$$

En substituant successivement dans le premier membre de cette équation $-\infty$, puis les racines de l'équation $f = 0$ et enfin $+\infty$, on constate aisément qu'elle a toutes ses racines réelles si b est < 0 et qu'elle a au plus deux racines imaginaires si b est > 0.

Dans ce dernier cas, désignons par $\alpha + \beta i$ une de ces racines; il résulte de ce qui précède que, si l'on remplace x par cette valeur dans l'expression

$$x - \frac{nf}{f'},$$

le coefficient de i dans le résultat de la substitution doit être de signe contraire à β.

Or, en vertu de l'équation (4), elle se réduit à

$$x - \frac{nb}{x-a}$$

et, en faisant $x = \alpha + \beta i$, à

$$\alpha + \beta i - \frac{nb}{a - \alpha - \beta i},$$

où le coefficient de i est

$$\beta\left[1 - \frac{nb}{(a-\alpha)^2 + \beta^2}\right].$$

Ayant donc $1 - \frac{nb}{(a-\alpha)^2+\beta^2} < 0$, on en déduit tout d'abord, comme je l'avais trouvé directement, que l'équation (4) ne peut avoir de racine imaginaire que si b est > 0.

---

(1) Ici, ainsi que dans tout ce qui suit, je désigne par f', f'', f''', ... les dérivées de f prises par rapport à la variable x.

On voit en second lieu que, *si b est > 0, et si l'équation a deux racines imaginaires, elles sont renfermées dans l'intérieur du cercle dont l'équation est*

$$(X - a)^2 + Y^2 = nb.$$

Il est remarquable que la position de ce cercle ne dépende pas de la valeur des racines de l'équation $f = 0$.

10. Considérons une équation $f = 0$ à coefficients réels ou imaginaires; soient $p, p', p'', \ldots$ les coefficients de i dans ses racines et β un nombre quelconque égal ou supérieur au plus grand de ces coefficients. Traçons dans le plan la droite parallèle à l'axe des abscisses et dont l'ordonnée a pour valeur β; on voit que toutes les racines de l'équation $f = 0$ sont situées au-dessous de cette droite ou sur cette droite, et, en vertu d'une proposition énoncée ci-dessus, il en est de même des racines des équations

$$f = 0, \quad f'' = 0, \quad f''' = 0, \quad \ldots.$$

On en conclut que, si dans les expressions

$$x - \frac{nf}{f'}, \quad x - \frac{(n-1)f'}{f''}, \quad x - \frac{(n-2)f''}{f'''}, \quad \ldots,$$

on remplace x par la quantité $\alpha + \beta i$, où α désigne un nombre réel arbitraire et β le nombre défini ci-dessus, le coefficient de i dans les résultats obtenus est inférieur à β.

Soient $F = 0$ une équation quelconque de degré n et $\alpha + \beta i$ celle de ses racines pour laquelle le coefficient de i a la plus grande valeur; en posant, pour abréger,

$$\frac{F}{x - \alpha - \beta i} = f,$$

on voit que, dans les expressions

$$\alpha + \beta i - \frac{(n-1)f(\alpha + \beta i)}{f'(\alpha + \beta i)},$$
$$\alpha + \beta i - \frac{(n-2)f'(\alpha + \beta i)}{f''(\alpha + \beta i)},$$
$$\ldots\ldots\ldots\ldots\ldots\ldots\ldots,$$

le coefficient de i est plus petit que β.

On trouve aisément d'ailleurs

$$f\ (\alpha+\beta i) = F'\ (\alpha+\beta i),$$
$$f'(\alpha+\beta i) = \frac{F''}{2}(\alpha+\beta i),$$
$$f''(\alpha+\beta i) = \frac{F'''}{3}(\alpha+\beta i),$$
$$\dots\dots\dots\dots\dots\dots\dots\dots,$$

d'où la conclusion suivante :

Étant donnée l'équation du degré n

$$F = 0,$$

désignons par $\alpha+\beta i$ *celle de ses racines* (1) *pour laquelle le coefficient de i a la plus grande valeur; cela posé, les coefficients de i dans les expressions*

$$\frac{F'(\alpha+\beta i)}{F''(\alpha+\beta i)},\quad \frac{F''(\alpha+\beta i)}{F'''(\alpha+\beta i)},\quad \dots$$

sont tous positifs.

11. Comme application, je me propose de montrer que le polynôme du degré n, étudié par M. Hermite et qui satisfait à l'équation différentielle linéaire du second ordre

$$(5)\qquad f'' - xf' + nf = 0,$$

a toutes ses racines réelles.

Cette proposition bien connue peut s'établir par les considérations les plus élémentaires ; je crois néanmoins, dans cette question importante de la détermination de la nature des racines d'une équation, qu'il est utile d'étudier toutes les méthodes qui peuvent conduire au résultat.

Supposons donc que l'équation $f = 0$ ait des racines imaginaires, et soit $\alpha+\beta i$ celle d'entre elles pour laquelle le coefficient de i est le plus grand. Je remarquerai tout d'abord que, l'équation

(1) Plus exactement : *l'une quelconque des racines pour lesquelles le coefficient de i a la plus grande valeur*. Il pourrait se faire en effet que plusieurs racines ne différassent que par leur partie réelle.

ayant ses coefficients réels, les racines sont conjuguées deux à deux; par suite, β a une valeur positive.

J'observe ensuite que l'expression

$$\frac{f'(\alpha+\beta i)}{f''(\alpha+\beta i)}$$

se réduit à

$$\frac{1}{\alpha+\beta i},$$

en vertu de l'équation différentielle (5).

Or, le coefficient de i dans cette expression est le nombre essentiellement négatif $\frac{-\beta}{\alpha^2+\beta^2}$, ce qui, d'après la proposition énoncée plus haut, est impossible. L'équation a donc toutes ses racines réelles.

La même démonstration s'applique au polynôme de Legendre X_n qui satisfait à l'équation différentielle

$$(x^2-1)f''+2xf'-n(n+1)f=0.$$

En conservant les mêmes notations que ci-dessus, on voit encore que, en vertu de cette équation différentielle, l'expression

$$\frac{f'(\alpha+\beta i)}{f''(\alpha+\beta i)}$$

se réduit à

$$\frac{1-(\alpha+\beta i)^2}{2(\alpha+\beta i)},$$

où le coefficient de i a le signe de l'expression

$$-\beta(1+\alpha^2+\beta^2)$$

et, cette quantité étant essentiellement négative, il en résulte que les polynômes X_n ont toutes leurs racines réelles.

SUR UNE

PROPRIÉTÉ DES POLYNOMES X_m DE LEGENDRE.

Comptes rendus des séances de l'Académie des Sciences, t. XCI; 1880.

1. Étant donné un polynôme entier $F(x)$, on sait que l'on peut toujours, en désignant par A, B, ..., H, K, L, ... des coefficients constants, poser identiquement

$$F(x) = AX_m + BX_p + \ldots + HX_r + KX_s + LX_t + \ldots.$$

Je supposerai que les nombres entiers m, p, ... soient rangés par ordre croissant de grandeur; cela posé, on peut énoncer le théorème suivant :

Le nombre des racines positives de l'équation $F(x) = 0$, *qui sont égales ou supérieures à l'unité, est au plus égal au nombre des variations que présentent les termes de la suite*

$$\text{(1)} \qquad A, \quad B, \quad \ldots, \quad H, \quad K, \quad L, \quad \ldots.$$

Pour établir cette proposition, je ferai voir que, si elle est vraie quand la suite précédente présente $(n-1)$ variations, elle subsiste encore quand le nombre des variations est égal à n; la proposition sera ainsi démontrée, puisqu'elle est évidente quand tous les coefficients sont de même signe.

A cet effet, en supposant que la suite (1) présente n variations et que H et K soient deux coefficients consécutifs et de signes contraires, je considère l'expression $\frac{F(x)}{X_s}$, qui s'annule en même temps que $F(x)$ et demeure finie et continue pour toutes les valeurs de x égales ou supérieures à l'unité; en posant $\frac{d}{dx}\frac{F(x)}{X_s} = \frac{f(x)}{X_s^2}$, on déduit du théorème de Rolle

$$(F) \leqq (f) + 1 \text{ [1]}.$$

[1] Ici, comme dans tout ce qui suit, je désigne par (u) le nombre des racines de l'équation $u = 0$ qui sont égales ou supérieures à l'unité.

On a d'ailleurs

$$f(x) = \Sigma A(X'_m X_s - X'_s X_m);$$

des deux équations

$$(x^2 - 1)X''_p + 2xX'_p = p(p+1)X_p$$

et

$$(x^2 - 1)X''_s + 2xX'_s = s(s+1)X_s,$$

où p désigne un nombre entier quelconque, on déduit

$$\frac{d}{dx}[(x^2 - 1)(X'_p X_s - X'_s X_p)] = [p(p+1) - s(s+1)]X_p X_s;$$

d'où

$$\frac{d}{dx}(x^2 - 1)f(x) = X_s \Phi(x),$$

où

$$\Phi(x) = A[m(m+1) - s(s+1)]X_m + \ldots$$
$$+ H[r(r+1) - s(s+1)]X_r + L[t(t+1) - s(s+1)]X_t + \ldots.$$

Or, si l'on considère les signes des coefficients de cette expression, on voit qu'ils diffèrent de ceux de la suite (1) en ce que le coefficient de X_s est annulé et que tous les coefficients précédents conservent leur signe, tandis que le signe des coefficients suivants est changé; la suite de ces coefficients présente donc exactement $(n-1)$ variations, et l'on a, par hypothèse,

$$(\Phi) \leqq n - 1.$$

De l'équation (2) on déduit d'ailleurs, en s'appuyant sur le théorème de Rolle et en remarquant que l'équation $X_s = 0$ a toutes ses racines inférieures à l'unité,

$$(f) \leqq (\Phi);$$

et des inégalités précédentes on conclut facilement

$$(F) \leqq n;$$

la proposition est donc entièrement établie.

2. Si l'on transforme l'expression du polynôme $F(x)$ en chan-

geant les signes de tous les polynômes de Legendre qui sont d'un degré impair, on voit que :

Le nombre des racines négatives de l'équation $F(x) = 0$, *dont la valeur absolue est égale ou supérieure à l'unité, est au plus égal au nombre des variations de la transformée.*

On en déduit que :

Si l'équation a toutes ses racines réelles et si leur valeur absolue est égale ou supérieure à l'unité, le nombre des racines positives est égal au nombre des variations du premier membre de cette équation et le nombre des racines négatives au nombre des variations de la transformée.

Si la suite des polynômes de Legendre présente une lacune de $(\alpha + 1)$ *termes, l'équation a au moins* α *racines qui sont imaginaires ou dont la valeur absolue est plus petite que l'unité.*

Si un terme manque dans la suite des polynômes de Legendre et si les termes avoisinants sont de même signe, l'équation a deux racines imaginaires ou deux racines dont la valeur absolue est plus petite que l'unité.

SUR LA SÉPARATION

DES

RACINES DES ÉQUATIONS

DONT LE PREMIER MEMBRE EST DÉCOMPOSABLE EN FACTEURS RÉELS ET SATISFAIT A UNE ÉQUATION LINÉAIRE DU SECOND ORDRE.

Comptes rendus des séances de l'Académie des Sciences, t. XCII; 1881.

1. Les méthodes connues pour effectuer la séparation des racines d'une équation sont, même dans le cas où elle a toutes ses racines réelles, à peu près impraticables lorsque son degré est un peu élevé.

Le problème peut être posé de la façon suivante : *Étant donnée une quantité arbitraire* ξ, *trouver un nombre* α *tel que l'intervalle compris entre* ξ *et* α *renferme* au plus *une racine de l'équation.* On en obtient une solution facile dans le cas où, l'équation ayant toutes ses racines réelles, le premier membre satisfait à une équation linéaire du second ordre.

Considérons, en effet, une telle équation

$$f(x) = 0, \tag{1}$$

dont le premier membre est un polynôme du degré n satisfaisant à l'équation différentielle

$$\mathrm{P}\frac{d^2y}{dx^2} + \mathrm{Q}\frac{dy}{dx} + \mathrm{R}y = 0,$$

et posons

$$\begin{aligned}\mathrm{F}(x, \xi) = {} & 12(n-1)\mathrm{P}^2 + 12(x-\xi)\mathrm{PQ} \\ & + (x-\xi)^2[(n+1)\mathrm{Q}^2 - 4(n-2)(\mathrm{PR} + \mathrm{PQ}' - \mathrm{QP}')].\end{aligned}$$

Pour une valeur donnée de ξ, le polynôme F acquiert une valeur négative quand on remplace x par la valeur d'une quelconque des racines de l'équation (1), sauf les deux racines qui avoisinent ξ. Pour ces deux racines, le polynôme peut avoir une valeur positive; il est d'ailleurs toujours positif pour $x = \xi$, si l'on suppose que ξ n'annule pas P. Je ferai remarquer aussi que F est toujours négatif si l'on remplace ξ et x par les valeurs de deux racines quelconques de l'équation (1).

D'où la proposition suivante :

Si l'on donne à ξ une valeur arbitraire n'annulant pas P, l'équation $F(x, \xi) = 0$ a toujours au moins deux racines réelles; en désignant par x' et x'' celles de ses racines qui avoisinent ξ, on peut affirmer que chacun des intervalles compris entre les nombres x' et ξ, ξ et x'' renferme au plus une racine de l'équation. La simple substitution des nombres x', ξ et x'' fera donc connaître exactement le nombre des racines comprises dans ces intervalles.

La méthode précédente exige la résolution au moins approchée d'une équation qui, généralement, est d'un degré supérieur au second; mais il est toujours possible d'éviter cette résolution en se donnant la quantité x (que l'on peut, sauf certaines restrictions indiquées dans chaque cas particulier par la discussion du polynôme F, choisir arbitrairement) et en résolvant l'équation $F = 0$ par rapport à la quantité ξ, qui n'y entre qu'au second degré.

2. Comme exemple, je considérerai le polynôme U_n, étudié par M. Hermite, et qui satisfait à l'équation

$$\frac{d^2y}{dx^2} - x\frac{dy}{dx} + ny = 0.$$

On trouve aisément

$$\begin{aligned} F(x, \xi) = {} & 12(n-1) + 12x(\xi - x) \\ & + (\xi - x)^2[(n+1)x^2 - 4(n-1)(n-2)]. \end{aligned}$$

Désignons par A la plus grande racine de l'équation $U_n = 0$, laquelle, comme je l'ai montré [1], est inférieure à $\frac{2(n-1)}{\sqrt{n+2}}$, et par B la racine qui la précède immédiatement; cela posé, si ξ est compris entre $-B$ et $+B$, l'équation $F = 0$ a ses quatre racines réelles. La plus grande est comprise entre A et $\frac{2(n-1)}{\sqrt{n+2}}$, et, comme il est facile d'obtenir une limite inférieure de la quantité B, on

---

[1] *Notes sur la résolution des équations numériques*, p. 66.

voit que l'on peut déduire de là une limite supérieure de A. La plus petite racine est de même comprise entre $-\frac{2(n-1)}{\sqrt{n+2}}$ et $-$A; quant aux deux autres racines α et β, l'une a une valeur supérieure, l'autre une valeur inférieure à celle de ξ, et l'on est assuré que les intervalles compris entre les nombres α et ξ, ξ et β renferment au plus une racine de l'équation $U_n = 0$.

Donnons à x une valeur arbitraire comprise entre $-$A et $+$A, et soient, pour cette valeur de x, ξ' et ξ'' les racines de l'équation du second degré en ξ

$$F(x, \xi) = 0;$$

on peut également affirmer que chacun des intervalles compris entre ξ' et x, x et ξ'' renferme au plus une racine de l'équation proposée.

3. Les considérations qui précèdent s'appliquent entièrement aux équations dont le premier membre est une série indéfinie, satisfaisant à une équation différentielle du second ordre et qui peut être regardée comme la limite d'un polynôme entier ayant tous ses facteurs réels. Il suffit, dans tout ce qui précède, de supposer n infiniment grand.

De pareilles équations s'offrent, par exemple, quand on égale à zéro les transcendantes de Bessel et certaines fonctions circulaires.

Considérons, comme application, l'équation

$$\cos\sqrt{2x} = 0,$$

dont les racines sont

$$\frac{\pi^2}{8}, \quad \frac{9\pi^2}{8}, \quad \frac{25\pi^2}{8}, \quad \ldots$$

et dont le premier membre satisfait à l'équation différentielle

$$2x\frac{d^2y}{dx^2} + \frac{dy}{dx} + y = 0.$$

Un calcul facile donne

$$F(x, \xi) = 48x^2 + (\xi - x)^2(9 - 8x),$$

et, comme vérification d'une des propositions précédentes, on peut remarquer que cette expression doit avoir une valeur négative si l'on y remplace respectivement x et ξ par les nombres $\frac{\pi^2}{8}$ et $\frac{9\pi^2}{8}$, qui satisfont à l'équation $\cos\sqrt{2x} = 0$.

On a donc l'inégalité

$$\frac{48\pi^4}{64} + \pi^4(9 - \pi^2) < 0,$$

d'où

$$\pi^2 > 9 + \frac{3}{4} > \frac{39}{4}$$

et

$$\pi > \frac{\sqrt{39}}{2} > 3,12\ldots$$

SUR UNE EXTENSION

DE LA

RÈGLE DES SIGNES DE DESCARTES[1].

Comptes rendus des séances de l'Académie des Sciences, t. XCII; 1881.

---

3. Soit

$$f(x) = \mathrm{A}x^n + \mathrm{B}x^{n-1} + \mathrm{C}x^{-2} + \ldots = 0$$

une équation du degré n.

En posant

$$\begin{aligned} f_n &= \mathrm{A}, \\ f_{n-1} &= \mathrm{A}a + \mathrm{B}, \\ f_{n-2} &= \mathrm{A}a^2 + \mathrm{B}a + \mathrm{C}, \\ &\ldots\ldots\ldots\ldots\ldots\ldots, \\ f &= \mathrm{A}a^n + \mathrm{B}a^{n-1} + \mathrm{C}a^{n-2} + \ldots, \end{aligned}$$

on voit que le nombre des variations de la suite

$$(4) \qquad f_n, \ f_{n-1}, \ f_{n-2}, \ \ldots, \ f_2, \ f_1, \ f$$

est une limite supérieure du nombre des racines de l'équation $f(x) = 0$, qui sont plus grandes que le nombre positif a [2].

On peut obtenir une limite plus précise, en prenant pour point de départ une règle due à Newton et qui a été l'objet de beaux travaux de M. Sylvester.

Formons, en effet, la suite

$$(5) \quad \begin{cases} f_n^2, \ f_{n-1}^2 - 2f_n f_{n-2}, \ 2f_{n-2}^2 - 3f_{n-1}f_{n-3}, \ \ldots, \\ (n-2)f_2^2 - (n-1)f_3 f_1, \ (n-1)f_1^2 - nf_2 f, \ nf^2 - (n+1)aff_1, \end{cases}$$

qui se compose d'un nombre de termes précisément égal au nombre des termes de la suite précédente.

---

[1] Nous avons supprimé les deux premiers numéros de cette Note, qui ne sont que la reproduction de propositions déjà données (p. 27 et 28). E. R.

[2] Ce théorème a été déjà démontré à la page 6. E. R.

On démontrera aisément la proposition suivante :

Le nombre des racines de l'équation $f(x) = 0$, *qui sont supérieures à* a, *est au plus égal au nombre des variations de la suite* (4) *qui correspondent à des permanences de la suite* (5).

Cette règle sera souvent d'une application plus commode que celle de M. Sylvester, puisqu'elle exige seulement le calcul des nombres $f_n, f_{n-1}, \ldots, f_1, f$, dont la valeur s'offre d'elle-même quand on calcule le nombre $f(a)$.

Comme application, je considérerai l'équation

$$x^3 - 2x^2 + 3x - 3 = 0.$$

Cette équation ne peut avoir de racine négative. En substituant $+1$ dans la transformée en $\frac{1}{x}$, on voit immédiatement qu'elle n'a pas de racine inférieure à $+1$. En substituant $+1$ dans le premier membre de l'équation, on obtient la suite

$$+1, \quad -1, \quad +2, \quad -1,$$

qui présente trois variations; l'équation peut donc avoir une ou trois racines positives.

Mais, si l'on forme la suite auxiliaire

$$+1, \quad -3, \quad +5, \quad +11,$$

on voit qu'il n'y a qu'une seule variation de la première suite à laquelle corresponde une permanence dans la seconde.

L'équation proposée a donc une seule racine réelle qui est supérieure à l'unité.

SUR LA SÉPARATION

DES

RACINES DES ÉQUATIONS NUMÉRIQUES.

Comptes rendus des séances de l'Académie des Sciences, t. XCII; 1881.

1. On peut trouver aisément un grand nombre de théorèmes qui fournissent une limite du nombre des racines d'une équation qui sont comprises entre deux nombres donnés. Il semble même que cette multiplicité de propositions obscurcisse la question plutôt qu'elle ne l'éclaircit; c'est, en effet, un problème difficile à résoudre que de déterminer, une équation étant donnée, quelle est celle des règles dont l'emploi est le plus avantageux. Je crois néanmoins que leur étude est de la plus grande importance; dans la pratique, les équations se présentent en effet sous des formes bien différentes, et chaque forme d'équation donne lieu à des théorèmes spéciaux dont chacun présente des avantages particuliers.

J'en ai déjà donné un exemple en montrant comment la règle des signes de Descartes s'étend au cas où le premier membre de l'équation est exprimé au moyen des polynômes de Legendre ou, plus généralement, au moyen de polynômes satisfaisant à une équation linéaire du second ordre. Voici, dans le même ordre d'idées, quelques propositions très simples et qui peuvent être de quelque utilité.

2. Soit, en désignant par ω une quantité positive quelconque et par

$$\alpha_0, \quad \alpha_1, \quad \alpha_3, \quad \ldots, \quad \alpha_{n-2}, \quad \alpha_{n-1}$$

des quantités réelles quelconques rangées par ordre croissant ou décroissant de grandeur,

$$F(x) = \frac{A_0}{(x-\alpha_0)^\omega} + \frac{A_1}{(x-\alpha_1)^\omega} + \ldots + \frac{A_{n-1}}{(x-\alpha_{n-1})^\omega}.$$

Cela posé, ξ désignant une quantité quelconque comprise entre α_i et α_{i+1}, *le nombre des racines de l'équation* $F(x) = 0$, *qui sont comprises entre* ξ *et* α_{i+1}, *est au plus égal au nombre des alternances de la suite*

$$\frac{A_{i+1}}{(\xi - \alpha_{i+1})^\omega} + \frac{A_{i+2}}{(\xi - \alpha_{i+2})^\omega} + \ldots + \frac{A_{i-1}}{(x - \alpha_{i-1})^\omega} + \frac{A_i}{(x - \alpha_i)^\omega}.$$

Comme application, considérons l'équation

$$\frac{1}{x-2} - \frac{1}{x-3} + \frac{1}{x-5} = 0.$$

En désignant par ε une quantité infiniment petite et en substituant successivement $-\infty$, $2+\varepsilon$, $5-\varepsilon$, $+\infty$, on trouve les suites suivantes :

$$1 - 1 + 1, \quad 1 - \tfrac{1}{3} + \infty, \quad -\tfrac{1}{2} + \tfrac{1}{3} - \infty, \quad 1 - 1 + 1.$$

Comme elles ne présentent aucune alternance, on en conclut que la proposée a toutes ses racines imaginaires.

3. *Si* ω *est une quantité positive quelconque, l'équation*

$$a + bx + cx(x-\omega) + dx(x-\omega)(x-2\omega) + \ldots = 0$$

a au moins autant de racines positives que l'équation

$$a + bx + cx^2 + dx^3 + \ldots = 0 \text{ (}^1\text{)}.$$

Soit, par exemple, le polynôme hypergéométrique du degré n

$$F(x) = 1 - \frac{n}{1}\frac{x}{\alpha} + \frac{n(n-1)}{1.2}\frac{x(x-\omega)}{\alpha(\alpha+1)} - \frac{n(n-1)(n-2)}{1.2.3}\frac{x(x-\omega)(x-2\omega)}{\alpha(\alpha+1)(\alpha+2)} + \ldots,$$

où α et ω désignent des *quantités positives quelconques;* il résulte de la proposition précédente que l'équation $F(x) = 0$ a au moins autant de racines positives que l'équation

$$1 - \frac{n}{1}\frac{x}{\alpha} + \frac{n(n-1)}{1.2}\frac{x^2}{\alpha(\alpha+1)} - \frac{n(n-1)(n-2)}{1.2.3}\frac{x^3}{1.2.3} + \ldots = 0.$$

---

(1) *Voir* page 23. E. R.

Or cette dernière a ses n racines réelles et positives, comme on le voit aisément par l'équation différentielle

$$x\frac{d^2y}{dx^2}+(\alpha-x)\frac{dy}{dx}+ny=0,$$

à laquelle satisfait son premier membre. L'équation $F(x)=0$, qui est également du degré n, a donc toutes ses racines réelles et positives [1].

---

(1) Nous supprimons la fin de cette Note, qui n'est que la reproduction des pages 11 et 12. E. R.

SUR

LES ÉQUATIONS ALGÉBRIQUES

DE LA FORME $\frac{A_0}{x-a_0}+\frac{A_1}{x-a_1}+\ldots+\frac{A_n}{x-a_n}=0$ [1].

Comptes rendus des séances de l'Académie des Sciences, t. XCIII; 1881.

3. Soient ξ et ξ' deux nombres arbitraires ne comprenant aucune des quantités $a_0, a_1, a_2, \ldots,$ et tels que les nombres

$$\ldots,\quad a_{i-2},\quad a_{i-1},\quad \xi,\quad \xi',\quad a_i,\quad a_{i+1},\quad \ldots$$

forment une suite croissante ou décroissante.

Le nombre des racines de l'équation proposée, qui sont comprises entre ξ et ξ', est au plus égal au nombre des variations des termes de la suite

$$\frac{A_i}{\xi'-a_i}+\frac{A_{i+1}}{\xi'-a_{i+1}}+\frac{A_{i+2}}{\xi'-a_{i+2}}+\ldots+\frac{A_{i-1}}{\xi'-a_{i-1}},$$
$$\frac{A_i}{\xi-a_i}+\frac{A_{i+1}}{\xi'-a_{i+1}}+\frac{A_{i+2}}{\xi'-a_{i+2}}+\ldots+\frac{A_{i-1}}{\xi'-a_{i-1}},$$
$$\frac{A_i}{\xi-a_i}+\frac{A_{i+1}}{\xi-a_{i+1}}+\frac{A_{i+2}}{\xi'-a_{i+2}}+\ldots+\frac{A_{i-1}}{\xi'-a_{i-1}},$$
$$\ldots\ldots\ldots\ldots\ldots\ldots\ldots\ldots\ldots\ldots\ldots\ldots,$$
$$\frac{A_i}{\xi-a_i}+\frac{A_{i+1}}{\xi-a_{i+1}}+\frac{A_{i+2}}{\xi-a_{i+2}}+\ldots+\frac{A_{i-1}}{\xi-a_{i-1}}.$$

J'ajouterai la remarque importante qui suit :

Si l'on désigne repectivement par P et par Q le plus petit et le plus grand des nombres compris dans le Tableau précédent, la valeur de la fonction

$$\frac{A_0}{x-a_0}+\frac{A_1}{x-a_1}+\ldots+\frac{A_n}{x-a_n}$$

demeure toujours comprise entre P et Q, lorsque x varie entre ξ et ξ'.

[1] Nous avons supprimé les nos 1 et 2 de cette Note, qui ne sont que la reproduction du théorème démontré à la page 41. E. R.

4. Les considérations précédentes trouvent une application immédiate, lorsque le polynôme du degré n, qui forme le premier membre d'une équation, est déterminé par les valeurs qu'il prend pour $(n+1)$ valeurs de la variable.

Pour en donner un exemple simple, soit le polynôme u déterminé par les conditions que, pour les valeurs de x égales à a, $a+h$, $a+2h$, ..., $a+nh$, il prenne respectivement les vale urs u_0, u_1, u_2, ..., u_n; on aura, en supposant h positif, la proposition suivante :

Le nombre des racines de l'équation $u=0$, qui sont inférieures à a, est au plus égal au nombre des alternances de la suite

$$u_0 - nu_1 + \frac{n(n-1)}{1.2} u_2 - \ldots \pm u_n,$$

et le nombre des racines, qui sont supérieures à $a+nh$, est égal au plus au nombre des alternances de la suite

$$u_n - nu_{n-1} + \frac{n(n-1)}{1.2} u_{n-2} - \ldots \pm u_0.$$

5. Lorsque l'on suppose que les quantités a_0, a_1, a_2, ... sont en nombre infiniment grand et infiniment peu différentes les unes des autres, on obtient diverses propositions intéressantes relativement aux équations de la forme

$$\int_a^b \frac{f(z)}{z-x} dz = \text{A},$$

où $f(z)$ désigne une fonction quelconque de z, continue ou discontinue, et A une quantité constante.

On peut aussi considérer d'une façon plus générale l'équation

$$\int_a^b \frac{f(z)}{(z-x)^{\omega}} dz = \text{A}, \qquad \ldots,$$

où ω désigne un nombre positif quelconque. Les intégrales qui en constituent le premier membre se présentent, comme on le sait, dans plusieurs questions importantes de l'Analyse. Mais je ne saurais ici m'étendre sur ce sujet, sur lequel j'aurai l'occasion de revenir, si l'Académie veut bien me le permettre.

SUR

LES ÉQUATIONS DE LA FORME

$$\sum \int_a^b e^{-zx} F(z)\,dz = 0 \ (^1).$$

Comptes rendus des séances de l'Académie des Sciences, t. XCIII; 1881.

(1) Nous supprimons entièrement cette Note, qui n'est que la reproduction de propositions déjà données (p. 24, 25, 28, 29, 30, 31, 38 et 39). E. R.

SUR

L'INTRODUCTION DES LOGARITHMES

DANS LES CRITERIUMS QUI DÉTERMINENT UNE LIMITE SUPÉRIEURE DU NOMBRE DES RACINES D'UNE ÉQUATION QUI SONT COMPRISES ENTRE DEUX NOMBRES DONNÉS [1].

Comptes rendus des séances de l'Académie des Sciences, t. XCIII; 1881.

2. On peut, dans un grand nombre d'applications du théorème du n° 25 (p. 39), éviter l'emploi des logarithmes.

Considérons, par exemple, l'équation

$$A_0 x^{a_0} + A_1 x^{a_1} + A_2 x^{a_2} + \ldots + A_n x^{a_n} = 0, \tag{1}$$

où $a_0, a_1, a_2, \ldots, a_n$ désignent des nombres croissants arbitraires, rationnels ou irrationnels.

Si l'on pose $x = e^{-y}$, le nombre m des racines positives de l'équation (1), qui sont comprises entre zéro et un, est égal au nombre des racines positives de l'équation

$$A_0 e^{-a_0 y} + A_1 e^{-a_1 y} + A_2 e^{-a_2 y} + \ldots + A_n e^{-a_n y} = 0,$$

ou encore, ω désignant une quantité arbitraire, de l'équation

$$A_0 e^{(\omega - a_0)y} + A_1 e^{(\omega - a_1)y} + A_2 e^{(\omega - a_2)y} + \ldots + A_n e^{(\omega - a_n)y} = 0.$$

Supposons le nombre ω tellement choisi que toutes les quantités

$$\omega - a_0, \quad \omega - a_1, \quad \omega - a_2, \quad \ldots, \quad \omega - a_n$$

soient positives.

En faisant application de la proposition précédente et en conservant les mêmes notations, relativement aux quantités $p_0, p_1, \ldots, p_n$,

---

(1) Nous avons supprimé le n° 1 de cette Note, qui n'est que la reproduction du théorème du n° 25 (p. 39). E. R.

on voit que m est au plus égal au nombre des variations de la suite

$$p_0 \log \frac{\omega - a_0}{\omega - a_1}, \quad p_0 \log \frac{\omega - a_0}{\omega - a_1} + p_1 \log \frac{\omega - a_1}{\omega - a_2} \quad \dots,$$
$$\dots\dots\dots\dots\dots\dots\dots\dots\dots\dots,$$
$$p_0 \log \frac{\omega - a_0}{\omega - a_1} + p_1 \log \frac{\omega - a_1}{\omega - a_2} + \dots + p_{n-1} \log \frac{\omega - a_{n-1}}{\omega - a_n}, \quad p_n.$$

Si nous donnons à ω une très grande valeur, on a sensiblement

$$\log \frac{\omega - a_i}{\omega - a_{i+1}} = \frac{a_{i+1} - a_i}{\omega}.$$

D'où la proposition suivante :

Le nombre des racines positives de l'équation (1), *qui sont inférieures à l'unité, est au plus égal au nombre des variations de la suite*

$$p_0(a_1 - a_0), \quad p_0(a_1 - a_0) + p_1(a_2 - a_1),$$
$$p_0(a_1 - a_0) + p_1(a_2 - a_1) + p_2(a_3 - a_2),$$
$$\dots\dots\dots\dots\dots\dots\dots\dots\dots\dots,$$
$$p_0(a_1 - a_0) + p_1(a_2 - a_1) + \dots + p_{n-1}(a_n - a_{n-1}), \quad p_n,$$

proposition que, dans ma précédente Communication ([1]), j'avais déduite de la considération de l'intégrale

$$\int_0^\infty e^{-zx} \, \mathrm{F}(z) \, dz.$$

3. Une autre application importante du théorème fondamental se rencontre dans l'étude des équations de la forme

$$\frac{\mathrm{A}_0}{x - a_0} + \frac{\mathrm{A}_1}{x - a_1} + \frac{\mathrm{A}_2}{x - a_2} + \dots + \frac{\mathrm{A}_n}{x - a_n} = 0;$$

j'ai déjà donné des règles permettant de déterminer une limite du nombre des racines qui sont comprises entre deux nombres donnés; mais celles que l'on obtient, en suivant la voie que je viens d'indiquer, sont presque aussi simples et beaucoup plus précises dans un grand nombre de cas.

([1]) *Voir* page 38. E. R.

SUR LA DISTRIBUTION, DANS LE PLAN,

DES

RACINES D'UNE ÉQUATION ALGÉBRIQUE

DONT LE PREMIER MEMBRE SATISFAIT A UNE ÉQUATION DIFFÉRENTIELLE LINÉAIRE DU SECOND ORDRE.

Comptes rendus des séances de l'Académie des Sciences,
t. XCIV; 1882.

---

1. Il est important, dans un grand nombre de questions, de déterminer, au moins approximativement, dans quelle région du plan sont situées les racines d'une équation algébrique. La méthode suivante peut être employée utilement dans un grand nombre de cas, et notamment quand le premier membre de l'équation satisfait à une équation différentielle linéaire du second ordre.

Elle repose sur la proposition suivante, qui résulte immédiatement des théorèmes que j'ai donnés dans mes *Notes sur la résolution des équations numériques*.

Soit $f(x)$ un polynôme du degré n, et

$$X = x - \frac{2(n-1)f'(x)}{f''(x)};$$

supposons que l'une des racines de l'équation

$$(1) \qquad f(x) = 0$$

soit $\xi + \eta i$, et désignons par M l'affixe de cette quantité; désignons de même par M' l'affixe de la quantité X quand on y fait $x = \xi + \eta i$. Cela posé, si par M on fait passer un cercle (ou une droite) tel que l'une des régions du plan déterminées par ce cercle ne contienne aucune racine de l'équation (1), le point M' est nécessairement dans l'autre région.

Pour montrer, par un exemple simple, l'usage que l'on peut

faire de cette proposition, je considérerai le polynôme, de degré n, $f(x)$ qui satisfait à l'équation du second ordre

$$xf''(x)-(x+2n)f'(x)+nf(x)=0,$$

et qui est le dénominateur de la réduite de degré n de e^x.

En vertu de cette équation différentielle, pour toute racine de l'équation (1),

$$f(x)=0,$$

on a

$$X=\frac{x(x+2)}{2n+x}.$$

Si $x=\xi+\eta i$ est la racine de l'équation (1), dont le module est le plus petit, on aura, par suite de la proposition énoncée ci-dessus,

$$\bmod\frac{x(x+2)}{2n+x}>\bmod x,$$

d'où $\xi<-(n+1)$ et, *a fortiori*, $\bmod(x)>n+1$.

On en conclut que le module d'une racine quelconque est plus grand que $n+1$.

2. En désignant par m une quantité réelle quelconque, considérons toutes les droites parallèles à la droite qui a pour équation $m\eta+\xi=0$. Supposons que cette droite se meuve parallèlement à elle-même, le point où elle rencontre l'axe des ξ se déplaçant toujours dans le même sens vers l'extrémité positive de cet axe.

Soit $x=\xi+\eta i$ la première des racines de l'équation (1) qu'elle rencontre pendant ce déplacement. Il est clair que toutes les autres racines sont situées d'un même côté de cette droite et dans la région qui ne contient pas le point $\xi=-\infty$. Il en résulte que si, pour cette valeur de x, on pose

$$X=\xi_0+\eta_0 i,$$

on a

$$m(\eta_0-\eta)+(\xi_0-\xi)>0.$$

Un calcul facile donne

$$\xi_0-\xi=-2(n-1)\frac{\xi^2+\eta^2+2n\xi}{(\xi+2n)^2+\eta^2},$$

$$\eta_0-\eta=-2(n-1)\frac{2n\eta}{(\xi+2n)^2+\eta^2},$$

d'où

$$\xi^2 + \eta^2 + 2n\xi + 2mn\eta < 0.$$

Construisons le point A dont les coordonnées sont $\xi = -2n$ et $\eta = 0$; on voit que l'équation $\xi^2 + \eta^2 + 2n(\xi + m\eta) = 0$ est celle d'un cercle passant par le point A et l'origine des coordonnées; la tangente à l'origine est d'ailleurs la droite $\xi + m\eta = 0$.

D'où la conclusion suivante : Tout cercle passant par les points O et A renferme au moins une racine de l'équation; si, par les divers points racines de l'équation contenus dans ce cercle, on mène des perpendiculaires au diamètre passant par l'origine O, et si l'on considère celle de ces droites qui est la plus éloignée du point O, toutes les racines sont situées d'un même côté de cette droite et dans la région du plan qui contient le point O.

Soit ω le point diamétralement opposé à O sur ce cercle; ce point est situé sur la droite AA' élevée perpendiculairement en A à l'axe des ξ; si l'on mène par ω une droite perpendiculaire à $O\omega$, toutes les racines seront *a fortiori* situées d'un même côté de cette droite; elles sont donc situées dans l'intérieur de la courbe enveloppée par cette droite lorsqu'on fait varier le rayon du cercle, courbe qui n'est autre que la parabole P ayant O pour foyer et AA' pour tangente au sommet.

On peut encore limiter davantage la portion du plan qui contient les racines. Ce sera, si l'Académie veut bien me le permettre, l'objet d'une nouvelle Note, dans laquelle je communiquerai également les résultats auxquels on parvient en appliquant la méthode précédente aux polynômes hypergéométriques $F(-n, \beta, \gamma, x)$, qui satisfont à l'équation différentielle du second ordre

$$x(1-x)\frac{d^2y}{dx} + [\gamma + (n - \beta - 1)x]\frac{dy}{dx} + n\beta . y = 0.$$

3. En conservant les désignations dont j'ai fait usage dans ma Note précédente, considérons un cercle passant par les points O et A et coupant en N la parabole P. La droite menée par N perpendiculairement au diamètre du cercle jouit évidemment de la propriété que toutes les racines de l'équation (1) sont situées d'un même côté de cette droite. Lorsqu'on fait varier le rayon du cercle, cette droite enveloppe une courbe P' passant par le point A et

contenant toutes les racines; de cette courbe P′, on déduira de la même manière une infinité d'autres courbes P″, P‴, ... jouissant de la même propriété et qui auront pour limite une courbe π caractérisée par les conditions suivantes :

1° Elle passe par le point A;

2° Si N désigne un de ses points et si l'on construit le cercle déterminé par les points O, A et N, la tangente à la courbe au point N est perpendiculaire au diamètre de ce cercle qui passe par le point O.

D'où l'équation différentielle suivante :

$$\frac{d\eta}{d\xi} = \frac{2n\eta}{\xi^2 + \eta^2 + 2n\eta},$$

dont l'intégrale est, en coordonnées polaires, $\rho = \dfrac{k - 2n\omega}{\sin\omega}$.

La constante arbitraire k se détermine par la condition que la courbe passe par le point A, et l'on voit que l'on doit faire $k = 0$.

D'où la conclusion suivante :

Les racines de l'équation $f(x) = 0$ sont toutes situées en dehors du cercle tracé autour de l'origine avec un rayon égal à $(n+1)$, et toutes situées dans l'intérieur de la branche de courbe transcendante que l'on obtient en faisant varier ω depuis $-\pi$ jusqu'à $+\pi$ dans l'équation

$$\rho = \frac{-2n\omega}{\sin\omega}.$$

4. La méthode précédente s'applique à l'équation dont le premier membre est le polynôme hypergéométrique

$$F(-n, \alpha, \beta - n + 1, x),$$

qui satisfait à l'équation linéaire du second ordre

$$x(1-x)\frac{d^2y}{dx^2} + [(n-1-\alpha)x + \beta - n + 1]\frac{dy}{dx} + n\alpha y = 0.$$

Je considérerai seulement les racines pour lesquelles le coefficient de i est nul ou positif, en sorte que, $\omega = \xi + \eta i$ désignant une quelconque de ces racines, on ait $\eta \geqq 0$. Cela posé, en faisant, pour abréger, $\mu = n - 1$, on obtient sans peine le Tableau suivant, où, en regard des conditions auxquelles satisfont les nombres α et β, j'ai placé les limitations correspondantes relatives à ξ et η.

$\beta - \alpha < 0,\ \mu - \beta < 0$	$\eta = 0$, toutes les racines sont réelles
$\alpha + \mu < 0,\ \mu - \beta < 0$	*idem*
$\alpha + \mu < 0,\ \beta - \alpha < 0$	*idem*
$\beta < 0,\ \beta^2 < \alpha^2$	$\operatorname{mod}^2 \omega > \dfrac{\beta^2}{\alpha^2}$
$\beta < 0,\ \beta^2 < \alpha^2$	$\operatorname{mod} \omega > 1$
$\beta < 0,\ \beta^2 < (\beta - \alpha - \mu)^2$	$\operatorname{mod}^2 \dfrac{\omega}{\omega - 1} > \dfrac{\beta^2}{(\beta - \alpha - \mu)^2}$
$\beta < 0,\ \beta^2 > (\beta - \alpha - \mu)^2$	$\operatorname{mod} \dfrac{\omega}{\omega - 1} > 1$
$\alpha > 0,\ \beta^2 > \alpha^2$	$\operatorname{mod} \omega < 1$
$\alpha > 0,\ \beta^2 < \alpha^2$	$\operatorname{mod}^2 \omega < \dfrac{\beta^2}{\alpha^2}$
$\alpha > 0,\ \alpha^2 < (\beta - \alpha - \mu)^2$	$\operatorname{mod}^2 (\omega - 1) < \dfrac{(\beta - \alpha - \mu)^2}{\alpha^2}$
$\alpha > 0,\ \alpha^2 > (\beta - \alpha - \mu)^2$	$\operatorname{mod} (\omega - 1) < 1$
$\beta - \alpha - \mu > 0,\ \beta^2 < (\beta - \alpha - \mu)^2$....	$\operatorname{mod} \left(\dfrac{\omega}{\omega - 1}\right) < 1$
$\beta - \alpha - \mu > 0,\ \beta^2 > (\beta - \alpha - \mu)^2$....	$\operatorname{mod}^2 \left(\dfrac{\omega}{\omega - 1}\right) < \dfrac{\beta^2}{(\beta - \alpha - \mu)^2}$
$\beta - \alpha - \mu > 0,\ \alpha^2 < (\beta - \alpha - \mu)^2$....	$\operatorname{mod} (\omega - 1) > 1$
$\beta - \alpha - \mu > 0,\ \alpha^2 > (\beta - \alpha - \mu)^2$....	$\operatorname{mod}^2 (\omega - 1) > \dfrac{(\beta - \alpha - \mu)^2}{\alpha^2}$
$\alpha - \mu > 0,\ (\mu - \beta)(\alpha - \beta) > 0$......	$\eta < \dfrac{\sqrt{(\mu - \beta)(\alpha - \beta)}}{\alpha - \mu}$
$\beta - \alpha - 2\mu > 0,\ (\beta - \mu)(\alpha + \mu) > 0.$	$\dfrac{\eta}{(\xi - 1)^2 + \eta^2} < \dfrac{\sqrt{(\alpha + \mu)(\beta - \mu)}}{\beta - \alpha - 2\mu}$
$\mu + \beta < 0,\ (\alpha + \mu)(\alpha - \beta) > 0$......	$\dfrac{\eta}{\xi^2 + \eta^2} < -\dfrac{\sqrt{(\alpha + \mu)(\alpha - \beta)}}{\beta + \mu}$

5. Tels sont les premiers résultats auxquels conduit la méthode exposée ci-dessus relativement aux polynômes hypergéométriques.

Pour obtenir des limitations plus précises, il serait nécessaire de construire et de discuter des courbes du troisième et du quatrième ordre.

Je ferai observer à ce sujet que la méthode proposée est, à proprement parler, une méthode d'*exhaustion*, qui permet de limiter de plus en plus la portion du plan occupée par les racines. Dans le cas général, la difficulté des constructions et la complication des calculs bornent bientôt les résultats que l'on peut obtenir; mais, par une équation particulière, on peut, sans trop de difficultés, pousser assez loin la limitation cherchée et, au besoin, faire usage de constructions graphiques et d'une épure.

SUR QUELQUES

ÉQUATIONS TRANSCENDANTES.

Comptes rendus des séances de l'Académie des Sciences,
t. XCIV; 1882.

1. Les théorèmes de Rolle et de Descartes s'appliquent aux équations transcendantes; mais il n'en est pas ainsi des conséquences si simples, si nombreuses et si importantes que l'on déduit de ces deux propositions, relativement aux équations dont le premier membre est un polynôme entier; elles ne subsistent qu'exceptionnellement.

L'étude des équations $\cos x = 0$ et $\sin x = 0$ n'a pas appelé l'attention sur ce point: les fonctions transcendantes $\cos x$ et $\sin x$ jouissent en effet de toutes les propriétés des polynômes entiers; mais il n'en est plus de même quand on considère la fonction holomorphe $G(x)$, inverse de la fonction $\Gamma(x)$ de Legendre et introduite dans l'Analyse par M. Weierstrass.

Dans sa remarquable thèse: *Sur le développement en séries des intégrales eulériennes,* M. Bourguet a donné en particulier le développement de $G(x)$ suivant les puissances croissantes de x et l'étude de ce développement a révélé des irrégularités singulières tant dans les signes des coefficients que dans leur valeur numérique.

Il semble donc de quelque intérêt d'étudier quelles sont les propriétés élémentaires des équations algébriques qui s'appliquent aux équations transcendantes; et à cet égard je distinguerai les fonctions transcendantes holomorphes, dont les *facteurs primaires* sont de la forme $e^{\frac{x}{\alpha}}\left(1-\frac{x}{\alpha}\right)$ et dont le type général est

$$e^{ax}\,\Pi\,.\,e^{\frac{x}{\alpha}}\left(1-\frac{x}{\alpha}\right).$$

Pour abréger, je les appellerai *transcendantes du genre un,* les transcendantes du genre zéro étant celles dont les facteurs primaires ne renferment pas d'exponentielle.

2. Cela posé, en désignant par $F(x)$ une transcendante du premier genre et en me bornant au cas où l'équation $F(x) = 0$ *a toutes ses racines réelles,* j'énoncerai les propositions suivantes :

Toutes les dérivées de $F(x)$ *sont également des transcendantes du premier genre et les équations*

$$F'(x) = 0, \qquad F''(x) = 0, \qquad \ldots$$

ont toutes leurs racines réelles (1).

En désignant par ω une quantité réelle quelconque, si l'on pose

$$F(x + \omega i) = U + iV,$$

l'équation $\lambda U + \mu V = 0$ a, quelles que soient les quantités réelles λ et μ, toutes ses racines réelles.

En désignant par $a_0 + a_1 x + a_2 x^2 + \ldots$ le développement de $F(x)$, on a les inégalités

$$a_1^2 - 2a_0 a_2 \geqq 0, \quad a_2^2 - \frac{3}{2} a_1 a_3 \geqq 0, \quad \ldots, \quad a_n^2 - \frac{n+1}{n} a_{n+1} a_{n-1} \geqq 0, \quad \ldots,$$

théorème déjà énoncé par Newton dans le cas où $F(x)$ est un polynôme entier.

En appliquant cette dernière proposition à la transcendante $G(x)$ et en désignant par $a_1, a_2, \ldots, a_n$ les valeurs des coefficients de son développement, on voit que, si

$$a_n^2 - \frac{n+1}{n} | a_{n+1} a_{n-1} |$$

est négatif, a_{n+1} et a_{n-1} sont affectés de signes contraires. Cette circonstance se présente fréquemment, à cause même des irrégularités que présente la suite des valeurs numériques des coefficients et de là de nombreuses vérifications des Tables calculées par M. Bourguet, tant pour le développement de $G(x)$ que pour celui de $\frac{e^{C_x} G(x}{x(x+1)}$ et de $\frac{G(x)}{x(x+1)}$.

(1) M. Hermite avait déjà démontré [*Sur l'intégrale eulérienne de deuxième espèce* (*Journal de Borchardt*, t. 90)] que $G'(x) = 0$ a toutes ses racines réelles, et sa démonstration, qui s'appuie sur la méthode de Plana, s'étend d'elle-même au cas d'une transcendante quelconque du premier genre. A cette occasion, M. Hermite m'a dit tenir de M. Genocchi que la méthode généralement attribuée à Plana appartient en réalité à F Chio.

3. En désignant, comme ci-dessus, par $F(x)$ une transcendante du genre un et ayant toutes ses racines réelles, soit

$$a_0 + a_1 x + a_2 x_3 + a_3 x^3 + \ldots$$

le développement de $\frac{1}{F(x)}$.

Posons, n étant un nombre entier quelconque,

$$\varphi(x) = \frac{a_0 x^n}{1.2\ldots n} + \frac{a_1 x^{n-1}}{1.2\ldots(n-1)} + \ldots + \frac{a_{n-2} x^2}{1.2} + \frac{a_{n-1} x}{1} + a_n;$$

on démontrera aisément que chacune des équations

$$\varphi(x) = 0, \qquad \varphi'(x) = 0, \qquad \varphi''(x) = 0, \qquad \varphi'''(x) = 0, \qquad \ldots$$

a au plus une racine réelle.

En particulier, si n est pair, l'équation $\varphi(x) = 0$ a toutes ses racines imaginaires ([1]), et par suite a_0 et a_n sont de même signe.

Si l'on pose $\frac{1}{F(x)} = f(x)$, on en déduit que toutes les fonctions

$$f(x), \quad f''(x), \quad f^{\text{IV}}(x), \quad \ldots$$

sont de même signe, quelle que soit la valeur réelle attribuée à la variable.

On voit aussi que, dans le développement des diverses fonctions

$$x\Gamma(x), \quad x(x+1)\Gamma(x),$$
$$x(x+1)(x+2)\Gamma(x), \quad x(x+1)(x+2)(x+3)\Gamma(x), \quad \ldots,$$

les coefficients de toutes les puissances paires de x sont positifs.

En posant, avec M. Bourguet,

$$x(x+1)\Gamma(x) = B_0 + B_1 x + B_2 x^2 + \ldots,$$

on en conclut aisément que, pour toutes les valeurs *paires* de i, les quantités

$$2B_i + B_{i-1}, \quad 6B_i + 5B_{i-1} + B_{i-2}, \quad 24B_i + 26B_{i-1} + 9B_{i-2} + B_{i-3}, \quad \ldots$$

([1]) Il en résulte nécessairement que l'équation

$$a_0 + a_1 x + \ldots + a_n x^n = 0$$

a également toutes ses racines imaginaires.

sont positives. La même chose n'a pas lieu pour les valeurs impaires de i; les signes des quantités précédentes varient alors d'une façon irrégulière.

Toutes ces quantités tendent du reste très rapidement vers zéro, et l'on déduit de là un moyen de calculer de proche en proche les valeurs approchées des coefficients.

La relation $6B_{18} + 5B_{17} + B_{16} > 0$ donne, par exemple, quand on y remplace B_{17} et B_{16} par leurs valeurs,

$$B_{18} > 0,00000190646;$$

la valeur donnée par M. Bourguet est

$$B_{18} = 0,00000190649.$$

Les considérations qui précèdent suffisent pour mettre en évidence le rôle important que joue, dans la théorie des équations transcendantes, la notion des facteurs primaires, dont on est redevable à M. Weierstrass.

SUR LA DÉTERMINATION DU GENRE

D'UNE

FONCTION TRANSCENDANTE ENTIÈRE.

Comptes rendus des séances de l'Académie des Sciences, t. XCIV; 1882.

1. Un grand nombre de propositions relatives aux équations dont le premier membre est un polynôme entier s'étend au cas où le premier membre est une fonction transcendante entière, lorsque cette transcendante est du genre o ou du genre 1 ([1]).

$F(x)$ désignant une fonction de cette espèce, on peut, par exemple, affirmer que deux racines consécutives de l'équation $F(x)=0$ comprennent une racine de la dérivée et n'en comprennent qu'une; ou, si l'on veut encore, que deux racines de la dérivée comprennent une racine de l'équation proposée et n'en comprennent qu'une; d'où en particulier cette conséquence : si, en substituant dans $F(x)$ deux racines consécutives de la dérivée, les résultats obtenus sont de même signe, l'équation $F(x)=0$ a des racines imaginaires.

Pour démontrer cette proposition, je ferai remarquer, en supposant, pour simplifier, que $F(x)=0$ ait toutes ses racines réelles sans avoir de racines égales, que la fonction ([1])

$$F'^2(x) - F(x)F''(x)$$

([1]) *Voir* ma Note *Sur quelques équations transcendantes,* insérée dans les *Comptes rendus*, séance du 23 janvier 1882.

([1]) Plus généralement, $F(x)$ désignant une transcendante du genre zéro ou du genre 1, les équations

$$F(a)+2xF'(a)+F''(a)x^2=0,$$
$$F(a)+3xF'(a)+3x^2F''(a)+F'''(a)x^3=0,$$
$$F(a)+4xF'(a)+6x^2F''(a)+4F'''(a)x^3+F^{\text{IV}}(a)x^4=0,$$
$$\ldots\ldots\ldots\ldots\ldots\ldots\ldots\ldots\ldots\ldots\ldots\ldots$$

ont toutes leurs racines réelles, quelle que soit la quantité réelle a, si $F(x)=0$ a toutes ses racines réelles.

a toujours une valeur positive pour une valeur réelle quelconque de x. En désignant par α et β deux racines consécutives de $F'(x) = 0$, on a

$$F(\alpha)F''(\alpha) < 0 \quad \text{et} \quad F(\beta)F''(\beta) < 0,$$

d'où

$$F(\alpha)F(\beta)F''(\alpha)F''(\beta) > 0;$$

on a du reste, en vertu d'une propriété connue,

$$F''(\alpha)F''(\beta) < 0;$$

on a donc également

$$F(\alpha)F(\beta) < 0,$$

ce qui démontre la propriété énoncée.

2. Considérons l'équation $1 + x \sin x = 0$, qui a évidemment une infinité de racines réelles; les deux premiers termes du développement du premier membre étant $1 + x^2$ et ces termes présentant une lacune entre deux coefficients positifs, on voit que cette équation a nécessairement aussi des racines imaginaires, si l'on est assuré que le genre de son premier membre ne dépasse pas 1.

On voit par ces exemples qu'il peut être de quelque utilité de savoir déterminer le genre d'une fonction transcendante; et, à cet égard, on peut énoncer la proposition suivante :

Si le rapport $\frac{f'(z)}{f(z)z^n}$, *où* n *désigne un nombre entier, tend vers zéro quand* z *croît indéfiniment, la fonction* $f(z)$ *est du genre* n.

Pour le démontrer, imaginons un contour S entourant l'origine O des coordonnées et tel que, le point M décrivant ce contour, l'angle que fait avec l'axe des x le rayon vecteur OM aille toujours en croissant; soit ρ la plus petite valeur de ce rayon vecteur et considérons l'intégrale

$$\frac{1}{2i\pi}\int_S \frac{f'(z)}{f(z)z^n}\,\frac{dz}{z-x} \quad (^1),$$

qui est prise le long de ce contour.

(1) Je tiens de M. Hermite, à qui j'avais communiqué ces résultats, qu'il les avait obtenus de son côté et par la même voie; je signalerai aussi à ce sujet une Note récente de M. Mittag-Leffler *Sur la théorie des fonctions uniformes d'une variable,* insérée dans les *Comptes rendus,* séance du 20 février 1882.

Elle tend vers zéro lorsque le rayon vecteur minimum ρ croît indéfiniment; sa valeur est égale à la somme des résidus de $\frac{f'(z)}{f(z)z^n}\frac{1}{z-x}$, relatifs aux infinis de la fonction située dans l'intérieur du contour; ces résidus sont d'ailleurs : pour $z=x$,

$$\frac{f'(x)}{f(x)x^n};$$

pour $z=0$,

$$\frac{-\varphi(x)}{x^n},$$

$\varphi(x)$ désignant un polynôme de degré $(n-1)$; pour une racine α de $f(z)=0$,

$$\frac{1}{\alpha^n(\alpha-x)}.$$

On déduit de là

$$\frac{f'(x)}{f(x)x^n}=\lim\left[\frac{\varphi(x)}{x^n}+\sum\frac{1}{\alpha^n(x-\alpha)}\right],$$

ou encore

$$\begin{aligned}\frac{f'(x)}{f(x)}&=\lim\left[\varphi(x)+\sum\frac{x^n}{\alpha^n(x-\alpha)}\right]\\&=\lim\left[\varphi(x)+\sum\left(\frac{x^{n-1}}{\alpha^n}+\frac{x^{n-2}}{\alpha^{n-1}}+\ldots+\frac{1}{\alpha}+\frac{1}{x-\alpha}\right)\right];\end{aligned}$$

d'où, en intégrant entre les limites o et x, et en désignant par $\Phi(x)$ un polynôme du degré n,

$$f(x)=\lim e^{\Phi(x)+\sum\left(\frac{x}{\alpha}+\frac{x^2}{2\alpha^2}+\ldots+\frac{x^n}{n\alpha^n}\right)}\Pi\left(1-\frac{x}{\alpha}\right).$$

Cette expression montre que $f(x)$ est effectivement une transcendante du genre n et met en évidence ses facteurs primaires.

3. Si l'on suppose, en particulier, que $F(x)$ soit de la forme

$$e^{a_1(x)}f_1(x)+e^{a_2(x)}f_2(x)+e^{a_3(x)}f_3(x)+\ldots,$$

où $f_1(x), f_2(x), f_3(x), \ldots$ désignent des polynômes entiers et $a_1, a_2, a_3, \ldots$ des constantes quelconques réelles ou imaginaires, on voit aisément que $\lim\frac{F'(x)}{x F(x)}=0$, pour $x=\infty$.

La transcendante $F(x)$ est donc du genre 1; il en est ainsi en particulier de la fonction $1+x\sin x$, et l'on voit effectivement que l'équation $1+x\sin x=0$ a des racines imaginaires.

SUR LES

FONCTIONS DU GENRE ZÉRO

ET

DU GENRE UN ([1]),

Comptes rendus des séances de l'Académie des Sciences, t. XCV; 1882.

Soit $\Phi(x) = A_0 + A_1 x + \ldots + A_n x^n$ un polynôme entier du degré n, dans lequel les coefficients A_0, A_1, ..., A_n sont des fonctions du nombre n. Supposons que, n croissant indéfiniment, $\Phi(x)$ ait pour limite une série $F(x)$ convergente pour toutes les valeurs de la variable; supposons en outre que $\Phi(x) = 0$ ait, pour toute valeur de n, ses racines réelles et de même signe (il suffit même que l'on puisse assigner un nombre p, tel que cette propriété ait lieu pour toute valeur de n supérieure à p); je dis que $F(x)$ est égale au produit d'une fonction entière du genre zéro par une exponentielle de la forme e^{ax+b}, où a et b désignent des quantités constantes.

Soient, en effet, α_1, α_2, ..., α_n les racines de l'équation $\Phi(x) = 0$ que je supposerai, par exemple, toutes positives et rangées par ordre de grandeur, en sorte que l'on ait $\alpha_1 \leqq \alpha_2 \leqq \alpha_3$, ...; on a $\sum \frac{1}{\alpha_i} = -\frac{A_1}{A_0}$, quantité qui tend vers une limite finie ρ, et l'on conclut que, β_1, β_2, ... désignant les racines de $F(x) = 0$, $\sum \frac{1}{\beta_i}$ a une limite finie au plus égale à ρ ([2]).

([1]) Sur ces dénominations *voir*, dans les *Comptes rendus*, ma Note du 23 janvier 1882, *Sur quelques équations transcendantes*, et le Cours professé à la Sorbonne par M. Hermite en 1881-1882, p. 72.

([2]) Elle peut être moindre; en posant en effet $\Phi(x) = (1 - x)\left(1 - \frac{x}{n}\right)^n$, on a $\rho = 2$ et, relativement aux racines de $F(x) = e^{-x}(1 - x)$, $\sum \frac{1}{\beta_i} = 1$.

Posons $-\frac{\Phi'(x)}{\Phi(x)} = \sum_{i=1}^{i=n} \frac{1}{x - \alpha_i}$ et, dans le développement, considérons les termes qui correspondent aux valeurs de α_i inférieures à un nombre fixe arbitraire k; en désignant par M_k l'ensemble de ces termes et par R_k les autres termes, on peut écrire

$$(1) \qquad -\frac{\Phi'(x)}{\Phi(x)} = M_k + R_k.$$

On a

$$R_k = \sum_{i=k}^{i=n} \frac{1}{\alpha_i - x} = \sum_{i=k}^{i=n} \frac{1}{\alpha_i} + x \sum_{i=k}^{i=n} \frac{1}{\alpha_i^2} + x^2 \sum_{i=k}^{i=n} \frac{1}{\alpha_i^3} + \ldots,$$

égalité où le dernier membre est une série convergente pour toute valeur de x comprise entre zéro et α_k. En désignant par σ_k le nombre $\sum_{i=k}^{i=n} \frac{1}{\alpha_i}$, on a d'ailleurs

$$\sum_{i=k}^{i=n} \frac{1}{\alpha_i^2} < \sigma_k \frac{1}{\alpha_i}, \qquad \sum_{i=k}^{i=n} \frac{1}{\alpha_i^3} < \sigma_k \frac{1}{\alpha_i^2}, \qquad \ldots.$$

Pour toute valeur de x positive et plus petite que α_k, on en conclut que R_k, qui est plus grand que σ_k, est plus petit que $\frac{\sigma_k}{1 - \frac{x}{\alpha_k}}$; il est donc de la forme $\frac{\sigma_k}{1 - \frac{\theta_k}{\alpha_k}}$, θ désignant un nombre compris entre zéro et un.

$\sum \frac{1}{\beta_i}$ ayant une limite finie, il existe une fonction entière du genre zéro, $G_0(x)$, qui a pour racines les quantités $\beta_0, \beta_1, \ldots$, que je supposerai rangées par ordre croissant de grandeur; posons

$$-\frac{G_0'(x)}{G_0(x)} = \sum_{i=1}^{i=\infty} \frac{1}{\beta_i - x},$$

et distinguons dans ce développement l'ensemble des fractions par lesquelles β_i est $< k$; j'appellerai P_k l'ensemble de ces fractions. Cela posé, il est clair que si, dans l'égalité (1), on fait croître n

indéfiniment, le premier membre a pour limite $-\frac{F'(x)}{F(x)}$ et que M_k a pour limite P_k, R_k ayant pour limite une fonction R'_k qui est, comme R_k, de la forme $\frac{\sigma'_k}{1-\frac{\theta x}{\alpha_k}}$, où θ désigne un nombre compris entre zéro et un et σ'_k la limite de σ_k quand n croît indéfiniment.

On a donc l'égalité

$$-\frac{F'(x)}{F(x)} = P_k + R'_k;$$

faisons maintenant croître indéfiniment le nombre positif k; par définition, P_k a pour limite

$$-\frac{G'_0(x)}{G_0(x)}$$

et R'_k a pour limite la limite de σ'_k, laquelle est un nombre positif fini σ; on a donc

$$-\frac{F'(x)}{F(x)} = -\frac{G'_0(x)}{G_0(x)} + \sigma;$$

d'où, en intégrant,

$$F(x) = e^{-\sigma x+\tau} G_0(x).$$

Cette égalité, étant vérifiée pour toutes les valeurs positives inférieures au nombre α_k, qui peut être rendu aussi grand que l'on veut, subsiste pour toutes les valeurs de x; ce qui démontre la proposition énoncée.

En particulier, on fait voir aisément que, si l'équation

$$a_0 + a_1 x + \ldots + a_n x^n = 0$$

a toutes ses racines réelles et de même signe, il en est de même de l'équation

$$a_0 + q a_1 x + q^4 a_2 x^2 + \ldots + q^{n^2} a_n x^n = 0,$$

lorsque q est un nombre plus petit, en valeur absolue, que l'unité. Il en résulte qu'en posant

$$\Phi(x) = 1 + nq\left(\frac{x}{n}\right) + \frac{n(n-1)}{1.2} q^4 \left(\frac{x}{n}\right)^2 + \ldots + q^{n^2}\left(\frac{x}{n}\right)^n,$$

l'équation $\Phi(x) = 0$ a toutes ses racines réelles et de même signe.

En faisant croître indéfiniment le nombre n, on a

$$F(x) = 1 + qx + \frac{q^4 x^2}{1.2} + \frac{q^9 x^5}{1.2.3} + \frac{q^{16} x^4}{1.2.3.4} + \ldots,$$

et l'on en conclut que la transcendante $F(x)$ est de la forme $e^{Qx} G_0(x)$, où Q désigne une fonction de q et $G_0(x)$ une fonction entière du genre zéro.

On démontrerait de même la proposition suivante :

Si $\Phi(x) = 0$ *a, quel que soit n, toutes ses racines réelles,* $F(x)$ *est égal au produit d'une fonction entière du genre un par une exponentielle de la forme* e^{ax^2+bx+c}, *où a, b et c désignent des quantités constantes.*

SUR LE

GENRE DE QUELQUES FONCTIONS ENTIÈRES.

Comptes rendus des séances de l'Académie des Sciences,
t. XCVIII; 1884.

1. Je considère une fonction entière $F(x)$ du genre n, et je suppose que l'équation $F(x) = 0$ ait toutes ses racines réelles, ou, du moins, ait un nombre limité de racines imaginaires.

Soient $\beta_1, \beta_2, \ldots, \beta_k$ les racines imaginaires de cette équation; je suppose, pour fixer les idées, que le nombre des racines réelles négatives soit limité et, en rangeant toutes les racines réelles par ordre croissant de grandeur, je les désigne par $\alpha_1, \alpha_2, \ldots$.

En posant

$$F_m(x) = e^{a_1 x + a_2 x^2 + \ldots + a_n x^n}\left(1 - \frac{x}{\beta_1}\right)\left(1 - \frac{x}{\beta_2}\right) - \left(1 - \frac{x}{\beta_k}\right)\prod_1^m\left(1 - \frac{x}{\alpha_i}\right),$$

où les a_i désignent des quantités variables dépendant de la valeur du nombre entier m, on a évidemment

$$F(x) = \lim F_m(x)$$

et

$$F'(x) = \lim F'_m(x).$$

$F'_m(x)$ est une fonction de la forme

$$e^{a_1 x + a_2 x^2 + \ldots + a_n x^n}\,\Phi_m(x),$$

où $\Phi_m(x)$ est un polynôme entier.

Les racines de l'équation $\Phi_m(x) = 0$ sont les mêmes que celles de l'équation

$$\frac{F'_m(x)}{F_m(x)} = 0$$

ou encore de l'équation

$$a_1 + 2a_2 x + \ldots + n a_n x^{n-1} + \frac{1}{x - \beta_1} + \frac{1}{x - \beta_2} + \ldots + \frac{1}{x - \beta_k} + \sum_1^m \frac{1}{x - \alpha_i} = 0;$$

cette équation, mise sous forme entière, est du degré

$$(k + m + n - 1).$$

Elle a $(m - 1)$ racines réelles respectivement comprises entre les nombres α_1 et α_2, α_2 et α_3, α_3 et α_4, ..., et qui, quelle que soit la valeur attribuée au nombre entier m, demeurent comprises entre des limites parfaitement déterminées; ces racines, je les désignerai par les lettres

$$\gamma_1, \quad \gamma_2, \quad \gamma_3, \quad \ldots, \quad \gamma_{m-1}.$$

Les $k + n$ autres racines peuvent être réelles ou imaginaires, et la valeur de leur module peut croître indéfiniment avec le nombre m; elles sont essentiellement en nombre limité, et je les désignerai par les lettres

$$\delta_1, \quad \delta_2, \quad \ldots, \quad \delta_{k+n}.$$

On a donc, en désignant par A_m un nombre dépendant du nombre entier m,

$$\Phi_m(x) = A_m \prod_1^{m-1} \left(1 - \frac{x}{\gamma_i}\right) \prod_1^{k+n} \left(1 - \frac{x}{\delta_i}\right).$$

Le facteur $\prod_1^{k+n} \left(1 - \frac{x}{\delta_i}\right)$ a pour limite un polynôme entier $\Psi(x)$, dont le degré est au plus $(k + n)$; il peut être d'un degré moindre, si plusieurs valeurs de δ_i croissent indéfiniment avec le nombre m.

On aura donc

$$F'(x) = \lim F'_m(x) = \Psi(x) \lim e^{a_1 x + a_2 x^2 + \cdots + a_n x^n} A_m \prod_1^{m-1} \left(1 - \frac{x}{\gamma_i}\right),$$

et, *comme chacune des quantités* γ_i *demeure comprise, quel que soit le nombre entier* m, *entre deux limites déterminées,* il est clair que la limite du produit

$$A_m e^{a_1 x + a_2 x^2 + \cdots + a_n x^n} \prod_1^{m-1} \left(1 - \frac{x}{\gamma_i}\right)$$

est une fonction entière du genre n.

D'où cette conclusion importante :

La dérivée $F'(x)$ est une fonction entière du genre n.

2. L'équation $\Phi_m(x) = 0$ ayant *au plus* $k+n$ racines imaginaires, on voit, à la limite, que l'équation

$$F'(x) = 0$$

a également, au plus, $k+n$ racines imaginaires; ce nombre étant essentiellement limité, il en résulte que $F''(x)$, $F'''(x)$, ..., et en général toutes les dérivées de $F(x)$ sont du genre n.

La démonstration précédente suppose expressément que le nombre des racines imaginaires de l'équation $F(x) = 0$ est limité; il est probable, toutefois, que le théorème subsiste encore, même dans le cas où elle a une infinité de racines imaginaires; mais, jusqu'à présent, je n'ai pas réussi à en obtenir une démonstration rigoureuse.

3. On établirait, comme ci-dessus, la proposition plus générale qui suit :

$F(x)$ *désignant une fonction entière du genre* n, *n'admettant qu'un nombre limité de facteurs imaginaires, la fonction suivante :*

$$\Theta_0 F(x) + \Theta_1 F'(x) + \Theta_2 F''(x) + \ldots + \Theta_h F^{(h)} x,$$

où h *désigne un nombre entier quelconque, et* Θ_0, Θ_1, ..., Θ_h *des polynômes entiers à coefficients réels ou imaginaires, est une fonction entière du genre* n.

SUR LES

VALEURS QUE PREND UN POLYNOME ENTIER

LORSQUE LA VARIABLE VARIE ENTRE DES LIMITES DÉTERMINÉES.

Comptes rendus des séances de l'Académie des Sciences, t. XCVIII; 1884.

1. Il est souvent utile dans certaines questions d'Analyse, notamment dans la recherche de la valeur approximative des intégrales définies et des racines des équations algébriques, de déterminer des limites entre lesquelles demeure constamment comprise la valeur d'un polynôme $F(x)$, lorsque la variable varie entre deux limites données.

En supposant les nombres ξ et η positifs, Cauchy a donné la règle suivante : Si l'on pose, en mettant en évidence les termes positifs et les termes négatifs de $F(x)$,

$$F(x) = F_0(x) - F_1(x),$$

la valeur de $F(x)$, lorsque x varie depuis ξ jusqu'à η, demeure constamment comprise entre les nombres

$$F_0(\xi) - F_1(\eta)$$

et

$$F_0(\eta) - F_1(\xi).$$

Cette règle, dont l'exactitude est évidente, donne généralement des limites beaucoup trop écartées; on obtiendra des résultats plus précis par la méthode suivante, que, pour plus de clarté, j'exposerai d'abord en considérant un polynôme du quatrième degré.

2. Étant donné le polynôme entier

$$F(x) = a + bx + cx^2 + dx^3 + ex^4$$

et deux nombres positifs ξ et η, où je suppose $\eta > \xi$, formons la suite des nombres

$$\begin{aligned}
F_0 &= a + b\xi + c\xi^2 + d\xi^3 + e\xi^4,\\
F_1 &= a + b\eta + c\xi\eta + d\xi^2\eta + e\xi^3\eta,\\
F_2 &= a + b\eta + c\eta^2 + d\xi\eta^2 + e\xi^2\eta^2,\\
F_3 &= a + b\eta + c\eta^2 + d\eta^3 + e\xi\eta^2,\\
F_4 &= a + b\eta + c\eta^2 + d\eta^3 + e\eta^4,
\end{aligned}$$

dont la loi de formation est évidente.

Cela posé, la valeur du polynôme $F(x)$ demeure, lorsque x varie depuis ξ jusqu'à η, constamment comprise entre la plus petite et la plus grande des quantités F_0, F_1, F_2, F_3 et F_4 ; j'ajoute que le nombre des racines de l'équation $F(x) = 0$, qui sont comprises entre ξ et η, est au plus égal au nombre des variations de la suite

$$F_0,\quad F_1,\quad F_2,\quad F_3,\quad F_4.$$

En général, soit le polynôme entier

$$F(x) = a_0 x^n + a_1 x^{n-1} + a_2 x^{n-2} + \ldots + a_{n-1} x + a_n;$$

formons, par voie récurrente, les quantités suivantes :

$$Q_0 = a_0,\quad Q_1 = Q_0\xi + a_1,\quad Q_2 + Q_1\xi = a_2,\quad \ldots,\quad Q_n = Q_{n-1}\xi + a_n$$

et

$$P_n = Q_n,\quad P_{n-1} = P_n + (\eta - \xi)Q_{n-1},\quad P_{n-2} = P_{n-1} + (\eta - \xi)\eta Q_{n-2},\quad \ldots,$$
$$P_0 = P_1 + (\eta - \xi)\eta^{n-1} Q_0;$$

en supposant ξ et η positifs et $\eta > \xi$, on peut énoncer les deux propositions suivantes :

Le nombre des racines de l'équation $F(x) = 0$ *qui sont comprises entre* ξ *et* η *est au plus égal au nombre des variations de la suite*

$$P_0,\quad P_1,\quad P_2,\quad \ldots,\quad P_{n-1},\quad P_n$$

et la valeur du polynôme $F(x)$, *quand* x *varie depuis* ξ *jusqu'à* η, *demeure constamment comprise entre la plus petite et la plus grande des quantités* P_i.

Soit, par exemple,

$$F(x) = x^5 - 2x^4 + x^3 - 3x^2 + 4x - 2;$$

si l'on pose $\xi = 1$ et $\eta = 2$, on aura le Tableau suivant :

Coefficients de l'équation...	1	-2	$+1$	3	$+4$	-2
Valeurs des Q_i............	1	-1	0	-3	$+1$	-1
Valeurs des P_i............	2	-14	-6	-6	0	-1

d'où il résulte que l'équation $F(x) = 0$ a une seule racine comprise entre 1 et 2 et que la valeur de ce polynôme, quand x varie depuis 1 jusqu'à 2, demeure comprise entre les nombres -14 et $+2$; la règle de Cauchy donne les limites -40 et $+41$.

En considérant encore le même polynôme, faisons $\xi = 2$ et $\eta = 3$, nous aurons le Tableau suivant :

1	-2	$+1$	-3	$+4$	-2
1	0	$+1$	-1	$+2$	$+2$
$+91$	$+10$	$+10$	$+1$	$+4$	$+2$

d'où l'on voit que l'équation $F(x) = 0$ n'a aucune racine comprise entre 2 et 3, et que la valeur de ce polynôme, quand x varie depuis 2 jusqu'à 3, demeure toujours comprise entre $+1$ et $+91$, les deux valeurs extrêmes étant d'ailleurs $+2$ et $+91$.

La règle de Cauchy donne dans ce cas les limites -143 et $+236$.

3. Les résultats précédents subsistent encore, en en modifiant légèrement l'énoncé, dans le cas où $F(x)$ est un polynôme de la forme

$$a_0 + a_1 x^{\alpha_1} + a_2 x^{\alpha_2} + \ldots + a_n x^{\alpha_n},$$

les quantités α_i étant des nombres positifs quelconques, entiers, fractionnaires ou incommensurables; ils s'étendent donc au cas où $F(x)$ est une fonction transcendante de la forme

$$A_0 e^{\alpha_0 x} + A_1 e^{\alpha_1 x} + \ldots + A_n e^{\alpha_n x}.$$

SUR QUELQUES POINTS

DE LA

THÉORIE DES ÉQUATIONS NUMÉRIQUES.

Acta mathematica, t. IV; 1884.

1. Dans tout ce qui suit, à moins que je n'en avertisse expressément, je désigne par ξ un nombre positif ou nul et par η un nombre quelconque supérieur à ξ.

Cela posé, en considérant le polynôme entier du degré n

$$f(x) = a_0 x^n + a_1 x^{n-1} + a_2 x^{n-2} + \ldots + a_{n-1} x + a_n,$$

j'y rattacherai le polynôme du même degré $\psi(x)$ défini par l'égalité suivante

$$\psi(x) = \frac{x^{n+1} f(\eta) - f(x\eta)}{x - 1} + \xi \frac{f(x\eta) - f(\xi)}{x\eta - \xi}. \tag{1}$$

En posant, pour abréger,

$$\psi(x) = P_0 x^n + P_1 x^{n-1} + P_2 x^{n-2} + \ldots + P_{n-1} x + P_n,$$

il est aisé de déterminer les coefficients P_i.

Si, par exemple, on fait

$$f(x) = a_0 x^3 + a_1 x^2 + a_2 x + a_3,$$

un calcul facile donne

$$\begin{aligned}
P_0 &= a_0 \eta^3 + a_1 \eta^2 + a_2 \eta + a_3, \\
P_1 &= a_0 \xi \eta^2 + a_1 \eta^2 + a_2 \eta + a_3, \\
P_2 &= a_0 \xi^2 \eta + a_1 \xi \eta + a_2 \eta + a_3, \\
P_3 &= a_0 \xi^3 + a_1 \xi^2 + a_2 \xi + a_3.
\end{aligned}$$

La loi de formation de ces coefficients est évidente et s'étend aisément au cas d'un polynôme d'un degré quelconque ; les coefficients extrêmes sont $f(\eta)$ et $f(\xi)$.

2. Le calcul des nombres P_i s'effectue de la façon la plus simple par la méthode suivante : que l'on forme d'abord, et par voie récurrente, une suite de nombres Q_i déterminés par les relations

$$Q_0 = a_0, \quad Q_1 = \xi Q_0 + a_1, \quad Q_2 = \xi Q_1 + a_2, \quad \ldots, \quad Q_n = \xi Q_{n-1} + a_n,$$

les nombres P_i seront donnés par les égalités

$$P_n = Q_n, \quad P_{n-1} = P_n + (\eta - \xi) Q_{n-1}, \quad P_{n-2} = P_{n-1} + \eta(\eta - \xi) Q_{n-2}, \quad \ldots,$$
$$P_0 = P_1 + \eta^{n-1}(\eta - \xi) Q_0.$$

3. La propriété fondamentale du polynome $\psi(x)$ peut s'énoncer ainsi :

Le nombre des racines de l'équation $f(x) = 0$, qui sont comprises entre les quantités ξ et η, est au plus égal au nombre des variations du polynôme $\psi(x)$, et, si ces deux nombres diffèrent, leur différence est au nombre pair.

Pour la démontrer, je remarque que, de l'égalité (1), on déduit

$$\frac{(\xi - \eta) x f(x\eta)}{(x - 1)(x\eta - \xi)} = \frac{x^{n+1} f(\eta)}{1 - x} + \psi(x) + \frac{\xi f(\xi)}{x\eta - \xi}.$$

Pour toutes les valeurs de x comprises entre $\frac{\xi}{\eta}$ et l'unité, $\frac{1}{1 - x}$ est développable en une série convergente ordonnée suivant les puissances croissantes de x, et $\frac{1}{x\eta - \xi}$ développable en une série convergente ordonnée suivant les puissances décroissantes de x.

Effectuant ces développements, on a l'égalité

$$\frac{(\xi - \eta) x f(x\eta)}{(x - 1)(x\eta - \xi)} = \ldots + f(\eta) . x^{n+2} + f(\eta) . x^{n+1} + \psi(x)$$
$$+ \frac{\xi f(\xi)}{\eta} \frac{1}{x} + \frac{\xi^2 f(\xi)}{\eta^2} \frac{1}{x^2} + \ldots ;$$

la série double qui compose le second membre est convergente pour toutes les valeurs de x comprises entre $\frac{\xi}{\eta}$ et l'unité, et le nombre de ces valeurs, pour lesquelles elle s'annule, est évidemment égal au nombre m des racines de l'équation $f(x) = 0$ qui sont comprises entre ξ et η. D'où il suit que ce nombre m est au plus égal au nombre des variations que présentent les termes de la série; ce nombre des variations se réduit d'ailleurs au nombre des variations du polynôme $\psi(x)$. Il suffit pour le faire voir de remarquer que, le premier terme de $\psi(x)$ étant $f(\eta).x^n$, son coefficient est le même que celui de tous les termes précédents et que le dernier terme étant $f(\xi)$, il est de même signe que tous les termes qui suivent. De là résulte immédiatement la proposition que je voulais démontrer.

4. Soit, comme application, l'équation

$$x^5 - 2x^4 + x^3 - 3x^2 + 4x - 2 = 0. \tag{2}$$

En posant $\xi = 0$ et $\eta = 1$, on formera le tableau suivant :

Valeurs des coefficients...	$+1$	-2	$+1$	-3	$+4$	-2
Valeurs des Q_i..........	$+1$	-2	$+1$	-3	$+4$	-2
Valeurs des P_i...........	-1	-2	0	-1	$+2$	-2,

d'où l'on conclut, puisque la suite des P_i présente deux variations, que l'équation (2) a au plus deux racines comprises entre zéro et $+1$.

Faisant maintenant $\xi = 1$ et $\eta = 2$, on a ce tableau :

$+1$	-2	$+1$	-3	$+4$	-2
$+1$	-1	0	-3	$+1$	-1
$+2$	-14	-6	-6	0	-1;

la suite des P_i présentant une seule variation, on voit que l'équation a une seule racine comprise entre $+1$ et $+2$.

En faisant $\xi = 2$ et $\eta = 3$, on a les suites

$+1$	-2	$+1$	-3	$+4$	-2
$+1$	0	$+1$	-1	$+2$	$+2$
$+91$	$+10$	$+10$	$+1$	$+4$	$+2$;

la dernière ne renfermant aucune variation, on en conclut que l'équation n'a pas de racine comprise entre $+2$ et $+3$.

Pour $\xi = 3$ et $\eta = 4$, on a le tableau suivant :

Coefficients.....	$+1$	-2	$+1$	-3	$+4$	-2
Q_i............	$+1$	$+1$	$+4$	$+9$	$+31$	$+91$;

il est inutile ici de calculer les valeurs des P_i : j'ai en effet démontré (¹) que le nombre des racines supérieures à ξ est au plus égal au nombre des variations que présente la suite des nombres Q_i ; et cette suite, pour $\xi = 3$, ne présentant aucune variation, il est clair que l'équation proposée n'a aucune racine supérieure à 3.

5. L'équation (2) a donc une racine comprise entre $+1$ et $+2$; elle n'a aucune racine supérieure à $+2$ ni aucune racine négative, puisque son premier membre ne présente que des variations.

L'intervalle compris entre zéro et $+1$ peut contenir deux racines, ou n'en contenir aucune. Pour résoudre la question, je remarque que le nombre des racines de l'équation proposée, qui sont comprises entre zéro et $+1$, est égal au nombre des racines de l'équation

$$2x^5 - 4x^4 + 3x^2 - x^2 + 2x - 1 = 0,$$

qui sont supérieures à celles de l'unité.

Formons, en suivant la méthode que j'ai indiquée dans le Mémoire cité précédemment (*Théorie des équations numériques*, p. 116), le tableau suivant :

$+2$	-4	$+3$	-1	$+2$	-1
$+2$	-2	$+1$	0	$+2$	$+1$
$+2$	0	$+1$	0	$+2$;	

les nombres

$$+2,\quad 0,\quad +1,\quad 0,\quad +2,\quad +1,$$

qui forment le contour extérieur du tableau n'offrant aucune variation, il en résulte que l'équation proposée n'a aucune racine

(¹) *Mémoire sur la théorie des équations numériques* (*Journal de Mathématiques pures et appliquées*, 3ᵉ série, t. IX, p. 105).

comprise entre zéro et l'unité; elle a ainsi une seule racine comprise entre $+1$ et $+2$.

II.

6. Soient $P_0, P_1, \ldots, P_n$ les coefficients du polynôme $\psi(x)$; en désignant respectivement par R et par S le plus grand et le plus petit de ces nombres, considérons l'équation

$$R - f(x) = 0. \tag{1}$$

Les quantités, analogues à $P_0, P_1, \ldots, P_n$, sont dans ce cas

$$R - P_0, \quad R - P_1, \quad \ldots, \quad R - P_n,$$

et il est clair qu'elles sont toutes positives ou nulles. L'équation (1) n'a donc aucune racine comprise entre ξ et η et son premier membre conserve toujours le même signe quand x varie depuis ξ jusqu'à η, à savoir le signe $+$; pour toute valeur de x, comprise entre ξ et η, on a donc

$$f(x) \leqq R.$$

On prouverait d'une façon analogue que, pour les mêmes valeurs, on a

$$f(x) \geqq S;$$

d'où cette conclusion importante :

Lorsque x prend toutes les valeurs possibles comprises entre les nombres ξ et η, la valeur du polynôme $f(x)$ demeure constamment comprise entre les nombres R et S.

7. Soit, comme application, le polynôme

$$f(x) = x^5 - 2x^4 + x^3 - 3x^2 + 4x - 2$$

que j'ai déjà considéré plus haut.

On voit que, quand x varie de zéro à $+1$, le polynôme prend des valeurs comprises entre les nombres -2 et $+2$; la règle de Cauchy donne des limites -7 et $+6$. Quand x varie de $+1$ à

$+2$, la règle énoncée ci-dessus donne les limites -14 et $+2$, la règle de Cauchy les limites -40 et $+41$; enfin, dans l'intervalle compris entre $+2$ et $+3$, la règle de Cauchy donne des limites -143 et $+236$, l'autre règle les limites bien plus resserrées $+1$ et $+91$.

8. Il est moins aisé de déterminer des limites un peu précises, entre lesquelles demeurent comprises les valeurs que prend une fonction rationnelle $\frac{\varphi(x)}{f(x)}$, lorsque x varie dans l'intervalle $(\xi \ldots \eta)$.

Voici cependant une solution assez simple, mais limitée au cas où relativement à l'un des termes de la fraction, au polynôme $f(x)$ par exemple, les nombres P_i ont tous le même signe.

Soient

$$P_0, \quad P_1, \quad \ldots, \quad P_n$$

ces divers nombres, et

$$\Pi_0, \quad \Pi_1, \quad \ldots, \quad \Pi_n$$

les nombres correspondants relativement au polynôme $\varphi(x)$; je suppose les deux polynômes du même degré, ce que l'on peut toujours admettre en introduisant au besoin un certain nombre de coefficients nuls.

Cela posé, en s'appuyant sur les considérations développées plus haut, on démontrera aisément que, lorsque x varie dans l'intervalle $(\xi \ldots \eta)$, la valeur que prend la fraction $\frac{\varphi(x)}{f(x)}$ demeure constamment comprise entre le plus grand et le plus petit des nombres

$$\frac{\Pi_0}{P_0}, \quad \frac{\Pi_1}{P_1}, \quad \ldots, \quad \frac{\Pi_n}{P_n}.$$

Considérons, par exemple, et en supposant $\xi = 2$ et $\eta = 3$, la fraction

$$\frac{2x^4 - 5x^3 + 2x^2 - 3x - 5}{x^5 - 2x^4 + x^3 - 3x^2 + 4x - 2};$$

on a

$$P_0 = 91, \qquad P_1 = P_2 = 10, \qquad P_3 = 1, \qquad P_4 = 4 \qquad \text{et} \qquad P_5 = 2.$$

Le tableau suivant donnera la valeur des Π_i

Coefficients.....	0	+ 2	− 5	+ 2	− 3	− 5
Q_i.............	0	+ 2	− 1	0	− 3	− 11
Π_i.............	+ 31	+ 31	− 23	− 14	− 14	− 11

Si maintenant nous formons les fractions

$$\frac{31}{91}, \quad \frac{31}{10}, \quad -\frac{23}{10}, \quad -14, \quad -\frac{14}{4}, \quad -\frac{11}{2},$$

nous voyons que la plus petite d'entre elles est -14 et la plus grande $\frac{31}{10}$; on en conclut que, quand x varie depuis $+2$ jusqu'à $+3$, la valeur de la fraction demeure comprise entre les limites -14 et $+3,1$.

III.

9. Soit p un nombre entier positif quelconque, mais supérieur à $(n+1)$; dans le développement en série de l'expression

$$\frac{x^{n+1}f(\eta)}{1-x} + \psi(x) + \frac{\xi f(\xi)}{x\eta - \xi},$$

considérons seulement les termes dont les exposants sont compris entre les limites p et $-p$, nous obtiendrons ainsi un polynôme $\Theta_p(x)$ dont la valeur est donnée par l'égalité

$$\begin{aligned}\Theta_p = {} & P_0 x^p + \ldots + P_0 x^{n+1} \\ & + P_0 x^n + P_1 x^{n-1} + P_2 x^{n-2} + \ldots + P_{n-2} x^2 + P_{n-1} x + P_n \\ & + \frac{\xi}{\eta} P_n \frac{1}{x} + \ldots + \frac{\xi^p}{\eta^p} P_n \frac{1}{x^p}.\end{aligned}$$

Lorsque le nombre p croît indéfiniment, Θ_p a pour limite une série indéfinie Θ qui, pour toutes les valeurs de x comprises entre $\frac{\xi}{\eta}$ et 1, a la même valeur que la fraction

$$\frac{(\xi-\eta)xf(x\eta)}{(x-1)(x\eta-\xi)};$$

d'où résulte, en désignant par m le nombre des racines de l'équation $f(x) = 0$ qui sont comprises entre ξ et η, que la série Θ est convergente et s'annule pour m valeurs de la variable.

Cherchons d'abord une limite supérieure du nombre des racines positives de l'équation $\Theta_p = 0$; une pareille limite est donnée immédiatement par le nombre des variations de Θ_p, qui se réduit à celui des variations de $\psi(x)$. Mais on peut obtenir une limite plus précise en faisant usage d'une proposition importante due à Newton.

Au-dessous de la suite des termes de $\Theta_p(x)$, où se peuvent trouver des variations, à savoir les termes

$$P_0, \quad P_1, \quad P_2, \quad \ldots, \quad P_{n-2}, \quad P_{n-1}, \quad P_n;$$

écrivons les termes de la suite

$$\begin{gathered} P_0^2 - P_0 P_1, \quad P_1^2 - P_0 P_2, \quad P_2^2 - P_0 P_1, \quad \ldots, \\ P_{n-2}^2 - P_{n-3} P_{n-1}, \quad P_{n-1}^2 - P_n P_{n-2}, \quad P_n^2 - P_n P_{n-1} \frac{\xi}{\eta}; \end{gathered}$$

nous obtiendrons le tableau suivant :

$$(\mathrm{A}) \left\{ \begin{array}{lllllll} P_0, & P_1, & P_2, & \ldots, & P_{n-2} & P_{n-1}, & P_n, \\ +1, & P_1^2 - P_0 P_2, & P_2^2 - P_0 P_1, & \ldots, & P_{n-2}^2 - P_{n-3} P_{n-1}, & P_{n-1}^2 - P_{n-2} P_n, & +1, \end{array} \right.$$

où j'ai remplacé les termes extrêmes de la seconde ligne $+1$, attendu que, quand P_0 et P_1 sont de signe contraire, $P_0 - P_0 P_1$ est positif et que, de même, $P_n^2 - \frac{\xi}{\eta} P_n P_{n-1}$ est positif quand les termes P_n et P_{n-1} présentent une variation.

Cela posé, il suit du théorème de Newton que le nombre q des racines positives de l'équation $\Theta_p = 0$ est au plus égal au nombre V_0 des variations de la suite supérieure du tableau (A), qui correspondent à des permanences dans la suite inférieure.

Ce nombre q est, on le voit, indépendant de la valeur attribuée au nombre entier p et sa valeur demeure la même quand p croît indéfiniment; on en conclut que le nombre m, qui représente le nombre des valeurs positives de x, pour lesquelles la série Θ converge vers zéro, est au plus égal à q.

D'où la proposition suivante :

Si l'on forme le tableau (A), *le nombre des racines de l'équation* $f(x) = 0$, *qui sont comprises entre* ξ *et* η, *est au plus égal au nombre des variations présentées par la ligne supérieure du tableau et auxquelles correspondent des permanences dans la ligne inférieure.*

Soit, comme application, l'équation

$$x^5 - 3x^3 + 9x^2 - 11x + 5 = 0; \tag{1}$$

cherchons le nombre des racines comprises entre $\xi = 1$ et $\eta = 2$.

Les valeurs des nombres P_i s'obtiennent en formant le tableau suivant :

$+1$	0	-3	$+9$	-11	$+5$
$+1$	$+1$	-2	$+7$	-4	$+1$
$+27$	$+11$	$+3$	$+11$	-3	$+1$,

et le tableau (A) devient

$+27$	$+11$	$+3$	$+11$	-3	$+1$
...	...	...	$+20$	-2	$+1$.

Dans la ligne inférieure, je n'ai indiqué les signes des termes que quand ils correspondent à des variations; on voit qu'il n'y a dans la ligne supérieure aucune variation à laquelle corresponde une permanence dans la ligne inférieure, d'où il suit que l'équation proposée n'a aucune racine comprise entre $+1$ et $+2$.

On arriverait à la même conclusion en employant la méthode suivante, qui trouve fréquemment d'utiles applications.

L'équation peut se mettre sous la forme

$$(x^4 + x^3 - 2x^2 + 7x - 4)(x - 1) + 1 = 0$$

et, par suite, peut s'écrire

$$x = 1 - \frac{1}{x^4 + x^3 - 2x^2 + 7x - 4}.$$

Cherchons des limites entre lesquelles varie le polynôme dénominateur lorsque x varie de $+1$ à $+2$; en appliquant la méthode indiquée plus haut, on formera le tableau

$+1$	$+1$	-2	$+7$	-4
$+1$	$+2$	0	$+7$	$+3$.

Il suffit ici de calculer les valeurs des nombres Q_i; ceux-ci étant en effet positifs, il est clair que les P_i seront également tous positifs et, par suite, le dénominateur demeure positif quand x varie dans les limites indiquées.

Il en résulte que le second membre de l'égalité (2) est toujours inférieur à l'unité; il ne peut donc jamais être compris entre $+1$ et $+2$ et l'on voit, comme nous l'avions reconnu précédemment, que l'équation (1) n'a aucune racine dans cet intervalle.

IV.

10. La proposition, énoncée dans le premier paragraphe, peut encore être démontrée par une autre méthode qui donne lieu à quelques conséquences intéressantes.

En désignant par ξ et η deux nombres quelconques *positifs ou négatifs,* soient $f(x)$ un polynôme entier du degré n et $\psi(x)$ le polynôme déterminé par la relation

$$\psi(x) = \frac{x^{n+1}f(\eta)-f(x\eta)}{x-1} + \xi\,\frac{f(x\eta)-f(\xi)}{x\eta-\xi}.$$

Appelons $\psi_1(x)$ ce que devient $\psi(x)$ quand on remplace $f(x)$ par $(x-\lambda)$; on a évidemment

$$\psi_1(x) = \frac{x^{n+2}f(\eta)(\eta-\lambda)-f(x\eta)(x\eta-\lambda)}{x-1} + \xi\,\frac{f(x\eta)(x\eta-\lambda)-f(\xi)(\xi-\lambda)}{x\eta-\xi},$$

d'où, par un calcul facile,

$$\psi_1(x) = \psi(x)(x\eta-\lambda)-\lambda f(\eta)x^{n+1}+\xi f(\xi).$$

On voit que $\psi_1(x)$ et le produit $\psi(x)(x\eta-\lambda)$ ne diffèrent que par leurs termes extrêmes; les coefficients de x^{n+1} étant respectivement [puisque $f(\eta)=P_0$ et $f(\xi)=P_n$] $P_0(\eta-\lambda)$ et $P_0\eta$, les termes constants étant respectivement $(\xi-\lambda)P_n$ et $-\lambda P_n$.

Si donc le nombre λ satisfait aux conditions suivantes

$$\eta(\eta-\lambda)>0,\quad \lambda(\lambda-\xi)>0,$$

le polynôme $\psi_1(x)$ présente précisément autant de variations que le produit $\psi(x)(x\eta-\lambda)$. D'où il suit, en vertu du lemme de Segner, que, si $\eta\lambda$ est positif, $\psi_1(x)$ a au moins une variation de plus que $\psi(x)$, et que, si $\eta\lambda$ est négatif, $\psi_1(-x)$ a au moins une variation de plus que $\psi(-x)$.

On peut donc énoncer les propositions suivantes :

L'équation $\psi(x) = 0$ *a au moins autant de variations que l'équation* $f(x) = 0$ *a de racines réelles* λ *satisfaisant aux inégalités*

$$\lambda\eta > 0, \quad \eta(\eta - \lambda) > 0, \quad \lambda(\lambda - \xi) > 0. \tag{1}$$

La transformée $\psi(-x)$ *a au moins autant de variations que l'équation* $f(x) = 0$ *a de racines réelles* λ *satisfaisant aux inégalités*

$$\lambda\eta < 0, \quad \eta(\eta - \lambda) > 0, \quad \lambda(\lambda - \xi) > 0. \tag{2}$$

11. Supposons par exemple ξ et η positifs et $\eta > \xi$, les inégalités (1) sont satisfaites pour toutes les racines comprises entre ξ et η. D'où la proposition que j'ai démontrée au commencement de ce Mémoire.

Supposons maintenant que ξ et η soient des nombres positifs quelconques, les inégalités (2) sont vérifiées pour toutes les racines négatives; d'où cette conclusion :

Quels que soient les nombres positifs ξ *et* η, *le nombre des racines négatives de l'équation* $f(x) = 0$ *est au plus égal au nombre des variations du polynôme* $\psi(-x)$.

Dans le cas particulier où, ξ et η étant positifs, η est plus grand que ξ, on voit que, si toutes les racines de l'équation sont réelles et si toutes les racines positives sont comprises entre ξ et η, le nombre des variations de $\psi(x)$ est précisément égal au nombre des racines positives et le nombre des variations de $\psi(-x)$ égal au nombre des racines négatives.

12. Dans ce dernier cas, j'ajouterai encore une observation.

Ayant, pour toutes les valeurs de x comprises entre $\frac{\xi}{\eta}$ et $+1$, l'égalité

$$\frac{(\xi - \eta)xf(x\eta)}{(x-1)(x\eta - \xi)} = \ldots + f(\eta)x^{n+2} + f(\eta)x^{n+1} + \psi(x) + \frac{\xi}{\eta}f(\xi)\frac{1}{x} + \frac{\xi^2}{\eta^2}f(\xi)\frac{1}{x^2} + \ldots,$$

je remarque que, si $f(\xi)$ et $f(\eta)$ sont de même signe et si l'équation $\psi(x) = 0$ n'a aucune racine comprise entre 0 et $+1$, $\psi(x)$

conserve dans cet intervalle un signe constant, à savoir celui de $f(\xi)$, puisque $\psi(x)$ se réduit à cette quantité pour $\xi = 0$.

Le second membre de l'égalité précédente conserve donc toujours le même signe [à savoir celui de $f(\xi)$ et de $f(\eta)$], quand x varie de $\frac{\xi}{\eta}$ à $+1$; il en est de même du premier membre qui, par suite, ne peut que s'annuler quand x varie depuis ξ jusqu'à η.

D'où la proposition suivante, que l'on peut souvent appliquer avec utilité pour reconnaître si un intervalle donné renferme des racines :

Les nombres $f(\xi)$ et $f(\eta)$ étant de même signe, l'équation $f(x) = 0$ n'a aucune racine comprise entre ξ et η, si l'équation $\psi(x) = 0$ n'a aucune racine comprise entre 0 *et* $+1$.

J'ai d'ailleurs donné (¹) un algorithme très simple qui permet, dans beaucoup de cas, de reconnaître facilement si une équation a des racines supérieures à l'unité, à quoi se ramène immédiatement le problème de déterminer si l'équation $\psi(x) = 0$ a des racines comprises entre 0 et $+1$.

Soit, comme application, l'équation

$$x^5 - 2x^3 + 3x^2 - 8x + 10 = 0$$

qui n'a, évidemment, qu'une seule racine négative.

Le nombre des alternances de la suite

$$10 - 8 + 3 - 2 + 1$$

étant nul, le nombre des racines positives de l'équation, qui sont inférieures à $+1$, est égal à zéro ; de même le nombre des alternances de la suite

$$2^5 - 2.2^3 + 3.2^2 - 8.2 + 10$$

étant également nul, on voit qu'il n'y a pas de racine supérieure à $+2$.

Pour reconnaître s'il y a des racines comprises entre $+1$ et $+2$, j'emploierai la méthode exposée plus haut ; on formera le tableau

+ 1	0	− 2	+ 3	− 8	+ 10
+ 1	+ 1	− 1	+ 2	− 6	+ 4
+ 22	+ 6	− 2	+ 2	− 2	+ 4 ;

(¹) *Mémoire sur la théorie des équations numériques*, p. 116.

d'où l'on déduit

$$\psi(x) = 22x^5 + 6x^4 - 2x^3 + 2x^2 - 2x + 4.$$

Or le nombre des alternances de la suite

$$+4 - 2 + 2 - 2 + 6 + 22$$

étant nul, l'équation $\psi(x) = 0$ n'a aucune racine positive inférieure à l'unité et, par suite, l'équation proposée n'a aucune racine comprise entre $+1$ et $+2$. Elle a donc une racine négative et quatre racines imaginaires.

V.

13. La propriété fondamentale des coefficients du polynôme $\psi(x)$ peut s'énoncer ainsi :

Le nombre des racines de l'équation $f(x) = 0$, qui sont comprises entre les nombres ξ et η, est au plus égal au nombre des variations que présente la suite

$$P_0, \quad P_1, \quad P_2, \quad \ldots, \quad P_n.$$

Il est nécessaire d'examiner les simplifications qui se présentent, lorsque le polynôme $f(x)$ présente des lacunes.

Soit, pour fixer les idées, l'équation

$$A + Bx^3 + Cx^7 + Dx^{10} = 0;$$

formons la suite

$$\begin{aligned}
P_0 &= A + B\eta^3 + C\eta^7 + D\eta^{10},\\
P_1 &= A + B\eta^3 + C\eta^7 + D\xi\eta^9,\\
P_2 &= A + B\eta^3 + C\eta^7 + D\xi^2\eta^8,\\
P_3 &= A + B\eta^3 + C\eta^7 + D\xi^3\eta^7,\\
P_4 &= A + B\eta^3 + C\xi\eta^6 + D\xi^4\eta^6,\\
P_5 &= A + B\eta^3 + C\xi^2\eta^5 + D\xi^5\eta^5,\\
P_6 &= A + B\eta^3 + C\xi^3\eta^4 + D\xi^6\eta^4,\\
P_7 &= A + B\eta^3 + C\xi^4\eta^3 + D\xi^7\eta^3,\\
P_8 &= A + B\xi\eta^2 + C\xi^5\eta^2 + D\xi^8\eta^2,\\
P_9 &= A + B\xi^2\eta + C\xi^6\eta + D\xi^9\eta,\\
P_{10} &= A + B\xi^3 + C\xi^7 + D\xi^{10}.
\end{aligned}$$

A l'égard du nombre des variations que présente la suite de ces nombres, on peut remarquer que les termes P_0, P_1, P_2 et P_3 peuvent s'écrire de la façon suivante

$$\Omega + D\eta^{10}, \quad \Omega + D\xi\eta^9, \quad \Omega + D\xi^2\eta^8, \quad \Omega + D\xi^3\eta^7,$$

où j'ai posé, pour abréger,

$$\Omega = A + B\eta^3 + C\eta^7.$$

Il est clair que ces quantités vont toutes en croissant ou toutes en décroissant, le nombre des variations qu'elles présentent se réduit donc au nombre des variations des deux termes P_0 et P_3 et l'on peut supprimer les termes P_1 et P_2 ; on démontrerait de même qu'on peut ne tenir aucun compte des termes P_4, P_5, P_6, P_8 et P_9.

Il suffit ainsi de considérer la suite

$$\begin{aligned}
&A + B\eta^3 + C\eta^7 + D\eta^{10},\\
&A + B\eta^3 + C\eta^7 + D\xi^3\eta^7,\\
&A + B\eta^3 + C\xi^4\eta^3 + D\xi^7\eta^3,\\
&A + B\xi^3 + C\xi^7 + D\xi^{10}.
\end{aligned}$$

D'une façon un peu plus générale, soit l'équation

$$(1) \qquad f(x) = A + Bx^\beta + Cx^\gamma + Dx^\delta + Ex^\varepsilon = 0,$$

où β, γ, δ, ε désignent des nombres entiers positifs croissants ; on établira comme ci-dessus la proposition suivante :

En désignant par ξ et η deux nombres positifs, dont le plus grand soit η, le nombre des racines de l'équation $f(x) = 0$, qui sont comprises entre ξ et η, est au plus égal au nombre des variations que présente la suite des nombres

$$(\mathrm{T}) \qquad \left\{\begin{aligned}
&A + B\eta^\beta + C\eta^\gamma + D\eta^\delta + E\eta^\varepsilon,\\
&A + B\eta^\beta + C\eta^\gamma + D\eta^\delta + E\xi^{\varepsilon-\delta}\eta^\delta,\\
&A + B\eta^\beta + C\eta^\gamma + D\xi^{\delta-\gamma}\eta^\gamma + E\xi^{\varepsilon-\gamma}\eta^\gamma,\\
&A + B\eta^\beta + C\xi^{\gamma-\beta}\eta^\beta + D\xi^{\delta-\beta}\eta^\beta + E\xi^{\varepsilon-\beta}\eta^\beta,\\
&A + B\xi^\beta + C\xi^\gamma + D\xi^\delta + E\xi^\varepsilon.
\end{aligned}\right.$$

La loi de formation de ces quantités est évidente et il est clair que le théorème s'étend au cas où le polynôme contient un nombre quelconque de termes.

J'ajoute qu'il subsiste encore *lorsque les exposants* β, γ, δ, ε *sont des nombres positifs quelconques, commensurables ou incommensurables, rangés par ordre croissant de grandeur.*

Pour le démontrer, supposons que β, γ, δ, ε soient des nombres fractionnaires quelconques et que, β', γ', δ', ε', β'', γ'', δ'' et ε'' désignant les nombres entiers, on ait

$$\beta = \frac{\beta''}{\beta'}, \qquad \gamma = \frac{\gamma''}{\gamma'}, \qquad \delta = \frac{\delta''}{\delta'}, \qquad \varepsilon = \frac{\varepsilon''}{\varepsilon'}$$

En posant, pour abréger, $\beta'\gamma'\delta'\varepsilon' = \omega$, et en faisant $x = X^\omega$, l'équation (1) a pour transformée l'équation

$$(2) \qquad A + X^{\frac{\omega\beta''}{\beta'}} + X^{\frac{\omega\gamma''}{\gamma'}} + X^{\frac{\omega\delta''}{\delta'}} + X^{\frac{\omega\varepsilon''}{\varepsilon'}} = 0,$$

dans laquelle tous les exposants sont des nombres entiers.

Le nombre des racines de l'équation (1), qui sont comprises entre ξ et η, est égal au nombre des racines de l'équation (2) qui sont comprises entre $\xi^{\frac{1}{\omega}}$ et $\eta^{\frac{1}{\omega}}$. Or, en appliquant à l'équation (2) la proposition énoncée dans le numéro précédent, on trouve précisément la suite (A); d'où il résulte que cette proposition subsiste lorsque β, γ, δ, ε sont des nombres fractionnaires positifs quelconques et, par conséquent, même quand ils sont incommensurables.

14. Les équations importantes de la forme

$$A e^{\alpha x} + B e^{\beta x} + \ldots + L e^{\lambda x} = 0$$

se ramènent à une équation de la forme considérée précédemment en posant $e^x = z$; d'où la proposition suivante, qui s'étend évidemment au cas où le premier membre contient un nombre quelconque de termes, mais que, pour plus de clarté, j'énoncerai seulement dans un cas particulier.

En désignant par ξ *et* η *deux nombres positifs ou négatifs dont le plus grand soit* η, par α, β, γ, δ *et* ε *des nombres quelconques, positifs ou négatifs, que je supposerai rangés par ordre croissant de grandeur, le nombre des racines de l'équation*

$$F(x) = Ae^{\alpha x} + Be^{\beta x} + Ce^{\gamma x} + De^{\delta x} + Ee^{\varepsilon x} = 0,$$

qui sont comprises entre ξ *et* η, *est au plus égal au nombre des variations que présentent les termes de la suite*

$$\begin{array}{lll}
Ae^{\alpha\eta} + Be^{\beta\eta} + Ce^{\gamma\eta} & + De^{\delta\eta} & + Ee^{\varepsilon\eta}, \\
Ae^{\alpha\eta} + Be^{\beta\eta} + Ce^{\gamma\eta} & + De^{\delta\eta} & + Ee^{(\varepsilon-\delta)\xi+\delta\eta}, \\
Ae^{\alpha\eta} + Be^{\beta\eta} + Ce^{\gamma\eta} & + De^{(\delta-\gamma)\xi+\gamma\eta} & + Ee^{(\varepsilon-\gamma)\xi+\gamma\eta}, \\
Ae^{\alpha\eta} + Be^{\beta\eta} + Ce^{(\gamma-\beta)\xi+\beta\eta} & + De^{(\delta-\beta)\xi+\beta\eta} & + Ee^{(\varepsilon-\beta)\xi+\beta\eta}, \\
Ae^{\alpha\xi} + Be^{\beta\xi} + Ce^{\gamma\xi} & + De^{\delta\xi} & + Ee^{\varepsilon\xi};
\end{array}$$

il est clair que, si ces deux nombres diffèrent, leur différence est un nombre pair.

Le théorème de Fourier peut aussi s'appliquer, mais d'une façon moins facile, aux équations de la forme précédente; il exige en effet [*voir* le Mémoire de M. Stern *Sur la résolution des équations transcendantes* (*Journal de Crelle*, tome **22**)] que l'on calcule les dérivées de $F(x)$ jusqu'à ce qu'on arrive à une dérivée qui ne change pas de signe dans l'intervalle considéré; ce qui peut exiger de longs calculs et amener souvent à tenir compte d'un très grand nombre de termes.

VI.

15. Les propositions qui suivent se rattachent à des considérations entièrement différentes de celles qui font l'objet des paragraphes précédents.

Étant donnée l'équation générale du degré n

$$f(x) = a_0 + a_1 x + \ldots + a_n x^n = 0$$

il existe toujours une infinité de systèmes de nombres

$$\alpha_0, \alpha_1, \alpha_2, \ldots, \alpha_n,$$

tels que, si l'équation $f(x) = 0$ a toutes ses racines réelles, il en est de même de l'équation

$$\alpha_0 a_0 + \alpha_1 a_1 x + \alpha_2 a_2 x^2 + \ldots + \alpha_n a_n x^n = 0.$$

Il paraît difficile de déterminer, d'une façon précise, les conditions auxquelles doivent satisfaire les nombres α_i, lesquelles d'ailleurs ne dépendent que de la valeur attribuée au nombre entier n.

Je laisserai entièrement de côté ce problème et m'en tiendrai aux considérations suivantes, qui peuvent, dans certains cas, trouver d'utiles applications.

16. Soient $f(x)$ un polynôme entier, du degré n, ayant toutes ses racines réelles, et α un nombre positif; il est clair que l'équation

$$\alpha f(x) + x f'(x) = 0$$

a également toutes ses racines réelles.

Pour le voir, il suffit, dans le cas où toutes les racines de $f(x)$ sont inégales, de mettre l'équation précédente sous la forme

$$\frac{\alpha}{x} + \frac{f'(x)}{f(x)} = 0,$$

et la proposition subsiste évidemment quand $f(x)$ a des racines égales.

En mettant en évidence les coefficients $f(x)$ et en posant

$$f(x) = a_0 + a_1 x + a_2 x^2 + \ldots + a_n x^n,$$

l'équation (1) peut s'écrire

$$a_0 \alpha + a_1(\alpha + 1)x + a_2(\alpha + 2)x^2 + \ldots + a_n(\alpha + n)x^n = 0.$$

Comme elle a encore toutes ses racines réelles, on peut encore en déduire une infinité d'équations jouissant de la même propriété; telle sera, en général, l'équation

$$a_0 \mathrm{F}(0) + a_1 \mathrm{F}(1).x + a_2 \mathrm{F}(2).x^2 + \ldots + a_n \mathrm{F}(n).x^n = 0,$$

$\mathrm{F}(x)$ désignant un polynôme entier de la forme

$$\mathrm{A}(x + \alpha)(x + \alpha_1)(x + \alpha_2)\ldots(x + \alpha_p),$$

où les α_i sont des quantités positives arbitraires et en nombre quelconque.

La même chose aura lieu évidemment quel que soit le nombre k, à l'égard de l'équation

$$a_0 F(0) + a_1 F(1) e^k x + a_2 F(2) e^{2k} x^2 + \ldots + a_n F(n) e^{nk} x^n = 0,$$

que l'on peut écrire

$$a_0 \Theta(0) + a_1 \Theta(1) x + a_2 \Theta(2) x^2 + \ldots + a_n \Theta(n) x^n = 0, \tag{2}$$

si l'on pose

$$\Theta(x) = A e^{kx} (x + \alpha)(x + \alpha_1) \ldots (x + \alpha_n).$$

Comme le nombre des quantités α_i peut croître au delà de toute limite et que le nombre k est arbitraire, on peut supposer que $\Theta(x)$ soit une fonction entière du genre zéro ou du genre un.

D'où la proposition suivante :

En désignant par $\Theta(x)$ une fonction entière quelconque, ne s'annulant que pour des valeurs réelles et négatives de x et dont les éléments simples sont des polynômes entiers, des exponentielles de la forme e^{kx}, des fonctions entières du genre zéro ou du genre un, si l'équation $f(x) = 0$ a toutes ses racines réelles, il en est de même de l'équation (2).

17. Comme application, considérons la fonction $G(x)$, de M. Weierstrass, qui est l'inverse de l'intégrale eulérienne $\Gamma(x)$.

La fonction $G(x + \omega)$ ne s'annule que pour $x = -\omega$, $x = -(\omega + 1)$, etc.; si donc ω est positive, $G(x + \omega)$ satisfait aux conditions énoncées ci-dessus et l'on voit que, l'équation (1) ayant toutes ses racines réelles, il en est de même de l'équation

$$\frac{a_0}{\Gamma(\omega)} + \frac{a_1}{\Gamma(\omega + 1)} x + \frac{a_2}{\Gamma(\omega + 2)} x^2 + \ldots + \frac{a_n}{\Gamma(\omega + n)} x^n = 0,$$

que l'on peut écrire

$$a_0 + \frac{a_1}{\omega} x + \frac{a_2}{\omega(\omega + 1)} x^2 + \frac{a_3}{\omega(\omega + 1)(\omega + 2)} x^4 + \ldots$$
$$+ \frac{a_n}{\omega(\omega + 1) \ldots (\omega + n - 1)} x_n = 0.$$

J'ajouterai que le théorème subsiste encore pour les valeurs de ω comprises entre -1 et 0 (par conséquent pour toutes les valeurs de ω supérieures à -1), si l'équation $f(x)=0$ a toutes ses racines de même signe.

18. En faisant usage de la proposition précédente ([1]), on démontrera aisément le théorème général qui suit :

En désignant par q un nombre positif quelconque égal ou inférieur à l'unité, et par H *et* $\Theta(x)$ *deux fonctions entières quelconques, ne s'annulant que pour des valeurs réelles et négatives de x et dont les éléments simples sont des polynômes entiers, des exponentielles de la forme e^{kx}, des fonctions entières du genre zéro ou du genre un, si l'équation $f(x)=0$ a toutes ses racines réelles, il en est de même de l'équation*

$$\Omega(x)=a_0\Theta(0)+a_1\frac{\Theta(1)}{H(0)}qx+a_2\frac{\Theta(2)}{H(0)H(1)}q^4x^2+a_3\frac{\Theta(3)}{H(0)H(1)H(2)}q^9x^3+\ldots$$
$$+a_n\frac{\Theta(n)}{H(0)H(1)\ldots H(n-1)}q^{n^2}x^n=0.$$

On voit ainsi qu'on satisfait au problème, posé au commencement de ce paragraphe, en faisant, quels que soient les coefficients $a_0, a_1, \ldots, a_n$ (pourvu que l'équation $f(x)=0$ ait toutes ses racines réelles)

$$\alpha_0=\Theta(0),\qquad \alpha_1=\frac{\Theta(1)}{H(0)}q,\qquad \alpha_2=\frac{\Theta(2)}{H(0)H(1)}q^4,\qquad \ldots;$$

on obtiendrait encore une solution plus générale en considérant l'équation $x^n\Omega\left(\frac{1}{x}\right)=0$, qui a le même nombre de racines réelles que l'équation $\Omega(x)=0$.

19. Pour appliquer ce qui précède à un exemple simple, je considérerai l'équation

$$(1+x)^n=1+nx+\frac{n(n-1)}{1.2}x^2+\ldots+nx^{n-1}+x^n=0,$$

dont toutes les racines sont réelles.

([1]) *Voir*, à ce sujet, mon *Mémoire sur la théorie des équations numériques*, p. 132.

Faisant $\Theta(x) = 1$, $q = 1$ et $H(x) = x + 1$, on voit que l'équation

$$\varphi(x) = 1 + n\frac{x}{1} + \frac{n(n-1)}{1.2}\frac{x^2}{1.2} + \frac{n(n-1)(n-2)}{1.2.3}\frac{x^3}{1.2.3} + \ldots$$
$$+ n\frac{x^{n-1}}{1.2\ldots(n-1)} + \frac{x^n}{1.2\ldots n} = 0$$

a toutes ses racines réelles et négatives; proposition bien connue.

Il en est de même de l'équation

$$1 + n\frac{x}{n} + \frac{n(n-1)}{1.2}\frac{x^2}{1.2.n^2} + \frac{n(n-1)(n-2)}{1.2.3}\frac{x^3}{1.2.3.n^3} + \ldots = 0;$$

or le premier membre, quand n croît indéfiniment, a pour limite la fonction de Bessel

$$\psi(x) = 1 + x + \frac{x^2}{(1.2)^2} + \frac{x^3}{(1.2.3)^2} + \ldots.$$

De là résulte, en vertu d'une proposition que j'ai fait connaître dans une Note insérée dans les *Comptes rendus de l'Académie des Sciences*, que $\psi(x)$ est une fonction du genre zéro, ou du moins le produit d'une pareille fonction par une exponentielle de la forme e^{ax}, a étant un nombre essentiellement positif.

On a donc

$$\psi(x) = e^{ax}F(x),$$

$F(x)$ étant une fonction du genre zéro et n'ayant que des racines négatives.

Je veux maintenant prouver que le nombre a est nul; à cet effet, je remarque que $\psi(x)$ satisfait à l'équation linéaire du second ordre

$$x\psi''(x) + \psi'(x) - \psi(x) = 0,$$

d'où l'on déduit

$$(3) \qquad a^2 + \frac{a-1}{x} = -\left(2a + \frac{1}{x}\right)\frac{F'(x)}{F(x)} - \frac{F''(x)}{F(x)}.$$

Quand x prend des valeurs positives de plus en plus grandes, le premier membre a pour limite a^2; cherchons la limite du second membre.

En désignant par α_1, α_2, α_3, ... les valeurs absolues des racines de l'équation $F(x) = 0$ (je suppose ces nombres rangés par ordre croissant de grandeur), on a

$$(4) \qquad \frac{F'(x)}{F(x)} = \frac{1}{x+a_1} + \frac{1}{x+a_2} + \frac{1}{x+a_3} + \ldots;$$

où le second membre est convergent pour toute valeur positive de x, puisque, $F(x)$ étant du genre zéro, la série

$$\frac{1}{a_1} + \frac{1}{a_2} + \frac{1}{a_3} + \ldots$$

est elle-même convergente.

Soit S_p la somme des p premiers termes de la série contenue dans le second membre de l'égalité (4), on a

$$S_p < \frac{p}{x+a_1};$$

cette quantité tend vers zéro, quel que soit p, quand x croît indéfiniment : donc S_p a pour limite zéro, et il en est de même de $\frac{F''(x)}{F(x)}$.

On a d'ailleurs

$$\frac{F''(x)}{F(x)} = -\frac{1}{(x+a_1)^2} - \frac{1}{(x+a_2)^2} - \frac{1}{(x+a_3)^2} - \ldots + \left[\frac{1}{x+a_1} + \frac{1}{x+a_2} + \frac{1}{x+a_3} + \ldots\right]^2;$$

on voit, *a fortiori*, que $\frac{F''(x)}{F(x)}$ a pour limite zéro.

D'où il suit, le second membre de l'identité (3) ayant pour limite zéro, que a est nul.

La transcendante de Bessel est donc une fonction du genre zéro.

20. Aux considérations précédentes se rattache encore le théorème qui suit :

Si l'équation

$$f(x) = a_0 + a_1 x + a_2 x^2 + a_3 x^3 + \ldots + a_n x^n = 0$$

a toutes ses racines réelles et de même signe, l'équation

$$a_0\cos\lambda + a_1\cos(\lambda+\theta)x + a_2\cos(\lambda+2\theta)x^2 + a_3\cos(\lambda+3\theta)x^3 + \dots + a_n\cos(\lambda+n\theta)x^n = 0,$$

où λ *et* θ *désignent deux arcs arbitraires, a toutes ses racines réelles.*

Pour le démontrer, je m'appuierai sur cette remarque importante due à M. Hermite [1] :

Si, pour toutes les racines de l'équation $F(x)=0$, les coefficients de i sont de même signe et si, mettant en évidence dans le polynôme $F(x)$ la partie réelle et la partie imaginaire, on pose

$$F(x) = F_1(x) + iF_2(x),$$

les racines de l'équation

$$\alpha F_1(x) + \beta F_2(x) = 0,$$

où α et β désignent des nombres arbitraires, sont toutes réelles.

Considérons maintenant l'équation

$$f[x(\cos\omega + i\sin\omega)] = 0; \tag{5}$$

dont les racines, en désignant par $k_1, k_2, k_3, \dots$ les racines de l'équation $f(x)=0$, sont

$$k_1(\cos\omega - i\sin\omega), \quad k_2(\cos\omega - i\sin\omega), \quad k_3(\cos\omega - i\sin\omega), \quad \dots.$$

Il est clair, puisque les k_i sont tous de même signe, que le coefficient de i a le même signe dans toutes les racines de l'équation (5).

Or on a

$$f[x(\cos\omega + i\sin\omega)] = a_0 + a_1\cos\omega.x + a_2\cos 2\omega.x^2 + \dots + a_n\cos n\omega.x^n + i[a_1\sin\omega.x + a_2\sin 2\omega.x + \dots + a_n\sin n\omega.x^n].$$

---

(1) *Sur l'indice des fractions rationnelles* (*Bulletin de la Société math.*, t. VII, p. 131); *voir* également, sur ce sujet, mes *Notes sur la résolution des équations numériques*, p. 48.

En vertu du théorème de M. Hermite, on voit donc que l'équation

$$\cos\lambda[a_0 + a_1\cos\omega.x + a_2\cos2\omega.x^2 + \ldots] \\ - \sin\lambda[a_1\sin\omega.x + a_2\sin2\omega.x^2 + \ldots] = 0$$

a toutes ses racines réelles, quels que soient les arcs réels λ et ω.

Or cette équation peut s'écrire

$$a_0\cos\lambda + a_1\cos(\lambda + \omega)x + a_2\cos(\lambda + 2\omega)x^2 + \ldots \\ + a_n\cos(\lambda + n\omega)x^n = 0;$$

ce qui démontre la proposition que j'avais énoncée.

SUR

L'ÉQUATION DU TROISIÈME DEGRÉ.

Nouvelles Annales de Mathématiques, 2e série, t. IX; 1870.

I.

Soient $F(x)$ et $f(x)$ deux polynômes du troisième degré par rapport à la variable x; y désignant une quantité arbitraire, considérons l'équation

$$F(x)+yf(x)=0. \tag{1}$$

Soit V le discriminant de cette équation; V est, comme on le voit facilement, une fonction entière et du quatrième degré de y. En regardant y comme inconnue, l'équation

$$V=0 \tag{2}$$

a quatre racines; désignons par a, b, c trois quelconques de ces racines.

Si, dans l'équation (1), on donne à y la valeur a, l'équation résultante a deux racines égales; soient λ la valeur commune à ces deux racines et α la valeur de la troisième racine.

Pour abréger, représentons aussi par

$$-g(y)$$

le coefficient de x^3 dans le premier membre de l'équation (1).

On a identiquement

$$-F(x)-af(x)=g(a)(x-\lambda)^2(x-\alpha),$$

d'où

$$\frac{1}{\sqrt{g(a)}}\sqrt{\frac{-F(x)-af(x)}{x-\alpha}}=x-\lambda;$$

en désignant respectivement par μ, ν et β, γ les quantités analogues à λ et à α et relatives aux deux racines b et c de l'équation (2), on a de même

$$\frac{1}{\sqrt{g(b)}}\sqrt{\frac{-\mathrm{F}(x)-bf(x)}{x-\beta}}=x-\mu$$

et

$$\frac{1}{\sqrt{g(c)}}\sqrt{\frac{-\mathrm{F}(x)-cf(x)}{x-\gamma}}=x-\nu.$$

Multiplions la première des trois relations précédentes par $(\mu-\nu)$, la deuxième par $(\nu-\lambda)$, la troisième par $(\lambda-\mu)$ et additionnons, membre à membre, les équations ainsi obtenues; il vient

$$\frac{\mu-\nu}{\sqrt{g(a)}}\sqrt{\frac{-\mathrm{F}(x)-af(x)}{x-\alpha}}+\frac{\nu-\lambda}{\sqrt{g(b)}}\sqrt{\frac{-\mathrm{F}(x)-bf(x)}{x-\beta}}$$
$$+\frac{\lambda-\mu}{\sqrt{g(c)}}\sqrt{\frac{-\mathrm{F}(x)-cf(x)}{x-\gamma}}=0.$$

Cette relation est une identité qui doit être vérifiée, quel que soit x.

On peut la mettre sous la forme suivante :

$$\frac{\mu-\nu}{\sqrt{g(a)}}\sqrt{\frac{-\frac{\mathrm{F}(x)}{f(x)}-a}{x-\alpha}}+\frac{\nu-\lambda}{\sqrt{g(a)}}\sqrt{\frac{-\frac{\mathrm{F}(x)}{f(x)}-b}{x-\beta}}$$
$$+\frac{\lambda-\mu}{\sqrt{g(c)}}\sqrt{\frac{-\frac{\mathrm{F}(x)}{f(x)}-c}{x-\gamma}}=0.$$

Si maintenant on suppose que x ne désigne plus une quantité arbitraire, mais une racine de l'équation (1), on a

$$y=-\frac{\mathrm{F}(x)}{f(x)};$$

et si l'on pose, pour abréger,

$$\frac{\mu-\nu}{\sqrt{g(a)}}=\mathrm{A},\qquad \frac{\nu-\lambda}{\sqrt{g(b)}}=\mathrm{B},\qquad \frac{\lambda-\mu}{\sqrt{g(c)}}=\mathrm{C},$$

on a la relation suivante

$$(3)\qquad \mathrm{A}\sqrt{\frac{y-a}{x-\alpha}}+\mathrm{B}\sqrt{\frac{y-b}{x-\beta}}+\mathrm{C}\sqrt{\frac{y-c}{x-\gamma}}=0.$$

Voilà ainsi une forme irrationnelle que l'on peut donner à l'équation (1); d'après ce qui précède, cette transformation peut être faite de quatre façons différentes, puisque l'on peut employer, pour l'effectuer, trois quelconques des racines de l'équation

$$V = 0.$$

II.

Si l'on considère y et x comme les coordonnées rectangulaires d'un point mobile du plan, on peut dire que l'équation (3) est une forme particulière de l'équation de la courbe du quatrième ordre représentée par l'équation (1).

Pour parler plus exactement, les points de cette courbe satisfont à l'équation (3); mais cette dernière est plus générale.

En effet, si l'on fait disparaître de cette équation les irrationnalités, en effectuant le produit des différentes valeurs que prend son premier membre, quand on donne aux radicaux les divers signes dont ils sont susceptibles, on obtient une équation

$$U = 0,$$

dans laquelle U est un polynôme entier du quatrième degré en x et du deuxième degré en y.

Il résulte de ce qui précède que U doit être exactement divisible par

$$F(x) + yf(x).$$

U est donc égal au produit de ce polynôme par un facteur qui est nécessairement du second degré en x et en y, et du premier degré par rapport à chacune de ces variables.

Géométriquement, ce second facteur, égalé à zéro, représente une hyperbole équilatère.

On voit ainsi que l'équation (3) représente à la fois la courbe représentée par l'équation (1) et une hyperbole équilatère ayant ses asymptotes parallèles aux axes.

Ces deux courbes jouissent toutes les deux de la propriété géométrique exprimée par l'équation (3), propriété très simple que je me dispenserai de transcrire ici.

III.

On peut se demander, *a priori*, étant donnée l'équation (3), de déterminer quelle relation il doit exister entre les coefficients de cette équation, pour que la courbe qu'elle représente se décompose en une hyperbole équilatère ayant ses asymptotes parallèles aux axes et une autre courbe, qui est alors nécessairement représentée par une équation de même forme que l'équation (1).

Si cette décomposition a lieu effectivement, on doit pouvoir satisfaire à l'équation (3) par une valeur de x de la forme

$$x = \frac{py+q}{ry+s}.$$

Remarquons maintenant que l'on peut toujours trouver quatre nombres : p, q, r et s tels, que l'on ait simultanément

$$a = \frac{p\alpha+q}{r\alpha+s}, \qquad b = \frac{p\beta+q}{r\beta+s}, \qquad c = \frac{p\gamma+q}{r\gamma+s}.$$

Ces nombres étant ainsi choisis, posons

$$(4) \qquad x = \frac{sy-p}{-ry+p};$$

en substituant ces valeurs de a, b, c et x dans l'équation (3), il vient, toutes réductions faites,

$$\sqrt{p-ry}\left(\frac{A}{\sqrt{r\alpha+s}} + \frac{B}{\sqrt{r\beta+s}} + \frac{C}{\sqrt{r\gamma+s}}\right) = 0.$$

Si donc on a entre les coefficients la relation

$$\frac{A}{\sqrt{r\alpha+s}} + \frac{B}{\sqrt{r\beta+s}} + \frac{C}{\sqrt{r\gamma+s}} = 0,$$

la valeur de x tirée de l'équation (4) satisfait, quel que soit y, à l'équation (3), et, par conséquent, U est divisible par le polynôme

$$rxy - px + sy - q;$$

le second facteur de U, étant du premier degré en y et du troisième degré par rapport à x, est nécessairement de la forme

$$F(x) + yf(x).$$

IV.

Les résultats qui précèdent peuvent être encore exprimés d'une façon un peu différente.

Soient $F(x, y)$ et $f(x, y)$ deux polynômes homogènes en x et y, et du troisième degré par rapport à ces variables; étant donnée l'expression

$$T = \xi F(x,y) + \eta f(x,y),$$

on peut toujours trouver quatre facteurs de la forme

$$\xi(mx+ny)+\eta(px+qy),$$

qui jouissent de la propriété suivante.

Soit Q l'un de ces facteurs, on peut toujours poser

$$\begin{aligned} TQ = &(\sqrt{L}+\sqrt{M}+\sqrt{N})(\sqrt{L}+\sqrt{M}-\sqrt{N}) \\ &\times(\sqrt{L}-\sqrt{M}+\sqrt{N})(\sqrt{L}-\sqrt{M}-\sqrt{N}), \end{aligned}$$

L, M et N désignant des polynômes de la forme suivante :

$$\begin{aligned} L &= (x-\beta y)(x-\gamma y)(A\xi + A'\eta), \\ M &= (x-\alpha y)(x-\gamma y)(B\xi + B'\eta), \\ N &= (x-\beta y)(x-\alpha y)(C\xi + C'\eta). \end{aligned}$$

Il est bien clair que dans cet énoncé les lettres x et y, A, B, ... ont un sens différent de celui que je leur ai attribué dans les paragraphes précédents.

V.

Les considérations très simples que j'ai employées pour obtenir les résultats précédents s'étendent sans difficulté à des équations d'un degré supérieur au troisième. Mais ce cas particulier est de beaucoup le plus intéressant, et je me propose de revenir sur quelques relations dignes de remarque qui existent entre les racines du discriminant

$$V = 0$$

et celles de l'équation

$$F(x) + y f(x) = 0,$$

relations qui peuvent servir utilement d'exercice aux élèves.

SUR

QUELQUES THÉORÈMES D'ARITHMÉTIQUE.

Bulletin de la Société mathématique de France, t. I; 1873

1. On connaît la proposition suivante : « $\varphi(m)$ *désignant combien il y a de nombres premiers à m et non supérieurs à m, on a*

$$m = \varphi(d) + \varphi(d') + \varphi(d'') + \ldots,$$

d, d', d'' désignant la suite des diviseurs de m, parmi lesquels figurent 1 *et m lui-même* (¹). »

Cette proposition peut se généraliser ainsi qu'il suit :

Désignons en général par $\left(m, \frac{m}{k}\right)$, où m désigne un nombre entier et k une quantité réelle quelconque commensurable ou incommensurable, le nombre des entiers premiers avec m et non supérieurs à $\frac{m}{k}$; on voit que, si $k = 1$, on a $(m, m) = \varphi(m)$.

Cela posé, je dis que l'on a, m désignant un nombre entier et $\left(\frac{m}{k}\right)$ la partie entière du quotient $\frac{m}{k}$,

$$(1) \qquad \left(\frac{m}{k}\right) = \left(1, \frac{1}{k}\right) + \left(d, \frac{d}{k}\right) + \left(d', \frac{d'}{k}\right) + \ldots + \left(m, \frac{m}{k}\right),$$

la somme contenue dans le second membre s'étendant à tous les diviseurs 1, d, d', ..., m du nombre m.

Pour le démontrer, je vais faire voir que, si la proposition est vraie pour une valeur quelconque de k, elle est vraie pour toute autre valeur.

Soit k_0 la valeur de k pour laquelle la formule est supposée vérifiée; concevons, par exemple, que k_0 diminue d'une façon continue, le premier membre de la relation (1) ne pourra changer que

(¹) *Voy.* SERRET, *Algèbre supérieure*, t. II. p. 13.

si k passe par une valeur qui donne à $\frac{m}{k}$ une valeur entière; dans ce passage, $\left(\frac{m}{k}\right)$ augmentera d'une unité; le second membre ne peut changer que si l'une ou plusieurs des quantités $\frac{d}{k}$ acquièrent une valeur entière, et, comme alors $\frac{m}{k}$ a aussi une valeur entière, puisque m est un multiple de d, on voit que la solution de la question consiste à examiner ce qui se passe quand $\frac{m}{k}$ est un entier.

Or, quand $\frac{m}{k}$ est un entier, il peut se faire qu'un certain nombre d'expressions de la forme $\frac{d}{k}$ soient aussi des entiers; supposons-les rangées par ordre décroissant de grandeur, en sorte qu'elles forment la série

$$\frac{m}{k}, \quad \frac{m_1}{k}, \quad \frac{m_2}{k}, \quad \ldots, \quad \frac{\mu}{k},$$

$\frac{\mu}{k}$ désignant la plus petite de ces fractions (il est clair d'ailleurs que μ peut être égal à m).

Cela posé, $\frac{\mu}{k}$ est nécessairement premier avec μ; car, si α désignait un diviseur commun, $\frac{\mu}{\alpha}$ et $\frac{\frac{\mu}{\alpha}}{k}$ seraient des nombres entiers et $\frac{\mu}{k}$ ne serait pas le dernier terme de la série. Il n'en est pas de même relativement aux termes précédents; en effet, si l'on pose $\frac{\mu}{k} = e$, μ et e étant premiers entre eux, on en déduit $\left(\frac{m'}{k}\right.$ désignant un quelconque des termes qui précèdent $\left.\frac{\mu}{k}\right)$ $e' = \frac{m'}{k} = \frac{m'e}{\mu}$, d'où $\frac{e'}{m'} = \frac{e}{\mu}$; et, comme la fraction $\frac{e}{\mu}$ est irréductible, on en conclut que e' et m' sont respectivement des multiples de e et de m et ont par conséquent un facteur commun.

2. Voyons maintenant quels changements subit le second membre quand $\frac{m}{k}$ prend une valeur entière.

Les différentes expressions telles que $\left(m', \frac{m'}{k}\right)$ ne changent pas de valeur; la série des nombres non supérieurs à $\frac{m'}{k}$ renferme en plus, il est vrai, le nombre e'; mais, comme il n'est pas premier avec m', la somme n'est pas changée; l'expression $\left(\mu, \frac{\mu}{k}\right)$ seule change, et augmente précisément d'une unité, puisque μ et $\frac{\mu}{k}$ sont premiers entre eux.

La proposition est donc vraie, si elle est vraie pour une valeur quelconque de k; et comme elle l'est évidemment pour une valeur de k supérieure à m, puisque les deux termes de la relation (1) se réduisent à zéro, elle est démontrée.

3. Je veux maintenant tirer de la relation $m = \Sigma\varphi(d)$, que j'ai rappelée au commencement de cette Note, et dont je viens de donner une nouvelle démonstration indépendante de la formule qui exprime $\varphi(m)$ au moyen de ses facteurs premiers [1], une démonstration de cette formule elle-même.

M. Dedekind (*Théorie des nombres* de Dirichlet, p. 394) a, il est vrai, donné un théorème remarquable qui permet de résoudre cette question.

Ce théorème s'énonce ainsi qu'il suit :

$\lambda(n)$ désignant un nombre égal à 0, si n est divisible par un carré, dans le cas contraire, égal à ± 1 suivant que le nombre des facteurs de n est pair ou impair, si deux fonctions $f(m)$ et $\varphi(m)$ sont liées par la relation suivante

$$f(m) = \Sigma\psi(d), \tag{2}$$

où, dans le second membre, la sommation s'étend à tous les diviseurs du nombre entier m, on a réciproquement

$$\psi(m = \Sigma\lambda\left(\frac{m}{d}\right)f(d), \tag{3}$$

la sommation s'étendant également à tous les diviseurs de m.

De la formule (3), on déduit facilement l'expression connue de $\varphi(m)$, mais il est à remarquer que la démonstration de cette formule, indiquée par M. Dedekind, s'appuie précisément sur cette

[1] On connaît d'autres démonstrations indépendantes également de cette formule; *voir* notamment DIRICHLET, *Théorie des nombres*, p. 25.

expression; pour éviter un cercle vicieux, il faudrait donc établir directement la relation (3), ce qui serait du reste facile en développant les considérations qui suivent.

4. Pour obtenir l'expression de $\varphi(m)$, je considérerai une série de la forme

$$f(1)\frac{x}{1-x}+f(2)\frac{x^2}{1-x^2}+f(3)\frac{x^3}{1-x^3}+\ldots.$$

Soit

$$\theta(1)x+\theta(2)x^2+\theta(3)x^3+\ldots$$

son développement effectué suivant les puissances croissantes de x; il est clair que les coefficients d'une des séries déterminent ceux de l'autre; en particulier, on a évidemment

$$\theta(m)=\Sigma f(d),$$

la sommation s'étendant à tous les diviseurs du nombre entier m.

Supposons, en particulier, la fonction f tellement choisie que, m étant décomposé en facteurs premiers, en sorte que $m=a^\alpha b^\beta c^\gamma\ldots$, on ait $f(m)=f(a^\alpha)f(b^\beta)\ldots$. La fonction f reste du reste arbitraire; ainsi $f(a^\alpha)$ et $f(a^{\alpha'})$ peuvent n'avoir aucune relation entre elles, si α et α' sont différents; il en est de même de $f(a^\alpha)$ et $f(b^\alpha)$, si les facteurs a et b ne sont pas les mêmes.

Cela posé, dans ces hypothèses, les différents diviseurs du nombre $m=a^\alpha b^\beta\ldots$ étant les différents termes du produit

$$(1+a+\ldots+a^{\alpha-1})(1+b+\ldots+b^{\beta-1})\ldots,$$

il est clair que l'on aura

$$(4)\quad \theta(m)=[1+f(a)+\ldots+f(a^{\alpha-1})][1+f(b)+\ldots+f(b^{\beta-1})]\ldots.$$

5. Cette formule offre un grand nombre d'applications.

Supposons, par exemple, que l'on ait $f(a)=f(b)=\ldots=-1$, et $f(a^\mu)=f(b^\mu)=\ldots=0$, pour toutes les valeurs de μ supérieures à l'unité. On déduira évidemment de la formule (4), pour toute valeur de m supérieure à l'unité, $\theta(m)=0$; on a d'ailleurs $\theta(1)=1$, et il est facile de voir que $f(m)=\lambda(m)$, λ désignant la même fonction numérique dont j'ai parlé ci-dessus (n° 3) ([1]); on a donc l'expression suivante, due à Mœbius (*loc. cit.*) :

$$(5)\qquad x = \frac{x}{1-x} - \frac{x^2}{1-x^2} - \frac{x^3}{1-x^3} - \frac{x^5}{1-x^5} + \frac{x^6}{1-x^6} + \ldots.$$

6. Supposons maintenant que l'on fasse, n désignant un entier quelconque,

$$\begin{aligned} f(a) &= f(b) &= \ldots &= -1,\\ f(a^1) &= f(b^2) &= \ldots &= -0,\\ f(a^n) &= f(b^n) &= \ldots &= 1,\\ f(a^{n+1}) &= f(b^{n+1}) &= \ldots &= -1,\\ &\ldots\ldots\ldots\ldots\ldots\ldots \end{aligned}$$

en sorte que $f(a^\mu)$ soit, quel que soit le facteur a, égal à $+1$ si μ est divisible par n, égal à -1 si μ est congru à $+1$ suivant le module n, et dans tous les autres cas égal à zéro.

De la formule (4) il résulte que $\theta(m)$ est nul, à moins que m ne soit une puissance $n^{\text{ième}}$ exacte, auquel cas $\theta(m) = 1$; d'ailleurs $f(m)$ est toujours égal à $-1, 0$ ou $+1$; on déduit de là que, quel que soit l'entier n, la série

$$x + x^{2^n} + x^{3^n} + x^{4^n} + \ldots$$

peut se mettre sous la forme

$$\frac{x}{1-x} + \varepsilon_2 \frac{x^2}{1-x^2} + \varepsilon_3 \frac{x^3}{1-x^3} + \varepsilon_4 \frac{x^4}{1-x^4} + \ldots,$$

les coefficients ε étant toujours égaux à $-1, 0$ ou $+1$, et se déterminant d'ailleurs facilement d'après ce qui précède.

Pour $n = 2$, on a en particulier la formule suivante, donnée par M. Liouville (*Journal de Math.*, 2ᵉ série, t. II),

$$(6)\qquad x + x^4 + x^9 + x^{16} + \ldots = \frac{x}{1-x} - \frac{x^2}{1-x^2} - \frac{x^3}{1-x^3} + \frac{x^4}{1-x^4}.$$

7. Pour revenir à l'objet principal de cette Note, je ferai re-

---

([1]) Cette remarquable fonction numérique, qui se présente dans la formule de M. Dedekind, a aussi été étudiée par Mœbius [*Sur un nouveau mode de réversion des séries* (*Crelle*, t. IX)], et par M. Tchebichef [*Note sur différentes séries* (*Liouville*, 1ʳᵉ série, t. XVI)].

marquer que, de la propriété fondamentale de la fonction φ

$$m = \Sigma\varphi(d), \tag{7}$$

résulte le développement suivant :

$$\varphi(1)\frac{x}{1-x} + \varphi(2)\frac{x^2}{1-x^2} + \varphi(3)\frac{x^3}{1-x^3} + \ldots = x + 2x^2 + 3x^3 + \ldots. \tag{8}$$

Posons maintenant, quel que soit le nombre premier a, $f(a^n) = a^{n-1}(a-1)$; il est clair que, d'après la formule (4), on aura

$$\theta(m) = a^\alpha b^\beta \ldots = m \quad \text{et} \quad f(m) = a^{\alpha-1} b^{\beta-1} \ldots (a-1)(b-1).$$

D'où, en se reportant à la formule (7),

$$\varphi(m) = a^{\alpha-1} b^{\beta-1} \ldots (\alpha-1)(\beta-1).$$

Telle est l'expression que je voulais déduire de la relation (7) [1].

---

(1) Depuis que cette Note a été écrite, j'ai reconnu que la proposition attribuée à M. Dedekind appartenait en réalité à M. Liouville (voir *Journal de Math.*, 2e série, t. II, p. 110).

SUR LA

PARTITION DES NOMBRES.

Bulletin de la Société mathématique de France, t. V; 1877.

1. Le problème à résoudre est le suivant : *Étant donnés des nombres entiers a, b, ..., l et un nombre entier variable* N, *trouver le nombre des solutions en nombres* entiers *et* positifs *de l'équation*

$$N = ax + by + \ldots + lu.$$

Comme l'a remarqué Euler, le nombre T(N) des solutions est égal au coefficient de N dans le développement de la fraction rationnelle

$$\frac{1}{(1-z^a)(1-z^b)\ldots(1-z^l)}$$

suivant les puissances croissantes de z.

Je me propose ici de trouver, non pas la valeur exacte de T(N), mais une formule qui donne une valeur approchée de cette fonction, l'erreur commise ayant d'ailleurs une limite fixe *indépendante de la valeur de* N ([1]).

2. Je m'appuierai sur le lemme suivant :

Lemme. — *Soit $\frac{\varphi(z)}{f(z)}$ une fraction rationnelle telle, que les racines de l'équation $f(z) = 0$ soient toutes inégales et aient toutes pour module l'unité; si l'on développe cette fraction en série en suivant les puissances croissantes de z, tous les coefficients du développement demeurent, en valeur absolue, inférieurs à une limite déterminée.*

([1]) Les résultats contenus dans cette Note ne sont peut-être pas nouveaux; mais ils me paraissent peu connus, et, en raison de leur simplicité, j'ai pensé qu'ils pourraient intéresser quelques lecteurs.

Démonstration. — Soit

$$\frac{\varphi(z)}{f(x)} = \Phi(z) + \frac{A}{z-\alpha} + \frac{B}{z-\beta} + \ldots + \frac{L}{z-\lambda},$$

$\Phi(z)$ désignant la partie entière de la fraction et α, β, ..., γ les racines de l'équation $f(z) = 0$; le coefficient d'une puissance quelconque de z dans le développement de la fraction sera de la forme

$$p + A\alpha^n + B\beta^n + \ldots + L\lambda^n,$$

p désignant, s'il y a lieu, le terme provenant de Φ.

Le terme complémentaire $A\alpha^n + B\beta^n + \ldots + L\lambda^n$ est, en vertu d'un théorème bien connu, inférieur à la somme des modules de ses différents termes et par conséquent inférieur à $A + B + \ldots + L$.

Le lemme est donc démontré.

3. Considérons maintenant l'expression

$$F(z) = \frac{1}{(1-z^a)(1-z^b)(1-z^l)};$$

décomposons cette expression en fractions simples et réunissons en un même groupe $\Phi(z)$ toutes les fractions dont le dénominateur est une puissance supérieure à la première d'un des facteurs du dénominateur $F(z)$; réunissons de même dans un groupe $\varphi(z)$ toutes les fractions qui ont l'un de ces facteurs pour dénominateur.

On aura évidemment

$$F(z) = \Phi(z) + \varphi(z),$$

et, en désignant respectivement par $\Theta(N)$ et $\theta(N)$ les coefficients de x^N dans les développements de $\Phi(z)$ et de $\varphi(z)$,

$$T(N) = \Theta(N) + \theta(N).$$

Le dénominateur de $\varphi(z)$ n'ayant que des racines simples dont le module est égal à l'unité, il suit du lemme énoncé plus haut que $\theta(N)$ reste en valeur absolue inférieur à une quantité donnée; on aura donc approximativement

$$T(N) = \Theta(N),$$

l'erreur commise étant inférieure à une limite fixe indépendante du nombre N.

4. *Applications.* — Soit à résoudre, en nombres entiers et positifs, l'équation $ax + by = N$, a et b étant deux nombres entiers premiers entre eux; on aura dans ce cas

$$F(z) = \frac{1}{(1 - z^a)(1 - z^b)}$$

et

$$\Phi(z) = \frac{1}{ab} \frac{1}{(1 - z)^2};$$

d'où

$$\Theta(N) = \frac{N + 1}{ab},$$

et par suite, en négligeant la quantité constante $\frac{1}{ab}$, ce qui est permis eu égard à l'approximation que l'on veut obtenir,

$$T(N) = \frac{N}{ab}.$$

C'est la formule donnée par Paoli, et l'on sait, dans ce cas, que l'erreur est moindre que l'unité.

Soit encore à résoudre l'équation

$$ax + by + cz = N,$$

a, b et c étant trois nombres premiers entre eux.

On aura dans ce cas

$$\Phi(z) = \frac{1}{abc} \frac{1}{(1 - z)^3} + \frac{a + b + c - 3}{2abc} \frac{1}{(1 - z)^2};$$

d'où, en négligeant une quantité constante, ce qui est permis vu l'approximation que l'on veut obtenir,

$$T(N) = \frac{N}{2abc}(N + a + b + c).$$

SUR

LE CALCUL DES SYSTÈMES LINÉAIRES,

EXTRAIT D'UNE LETTRE ADRESSÉE A M. HERMITE.

Extrait du *Journal de l'École Polytechnique*, LXIIe Cahier.

I.

J'appelle, suivant l'usage habituel, *système linéaire* le tableau des coefficients d'un système de n équations linéaires à n inconnues. Un tel système sera dit *système linéaire d'ordre* n et, sauf une exception dont je parlerai plus loin, je le représenterai toujours par une seule lettre majuscule, réservant les lettres minuscules pour désigner spécialement les éléments du système linéaire.

Ainsi, par exemple, le système linéaire

$$\begin{matrix} \alpha & \beta \\ \gamma & \delta \end{matrix}$$

sera représenté par la seule lettre majuscule A. Dans tout ce qui suit, je considérerai ces lettres majuscules représentant les systèmes linéaires comme de véritables quantités, soumises à toutes les opérations algébriques. Le sens des diverses opérations sera fixé ainsi qu'il suit.

Addition et soustraction. — Soient deux systèmes de même ordre A et B; concevons que l'on forme un troisième système en faisant la somme algébrique des éléments correspondants dans chacun des deux premiers systèmes. Le système résultant sera dit la somme des systèmes A et B, et si on le désigne par C, on exprimera le mode de relation qui le rattache aux systèmes A et B par l'équation $C = A + B$. Si, par exemple, on a

$$A = \begin{matrix} a & b \\ c & d \end{matrix}, \qquad B = \begin{matrix} \alpha & \beta \\ \gamma & \delta \end{matrix},$$

il viendra

$$C = \begin{matrix} a+\alpha & b+\beta \\ c+\gamma & d+\delta \end{matrix}.$$

La soustraction sera évidemment définie d'une manière semblable.

Multiplication. — Soient deux systèmes de même ordre A et B : si on les compose suivant la règle ordinaire, on obtiendra un troisième système que je définirai comme étant le produit de A par B; si l'on désigne ce système par C, le mode de relation ainsi défini sera exprimé par la relation

$$C = AB.$$

Ainsi, si l'on prend

$$A = \begin{matrix} a & b \\ c & d \end{matrix} \quad \text{et} \quad B = \begin{matrix} \alpha & \beta \\ \gamma & \delta \end{matrix},$$

on obtiendra

$$C = \begin{matrix} a\alpha + b\gamma & a\beta + \beta\delta \\ c\alpha + d\gamma & c\beta + d\beta \end{matrix}.$$

L'ordre dans lequel on effectue une multiplication n'est pas, comme on le sait, indifférent, et il faudra toujours bien distinguer l'ordre dans lequel on doit prendre les facteurs. Je dirai que la quantité A est multipliée à droite par le facteur B quand le produit sera AB, et qu'elle est multipliée à gauche par B quand le produit sera BA. La définition de la multiplication indique le sens qu'il faut attacher aux notations A^n et B^n et à la dénomination de puissances entières d'un système linéaire.

Quand deux systèmes seront tels, que leur produit ne change pas en intervertissant l'ordre des facteurs, je dirai que ces deux systèmes sont *permutables*. Pour éviter toute ambiguïté, je n'emploierai pas en général le signe de la division. Soit en effet un système X défini par la relation

$$AX = B,$$

en posant

$$X = \frac{B}{A},$$

on ne saurait si, dans le second membre, la division doit être effectuée à droite ou à gauche. Cette ambiguïté ne disparaîtra que dans le cas où les deux systèmes A et B seront permutables; et, dans ce cas seul, j'emploierai le signe de la division. Il résulte de ce qui précède que l'on peut appliquer aux systèmes linéaires les règles de calcul ordinaires de l'addition, de la soustraction, de la multiplication et de l'élévation aux puissances, sauf un seul point, à savoir que l'ordre des facteurs dans un produit ne peut être en général interverti.

Systèmes simples. — Une sorte de systèmes doit être particulièrement remarquée; ce sont ceux où tous les éléments, contenus dans la diagonale décrite de gauche à droite en descendant, sont égaux, tous les autres éléments étant nuls. Tel serait le système du deuxième ordre

$$\begin{matrix} k & 0 \\ 0 & k \end{matrix}.$$

Par exception au principe posé précédemment, je le représenterai simplement par la lettre minuscule désignant la valeur commune des éléments de la diagonale. Les raisons de cette exception sont : 1° qu'un tel système

$$\begin{matrix} m & 0 & 0 & 0 \\ 0 & m & 0 & 0 \\ 0 & 0 & m & 0 \\ 0 & 0 & 0 & m \end{matrix}$$

peut toujours se permuter dans la multiplication avec un autre système quelconque, en sorte que l'on a toujours $m\text{A} = \text{A}m$, ce qui permet de placer les systèmes simples multiplicateurs en tête d'un produit comme de véritables coefficients; 2° que multiplier un système A par un système simple m revient à multiplier tous les éléments de A par le nombre m.

Systèmes inverses. — Étant donné un système

$$\text{A} = \begin{matrix} a & b & c \\ a' & b' & c' \\ a'' & b'' & c'' \end{matrix},$$

j'appellerai inverse du premier le système

$$\begin{matrix} a & a' & a'' \\ b & b' & b'' \\ c & c' & c'' \end{matrix},$$

et je le désignerai par la notation A_1. Un système et son inverse sont symétriques par rapport à la diagonale. L'inverse d'une somme, d'un produit s'obtiendra en appliquant les deux règles exprimées par les équations suivantes

$$(A + B + C + \ldots + L)_1 = (A_1 + B_1 + \ldots + L_1),$$
$$(ABC \ldots KL)_1 = L_1 K_1 \ldots C_1 B_1 A_1.$$

J'appellerai *symétrique* tout système égal à son inverse, en sorte qu'un système symétrique quelconque A satisfera à l'équation

$$A = A_1.$$

J'appellerai *système gauche* tout système égal et de signe contraire à son inverse, en sorte qu'un système gauche quelconque B satisfera à l'équation

$$B + B_1 = 0.$$

Systèmes réciproques. — Étant donné un système quelconque A, le système de même ordre formé avec les déterminants mineurs de première espèce sera dit *système réciproque* de A, et je le désignerai par la notation A_0. Par exemple, si

$$A = \begin{matrix} a & b \\ c & d \end{matrix},$$

on aura

$$A_0 = \begin{matrix} d & -b \\ -c & a \end{matrix}.$$

Le réciproque d'un produit s'obtiendra en appliquant la règle contenue dans la formule suivante

$$(ABC \ldots KL)_0 = L_0 K_0 \ldots C_0 B_0 A_0.$$

Une remarque presque évidente, c'est que les opérations indiquées par les indices 1 et 0 peuvent s'inverser sans que le résultat en soit changé, en sorte que l'on a

$$A_{10} = A_{01},$$

et, par conséquent,

$$A_{101} = A_{011} = A_0;$$

A étant un système quelconque, A_0 son réciproque, et a son déterminant, on aura toujours la relation

$$AA_0 = a;$$

dans cette relation, il est clair que a ne désigne pas le déterminant de A, mais bien le système simple

$$\begin{matrix} a & 0 & 0 \dots \\ 0 & a & 0 \dots \\ 0 & 0 & a \dots \\ \dots & \dots & \dots \end{matrix}$$

Je noterai ici les formules suivantes, qui sont d'un usage continuel dans le calcul des systèmes linéaires. A désignant un système d'ordre n et a son déterminant, on aura

$$(A_0)_0 = a^{n-2}A$$

et le déterminant de A_0 sera a^{n-1}. En outre, m étant un système simple, son déterminant sera m^n et l'on aura

$$(m)_0 = m^{n-1}.$$

Équations linéaires. — J'appelle équation linéaire toute relation entre des systèmes linéaires, ces systèmes pouvant d'ailleurs y entrer par eux-mêmes ou par leurs inverses ou par leurs réciproques. Soit une équation linéaire

$$A = B;$$

il est clair qu'on pourra ajouter aux deux membres de l'équation un même système linéaire, les élever à une même puissance entière, les multiplier à droite ou à gauche par un même système linéaire, sans que l'égalité des deux membres soit troublée. De l'équation $A = B$, on déduira aussi

$$A_1 = B_1, \qquad A_0 = B_0.$$

On peut même diviser à droite ou à gauche les deux membres d'une équation par un même facteur, si le déterminant de ce facteur n'est pas nul. En effet, soient

$$AH = BH \qquad \text{et} \qquad HH_0 = h,$$

h étant par hypothèse différent de zéro; de la relation primitive on déduit

$$AHH_0 = BHH_0,$$

ou bien

$$Ah = Bh$$

et, par conséquent,

$$A = B.$$

Résoudre une équation linéaire ou un système d'équations linéaires, c'est trouver l'expression du système inconnu en fonction des systèmes connus. Quand on pourra le faire, l'inconnue X sera donnée par une relation de la forme

$$AX = B,$$

et elle sera généralement déterminée, à moins que les déterminants de A et de B ne soient nuls simultanément, auquel cas X sera indéterminé ou du moins affectera la forme de l'indétermination.

Équation aux déterminants. — Une équation linéaire tient lieu en général de n^2 équations entre les éléments de ces systèmes. Parmi les diverses équations que l'on peut obtenir en combinant ensemble ces n^2 équations, la plus importante est l'équation aux déterminants. Elle s'obtient en égalant entre eux les déterminants des deux membres de l'équation; en sorte que si $A = B$ est l'équation considérée, et si en général on désigne par ∇M le déterminant d'un système quelconque M, l'équation aux déterminants sera

$$\nabla A = \nabla B.$$

On a d'ailleurs, par un théorème connu,

$$\nabla(ABC\ldots) = \nabla A . \nabla B . \nabla C \ldots.$$

Dans le calcul des systèmes linéaires, on a très souvent besoin de calculer le réciproque ou le déterminant d'une fonction de systèmes linéaires donnés; il est très important, quand on le peut, d'effectuer le calcul, sans être obligé de recourir aux éléments des systèmes. Je donnerai dans la suite plusieurs exemples des procédés que l'on peut employer, procédés que du reste l'examen des questions particulières à résoudre fournit presque toujours facilement. Au sujet des équations linéaires, je ferai observer qu'une équation est nécessairement homogène en ordre, c'est-à-dire que tous les systèmes qui y entrent doivent être du même ordre. Ainsi, dans l'équation

$$A + \lambda B = 0,$$

il est clair que λ représente un système simple d'ordre n, si A et B sont d'ordre n. On voit par là que la notation adoptée pour les systèmes simples ne peut jamais donner lieu à aucune ambiguïté. Ainsi, en supposant que le déterminant de $A + B\lambda$ soit $\varphi(\lambda)$, on aura l'équation

$$\nabla(A + B\lambda) = \varphi(\lambda),$$

et il est évident, sans qu'il y ait ambiguïté, que dans le premier membre, si A et B sont du troisième ordre, λ représente le système simple

$$\begin{matrix} \lambda & 0 & 0 \\ 0 & \lambda & 0 \\ 0 & 0 & \lambda \end{matrix},$$

tandis que dans le second il désigne simplement le nombre λ.

Avant de terminer ce qui est relatif aux notations et aux définitions, je ferai encore les remarques suivantes.

Le système

$$\begin{matrix} 1 & 0 & 0 & 0 & \dots \\ 0 & 0 & 0 & 0 & \dots \\ 0 & 0 & 0 & 0 & \dots \\ \dots & \dots & \dots & \dots & \dots \end{matrix},$$

où tous les éléments sont nuls, excepté le premier, sera toujours, dans ce qui suit, représenté par Ω.

Un système du $n^{\text{ième}}$ ordre

$$\begin{matrix} x_1 & x_2 & \dots & x_n \\ 0 & 0 & \dots & 0 \\ 0 & 0 & \dots & 0 \\ \dots & \dots & \dots & \dots \end{matrix},$$

où toutes les lignes, excepté la première, ne renferment que des éléments nuls, sera désigné par la notation

$$(x_1 \quad x_2 \quad \ldots \quad x_n)_1$$

et par conséquent la notation

$$(x_1 \quad x_2 \quad \ldots \quad x_n)$$

désignera le système

$$\begin{matrix} x_1 & 0 & 0 & . \\ x_2 & 0 & 0 & . \\ \ldots & \ldots & \ldots & \ldots \\ x_n & 0 & 0 & . \end{matrix}$$

En sorte que si, par exemple, on a

$$f = ax^2 + 2bxy + cy^2,$$

cette relation, qui est équivalente à

$$\begin{matrix} f & 0 \\ 0 & 0 \end{matrix} = \begin{matrix} x & y \\ 0 & 0 \end{matrix} \times \begin{matrix} a & b \\ b & c \end{matrix} \times \begin{matrix} x & 0 \\ y & 0 \end{matrix},$$

pourra s'écrire

$$\Omega f = (x, y)_1 \,\mathrm{A}(x, y),$$

en posant $\begin{matrix} a & b \\ b & c \end{matrix} = \mathrm{A}$,

ou encore

$$\Omega f = \mathrm{X}_1 \mathrm{A} \mathrm{X},$$

en posant $(x, y) = \mathrm{X}$.

II.

Soit A un système linéaire d'ordre n; je ne considérerai dans ce qui suit que des systèmes pouvant s'exprimer au moyen seulement de A et de systèmes simples. (Ceux-ci, en effet, se comportent comme de véritables nombres, en donnant ici le nom de *nombre,* indépendamment de toute idée arithmétique, aux quantités ordinaires, et réservant la dénomination de *quantités* aux systèmes linéaires proprement dits.) Je désignerai en général une telle fonction numérique de A par la notation $f(\mathrm{A})$, une fonction entière de A sera de la forme

$$\alpha + \beta \mathrm{A} + \gamma \mathrm{A}^2 + \ldots + \lambda \mathrm{A}^m,$$

$\alpha, \beta, \gamma, \ldots, \delta$ désignant des systèmes simples. Cela posé, si A désigne un système d'ordre n, et si l'on a

$$\Delta(A - \lambda) = \varphi(\lambda),$$

je dis que l'on aura identiquement

$$\varphi(A) = 0.$$

Ainsi, soit

$$A = \begin{matrix} a & b \\ c & d \end{matrix},$$

on aura

$$\Delta(A - \lambda) = \begin{vmatrix} a-\lambda & b \\ c & d-\lambda \end{vmatrix} = (ad - bc) - \lambda(a + d) + \lambda^2;$$

on devra donc avoir

$$A^2 - (a + d)A + ad - bc = 0,$$

et, en effet, on a identiquement

$$\begin{matrix} a^2 + bc & b(a+d) \\ c(a+d) & d^2+bc \end{matrix} - (a+d)\begin{matrix} a & b \\ c & d \end{matrix} + \begin{matrix} ad-bc & 0 \\ 0 & ad-bc \end{matrix} = 0.$$

En général, si d désigne le déterminant d'un système A d'ordre n, on aura

$$\Delta(A - \lambda) = d - m\lambda + p\lambda^2 + \ldots + (-1)^n \lambda^n;$$

A satisfera donc à l'équation

$$(1) \qquad A^n - sA^{n-1} \ldots \mp mA \mp d = 0.$$

On remarquera, ce qui est utile dans les applications au point de vue arithmétique, que dans cette équation le coefficient de A^n est toujours l'unité. Multiplions l'équation (1) par A_0 (à gauche ou à droite indifféremment), il viendra, en remarquant que $AA_0 = d$,

$$dA^{n-1} - sdA^{n-2} \ldots \mp md \pm dA_0 = 0,$$

d'où

$$(2) \qquad A_0 = m - pA \ldots \pm sA^{n-2} \mp A^{n-1}.$$

Quoique la démonstration de cette formule suppose d différent de zéro, il est clair qu'elle subsiste même quand d est nul.

Des équations (1) et (2), il résulte que toute fonction numérique entière de A (et aussi de A et de A_0) peut se réduire à un polynôme où A ne dépasse pas le degré $(n-1)$. Soit $f(A)$ une telle fonction; proposons-nous de calculer son déterminant.

Désignons par $\alpha, \beta, \gamma, \ldots, \eta$ les racines de l'*équation numérique ordinaire* $f(\lambda)=0$, en sorte que l'on ait identiquement

$$f(\lambda)=a(\lambda-\alpha)(\lambda-\beta)\ldots(\lambda-\eta).$$

Il est facile de voir que l'on aura identiquement

$$(3) \qquad f(A)=a(A-\alpha)(A-\beta)\ldots(A-\eta);$$

en effet, la différence entre les deux membres de cette équation sera un polynôme en A de degré $(n-1)$ au plus. Or, en général, l'équation (1) est irréductible, c'est-à-dire que A ne peut satisfaire à aucune équation linéaire de degré moindre; donc la différence précitée est nulle; et cette conclusion subsiste évidemment même dans le cas où A satisferait à une équation d'un degré inférieur à n. Prenons maintenant l'équation aux déterminants de l'équation (3), il viendra

$$\nabla f(A)=a^n\nabla(A-\alpha).\nabla(a-\beta\ldots\nabla(A-\eta)=a^n\varphi(\alpha)\varphi(\beta)\ldots\varphi(\eta).$$

Le déterminant de $f(A)$ ne diffère donc pas de la résultante des équations $\varphi(x)=0$ et $f(x)=0$; en appelant ρ cette résultante, nous aurons donc

$$\nabla f(A)=\rho.$$

Cherchons maintenant le réciproque de $f(A)$; on a, d'après ce qui précède,

$$[f(A)]_0.f(A)=\rho, \qquad \text{d'où} \qquad [f(A)]_0=\frac{\rho}{f(A)};$$

pour obtenir le réciproque de $f(A)$, il suffira donc de diviser ρ par $f(A)$, la division, en tenant compte de la relation identique $\varphi(A)=0$, devra se faire exactement, et le quotient donnera la valeur du réciproque cherché. En particulier, cherchons $(A-\rho)$, on aura

$$(A-\rho)_0=\frac{\varphi(\rho)}{A-\rho},$$

ou bien, comme $\varphi(A)$ est nulle,

$$(A - \rho)_0 = \frac{\varphi(\rho) - \varphi(A)}{A - \rho},$$

quantité évidemment entière. Je remarquerai ici que cette dernière formule subsiste encore quand ρ est une racine de l'équation

$$\varphi(\lambda) = 0.$$

Je cite ce cas particulier, parce qu'il est d'une application fréquente dans la théorie des formes binaires.

On a en effet ce principe bien simple, mais d'une grande importance : si le déterminant d'un système B est nul, B_0 est décomposable en deux facteurs, l'un de la forme $(a, b, c, \ldots, m)$, et l'autre de la forme $(\alpha, \beta, \gamma, \ldots, \mu)$. Par exemple, si

$$B = \begin{matrix} 0 & z & -y \\ -z & 0 & x \\ y & -x & 0 \end{matrix},$$

on a

$$B_0 = \begin{matrix} x & 0 & 0 \\ y & 0 & 0 \\ z & 0 & 0 \end{matrix} \times \begin{matrix} x & y & z \\ 0 & 0 & 0 \\ 0 & 0 & 0 \end{matrix}.$$

Il suit de là que, A étant un système linéaire quelconque et λ une racine de l'équation

$$\nabla(A - \lambda) = 0,$$

$(A - \lambda)_0$ sera décomposable de la façon indiquée. On pourra donc toujours trouver en général n fonctions entières de A,

$$m + pA + qA^2 + \ldots + sA^{n-1},$$

telles, que l'on ait identiquement

$$m + pA + qA^2 + \ldots + sA^{n-1} = \begin{matrix} a & 0 & 0\ldots \\ b & 0 & 0\ldots \\ c & 0 & 0\ldots \\ \ldots & \ldots & \ldots \\ m & 0 & 0\ldots \end{matrix} \times \begin{matrix} 0 & 0 & 0\ldots \\ 0 & 0 & 0\ldots \\ \alpha & \beta & \gamma\ldots \\ \ldots & \ldots & \ldots \\ \ldots & \ldots & \ldots \end{matrix}$$

$$= \begin{matrix} a\alpha & a\beta & a\gamma\ldots \\ b\alpha & b\beta & b\gamma\ldots \\ c\alpha & c\beta & c\gamma\ldots \\ \ldots & \ldots & \ldots \end{matrix}$$

Je dis *en général*, car il peut se faire que le système A satisfasse à une équation $\psi(A) = 0$ d'un degré inférieur à n, et qu'en vertu de cette équation le polynôme $(A - \lambda)_0$ soit identiquement nul, auquel cas la décomposition correspondant à la racine λ n'offre plus de sens.

Au sujet de ce mode de décomposition, je ferai encore la remarque suivante, dont l'application se présente très souvent. Si A désigne un système linéaire quelconque et α, β deux racines de l'équation

$$\nabla(A - \lambda) = 0,$$

on aura identiquement

$$(A - \alpha)_0 . (A - \beta)_0 = 0.$$

Pour plus de simplicité, supposons que A soit du troisième ordre et soient α, β, γ les trois racines de l'équation

$$\nabla(A - \lambda) = 0.$$

On aura, d'après ce qui précède,

$$(A - \alpha)_0 = (A - \beta)(A - \gamma) \quad \text{et} \quad (A - \beta)_0 = (A - \alpha)(A - \gamma),$$

d'où

$$(A - \alpha)_0(A - \beta)_0 = [(A - \alpha)(A - \beta)(A - \gamma)](A - \gamma).$$

Or la quantité entre crochets est identiquement nulle. Cette démonstration est évidemment générale. Soient maintenant λ_i et λ_j deux racines quelconques de l'équation $\nabla(A - \lambda) = 0$, et supposons que l'on ait

$$(A - \lambda_i)_0 = (a_i, b_i, c_i, \ldots)(\alpha_i, \beta_i, \gamma_i, \ldots)_1;$$

de la relation

$$(A - \lambda_i)_0 . (A - \lambda_j)_0 = 0$$

on déduira

$$(\alpha_i, \beta_i, \gamma_i, \ldots)_1 (a_j, b_j, c_j, \ldots) = 0,$$

ou bien

$$\alpha_i a_j + \beta_i b_j + \gamma_i c_j + \ldots = 0.$$

Cette relation, ainsi que d'autres que l'on peut trouver facilement entre les éléments $(a, b, c, \ldots)$ et $(\alpha, \beta, \gamma, \ldots)$, trouvera de nombreuses applications dans la théorie des formes.

J'ai montré qu'un système linéaire quelconque A satisfait toujours à une équation d'un degré égal à celui de son ordre; mais il peut se faire qu'il satisfasse à une équation d'un degré moindre; dans tous les cas, il y aura une équation irréductible d'un certain degré, m par exemple, auquel il satisfera. Par conséquent, toute fonction entière de A pourra se mettre sous la forme d'un polynôme en A du degré $(m-1)$ au plus, et cela d'une seule manière.

Il en sera de même, en général, de toute fonction rationnelle de A, c'est-à-dire de toute fonction satisfaisant à une équation de la forme

$$f(A).X.\theta(A) = \psi(A);$$

car de là on tire

$$X = \frac{1}{\nabla f(A).\nabla\theta(A)} \cdot [f(A)]_0.\psi(A).[\theta(A)]_0,$$

expression qui, si X est déterminée, sera aussi un polynôme entier en A. Cette forme, sous laquelle on peut réduire toute fonction rationnelle d'un système, sera dite la *forme canonique* de cette fonction.

En terminant les considérations les plus générales relatives aux systèmes linéaires, je ferai la remarque importante qui suit : Un produit de facteurs linéaires peut être nul sans qu'aucun des facteurs le soit. Mais si l'on a, par exemple,

$$AB = 0,$$

et qu'aucun des facteurs A et B ne soit nul, on devra avoir

$$\nabla(A) = 0 \quad \text{et} \quad \nabla(B) = 0,$$

car, pour fixer les idées, si $\nabla(A)$ n'était pas nul, en multipliant à gauche l'équation donnée par A_0, on en déduirait

$$\nabla(A).B = 0,$$

et, par conséquent, $B = 0$. De là suit encore que, si l'on a $AB = 0$, et si $\nabla(A)$ est différent de zéro, on doit avoir $B = 0$.

III.

J'appelle fonction de deux systèmes linéaires tout système qui peut s'exprimer au moyen de deux systèmes donnés de même ordre et de systèmes simples. Ces deux systèmes étant A et B, je désignerai une telle fonction par la notation $f(A, B)$. Pour l'instant et pour ne pas entrer dans de trop longs développements, je me bornerai à considérer des systèmes du deuxième ordre. Soient donc A et B deux tels systèmes, a et b leurs déterminants. A et B satisferont aux deux équations suivantes :

$$A^2 - \alpha A + a = 0, \tag{1}$$

$$B^2 - \beta B + b = 0; \tag{2}$$

d'où l'on déduit

$$\left\{ \begin{aligned} A + A_0 &= \alpha, \\ B + B_0 &= \beta. \end{aligned} \right. \tag{1 bis}$$

Dans le cas où les systèmes A et B sont du deuxième ordre, on a toujours

$$(A + B)_0 = A_0 + B_0;$$

posant donc

$$\nabla(A + B) = a + \varpi + b,$$

on aura

$$(A_0 + B_0)(A + B) = a + \varpi + b$$

ou, en développant,

$$A_0 A + A_0 B + B_0 A + B_0 B = a + \varpi + b;$$

d'où

$$A_0 B + B_0 A = \varpi.$$

Remplaçons dans cette équation A_0 et B_0 par leurs valeurs tirées de 1 (*bis*), il viendra

$$AB + BA = \alpha B + \beta A + \varpi,$$

d'où enfin

$$BA = - AB + \alpha B + \beta A + \varpi. \tag{3}$$

Au moyen des équations (1), (2) et (3) toute fonction entière de

A et de B pourra se mettre sous la forme

$$m + pA + qB + rAB,$$

et même (ce qui est utile dans beaucoup d'applications), si les coefficients dans la fonction donnée sont entiers, m, p, q, r seront aussi entiers. Quand une fonction de deux variables A et B sera ainsi réduite à la forme ci-dessus, je dirai qu'elle est réduite à sa forme canonique. En général (sauf quelques cas très particuliers), une fonction donnée ne pourra se mettre que d'une seule manière sous la forme canonique. Une fois mise sous cette forme, il sera très facile de calculer son déterminant. Pour cela, il suffit de poser

$$(A - \lambda + pA + qB + rAB) = \lambda^2 + \varphi\lambda + \psi,$$

où φ et ψ désignent des fonctions inconnues de p, q, r. De là on déduit

$$(pA + qB + rAB)^2 + (pA + qB + rAB)\varphi + \psi = 0.$$

Cette équation devant devenir identique quand on réduit le premier membre à sa forme canonique, on obtiendra facilement la valeur de φ, ψ, et par suite le déterminant cherché.

En comparant avec la théorie des quaternions la théorie des systèmes de la forme

$$x + yA + zB + uAB,$$

où A et B désignent deux systèmes quelconques du deuxième ordre assujettis aux relations (1), (2) et (3), on remarquera l'analogie qui existe entre ces deux théories. Le calcul des systèmes linéaires donne ainsi une interprétation simple et pour ainsi dire arithmétique des imaginaires ordinaires, des quaternions, des clefs algébriques de Cauchy, des imaginaires congruentielles de Galois. Si la substitution des systèmes linéaires à la place des symboles ne me paraît pas devoir être avantageuse pour le calcul, cependant la notion des systèmes linéaires me paraît bien plus précise, et, par cette précision même, elle permet de développer et d'approfondir bien des points que le calcul purement symbolique ne saurait atteindre. L'exemple suivant fera peut-être mieux saisir ma pensée, en montrant quels points de contact et quelles différences il existe entre le calcul des systèmes linéaires et le calcul des symboles.

Soit un nombre premier p; imaginons tous les systèmes d'ordre n, dans lesquels les éléments sont les nombres entiers inférieurs à p ou zéro. Ces systèmes, en mettant zéro de côté, seront évidemment au nombre de p^{n^2-1}; nous les appellerons les résidus de p d'ordre n. Représentons par $f(X)$ une fonction numérique entière d'une variable X d'ordre n, et cherchons les solutions entières de la congruence $f(X) \equiv 0 \pmod{p}$. Les diverses solutions devront évidemment se trouver parmi les p^{n^2-1} résidus de p. Cela posé, pour résoudre complètement la question, les trois problèmes suivants seront à résoudre :

1° En séparant les racines qui sont des systèmes simples, distribuer les autres racines en groupes tels que, dans chaque groupe deux racines soient permutables (suivant le module p);

2° Dans chaque groupe étudier les relations qui lient entre elles les racines de ce groupe;

3° Étudier les rapports des différents groupes entre eux.

La théorie de Galois répond précisément au second de ces problèmes, mais laisse complètement intact le troisième.

Ce qui précède suffit pour donner une idée de ce que serait une étude complète des fonctions de deux systèmes linéaires d'un ordre quelconque.

On voit de suite qu'une pareille fonction doit pouvoir s'exprimer au moyen d'un nombre limité d'expressions telles que $A^i B^j A^h B^k \ldots$. Car si nous supposons

$$f(A, B) = \sum \alpha A^i B^j A^h \ldots,$$

il est évident que dans ce développement, n étant de l'ordre des systèmes, on pourra faire en sorte que A et B n'y entrent qu'avec des exposants inférieurs à n; en outre, si l'on considère un groupement quelconque

$$A^i B^j A^h \ldots,$$

il ne pourra pas se trouver répété plus de $(n-1)$ fois de suite.

Sans qu'il soit nécessaire d'entrer dans plus de détails, il est clair qu'une fonction entière $f(A, B)$ pourra toujours se mettre sous une forme ne contenant qu'un nombre limité de termes. Si elle ne peut être mise sous cette forme que d'une seule manière, nous dirons que $f(A, B)$ est réduite à sa forme canonique; et si une fonction de A et de B, mise sous sa forme canonique, est nulle, tous les coefficients des divers systèmes linéaires qui y entreront seront nuls. Il est clair que cette notion de forme canonique peut s'étendre aux fonctions de trois ou d'un plus grand nombre de systèmes linéaires. Deux problèmes généraux se présentent alors :

1° Étant donnée la fonction la plus générale d'un nombre quelconque de systèmes, la réduire à sa forme canonique;

2° Étant donnée la fonction la plus générale d'un nombre quelconque de systèmes linéaires, trouver son déterminant et le système réciproque.

La solution de ces problèmes, dont le second dépend nécessairement du premier, est d'un très grand intérêt dans le calcul des systèmes linéaires; j'espère en montrer plus tard d'intéressantes applications dans la théorie des formes binaires.

IV.

Je termine ici ces considérations préliminaires, que l'on trouvera peut-être un peu longues, mais qui étaient nécessaires pour me permettre d'exposer, d'une façon suffisamment claire, les diverses applications que j'ai faites du calcul des systèmes linéaires. J'exposerai d'abord sous quel point de vue je considère la théorie des formes quadratiques. Soit $f(x_1\, x_2 \ldots x_n)$ une forme quadratique à n variables; posons

$$\begin{aligned}
\frac{1}{2}\frac{df}{dx_1} &= a_1x_1 + b_1x_2 + \ldots + k_1x_n,\\
\frac{1}{2}\frac{df}{dx_2} &= a_2x_1 + b_2x_2 + \ldots + k_2x_n,\\
&\ldots\ldots\ldots\ldots\ldots\ldots\ldots\ldots\\
\frac{1}{2}\frac{df}{dx_n} &= a_nx_1 + b_nx_2 + \ldots + k_nx_n;
\end{aligned}$$

le système linéaire d'ordre n

$$\begin{matrix}
a_1 & b_1 & \ldots k_1\\
a_2 & b_2 & \ldots k_2\\
\ldots & \ldots & \ldots\\
a_n & b_n & \ldots k_n
\end{matrix};$$

qui est évidemment symétrique, sera dit représenter la forme $f(x_1, x_2, \ldots, x_n)$. En sorte que toute forme quadratique à n variables sera représentée par un système symétrique d'ordre n; réciproquement, ce système déterminera complètement la forme. Soit A le système représentatif de la forme $f(x_1, x_2, \ldots, x_n)$ et

$$X = \begin{matrix} x_1 & 0 & 0 & 0 \ldots \\ x_2 & 0 & 0 & 0 \ldots \\ \ldots & \ldots & \ldots & \ldots \\ x_n & 0 & 0 & 0 \ldots \end{matrix},$$

on aura évidemment

$$(a) \qquad \Omega f(x_1 x_2 \ldots) = X_1 A X.$$

Je représenterai très souvent la forme $f(x_1, x_2, \ldots, x_n)$ par la notation $f(X)$; cette notation, qui ne peut donner lieu à aucune ambiguïté, permet d'écrire avec simplicité des formules qui autrement seraient très compliquées. Soit, par exemple, une forme binaire $f(x, y)$; en posant

$$\begin{matrix} x & 0 \\ y & 0 \end{matrix} = X,$$

je désignerai simplement $f(x, y)$ par $f(X)$; supposons que les variables x et y prennent les valeurs suivantes :

$$x = \alpha x + \beta y + \xi, \qquad y = \gamma x + \delta y + \eta,$$

en posant

$$\begin{matrix} \alpha & \beta \\ \gamma & \delta \end{matrix} = H, \qquad \text{et} \qquad \begin{matrix} \xi & 0 \\ \eta & 0 \end{matrix} = \Xi,$$

la forme $f(\alpha x + \beta y + \xi, \gamma x + \delta y + \eta)$ sera simplement représentée par $f(H_1 X + \Xi)$.

De l'équation (a) résulte immédiatement la proposition suivante qui, du reste, a été donnée explicitement par Eisenstein ([1]) : si une forme $f(x_1, x_2, \ldots)$, représentée par le système A, se change par une substitution H en la forme $g(x_1, x_2, \ldots)$ repré-

---

([1]) *Neue Theoreme von höhern Arithmetik.*

sentée par le système B, on a l'équation

$$\text{(1)} \qquad H_1 A H = B.$$

Cette équation et la remarque suivante, à savoir que, si une forme est représentée par un système A, son adjointe est représentée par le système réciproque A_0, sont les bases de toute la théorie des formes quadratiques. Je n'en déduirai pas toutes les conséquences, je n'aurai qu'à refaire une théorie bien connue; je me contenterai d'en montrer l'application à quelques questions particulières. J'examinerai d'abord la question de la composition des formes en revenant sur un problème déjà résolu par Gauss.

Soient deux formes binaires g et h, proposons-nous de trouver une forme binaire f composée des deux premières. Soient A, B, C les systèmes linéaires représentatifs des formes f, g, g' et soient α, β, γ leurs déterminants. Il est clair, d'après la notion même d'une forme composée, que la forme f doit être telle, qu'en désignant par R un système linéaire du premier degré en x et y, on ait identiquement

$$R_1 A R = g(x, y) C;$$

d'où l'on déduit, en désignant par r le déterminant de R,

$$r^2 = \frac{g^2 \gamma}{\alpha};$$

de là on déduit encore

$$\frac{g\gamma}{\alpha} A = R_{10} C R_0.$$

Posons

$$R_0 = H \begin{matrix} x & 0 \\ y & 0 \end{matrix} + K \begin{matrix} 0 & x \\ 0 & y \end{matrix},$$

H et K désignant des systèmes linéaires indéterminés; on devra avoir, en écrivant $A = \begin{matrix} a & b \\ b & c \end{matrix}$,

$$\begin{matrix} \frac{g\gamma a}{\alpha} & \frac{\varphi\gamma b}{\alpha} \\ \frac{g\gamma b}{\alpha} & \frac{\varphi\gamma c}{\alpha} \end{matrix} = \left(\begin{matrix} x & y \\ 0 & 0 \end{matrix} H_1 + \begin{matrix} 0 & 0 \\ x & y \end{matrix} K_1 \right) C \left(H \begin{matrix} x & 0 \\ y & 0 \end{matrix} + K \begin{matrix} 0 & x \\ 0 & y \end{matrix} \right),$$

ce qui, en effectuant le développement, fournit les quatre équations suivantes :

$$\begin{vmatrix} \frac{g\gamma a}{\alpha} & 0 \\ 0 & 0 \end{vmatrix} = \begin{vmatrix} x & y \\ 0 & 0 \end{vmatrix} \times H_1 CH \times \begin{vmatrix} x & 0 \\ y & 0 \end{vmatrix}, \qquad \begin{vmatrix} 0 & \frac{g\gamma b}{\alpha} \\ 0 & 0 \end{vmatrix} = \begin{vmatrix} x & y \\ 0 & 0 \end{vmatrix} \times H_1 CK \times \begin{vmatrix} 0 & x \\ 0 & y \end{vmatrix},$$

$$\begin{vmatrix} 0 & 0 \\ \frac{g\gamma b}{\alpha} & 0 \end{vmatrix} = \begin{vmatrix} 0 & 0 \\ x & y \end{vmatrix} \times K_1 CH \times \begin{vmatrix} x & 0 \\ y & 0 \end{vmatrix}, \qquad \begin{vmatrix} 0 & 0 \\ 0 & \frac{g\gamma c}{\alpha} \end{vmatrix} = \begin{vmatrix} 0 & 0 \\ x & y \end{vmatrix} \times K_1 CK \times \begin{vmatrix} 0 & x \\ 0 & y \end{vmatrix}.$$

En se reportant à la formule (a), il est facile de voir que les quatre équations ci-dessus peuvent être remplacées par les trois suivantes :

$$(\beta) \quad \frac{\gamma a}{\alpha} B = H_1 CH, \qquad \frac{\gamma c}{\alpha} B = K_1 CK, \qquad \frac{2\gamma b}{\alpha} B = K_1 CH + H_1 CK.$$

Des deux premières on déduit

$$(\alpha) \qquad \begin{cases} BH_0 = H_1 C \sqrt{\frac{\beta}{\gamma}}, \\ BK_0 = K_1 C \sqrt{\frac{\beta}{\gamma}}. \end{cases}$$

Or, je dis qu'il suffit de trouver des systèmes H et K satisfaisant aux équations (α) ; en effet, ces systèmes trouvés, si l'on porte dans les équations (β) les valeurs de $H_1 C$ et de $K_1 C$ tirées des équations (α), on trouvera, en écrivant $\nabla . H = h$, $\nabla . K = k$,

$$(\gamma) \quad a = h\alpha\sqrt{\gamma\beta}, \qquad c = k\alpha\sqrt{\gamma\beta}, \qquad 2b = \frac{\alpha}{\sqrt{\gamma\beta}}(H_0 K + K_0 H).$$

Comme les systèmes H et K sont du deuxième ordre, la quantité

$$(H_0 K + K_0 H)$$

se réduit à un simple nombre ; les formules (γ) donneront donc les coefficients cherchés de la forme $f(x, y)$.

On voit que toute la question est ramenée à trouver des systèmes H et K satisfaisant aux équations (α). Voici la méthode que l'on peut employer à cet égard. Soit, en général, à résoudre l'équation

$$(\delta) \qquad BH_0 = \sqrt{\frac{\beta}{\gamma}} . H_1 C ;$$

posons

$$H = C_0 P_1 - \lambda P_0 B,$$

où P désigne un système linéaire arbitraire et λ une constante indéterminée. On aura

$$H_0 = P_{10} - \lambda B_0 P, \qquad H_1 = PC_0 - \lambda BP_{10};$$

par suite,

$$BH_0 = BP_{10} C\gamma\beta P, \qquad H_1 C = \gamma P - \lambda BP_{10} C;$$

éliminons $BP_{10}C$, il viendra

$$\lambda BH_0 + H_1 C = (\gamma - \lambda^2 \beta) P.$$

Si donc on choisit la constante λ, de telle sorte que $\lambda = \sqrt{\frac{\gamma}{\beta}}$, on aura

$$BH_0 = \sqrt{\frac{\beta}{\gamma}} \cdot H_1 C;$$

la valeur donnée de H suffira à l'équation (δ), quel que soit le système arbitraire P. La question proposée est complètement résolue ; il y aurait quelques remarques à ajouter et quelques restrictions à faire si l'on voulait que les nombres a, b, c fussent entiers. Je laisserai de côté cette recherche, d'ailleurs facile ; mon seul but a été de montrer de quelle manière simple et naturelle l'emploi des systèmes linéaires fournissait, et dans ses moindres détails, la belle solution donnée par Gauss dans ses *Disquisitiones* (§ CCXXXVI).

J'en viens maintenant à une question plus importante, celle de la transformation des formes d'un nombre quelconque de variables.

Dans tout ce qui suit, j'appellerai toujours *déterminant d'une forme* le déterminant du système linéaire qui la représente. C'est, au signe près, la définition de Gauss. Ceci posé, soient f et g deux formes transformables l'une dans l'autre par une substitution H, et soient A et B les deux systèmes qui les représentent respectivement. On aura l'équation

(1) $$H_1 A H = B;$$

et, en appelant a, b, η les déterminants des systèmes A, B, H,

η sera connu au signe près par la relation $a\eta_2 = b$. Je supposerai du reste a et b différents de zéro. Posons

$$(2) \qquad H_1 A - AH = V,$$

on en déduira, A étant symétrique,

$$V_1 = AH - H_1 A,$$

d'où

$$V + V_1 = 0;$$

V est donc un système gauche ne contenant que $\frac{n(n-1)}{1.2} = \mu$ éléments, que je désignerai par $x_1, x_2, \ldots, x_\mu$.

Le système H satisfera en outre à une équation du degré n,

$$H^n + \ldots \pm \eta = 0,$$

contenant $(n-1)$ coefficients $z_1, z_2, \ldots, z_{n-1}$. La solution proposée consiste à prendre pour inconnues auxiliaires les $\mu + n - 1$ quantités $x_1, x_2, \ldots, x_\mu, z_1, \ldots, z_{n-1}$ et à exprimer H au moyen de ces quantités. A cet effet, soit $\varphi(H) = 0$ l'équation à laquelle satisfait H; multiplions à droite les deux membres de l'équation (2) par H, il viendra, en remarquant que $H_1 AH = B$,

$$B - AH^2 = VH;$$

et en multipliant à gauche cette dernière relation par A_0,

$$A_0 B - aH^2 = A_0 VH.$$

Posons, pour abréger,

$$\frac{A_0 B}{a} = T, \qquad \frac{A_0 V}{a} = U,$$

nous obtiendrons

$$(3) \qquad H^2 = -UH + T.$$

Cette équation, jointe à la relation $\varphi(H) = 0$, permettra d'éliminer successivement de cette dernière les puissances de H supérieures à la première; en sorte que l'on obtiendra H exprimé au moyen de T, U et des inconnues auxiliaires $z_1, z_2, \ldots, z_{n-1}$. Les nombres z et les nombres x ne seront pas d'ailleurs indépendants, mais devront satisfaire à certaines équations algébriques que fournira la méthode précédente.

Appliquons la méthode qui précède à la transformation d'une forme en elle-même. L'équation à résoudre sera dans ce cas

$$H_1 A H = A. \tag{4}$$

Je remarquerai d'abord que l'équation en λ

$$\nabla(H - \lambda) = 0$$

a toutes ses racines réciproques. On a, en effet, évidemment la série d'identités suivante :

$$\nabla(H_1 - \lambda)\nabla(AH) = \nabla(H_1 AH - \lambda AH) = \nabla(A - \lambda AH) = \nabla A . \nabla(1 - \lambda H).$$

Or,

$$\nabla(H_1 - \lambda) = \nabla(H - \lambda);$$

la relation précédente pourra donc s'écrire ainsi :

$$\nabla(H - \lambda)\nabla(AH) = \nabla(A)\nabla(1 - \lambda H),$$

et il en résulte que, si l'équation $\nabla(H - \lambda) = 0$ est satisfaite pour $\lambda = \rho$, elle sera aussi satisfaite pour $\lambda = \frac{1}{\rho}$; c'est ce qu'il fallait démontrer. Par suite, on voit que l'équation $\rho(H) = 0$, à laquelle satisfait H, ne contiendra que $\frac{n-1}{2}$ coefficients indéterminés si n est impair et $\frac{n}{2}$ si n est pair. Dans tous les cas, appelons z_1, $z_2, \ldots, z_\nu$ ces coefficients. En posant comme ci-dessus

$$H_1 A - AH = V_1,$$

on en déduira

$$H^2 = 1 - \frac{T}{a} H, \tag{5}$$

relation où, pour abréger, j'ai posé $T = A_0 V$. Elle fait voir que H est une fonction entière de T, et par conséquent de la forme

$$\alpha + \beta T + \gamma T^2 + \ldots.$$

Les coefficients $\alpha, \beta, \gamma, \ldots$ peuvent se calculer *a priori*. En effet, dans le polynôme

$$\alpha + \beta T + \gamma T^2 + \ldots,$$

séparons les termes de degré pair et les termes de degré impair; posons

$$H = f(T^2) + T\psi(T^2).$$

Des relations évidentes

$$T_1 A = -VA_0 A = -Va = -A.A_0 V = -AT,$$
$$T_1^2 A = AT^2 \ldots, \qquad T_1^3 = -AT^3 \ldots,$$

on déduit sans peine que l'on aura

$$f(T_1^2)A = AfT^2, \qquad \psi(T_1^2)T_1 A = -AT\psi(T^2).$$

On aura donc

$$H_1 A = A[f(T^2) - T\psi(T^2)] \quad \text{et} \quad H_1 AH = A[f^2(T^2) - T^2\psi^2(T^2)].$$

La condition nécessaire et suffisante pour que H transforme en elle-même la forme proposée sera obtenue en exprimant que $f^2(T^2) - T^2\psi^2(T^2)$ se réduit à 1 en tenant compte de l'équation $\chi(T) = 0$, à laquelle satisfait le système T, et H sera exprimé de cette façon en fonction de V et des coefficients z_1, $z_2, \ldots, z_\nu$.

La formule ainsi obtenue donnerait toujours des solutions, mais elle serait trop générale en ce sens qu'elle donnerait plusieurs fois la même solution. Il faut encore exprimer que l'on a

$$H_1 A - AH = V;$$

or, des formules données ci-dessus, il résulte

$$V = H_1 A - AH = A[f(T^2) - T\psi(T^2) - f(T^2) - T\psi(T^2)];$$

d'où l'on déduit

$$V = -2AT\psi(T^2) \quad \text{et} \quad T\psi(T^2) = -\frac{A_0 V}{2a} = -\frac{T}{2a}.$$

La forme sous laquelle H peut se mettre est donc celle-ci (sauf le cas où l'on a $H^2 = 1$, et par conséquent $V = 0$, auquel cas il faut modifier un peu la méthode précédente)

$$H = -\frac{T}{2a} + f(T^2),$$

$f(T^2)$ désignant une fonction paire de T satisfaisant à l'équation

$$f^2 = 1 + \frac{T^2}{4a^2}.$$

Je vais déduire de cette formule une propriété commune à toutes les formes d'un nombre impair de variables, et que M. Hermite a signalée pour le cas de trois variables. Dans ce cas, on le sait, le déterminant de V est nul, et par conséquent celui de T l'est également. T_0 pourra se mettre sous la forme

$$T_0 = (u_1, u_2, \ldots, u_n)(v_1, v_2, \ldots, v_n),$$

et l'on aura

$$T.(u_1, u_2, \ldots, u_n) = 0.$$

Or, la valeur de H est

$$H = \pm 1 - \frac{T}{2a} + \alpha T^2 + \gamma T^4 \ldots,$$

le premier terme étant ± 1, car pour $V = 0$ la formule doit se réduire à $H = \pm 1$.

Multiplions à droite les deux membres de cette équation par $(u_1, u_2, \ldots, u_n)$, il viendra, en remarquant que

$$T.(u_1, u_2, \ldots, u_n) = 0,$$
$$H.(u_1, u_2, \ldots, u_n) = \pm(u_1, u_2, \ldots, u_n).$$

Il suit de là que la fonction du premier degré

$$x_1 u_1 + x_2 u_2 + \ldots + x_n u_n$$

se reproduit, ou du moins ne fait que changer de signe quand on la transforme par la substitution H.

Je vais maintenant reprendre la solution donnée et l'appliquer avec plus de détails aux formes quadratiques à trois variables.

Soit une forme $f(x, y, z)$, représentée par le système A; on voit facilement que si l'on pose

$$V = \begin{matrix} 0 & z & -y \\ -z & 0 & x \\ y & -x & 0 \end{matrix},$$

on aura

$$(\omega) \qquad \nabla(A + \lambda V) = d + \lambda^2 f,$$

en représentant par d le déterminant de la forme f, et écrivant, pour abréger, f au lieu de $f(x, y, z)$. On aura donc

$$\nabla(A_0 V - \lambda) = -\lambda^3 - \lambda d f,$$

et le système $A_0 V = T$ satisfera à l'équation

$$(6) \qquad T^3 + d f T = 0.$$

On peut supposer le déterminant de la substitution H égal à 1, sans nuire à la généralité de la solution; car, de cette façon, on obtiendra toutes les transformations propres, et les transformations impropres s'en déduiront en prenant les premières en signe contraire. Ce système H satisfera ainsi à une équation de la forme

$$(7) \qquad H^3 - \varpi H^2 + \varpi H - 1 = 0.$$

Posons maintenant

$$H_1 A - A H = V = \begin{matrix} 0 & z & -y \\ -z & 0 & x \\ y & -x & 0 \end{matrix}.$$

La relation qui doit exister entre les inconnues auxiliaires ϖ, x, y, z s'obtiendra facilement en remarquant que l'on a identiquement

$$(H_1 - \lambda) A (H + \lambda) = H_1 A H + \lambda (H_1 A - A H) - \lambda^2 A = (1 - \lambda^2) A + \lambda V,$$

d'où l'on tire, en prenant l'équation aux déterminants et en ayant égard à l'équation (ω) et à l'équation (7), qui donne $\nabla(H - \lambda) = 1 - \lambda \varpi + \lambda^2 \varpi - \lambda^3$,

$$\begin{aligned} d\nabla(H_1 - \lambda)\nabla(H + \lambda) &= d[(1 + \varpi\lambda^2)^2 - \lambda^2(\varpi + \lambda^2)] \\ &= d(1 - \lambda^2)^3 + \lambda^2(1 - \lambda^2) f. \end{aligned}$$

En développant les deux membres de cette égalité, on trouvera qu'elle est satisfaite si l'on prend f de telle sorte que l'on ait $f = d(3 + 2\varpi - \varpi^2)$, ou, en posant $\varpi + 1 = u$,

$$(8) \qquad f(x, y, z) = d u (4 - u).$$

Maintenant de l'équation $H_1 A - A H = V$ on déduit

$$V H = A_1 A H - A H^2 = A(1 - H^2),$$

d'où

$$A_0VH = d(1 - H^2) \quad \text{et} \quad A_0V = T = d(H_0 - H),$$

ou enfin

$$(\beta) \qquad H_0 - H = \frac{T}{d}.$$

Nous déduirons la valeur de H des équations (7) et (β). De l'équation (7) on déduit

$$H^2 - \varpi H + \varpi - H_0 = 0, \qquad H - \varpi + \varpi H_0 - H_0^2 = 0;$$

et de l'équation (β)

$$H_0^2 + H^2 - 2 = \frac{T^2}{d^2}.$$

En éliminant H^2, H_0^2 et H_0 entre les équations précédentes, on trouvera

$$(h) \qquad H = 1 - \frac{T}{2d} + \frac{T^2}{2d^2u},$$

relation où comme ci-dessus on a posé, pour abréger, $u = \varpi + 1$. Telle est la forme sous laquelle se présente la solution générale du problème; il faut y joindre la relation

$$(8) \qquad f(x, y, z) = du(4 - u).$$

On pourra du reste s'assurer *a posteriori* qu'en tenant compte de l'équation $T^3 + afT = 0$ et de la relation (8), la formule (*h*) satisfait toujours au problème.

Cette formule donnera donc toutes les solutions et ne les donnera chacune qu'une seule fois, car de la relation (β) il résulte qu'à une valeur donnée de H ne correspond qu'une seule valeur de T. Certaines solutions cependant ne sont pas données par la formule (*h*); ce sont celles qui satisfont à l'équation $H^2 = 1$. Dans ce cas, la méthode précédente n'est plus applicable; mais, en la modifiant un peu, on trouve que ces solutions seront données par la formule

$$(h') \qquad H = 1 + \frac{T^2}{2d^2},$$

avec la condition

$$(8\ bis) \qquad f(x, y, z) = 4d.$$

La forme sous laquelle les formules (h) et (h') se présentent peut être diversement modifiée, et notamment quand on recherche seulement les solutions entières.

Considérons maintenant deux solutions du problème, que je supposerai, par exemple, de la première espèce, c'est-à-dire fournies par la formule (h). Les autres cas se traiteraient d'une manière analogue.

Ces deux solutions, que j'appellerai H et K, seront caractérisées respectivement par deux nombres u et w et deux systèmes

$$A_0 . \begin{matrix} 0 & z & -y \\ -z & 0 & x \\ y & -x & 0 \end{matrix} \quad \text{et} \quad A_0 . \begin{matrix} 0 & \zeta & -\eta \\ -\zeta & 0 & \xi \\ \eta & -\xi & 0 \end{matrix},$$

que j'appellerai T et S; et ils en dépendront, ainsi que l'indiquent les formules suivantes :

$$(\delta) \quad \begin{cases} H = 1 - \dfrac{T}{2d} + \dfrac{T^2}{2d^2 u}, & K = 1 - \dfrac{S}{2d} + \dfrac{S^2}{2d^2 w}, \\ H_0 = 1 + \dfrac{T}{2d} + \dfrac{T^2}{2d^2 u}, & K_0 = 1 + \dfrac{S}{2d} + \dfrac{S^2}{2d^2 w}. \end{cases}$$

Le produit HK devant être aussi une solution du problème, R désignant un système de la forme $A_0 V$, mais relatif à d'autres variables (α, β, γ), on aura

$$HK = 1 - \frac{R}{2d} + \frac{R^2}{2d^2 \omega}.$$

Cette solution est caractérisée par le système R et le nombre ω: voici comment on pourra les déterminer. Remarquons qu'en vertu de l'équation (β) on a

$$\frac{R}{d} = K_0 H_0 - HK,$$

ou bien, d'après les formules (δ),

$$\frac{R}{d} = \left(1 + \frac{S}{2d} + \frac{S^2}{2d^2 w}\right)\left(1 + \frac{T}{2d} + \frac{T^2}{2d^2 u}\right) - \left(1 - \frac{T}{2d} + \frac{T^2}{2d^2 u}\right)\left(1 - \frac{S}{2d} + \frac{S^2}{2d^2 w}\right).$$

Pour réduire cette expression, je ferai observer qu'entre les systèmes S et T existent les relations suivantes, où j'ai posé, pour abréger,

$$f = f(x, y, z), \qquad \varphi = f(\xi, \eta, \zeta) \quad \text{et} \quad h = \frac{1}{2}\xi\frac{df}{dx} + \frac{1}{2}\eta\frac{df}{dy} + \frac{1}{2}\zeta\frac{df}{dz},$$

et où d représente le déterminant de A :

$$(m) \quad \begin{cases} \mathrm{TST} = -dh\mathrm{T}, \\ \mathrm{STS} = -dh\mathrm{S}, \\ \mathrm{T}^3 + df\mathrm{T} = 0, \\ \mathrm{ST}^2 = -\mathrm{T}^2\mathrm{S} - df\mathrm{S} - dh\mathrm{T}, \\ \mathrm{S}^2\mathrm{T} = -\mathrm{TS}^2 - d\varphi\mathrm{T} - dh\mathrm{S}, \\ \mathrm{S}^3 + d\varphi\mathrm{S} = 0, \\ \mathrm{TS}_2\mathrm{T} = d^2(f\varphi - h^2) + df\mathrm{S}^2 - dh(\mathrm{TS} + \mathrm{ST}), \\ \mathrm{ST}^2\mathrm{S} = d^2(f\varphi - h^2) + d\varphi\mathrm{T}^2 - dh(\mathrm{TS} + \mathrm{ST}). \end{cases}$$

Au moyen de ce tableau, on peut réduire toute fonction de T et de S à la forme

$$\alpha + \beta\mathrm{T} + \gamma\mathrm{S} + \alpha'\mathrm{T}^2 + \beta'\mathrm{S}^2 + \gamma'\mathrm{ST} + \delta'\mathrm{TS} + \alpha''\mathrm{TS}^2 + \beta''\mathrm{T}^2\mathrm{S}.$$

En appliquant ce mode de réduction à la valeur de $\frac{\mathrm{R}}{d}$ trouvée ci-dessus, on trouvera

$$(9) \qquad \mathrm{R} = \left(\frac{duw - h}{4}\right)\left[\frac{\mathrm{T}}{du} + \frac{\mathrm{S}}{dw} - \frac{1}{d^2uw}(\mathrm{TS} - \mathrm{ST})\right].$$

Telle est la formule qu'il s'agissait d'établir; on trouverait d'une façon analogue la valeur de ω, et les relations

$$f(x, y, z) = du(4 - u), \quad f(\xi, \eta, \zeta) = dw(4 - w), \quad f(\alpha, \beta, \gamma) = d\omega(4 - \omega)$$

conduiraient, sur la composition de certaines formes, aux théorèmes donnés par M. Hermite dans son Mémoire sur les formes quadratiques [1]. Il est facile de voir qu'en général deux solutions ne seront pas permutables entre elles, c'est-à-dire que l'on n'aura pas HK = KH. En effet, si cette égalité avait lieu, il suit de la formule (9) que l'on aurait

$$\mathrm{TS} - \mathrm{ST} = 0;$$

---

(1) *Journal de Crelle*, t. V, p. 47.

or, il est facile de voir que

$$\mathrm{TS}-\mathrm{ST}=d\times\left\{\begin{matrix}\xi x & \xi y & \xi z & & x\xi & x\eta & x\zeta\\ \eta x & \eta y & \eta z & - & y\xi & y\eta & y\zeta\\ \zeta x & \zeta y & \zeta z & & z\xi & z\eta & z\zeta\end{matrix}\right\}\times \mathrm{A}.$$

Le déterminant de A n'étant pas nul, il faudrait donc que la quantité entre parenthèses fût nulle, ce qui exigerait que l'on eût

$$\frac{x}{\xi}=\frac{y}{\eta}=\frac{z}{\zeta}.$$

Tout ce qui précède est en grande partie déjà connu. La méthode que j'ai exposée ci-dessus me paraît cependant pouvoir conduire encore à des résultats nouveaux et intéressants; mais son application exigerait des études plus approfondies sur les relations qui lient entre eux les systèmes linéaires. Du reste, la théorie des formes quadratiques ne reposant que sur un nombre très restreint de notions algébriques, les applications du calcul des systèmes linéaires y sont nécessairement très bornées. Au contraire, dans la théorie des formes binaires ou des formes d'un plus grand nombre de variables, où les notions algébriques fondamentales sont plus nombreuses, ces applications se présentent bien plus fécondes et bien plus variées.

En terminant ce que je voulais dire des formes quadratiques, je ferai observer qu'en adoptant la terminologie du calcul des systèmes linéaires, le principe d'inertie de M. Sylvester peut s'exprimer ainsi : Si deux formes f et g représentées par les systèmes A et B sont équivalentes, la substitution étant réelle, les équations

$$\nabla(\mathrm{A}-\lambda)=0 \qquad \text{et} \qquad \nabla(\mathrm{B}-\lambda)=0$$

auront le même nombre de racines positives et le même nombre de racines négatives.

Ce que l'on peut énoncer autrement et indépendamment de la notion de forme de la façon suivante :

B étant un système symétrique, je dirai que B est un système défini positif, si toutes les racines de l'équation

$$\nabla(\mathrm{B}-\lambda)=0$$

sont positives.

Alors, A étant un système symétrique quelconque et B un système symétrique *défini* positif quelconque (A et B, du reste, étant réels), les équations

$$\nabla(A-\lambda)=0 \quad \text{et} \quad \nabla(A-\lambda B)=0$$

auront le même nombre de racines positives et le même nombre de racines négatives.

V.

L'application du calcul des systèmes linéaires aux fonctions abéliennes se présente ici d'elle-même comme conséquence de la théorie des formes quadratiques. Mais d'abord il est nécessaire d'expliquer ce que l'on doit entendre en général par l'expression de *fonction d'une variable linéaire*. Considérons seulement, pour plus de clarté, un système du deuxième ordre, et soit

$$X \doteq \begin{matrix} x & y \\ z & u \end{matrix}$$

une variable linéaire. Le système linéaire

$$\begin{matrix} \lambda(x,y,z,u) & \varphi(x,y,z,u) \\ \psi(x,y,z,u) & \theta(x,y,z,u) \end{matrix}$$

variant en même temps que X, pourra être regardé comme une fonction de cette variable, et le mode de relation qui existe entre ces deux systèmes pourra être indiqué par la formule

$$F(x,y,z,u)=f(X).$$

En particulier, si nous définissons e^X, X étant un système d'ordre quelconque, comme étant la somme de la série

$$\Omega+X+\frac{X^2}{1.2}+\frac{X^3}{1.2.3}+\ldots,$$

e^X sera une fonction de la variable X; mais il est à remarquer qu'en général on n'aura pas

$$e^X.e^Y=e^{X+Y}.$$

Il est cependant un cas particulier où cette propriété subsiste, c'est celui où les exposants X, Y, etc., sont de la forme Ωx, Ωy, etc.; dans ce cas, on a évidemment

$$e^{\Omega x} . e^{\Omega y} = e^{\Omega x + \Omega y}.$$

Soit donc une équation

$$u = (e^{\alpha} + e^{\beta} + e^{\gamma} \ldots)(e^{a} + e^{b} + e^{c} + \ldots);$$

on pourra la remplacer par l'équation linéaire

$$\Omega u = (e^{\Omega\alpha} + e^{\Omega\beta} + \ldots)(e^{\Omega a} + e^{\Omega b} \ldots).$$

Cette remarque permet d'appliquer facilement le calcul des systèmes linéaires aux fonctions abéliennes, ou plutôt aux séries dont ces fonctions sont les quotients.

Considérons, par exemple, les séries dont s'est servi M. Hermite dans son Mémoire sur les fonctions abéliennes; elles sont définies par l'équation suivante :

$$\theta_{p,q;\mu,\nu}(x,y) = \sum (-1)^{mq+np} e^{i\pi(2mx+2ny+\mu x+\nu y) + \frac{i\pi}{4}\varphi(2m+\mu, 2n+\nu)}.$$

On en déduit

$$(1)\quad \Omega\theta_{p,q;\mu,\nu}(x,y) = \sum (-1)^{\Omega(mq+np)} e^{i\pi\Omega(2mx+2ny+\mu x+\nu y) + \frac{i\pi}{4}\Omega\varphi(2m+\mu, 2n+\nu)}.$$

Or, si l'on pose

$$\mathrm{X} = (x, y), \qquad \mathrm{M} = (m, n), \qquad \mathrm{R} = (\mu, \nu), \qquad \mathrm{N} = (q, p),$$

et si la forme φ est représentée par le système A, l'équation (1) pourra s'écrire de la façon suivante :

$$(2)\quad \Omega\theta_{p,q;\mu,\nu}(x,y) = \sum (-1)^{\mathrm{M}_1 \mathrm{N}} e^{i\pi\left[(2\mathrm{M}_1+\mathrm{R}_1)\mathrm{X} + \frac{i\pi}{4}(2\mathrm{M}_1+\mathrm{R}_1)\mathrm{A}(2\mathrm{M}+\mathrm{R})\right]}.$$

On voit que la série se présente ainsi comme une fonction de la variable linéaire $\mathrm{X} = \begin{matrix} x & 0 \\ y & 0 \end{matrix}$; c'est pourquoi je désignerai simplement le premier membre de l'équation précédente par $\Omega\theta(\mathrm{X})$, et je remplacerai les quatre indices $p, q; \mu, \nu$ par les deux seuls indices linéaires R, N, en écrivant $\Omega\theta_{\mathrm{R},\mathrm{N}}(\mathrm{X})$.

En représentant ainsi toutes les variables par une seule variable linéaire, nous obtiendrons une notation plus simple, plus commode et analogue à celle qui a été employée pour les formes quadratiques. La sommation dans la formule (2) doit être étendue à toutes les valeurs entières positives ou négatives du système M, c'est-à-dire qu'il faut donner aux éléments m, n de ce système toutes les valeurs entières possibles.

J'en viens maintenant aux séries à un nombre quelconque de variables, dont les quotients donnent en général les fonctions abéliennes.

Soient

$$X = (x_1, x_2, \ldots, x_n),$$

où $x_1, x_2, \ldots, x_n$ sont n variables quelconques, la variable linéaire

$$\begin{matrix} x_1 & 0 & 0\ldots \\ x_2 & 0 & 0\ldots \\ \ldots & \ldots & \ldots \\ x_n & 0 & 0\ldots \end{matrix}$$

et $\mathfrak{A}$ un système symétrique quelconque.

Soient

$$M = (m_1, m_2, \ldots, m_n),$$

où les $m_1, m_2, \ldots, m_n$ sont des nombres entiers quelconques positifs ou négatifs;

$$N = (n_1, n_2, \ldots, n_n),$$

où les $n_1, n_2, \ldots$ désignent le zéro ou le nombre 1;

$$R = (r_1, r_2, \ldots, r_n),$$

où les $r_1, r_2, \ldots$ désignent ou zéro ou le nombre 1; les différentes séries abéliennes de l'ordre n seront données par la formule

$$(\omega) \qquad \Omega\mathfrak{I}_{R_1 N}(X) = \sum_M (-1)^{M_1 N} e^{i\pi(2M_1 R_1) + X + \frac{i\pi}{4} 2(M_1 + R_1)\mathfrak{A}(2M_1 + R_1)}.$$

Comme R et N peuvent prendre chacun 2^n valeurs, la formule ci-dessus fournira 2^{2n} séries différentes, dont les quotients donneront les fonctions abéliennes d'ordre n.

De la forme du développement, il suit immédiatement que, si l'on prend

$$P = (p_1, p_2, \ldots, p_n),$$
$$\Pi = (\pi_1, \pi_2, \ldots, \pi_n),$$

les p et les π désignant des nombres entiers quelconques, on aura

$$(\alpha) \quad \Omega\,\mathfrak{I}_{R_1 N}(X + \mathfrak{A}P + \Pi) = \mathfrak{I}_{R_1 N}(X)(-1)^{P_1 N + R_1 \Pi}\, e^{-i\pi(2P_1 X + P_1 \mathfrak{A} P)}.$$

Il résulte de cette formule que les quotients de deux fonctions $\mathfrak{I}$ peuvent être considérés comme des fonctions de la variable linéaire X, fonctions doublement périodiques, et les deux périodes étant $\mathfrak{A}$ et 1. Les fonctions définies par l'équation (ω) ne sont pas les plus générales que l'on puisse considérer; mais les autres peuvent s'y ramener par un changement de variables. En général, les fonctions abéliennes seront des fonctions d'une variable linéaire

$$X = \begin{matrix} x_1 & 0 & 0\ldots \\ x_2 & 0 & 0\ldots \\ \ldots & \ldots & \ldots \\ x_n & 0 & 0\ldots \end{matrix}$$

à deux périodes $\mathfrak{E}$ et $\mathfrak{H}$; par un changement de variables on les ramènera à des fonctions de l'espèce définie par l'équation (ω), le système $\mathfrak{A}$ étant défini par la relation

$$(\beta) \qquad \mathfrak{E} = \mathfrak{H}\mathfrak{A}.$$

Toutes les différentes séries de périodes $\mathfrak{E}$ et $\mathfrak{H}$ pourront d'ailleurs se déduire d'une seule en augmentant les variables de multiples des moitiés des périodes. De la relation (β) il suit, $\mathfrak{A}$ étant symétrique, que $\mathfrak{E}$ et $\mathfrak{H}$ ne sont pas arbitraires, mais sont liées entre elles par la relation

$$(\gamma) \qquad \mathfrak{E}\mathfrak{H}_1 = \mathfrak{H}\mathfrak{E}_1.$$

Ainsi, pour les fonctions abéliennes de second ordre, si l'on pose

$$\mathfrak{E} = \begin{matrix} \omega_0 & \omega \\ \omega_2 & \omega_3 \end{matrix} \quad \text{et} \quad \mathfrak{H} = \begin{matrix} \nu_0 & \nu_1 \\ \nu_2 & \nu_3 \end{matrix},$$

on aura, d'après la formule (λ), la relation connue

$$\omega_0 v_2 - \omega_2 v_0 + \omega_1 v_3 - v_1 \omega_3 = 0.$$

Pour les fonctions abéliennes du premier ordre (c'est-à-dire pour les fonctions elliptiques) l'équation (γ) devient identique ; pour celles du troisième ordre elle fournira trois relations entre les périodes simultanées.

En général, la différence $\mathfrak{C}\mathfrak{H}_1 - \mathfrak{H}\mathfrak{C}_1$, qui doit être nulle, est un système gauche ne contenant que $\frac{n(n-1)}{2}$ éléments indépendants; la relation (γ) pour les fonctions d'ordre n fournira donc $\frac{n(n-1)}{2}$ relations entre les périodes simultanées. Une fonction abélienne ayant les périodes $\mathfrak{C}$ et $\mathfrak{H}$, et $\mathfrak{A}$ étant le système symétrique défini par l'équation $\mathfrak{C} = \mathfrak{H}\mathfrak{A}$, je dirai que $\mathfrak{A}$ est le paramètre de cette fonction.

Je reviens maintenant aux formules (ω) et (α); pour simplifier l'écriture, dans tout ce qui suit, je les débarrasserai du facteur constant Ω; mais il faudra avoir soin de se rappeler que les équations ainsi modifiées ne sont que symboliques, et que les équations sont (α) et (ω).

Je définirai donc les 2^{2n} séries abéliennes d'ordre n par la formule

$$(1) \qquad \mathfrak{I}(X) = \sum (-1)^{M_1 N} e^{i\pi(2M_1+R_1)X + \frac{i\pi}{4}(2M_1+R_1)\mathfrak{A}(2M+R)},$$

où j'omets, pour abréger, les indices R et N. Les fonctions $\mathfrak{I}$ ainsi définies jouissent de la propriété exprimée par l'équation suivante, où P et Π désignent des entiers quelconques de la forme $(q_1, q_2, \ldots, q^n)$,

$$(2) \qquad \mathfrak{I}(X + \mathfrak{A}P + \Pi) = \mathfrak{I}(X)(-1)^{P_1 N + R_1 \Pi} e^{-i\pi(2P_1 X + P_1 \mathfrak{A} P)},$$

et cette équation, à un facteur constant près, déterminera complètement la fonction $\mathfrak{I}$. Je considérerai le problème de la transformation comme l'a fait M. Hermite dans son Mémoire sur les fonctions abéliennes.

Soit $\varpi(X)$ une fonction définie par l'équation

$$(3) \qquad \varpi(X) = \mathfrak{I}[(T + AU)X] e^{i\pi X_1(U_1 AU + U_1 T)X},$$

T, Q, U, J désignant des systèmes entiers quelconques indéterminés, et soit le système $\mathfrak{B}$ défini par la relation

$$(4) \qquad (T + \mathfrak{A}U)\mathfrak{B} = Q + \mathfrak{A}J.$$

Je vais chercher si l'on peut choisir les systèmes T, Q, U, J de telle sorte : 1° que $\mathfrak{B}$ soit symétrique ; 2° que $\varpi(X)$ satisfasse à une équation de même forme que l'équation (2)

$$(\gamma) \qquad \varpi(X + \mathfrak{B}P + \Pi) = (-1)^{P_1 \mathcal{N} + \mathcal{R}_1 \Pi} e^{-i\pi k (2P_1X + P_1\mathfrak{B}P)},$$

k désignant un nombre entier positif.

A cet effet, changeons dans l'équation (3) X en $X + \Pi$, en réduisant le second membre à l'aide de l'équation (2) ; on trouvera que pour satisfaire à la deuxième condition, on doit avoir

$$U_1T = T_1U,$$

auquel cas on a alors

$$(\delta) \qquad \varpi(X + \Pi) = (-1)^{N_1U\Pi + R_1T\Pi + \Pi_1T_1U\Pi}\varpi(X).$$

Changeons dans cette formule (3) X en $X + \mathfrak{B}P$, il viendra, en tenant compte de la relation

$$(T + \mathfrak{A}U)\mathfrak{B} = Q + \mathfrak{A}J,$$

$$(\varepsilon) \quad \varpi(X + \mathfrak{A}P) = \mathfrak{J}[(T + \mathfrak{A}U)X + \mathfrak{A}JP + QP]\, e^{i\pi(X_1 + P_1\mathfrak{B}_1)(U_1\mathfrak{A}U_1 + T)(X + \mathfrak{B}P)},$$

ou, en développant,

$$(\varpi) \qquad \varpi(X + \mathfrak{B}P) = (-1)^{P_1J_1N + P_1Q_1R} e^{i\pi(2P_1\mathfrak{V}X + P_1\mathfrak{T}P)}\varpi(X),$$

expression dans laquelle j'ai posé, pour abréger,

$$\mathfrak{V} = (\mathfrak{B}_1U_1 - J_1)(T + \mathfrak{A}U)$$

et

$$\mathfrak{T} = \mathfrak{B}_1U_1(T + \mathfrak{A}U)\mathfrak{B} - J_1\mathfrak{A}J.$$

Or, pour satisfaire aux conditions énoncées, il faut d'abord que l'on ait $\mathfrak{V} = -k$. Considérons l'équation

$$(T + \mathfrak{A}U)\mathfrak{B} = Q + \mathfrak{A}J;$$

multiplions-la à gauche par U_1, il viendra, en observant que

$$U_1T = T_1U, \qquad (T_1 + U_1\mathfrak{A})U\mathfrak{B} = U_1(Q + \mathfrak{A}J),$$

et en prenant l'inverse de cette équation,

$$\mathfrak{B}_1 U_1(T + \mathfrak{A} U) = J_1 \mathfrak{A} + Q_1 U$$

et

$$Q_1 U - J_1 T = (\mathfrak{B}_1 U_1 - J_1)(T + \mathfrak{A}) =$$

On devra donc avoir

$$(5) \qquad Q_1 U - J_1 T = -k.$$

Maintenant la valeur de $\mathfrak{T}$ donne

$$\mathfrak{T} = \mathfrak{B}_1 U_1 (T + \mathfrak{A} U)\mathfrak{B} - J_1 \mathfrak{A} J;$$

d'où il suit évidemment, $U_1 T$ et $\mathfrak{A}$ étant symétriques, que $\mathfrak{T}$ l'est aussi. D'une relation établie ci-dessus

$$(\mathfrak{B}_1 U_1 - J_1)(T + \mathfrak{A} U) = -k,$$

on déduit

$$-k\mathfrak{B} = (\mathfrak{B} U_1 - J_1)(Q + \mathfrak{A} J),$$

et en retranchant cette valeur de $-k\mathfrak{B}$ de la valeur de $\mathfrak{T}$

$$\mathfrak{T} + k\mathfrak{B}_1 = J_1 Q$$

et en prenant l'équation inverse

$$\mathfrak{T} + k_1 \mathfrak{B} = Q_1 J.$$

Si donc on veut que $\mathfrak{B}$ soit symétrique, il faudra prendre

$$(6) \qquad J_1 Q - Q_1 J = 0,$$

et alors on aura

$$\mathfrak{T} = -k\mathfrak{B} + J_1 Q.$$

La formule (ε) deviendra

$$\varpi(X + \mathfrak{B} P) = (-1)^{P_1 J_1 N + P_1 Q_1 R + P_1 J_1 Q P} e^{-i\pi k(2 P_1 \mathfrak{X} + P_1 \mathfrak{S} P)}.$$

On voit, en combinant ce résultat avec la formule (γ), que toutes les conditions énoncées ci-dessus seront remplies, si l'on choisit les systèmes T, Q, U, J de telle manière qu'ils satisfassent aux équations (4), (5) et (6).

Relativement aux valeurs de $\mathcal{N}$ et de $\mathcal{R}$, je remarquerai que leurs valeurs peuvent être prises suivant le module 2. Or, $T_1 U$

étant symétrique, on voit facilement qu'en désignant par s_1, $s_2, \ldots, s_n$ les éléments de la diagonale principale de T_1U, et posant

$$S = (s_1, s_2, \ldots, s_n),$$

on aura

$$\Pi_1 T_1 U \Pi \equiv S_1 \Pi \quad (\text{mod.} = 2).$$

De même, en désignant par $\sigma_1, \sigma_2, \ldots, \sigma_n$ les éléments de la diagonale principale du système symétrique $J_1 Q$ et par Σ le système

$$(\sigma_1, \sigma_2, \ldots, \sigma_n),$$

on aura

$$P_1 J_1 Q P \equiv P_1 \Sigma \quad (\text{mod.} = 2).$$

On en conclut aisément que les valeurs de $\mathcal{R}$ et de $\mathcal{N}$, qui doivent entrer dans la formule (γ), seront données par les équations

$$(\lambda) \qquad \begin{cases} \mathcal{R} = U_1 N + T_1 R + S, \\ \mathcal{N} = J_1 N + Q_1 R + \Sigma. \end{cases}$$

VI.

Des considérations précédentes, il résulte qu'une série abélienne aux périodes 1 et $\mathfrak{A}$ pourra être transformée en une série abélienne aux périodes 1 et $\mathfrak{B}$, si $\mathfrak{A}$ et $\mathfrak{B}$ sont liées par la relation

$$(1) \qquad (T + \mathfrak{A}U)\mathfrak{B} = Q + \mathfrak{A}J,$$

T, Q, U, J étant des systèmes entiers satisfaisant aux équations

$$(2) \qquad \begin{cases} U_1 T - T_1 U = 0, \qquad J_1 Q - Q_1 J = 0, \qquad J_1 T - Q_1 U = k, \\ \text{et, par conséquent,} \\ T_1 J - U_1 Q = k. \end{cases}$$

Je vais étudier de plus près ces relations. Il est d'abord nécessaire d'expliquer la notation dont je vais me servir dans ce qui suit. Supposons un système linéaire $\begin{matrix} A & B \\ C & D \end{matrix}$ où les éléments, au lieu d'être de simples nombres, soient des systèmes d'ordre n; alors $\begin{matrix} A & B \\ C & D \end{matrix}$ représentera un système d'ordre $2n$. Soit, par exemple, le système

$$\begin{matrix} a & b & \alpha & \beta \\ c & d & \gamma & \delta \\ a' & b' & \alpha' & \beta' \\ c' & d' & \gamma' & \delta' \end{matrix};$$

si l'on pose

$$\begin{matrix} a & b \\ c & d \end{matrix} = A, \quad \begin{matrix} \alpha & \beta \\ \gamma & \delta \end{matrix} = B,$$

$$\begin{matrix} a' & b' \\ c' & d' \end{matrix} = C, \quad \begin{matrix} \alpha' & \beta' \\ \gamma' & \delta' \end{matrix} = D,$$

ce système d'ordre 4 pourra être représenté par la notation $\begin{matrix} A & B \\ C & D \end{matrix}$.

Comme dans ce qui suit nous aurons à considérer simultanément des systèmes d'ordre n et des systèmes d'ordre $2n$, je continuerai à représenter les premiers par des lettres majuscules ordinaires et les deuxièmes par des lettres majuscules surmontées d'un trait; ainsi j'écrirai, par exemple,

$$\overline{A} = \begin{matrix} A & B \\ C & D \end{matrix}.$$

Du reste, une même équation devra toujours être homogène en ordre; ainsi, si l'on a

$$\overline{A} - \lambda = \begin{matrix} A - \lambda & B \\ C & D - \lambda \end{matrix},$$

il est clair que, dans le premier membre de cette relation, λ désignera un système simple d'ordre $2n$, et dans le second membre un système simple d'ordre n. Les systèmes composés d'ordre $2n$ se multiplient et s'additionnent suivant les mêmes règles que les systèmes ordinaires; ainsi l'on aura

$$\begin{matrix} A & B \\ C & D \end{matrix} \times \begin{matrix} A' & B' \\ C' & D' \end{matrix} = \begin{matrix} AA' + BC' & AB' + BD' \\ CA' + DC' & CB' + DD' \end{matrix},$$

en ayant soin d'observer l'ordre dans lequel on doit prendre les facteurs. Seulement on n'aura pas

$$\triangledown(\overline{A}) = \triangledown(AD - BC);$$

la formule à employer dans ce cas est, en désignant par a et c respectivement les déterminants de A et de C,

$$(\alpha) \qquad \nabla(\overline{A}) = \frac{1}{a^{n-1}c^{n-1}} \nabla(a C_0 D - c A_0 B).$$

Cette formule, à laquelle on peut donner diverses formes, est d'un grand usage dans les applications, et dans ce qui suit j'en ferai souvent implicitement usage.

Ceci posé, revenons aux équations de condition (2), et posons

$$\overline{S} = \begin{matrix} T & Q \\ U & J \end{matrix} \quad \text{et} \quad \overline{J} = \begin{matrix} 0 & 1 \\ -1 & 0 \end{matrix},$$

on verra facilement que les quatre formules (2) sont contenues dans la seule formule

$$(3) \qquad \overline{S_1}\,\overline{J}\,\overline{S} = k\overline{J}.$$

Pour abréger le discours, j'appellerai *abéliens* les systèmes satisfaisant à l'équation (3). On trouvera facilement qu'ils jouissent des propriétés suivantes : 1° leur déterminant est k^n; 2° si $\overline{S}$ est un système abélien, $\overline{S_1}$ en est un également. En effet, multiplions à droite les deux membres de l'équation (3) par $\overline{J}\,\overline{S_1}$, il viendra

$$\overline{S_1}\,\overline{J}\,\overline{S}\,\overline{J}\,\overline{S_1} = k\overline{J}\,\overline{J}\,\overline{S_1},$$

et comme $\overline{J}^2 = -1$,

$$\overline{S_1}\,\overline{J}\,\overline{S}\,\overline{S_1} = -k\overline{S_1};$$

d'où, divisant à gauche par $\overline{S_1}$,

$$\overline{J}\,\overline{S}\,\overline{J}\,\overline{S_1} = -k,$$

et, multipliant à gauche par $\overline{J}$,

$$\overline{S}\,\overline{J}\,\overline{S_1} = k\overline{J}.$$

(Pour les autres propriétés des systèmes abéliens, je supprime les démonstrations, qui sont entièrement analogues à celles que je viens de donner).

3° Le produit de deux systèmes abéliens est un système abélien ;

4° Soit $\overline{M}$ un système abélien symétrique; il pourra être censé représenter une forme quadratique à $2n$ variables. Les formes qui peuvent ainsi être représentées par des systèmes abéliens seront dites *formes abéliennes*.

Si une forme abélienne est transformée par une substitution abélienne, la forme résultante sera aussi une forme abélienne. Une forme abélienne satisfaisant à l'équation

$$(m) \qquad \overline{M}\,\overline{J}\,\overline{M} = m\overline{J},$$

on en déduit

$$\overline{M}\,\overline{J}\,\overline{M}\,\overline{J} = -m$$

et

$$\overline{M_0} = -m^{n-1}\overline{J}\,\overline{M}\,\overline{J};$$

donc la forme adjointe à une forme abélienne se déduit de cette même forme par un simple changement de variables.

De l'équation (m) on déduit encore

$$(\overline{M} - \lambda)\,\overline{J}\,\overline{M} = m\overline{J} - \lambda\overline{J}M = \overline{J}(m - \lambda M).$$

Donc si λ est une racine de l'équation

$$\triangledown(\overline{M} - \lambda) = 0,$$

$\frac{m}{\lambda}$ est aussi une racine de cette même équation.

Cette notion de formes abéliennes, que M. Hermite a, le premier, introduites dans la Science et dont il a donné les principales propriétés, me paraît être d'une importance capitale dans la théorie des fonctions abéliennes; elles y jouent le même rôle que les formes binaires dans la théorie des fonctions elliptiques.

En considérant les formes abéliennes comme n'étant assujetties qu'à des substitutions abéliennes, on peut isoler, pour ainsi dire, les formes et les systèmes abéliens des formes et des systèmes généraux d'ordre $2n$. L'analogie qu'ont les formes ainsi considérées avec les formes binaires quadratiques a été signalée par M. Hermite, et ressort très facilement des propriétés énoncées ci-dessus.

VII.

Je vais maintenant étudier de plus près l'équation

$$(1)\qquad (\mathrm{T} + \mathfrak{A}\mathrm{U})\mathfrak{B} = \mathrm{Q} + \mathfrak{A}\mathrm{J}.$$

Soit une fonction abélienne aux périodes $\mathfrak{C}$ et $\mathfrak{H}$, ayant pour paramètre $\mathfrak{A}$, en sorte que l'on ait

$$(2)\qquad \mathfrak{G} = \mathfrak{H}\mathfrak{A};$$

soit en outre une fonction abélienne aux périodes $\mathfrak{F}$ et $\mathfrak{L}$ et ayant pour paramètre $\mathfrak{B}$, en sorte que l'on ait

$$(3)\qquad \mathfrak{F} = \mathfrak{L}\mathfrak{B};$$

on voit facilement que l'équation (1) pourra être remplacée par le système des deux équations

$$\mathfrak{L} = \mathfrak{H}\mathrm{T} + \mathfrak{C}\mathrm{U},$$
$$\mathfrak{F} = \mathfrak{H}\mathrm{Q} + \mathfrak{E}\mathrm{J},$$

ou bien

$$(4)\qquad \begin{matrix} \mathfrak{L} & \mathfrak{F} \\ 0 & 0 \end{matrix} = \begin{matrix} \mathfrak{H} & \mathfrak{E} \\ 0 & 0 \end{matrix} \times \bar{\bar{\mathrm{S}}}.$$

Distinguons maintenant, dans les systèmes $\mathfrak{A}$, $\mathfrak{B}$, $\mathfrak{K}$, etc., les parties réelles des parties imaginaires et posons

$$\mathfrak{A} = \mathrm{A} + i\mathcal{A}, \quad \mathfrak{B} = \mathrm{B} + i\mathcal{B}, \quad \mathfrak{H} = \mathrm{H} + i\mathcal{H}, \quad \mathfrak{E} = \mathrm{G}i\mathcal{G},$$
$$\mathfrak{F} = \mathrm{F} + i\mathcal{F}, \quad \mathfrak{L} = \mathrm{L} + i\mathcal{L}.$$

La relation (2) deviendra alors

$$(2\ bis)\qquad \mathrm{G} + i\mathcal{G} = (\mathrm{H} + i\mathcal{H})(\mathrm{A} + i\mathcal{A}).$$

Posons

$$\bar{\mathrm{A}} = \begin{matrix} \mathrm{H} & \mathrm{G} \\ \mathcal{H} & \mathcal{G} \end{matrix},$$

on aura

$$\bar{\mathrm{A}}_1 \mathrm{A} = \begin{matrix} \mathrm{H}_1\mathrm{H} + \mathcal{H}_1\mathcal{H} & \mathrm{H}_1\mathrm{G} + \mathcal{H}_1\mathcal{G} \\ \mathrm{G}_1\mathrm{H} + \mathcal{G}_1\mathcal{H} & \mathrm{G}_1\mathrm{G} + \mathcal{G}_1\mathcal{G} \end{matrix} = \begin{matrix} \mathcal{M} & \mathcal{N} \\ \mathcal{N}_1 & \mathcal{P} \end{matrix}.$$

Or, si l'on pose

$$(5)\qquad \begin{cases} H_1\mathcal{G} - \mathfrak{H}_1 G = C, & H_1\mathfrak{H} - \mathfrak{H}_1 H = D, \\ G_1\mathcal{G} - \mathcal{G}_1 G = E, & G_1\mathfrak{H} - \mathcal{G}_1 H = E, \end{cases}$$

on déduit de la relation (2 *bis*)

$$\mathcal{N} = \mathfrak{M}A - D\mathcal{A}, \qquad C = \mathfrak{M}\mathcal{A} + DA, \qquad \mathfrak{P} = \mathcal{N}_1 A - F\mathcal{A}.$$
$$E = \mathcal{N}_1\mathcal{A} + FA.$$

Ces quatre équations donnent, en posant $\nabla(\mathcal{A}) = a$,

$$aD = \mathfrak{M}A\mathcal{A}_0 - \mathcal{N}\mathcal{A}_0, \qquad aC = \mathfrak{M}(A\mathcal{A}_0A + a\mathcal{A}) - \mathcal{N}\mathcal{A}_0A,$$
$$aF = \mathcal{N}_1A\mathcal{A}_0 - \mathfrak{P}\mathcal{A}_0, \qquad aE = \mathcal{N}_1(A\mathcal{A}_0A + a\mathcal{A}) - \mathfrak{P}\mathcal{A}_0A,$$

formules que l'on peut mettre sous la forme suivante, en posant comme ci-dessus

$$J = \begin{matrix} 0 & 1 \\ -1 & 0 \end{matrix} \quad \text{et} \quad \overline{\mathcal{A}} = \begin{matrix} \mathcal{A} & \mathcal{A}_0A \\ A\mathcal{A}_0 & A\mathcal{A}_0A + a\mathcal{A} \end{matrix}$$

(comme A et $\mathcal{A}$ sont symétriques, il est évident que $\overline{\mathcal{A}}$ l'est aussi),

$$a.\begin{matrix} D & C \\ F & E \end{matrix} = \overline{A_1}\,\overline{A}\,\overline{J}\,\overline{\mathcal{A}};$$

Or, de ces équations (5) il résulte

$$\begin{matrix} D & C \\ F & E \end{matrix} = \overline{A_1}\,\overline{J}\,\overline{A};$$

il viendra donc

$$(6)\qquad a\overline{J}\,\overline{A} = \overline{A}\,\overline{J}\,\overline{\mathcal{A}},$$

d'où l'on voit que

$$\nabla(\mathcal{A}) = a^{2n}.$$

On déduit de là

$$(7)\qquad \overline{\mathcal{A}}.\,a^{2n-1} = -\,\overline{J}\,\overline{A_0}\,\overline{J}\,\overline{A},$$

et comme $\overline{\mathcal{A}}$ est symétrique,

$$(8)\qquad \overline{J}\,\overline{A}\,\overline{J}\,\overline{A_1} = \overline{A}\,\overline{J}\,\overline{A_1}\,\overline{J}.$$

Les conséquences des formules (6), (7), (8), qui établissent ainsi des relations entre les parties réelles et imaginaires des modules $\mathfrak{C}$ et $\mathfrak{H}$ et du paramètre $\mathfrak{A}$ d'une fonction abélienne, conduisent à de nombreux résultats.

En distinguant dans la formule (4) les parties réelles et les parties imaginaires, on aura

$$\begin{array}{cc} L + i\mathscr{L} & F + i\mathscr{F} \\ 0 & 0 \end{array} = \begin{array}{cc} H + i\mathscr{H} & G + \mathscr{G} \\ 0 & 0 \end{array} \times \overline{\mathrm{S}},$$

ou bien

$$\begin{array}{cc} L & F \\ & \mathscr{F} \end{array} = \begin{array}{cc} H & G \\ \mathscr{H} & \mathscr{G} \end{array} \times \overline{\mathrm{S}},$$

ou, en adoptant les notations précédentes,

$$(9) \qquad \overline{\mathrm{B}} = \overline{\mathrm{A}}\,\overline{\mathrm{S}}.$$

A cette relation on peut, en désignant par $\overline{\mathscr{B}}$ le système analogue au système $\overline{\mathscr{A}}$, mais relatif au paramètre $\mathfrak{B}$, joindre les équations suivantes :

$$a\overline{\mathrm{J}}\,\overline{\mathrm{A}} = \overline{\mathrm{A}}\,\overline{\mathrm{J}}\,\overline{\mathfrak{A}}, \qquad b\overline{\mathrm{J}}\,\overline{\mathrm{B}} = \overline{\mathrm{B}}\,\overline{\mathrm{J}}\,\overline{\mathscr{B}} \qquad \text{et} \qquad \overline{\mathrm{S}}_1\overline{\mathrm{J}}\,\overline{\mathrm{S}} = k\overline{\mathrm{J}}.$$

En éliminant entre ces équations et l'équation (9) les systèmes $\overline{\mathrm{A}}$, $\overline{\mathrm{B}}$ et $\overline{\mathrm{J}}$, on obtiendra

$$(10) \qquad \overline{\mathscr{B}} = \frac{a}{ak}\,\overline{\mathrm{S}}_1\overline{\mathscr{A}}\,\overline{\mathrm{S}},$$

nouvelle forme sous laquelle peut se mettre la relation

$$(1) \qquad (\mathrm{T} + \mathfrak{A}\mathrm{U})\mathfrak{B} = \mathrm{Q} + \mathfrak{A}\mathrm{J},$$

et où n'entrent, comme dans cette dernière, que les paramètres $\mathfrak{A}$ et $\mathfrak{B}$.

L'équivalence de ces deux relations est d'une grande importance dans la théorie des formes abéliennes; car il est clair que l'analyse précédente subsiste indépendamment de la signification que nous avons donnée aux divers systèmes qui y entrent, et il est facile de voir que le système $\overline{\mathscr{A}}$ est précisément le système abélien symétrique le plus général. Ce point important établit une analogie plus intime encore entre les formes abéliennes et les formes quadratiques binaires. La formule (10) a une interprétation remarquable; d'après la valeur de $\mathcal{A}$,

$$\overline{\mathcal{A}} = \begin{matrix} \mathcal{A}_0 & \mathcal{A}_0 A \\ A\mathcal{A}_0 & A\mathcal{A}_0 A + a\mathcal{A} \end{matrix}, \tag{11}$$

on voit que ce système représente une forme abélienne; soit f cette forme, et φ la forme abélienne représentée par $\overline{\mathfrak{P}}$, la formule (10) exprime que la forme φ se déduit de la forme f par une substitution abélienne.

Les formes abéliennes sont susceptibles d'une décomposition remarquable, que M. Hermite a signalée pour les formes du deuxième ordre. Soit

$$\overline{X} = (x_1, x_2, \ldots, x_{2n}),$$

on aura

$$\overline{\Omega} f(x_1, x_2, \ldots, x_{2n}) = \overline{X_1}\,\overline{\mathcal{A}}\,\overline{X};$$

or, de la formule (11) on déduit sans peine

$$\overline{\mathcal{A}} = \begin{matrix} \mathcal{A}_0 & 0 \\ A\mathcal{A}_0 & 0 \end{matrix} \times \begin{matrix} 1 & A \\ 0 & 0 \end{matrix} + \begin{matrix} 0 & 0 \\ 0 & a\mathcal{A} \end{matrix};$$

décomposons le groupe de $2n$ variables $x_1, x_2, \ldots, x_{2n}$ en deux groupes de n variables $y_1, y_2, \ldots, y_n$; $z_1, z_2, \ldots, z_n$, et posons

$$\overline{X} = \begin{matrix} Y & 0 \\ Z & 0 \end{matrix};$$

il viendra

$$\overline{\Omega} f(x_1, x_2, \ldots, x_{2n}) = \begin{matrix} Y_1 & Z_1 \\ 0 & 0 \end{matrix} \times \left\{ \begin{matrix} \mathcal{A}_0 & 0 \\ A\mathcal{A}_0 & 0 \end{matrix} \times \begin{matrix} 1 & A \\ 0 & 0 \end{matrix} + \begin{matrix} 0 & 0 \\ 0 & a\mathcal{A} \end{matrix} \right\} \times \begin{matrix} Y & 0 \\ Z & 0 \end{matrix},$$

et, en effectuant les multiplications,

$$\overline{\Omega} f(x_1, x_2, \ldots, x_{2n}) = \begin{matrix} (Y_1 + Z_1 A)\mathcal{A}_0 (Y + AZ) + a Z_1 \mathcal{A} Z & 0 \\ 0 & 0 \end{matrix}$$

équation que l'on peut écrire, en désignant par g la forme représentée par le système $\mathcal{A}$, et par h son adjointe

$$f(\overline{X}) = h(Y + AZ) + a g(Z); \tag{12}$$

et le sens de cette dernière relation sera bien précis, si l'on se reporte à ce que j'ai dit de la notation dont je me sers pour les formes quadratiques.

Un point important à établir, et qui résulte immédiatement de la formule (12), c'est que si le système $\mathcal{A}$ est défini et positif, le système $\mathcal{B}$ l'est aussi; il suffit pour le faire voir de considérer en même temps l'équation (10).

Je terminerai ce que je voulais dire des fonctions abéliennes par quelques remarques.

Posons

$$\overline{\mathrm{J}}\,\overline{\mathrm{A}}\,\overline{\mathrm{J}}\,\overline{\mathrm{A}_1} = \overline{\mathfrak{A}};$$

le système $\mathfrak{A}$, en vertu de l'équation (8), sera symétrique, et l'on aura évidemment

$$\overline{\mathrm{J}}\,\overline{\mathrm{A}}\,\overline{\mathrm{S}}.\overline{\mathrm{S}_0}\,\overline{\mathrm{J}}\,\overline{\mathrm{S}_{01}}.\overline{\mathrm{S}_1}\,\overline{\mathrm{A}_1} = k^{2n}\overline{\mathfrak{A}};$$

mais

$$\overline{\mathrm{A}}\,\overline{\mathrm{S}} = \overline{\mathrm{B}}, \qquad \overline{\mathrm{S}_1}\,\overline{\mathrm{A}} = \overline{\mathrm{B}_1} \qquad \text{et} \qquad \overline{\mathrm{S}_0}\,\overline{\mathrm{J}}\,\overline{\mathrm{S}_{01}} = k^{2n-1}\overline{\mathrm{J}},$$

donc on aura

$$\overline{\mathrm{J}}\,\overline{\mathrm{B}}\,\overline{\mathrm{J}}\,\overline{\mathrm{B}_1} = k\overline{\mathfrak{A}},$$

d'où

$$(13) \qquad \overline{\mathfrak{B}} = k\overline{\mathfrak{A}}.$$

Cette équation fait voir que si d'une fonction abélienne aux périodes $\mathfrak{C}$ et $\mathfrak{H}$, on en déduit une autre aux périodes $\mathfrak{F}$ et $\mathfrak{L}$ au moyen des formules (4), le système $\overline{\mathfrak{A}}$ joue le rôle d'un véritable invariant.

Si, par une même substitution $\overline{\mathrm{S}}$, on déduit d'un paramètre $\mathfrak{A}$ un paramètre $\mathfrak{B}$, et d'un paramètre $\mathfrak{A}'$ un paramètre $\mathfrak{B}'$, on aura

$$(14) \qquad \nabla(\mathfrak{B}' - \mathfrak{B}) = (\mathfrak{A}' - \mathfrak{A})\,\frac{k^n}{\nabla(\mathrm{T} + \mathfrak{A}\mathrm{U}).\nabla(\mathrm{T} + \mathfrak{A}'\mathrm{U})}.$$

En particulier, faisons

$$\mathfrak{A}' = \mathrm{A} - i\mathcal{A} \qquad \text{et} \qquad \mathfrak{B}' = \mathrm{B} - i\mathcal{B},$$

il viendra

$$\nabla(\mathcal{B}) = \nabla(\mathcal{A})\,\frac{k^n}{\nabla^2(\mathrm{T} + \mathfrak{A}\mathrm{U})};$$

l'expression $\nabla(\mathrm{T} + \mathfrak{A}\mathrm{U})$ a un sens bien précis, car c'est le dénominateur commun des éléments de $\mathfrak{B}$; en appelant m ce dénominateur commun, b et a les déterminants des systèmes $\mathfrak{B}$ et $\mathfrak{A}$, on aura donc

$$b = \frac{ak^n}{m}. \tag{15}$$

En faisant dans les formules précédentes $n = 2$, on retrouverait, avec une légère différence dans la notation, les formules que M. Hermite a données dans son Mémoire sur les fonctions abéliennes. Seulement, les systèmes à seize éléments qu'il a considérés ne sont pas tout à fait les mêmes que ceux dont j'ai fait usage;

$$\begin{matrix} a_0 & a_1 & a_2 & a_3 \\ b_0 & b_1 & b_2 & b_3 \\ c_0 & c_1 & c_2 & c_3 \\ d_0 & d_1 & d_2 & d_3 \end{matrix}$$

étant un des systèmes qu'il emploie, les systèmes abéliens du second ordre seront donnés par l'expression générale

$$\begin{matrix} a_0 & a_1 & a_3 & a_2 \\ b_0 & b_1 & b_3 & b_2 \\ d_0 & d_1 & d_3 & d_2 \\ c_0 & c_1 & c_3 & c_2 \end{matrix}.$$

SUR LES

COVARIANTS DOUBLES DES FORMES BINAIRES.

Bulletin de la Société Philomathique de Paris, 6ᵉ série, t. VIII; 1872.

1. Considérons un système composé d'un nombre quelconque de formes binaires (ce système pouvant se réduire à une forme unique).

Soit U un covariant de ce système de formes. On désigne sous le nom d'*émanants* de ce covariant les polynomes contenus dans les expressions suivantes :

$$\left(x\frac{d}{d\xi}+y\frac{d}{d\eta}\right)\mathrm{U},$$
$$\frac{1}{2}\left(x\frac{d}{d\xi}+y\frac{d}{d\eta}\right)^2\mathrm{U},$$
$$\frac{1}{6}\left(x\frac{d}{d\xi}+y\frac{d}{d\eta}\right)^3\mathrm{U},\quad\ldots.$$

Je représenterai simplement un émanant de U par la notation $(\mathrm{U})_i$, l'indice i indiquant le degré de ce polynome par rapport aux variables ξ et η.

Lorsque l'on identifie les variables ξ et η aux variables x et y, chaque émanant se réduit à la forme U.

2. On sait que les émanants de U sont des covariants doubles du système de formes donné, c'est-à-dire qu'ils se transforment en des polynomes composés d'une façon semblable, lorsqu'on assujettit les deux systèmes de variables x, y et ξ, η à des substitutions cogrédientes.

Tout covariant double d'un système de formes se compose d'émanants et du covariant $(x\eta - y\xi)$, que je représenterai pour abréger par ω.

On a, en effet, la proposition suivante : si H désigne un covariant double quelconque du système de formes donné, on peut mettre H sous la forme suivante, i désignant le degré de ce polynome par rapport aux variables ξ et η,

$$H = (A)_i + \omega(B)_{i-1} + \omega^2(C)_{i-2} + \ldots,$$

A, B, C désignant des covariants du système de formes donné.

3. Cette proposition est très utile dans une foule de calculs algébriques. Je ne citerai ici que quelques exemples très simples, mais dont l'application est fréquente dans la théorie des surfaces du troisième et du quatrième ordre, ainsi que dans la théorie des courbes du quatrième ordre.

Soit F un polynome du quatrième degré; proposons-nous de calculer l'expression

$$\Omega = F(x, y)\left[x\frac{dF(\xi, \eta)}{d\xi} + y\frac{dF(\xi, \eta)}{d\eta}\right]^2 - F(\xi, \eta)\left[\xi\frac{dF(x, y)}{dx} + \eta\frac{dF(x, y)}{dy}\right]^2.$$

Cette expression est un covariant double de F, du degré 3 par rapport aux coefficients et du degré 6 par rapport aux variables x et y, ainsi que par rapport aux variables ξ et η.

De plus, Ω change de signe quand on échange entre elles ces deux systèmes de variables; son développement ne doit donc contenir que des puissances impaires de ω et l'on a

$$\Omega = \omega(A)_5 + \omega^3(B)_3 + \omega^5(C)_1;$$

A désigne un covariant de F, du degré 10 par rapport aux variables et du degré 3 par rapport aux coefficients; comme un tel covariant ne peut exister, on a nécessairement

$$A = 0;$$

l'on a de même $C = 0$, car C ne pourrait être qu'un covariant de F du degré 2.

B est un covariant du degré 6 par rapport aux variables et du degré 3, par rapport aux coefficients; ce ne peut être que le covariant sextique de F; en désignant par J ce covariant, on a donc, à un facteur numérique près, la formule

$$(1) \qquad \Omega = \xi^3\frac{d^3J}{dx^3} + 3\xi^2\eta\frac{d^3J}{dx^2\,dy} + 3\xi\eta^2\frac{d^3J}{dx^2\,dy} + \eta^3\frac{d^3J}{dy^3}.$$

4. Considérons encore la forme biquadratique F et son hessien H; posons

$$\Omega = F(x, y)\,H(\xi, \eta) - F(\xi, \eta)\,H(x, y).$$

Cette expression est un covariant double de F, du degré 4 par rapport aux variables ξ et η, du degré 3 par rapport aux coefficients; de plus, Ω change de signe quand on échange entre elles les variables ; on peut donc poser

$$\Omega = \omega(A)_3 + \omega^2(B)_1;$$

B, ne pouvant être qu'un covariant de F du degré 2, est nul; A, étant un covariant de cette forme, du degré 6 par rapport aux variables et du degré 3 par rapport aux coefficients, est le covariant sextique de J.

On a donc, à un facteur numérique près, pour Ω la même expression que dans le paragraphe précédent.

5. J'appliquerai ce qui précède à une question relative aux courbes de quatrième classe. On sait que l'on peut trouver divers systèmes de coniques quadruplement tangentes à une telle courbe. Étant donné l'un de ces systèmes, il lui correspond, dans le plan de la courbe, une cubique K et une conique G; toute droite du plan, tangente à G, a pour polaire, relativement à K, une des coniques quadruplement tangentes du système.

J'ai démontré, dans mon *Mémoire de Géométrie analytique,* inséré dans le *Journal de Liouville* (janvier et février 1872), la proposition suivante :

« Étant données une courbe de la quatrième classe et une conique, on peut construire une courbe du neuvième ordre, qui passe par les vingt-huit points doubles de la courbe de quatrième classe et les vingt-huit points de rencontre des huit tangentes communes aux deux courbes, et qui, de plus, touche la courbe de quatrième classe aux points où elle est touchée par la conique. »

J'ai fait voir, de plus, que si la conique était la polaire d'une droite D quelconque du plan par rapport à K, la courbe du neuvième ordre se décomposait :

1° En une cubique (de Steiner) passant par les douze points doubles du groupe; cette cubique ne dépend pas de la droite D;

2° En une courbe du sixième ordre, Q, passant par les seize points doubles qui n'appartiennent pas au groupe.

J'ai donné (§ 52 de mon Mémoire) l'équation de cette courbe, mais sans la développer et sans mettre en évidence la variable qu'elle renferme ; je veux revenir ici sur cette question.

6. En conservant les notations du Mémoire déjà citées, posons

$$\begin{aligned} &a_0 c_0 - b_0^2 = \mathrm{M}, && \mathrm{C}_0 a_0 + \mathrm{A}_0 c_0 - 2\mathrm{B}_0 b_0 = \mathrm{N}, \\ &a^0 \gamma_0 - \beta_0^2 = \mathrm{M}', && \mathrm{C}_0 a_0 + \mathrm{A}_0 \gamma_0 - 2\mathrm{B}_0 \beta_0 = \mathrm{N}', \\ &a_0 \gamma_0 + c_0 a_0 - 2, && b_0 \beta_0 + 4(\mathrm{A}_0 \mathrm{C}_0 - \mathrm{B}_0^2) = \mathrm{P}. \end{aligned}$$

M, N, M', N' et P sont, on le voit, des invariants du système de formes

$$\begin{gathered} \mathrm{A}_0 \lambda^2 + 2\mathrm{B}_0 \lambda\mu + \mathrm{C}_0 \mu^2, \\ a_0 \lambda^2 + 2 b_0 \lambda\mu + c_0 \mu^2, \\ a_0 \lambda^2 + 2 \beta_0 \lambda\mu + \gamma_0 \mu^2. \end{gathered}$$

Cela posé, l'équation générale des coniques du groupe, quadruplement tangentes à la courbe de quatrième classe, est

$$\mathrm{F} = \mathrm{M}\lambda^4 + 2\mathrm{N}\lambda^3\mu + \mathrm{P}\lambda^2\mu^2 + 2\mathrm{N}'\lambda\mu^3 + \mathrm{M}'\mu^4 = 0.$$

L'équation de la courbe Q relative à deux de ces coniques caractérisées par les paramètres $\lambda : \mu$ et $\lambda' : \mu'$ est, en désignant comme précédemment par J le covariant sextique de la forme biquadratique F,

$$\lambda'^3 \frac{d^3\mathrm{F}}{d\lambda^3} + 3\lambda'^2\mu' \frac{d^3\mathrm{F}}{d\lambda^2 d\mu} + 3\lambda'\mu'^2 \frac{d^3\mathrm{F}}{d\lambda d\mu^2} + \mu'^3 \frac{d^3\mathrm{F}}{d\mu^3} = 0.$$

En désignant par H le hessien de F, on voit, en se reportant au §3, que l'équation de cette courbe peut se mettre aussi sous la forme

$$\mathrm{F}(\lambda, \mu)\mathrm{H}(\lambda', \mu') - \mathrm{F}(\lambda'\mu')\mathrm{H}(\lambda, \mu) = 0,$$

ou simplement

$$\mathrm{FH}' - \mathrm{F}'\mathrm{H} = 0.$$

7. L'équation précédente peut être regardée comme le résultat de l'élimination d'un paramètre arbitraire θ entre les deux équations

$$\theta\mathrm{F} + 2\mathrm{H} = 0 \quad \text{et} \quad \theta\mathrm{F}' + 2\mathrm{H}' = 0.$$

On voit ici s'introduire les courbes remarquables du quatrième degré, dont l'équation est

$$(1) \qquad \theta F + 2H = 0,$$

courbes que je désignerai sous le nom de courbes (H).

Si, laissant θ invariable, on fait varier λ et μ, on peut déterminer facilement l'enveloppe de ces courbes.

Désignons respectivement par S et T l'invariant quadratique et l'invariant cubique de F ; on sait que les équations

$$S = 0 \quad \text{et} \quad T = 0$$

représentent les courbes du quatrième et du sixième ordre, qui se croisent aux vingt-quatre points du rebroussement de la courbe de quatrième classe.

Cela posé, l'enveloppe des courbes (H) s'obtient en égalant à zéro, le discriminant de l'équation (1); d'après une formule de M. Cayley, l'équation de l'enveloppe sera donc

$$(S^3 - 27T^2)(\theta^3 - \theta S - 2T)^2 = 0;$$

elle se compose donc :

1° De la courbe de quatrième classe elle-même;

2° D'une courbe de sixième ordre, dont l'équation est

$$\theta^3 - \theta S - 2T = 0.$$

Les courbes de sixième ordre contenues dans l'équation précédente se rattachent, on le voit, étroitement aux points de rebroussement de la courbe fondamentale ; et il est remarquable qu'on y soit conduit par la considération de courbes, dont la définition est tirée de l'étude des points doubles.

Je m'arrêterai ici dans cette étude, ayant voulu seulement, dans cette courte Note, indiquer la voie nouvelle où l'on était conduit, pour l'étude des courbes de quatrième classe, par la considération de la forme biquadratique F et de ses divers covariants simples ou doubles.

SUR LA

REPRÉSENTATION DES FORMES BINAIRES

DANS LE PLAN ET DANS L'ESPACE.

Bulletin de la Société Philomathique; 1872.

On peut représenter une forme binaire sur une ligne droite par n points de cette droite correspondant aux racines de l'équation que l'on obtient en égalant la forme à zéro. On peut, dans ce but, employer aussi une courbe quelconque, plane ou gauche, de genre zéro, et un grand nombre de propriétés du système de points situés sur cette courbe, que j'appellerai *courbe fondamentale,* se déduiront immédiatement de celles des formes qu'ils représentent.

La courbe fondamentale étant choisie, on pourra aussi, d'une façon plus simple, représenter des groupes de points (ou des formes) par un certain nombre d'éléments (points ou droites) qui pourront les déterminer; ce mode de représentation variera d'ailleurs suivant la nature de la courbe choisie.

Étant données deux formes de même degré f et φ, j'appellerai, pour abréger, *faisceau de ces formes* l'ensemble des formes comprises dans l'expression $f + \lambda\varphi$; un faisceau est évidemment déterminé quand on connaît deux des formes qu'il contient.

Pour éclaircir ceci par un exemple, prenons une conique H pour courbe fondamentale; une forme quadratique sera déterminée par deux points de cette conique, ou bien, si l'on veut, par la droite qui joint ces deux points. C'est ce dernier mode de représentation que nous emploierons [*voir,* à ce sujet, un remarquable article de M. Weyr, *sur l'involution du degré supérieur,* (*Crelle,* t. LXXII)]. Cela posé, on voit que toutes les formes quadratiques d'un faisceau sont représentées par des droites concourant en un même point qui représentera ce faisceau. D'où l'on déduit immédiatement que la propriété connue de l'hexagone de Pascal peut s'énoncer algébriquement de la façon suivante :

« Étant donnée une équation du sixième degré $f(x) = 0$ dont les racines soient a_i, si l'on pose, pour abréger,

$$A_{hk} = (x - a_h)(x - a_k),$$

on pourra déterminer six facteurs numériques λ, μ, λ', μ', λ'' et μ'' de telle sorte que l'on ait identiquement

$$\lambda A_{12} + \mu A_{45} = \lambda' A_{23} + \mu' A_{56} = \lambda'' A_{34} + \mu'' A_{16}. \text{ »}$$

Cette propriété de six points d'une droite appliquée à une conique donne le théorème de Pascal; appliquée à une cubique, elle fournit à la fois des propriétés de six points quelconques de cette courbe (et, par conséquent, de six points quelconques de l'espace) et des propriétés de sept points quelconques situés sur cette cubique.

Dans ce qui suit, je considérerai spécialement une cubique gauche fondamentale K. Une forme quadratique sera déterminée par deux points de cette courbe et représentée par la sécante qui joint ces deux points. Les droites représentatives d'un faisceau de formes quadratiques sont les génératrices (sécantes de la cubique) d'une quadratique passant par K; une telle surface représentera donc un faisceau de formes quadratiques.

Cela posé, la propriété que je viens d'énoncer relativement aux racines de l'équation du sixième degré donnera immédiatement la proposition suivante :

« Étant pris par sept points 1, 2, 3, 4, 5, 6, 7, sur K, il y existe une droite D (sécante de la cubique) qui rencontre les neuf droites contenues dans les deux Tableaux suivants :

E.....	3(12) (54)	1(23) (56)	2(34) (16)
	6(12) (54)	4(23) (56)	5(34) (16)
F.....	7(12) (54)	7(23) (56)	7(34) (16)

» La droite D rencontre donc les six droites contenues dans le Tableau E, ce qui fournit une propriété de six points quelconques de l'espace; (cette propriété se rattache d'ailleurs à de belles propositions données par M. P. Serret sur les cubiques gauches).

» Le Tableau F montre en outre que, la droite D ayant été déterminée au moyen des points 1, 2, 3, 4, 5 et 6, tout plan sécant mené par D rencontre les côtés de l'hexagone, dont ils sont les sommets, en six points situés deux à deux sur trois droites concourantes.

» Le point de concours décrit, lorsqu'on fait varier le plan, la cubique gauche déterminée par les six points.

» Dans ce qui précède, 3 (12) (54) désigne la droite qui, passant par le point 3, rencontre les droites 12 et 54; les autres notations ont une signification analogue. »

On peut aussi énoncer ces résultats de la façon suivante : « Un hexagone étant inscrit dans une cubique, par la courbe et chaque couple de côtés opposés de l'hexagone, on peut faire passer une quadrique; les trois quadriques ainsi obtenues ont une génératrice commune qui est une sécante de la cubique. » Une forme cubique est déterminée par trois points de K; les plans osculateurs de la courbe en ces points passent par un point p situé, comme on le sait par un beau théorème de M. Chasles, dans le plan P qui contient les trois points. Je dirai que le point p et le plan P sont associés; si le point p parcourt une droite, le plan P tourne autour d'une autre droite qui est associée à la première. Je représenterai une forme cubique par le point associé au plan qui contient les trois points de K qui la déterminent.

Une forme cubique représentée par un point p est déterminée par les trois points de contact a, b, c des plans osculateurs que l'on peut mener de ce point à la courbe. Si l'on prend les conjugués harmoniques de chacun des points a, b, c par rapport aux deux autres, on obtient un autre système de trois points qui détermine le covariant cubique de la forme; les plans osculateurs en ces points se coupent en un point p' représentatif du covariant.

Cela posé, les deux points p et p' sont situés sur une même sécante de la cubique et partagent harmoniquement le segment intercepté par la courbe sur cette sécante. Je dirai que les deux points se correspondent par rapport à la cubique.

Le faisceau de la forme représentée par le point p est représenté par la sécante qui passe par ce point.

J'ajouterai la remarque suivante :

« Le plan polaire d'un point donné relativement à la surface développable S, dont K est l'arête de rebroussement, est le plan associé au point correspondant.

Étant données deux formes cubiques représentées par les points p et q, les différentes formes contenues dans le faisceau qu'elles déterminent sont représentées par les différents points de la droite pq. Une droite, dans l'espace, représentera donc un faisceau de formes cubiques.

Si une droite rencontre une génératrice de S, leur point de rencontre représente une forme cubique ayant un facteur carré. D'où cette conséquence :

« Une droite (représentant un faisceau) rencontre quatre génératrices de S; les quatre points où ces droites touchent K représentent le Jacobien du réseau. »

Étant donnée une forme biquadratique F représentée par quatre points de K, menons les tangentes en ces points. Ces quatre droites n'étant jamais sur une même quadrique, il n'y a que deux droites D et D′ qui les rencontrent toutes.

Donc F est le Jacobien des deux faisceaux de formes cubiques, lesquels sont représentés par les droites D et D′.

Ces deux droites sont associées par rapport à la cubique. Je représenterai la forme F par ces deux droites ou simplement par l'une d'entre elles, puisque par là même l'autre sera déterminée.

SUR L'APPROXIMATION

DES

FONCTIONS D'UNE VARIABLE

AU MOYEN DE FRACTIONS RATIONNELLES;

Bulletin de la Société mathématique; 1877.

La méthode que je développe dans cette Note, pour les cas les plus simples, s'applique sans difficulté aux fonctions de la forme e^W, où W désigne une fonction rationnelle quelconque de x, et aux fonctions de la forme

$$(ax + b)^\alpha (a'x + b')^{\alpha'} \ldots,$$

où α, α', ... désignent des quantités arbitraires quelconques.

Le principe que j'ai mis en usage est le suivant : $F(x)$ étant une fonction donnée et $\frac{\varphi(x)}{f(x)}$ la fraction rationnelle dont le dénominateur est d'un degré donné et qui se rapproche le plus de la valeur de la fonction, je cherche à établir entre $\varphi(x)$, $f(x)$ et leurs dérivées du premier ordre une relation algébrique qui soit linéaire par rapport à l'une de ces fonctions, $\varphi(x)$ par exemple, et par rapport à sa dérivée.

Cela posé, en considérant pour un instant $f(x)$ comme connue, et $\varphi(x)$ comme une fonction inconnue, on aura une équation linéaire du premier ordre que l'on saura intégrer au moyen d'une quadrature. Comme le résultat de l'intégration est connu d'avance, il suffira de déterminer à quelles conditions doit satisfaire $f(x)$ pour que ce résultat soit de la forme voulue.

On déterminera généralement ainsi une équation linéaire et du second ordre à laquelle satisfera le polynome $f(x)$; cette équation admet une seconde solution qui s'exprime facilement au moyen du polynome $\varphi(x)$, ou encore, si l'on pose

$$f(x)F(x) = \varphi(x) + R,$$

au moyen de R, comme l'a fait voir M. Christoffel [1] relativement aux polynomes de Legendre.

I.

Développement de $\frac{1}{\sqrt{x^2-1}}$.

1. Soit

$$\frac{1}{\sqrt{x^2-1}} = \frac{\varphi(x)}{f(x)} + \left(\frac{1}{x^{2n+1}}\right) \quad [2],$$

où $f(x)$ et $\varphi(x)$ désignent respectivement des polynomes du degré n et du degré $(n-1)$.

On en déduit

$$\log\frac{1}{\sqrt{x^2-1}} = \log\varphi(x) - \log f(x) + \left(\frac{1}{x^{2n}}\right),$$

parce que $\frac{\varphi(x)}{f(x)}$ est du degré (-1) en x; puis, en prenant les dérivées des deux nombres,

$$-\frac{x}{x^2-1} = \frac{\varphi'(x)}{\varphi(x)} - \frac{f'(x)}{f(x)} + \left(\frac{1}{x^{2n+1}}\right)$$

et

$$(1) \qquad x\varphi(x)f(x) + (x^2-1)[f(x)\varphi'(x) - \varphi(x)f'(x)] = \text{A},$$

A désignant une constante.

Si, dans cette équation, on regarde $f(x)$ comme connue, on a, pour déterminer $\varphi(x)$, une équation linéaire et du premier ordre; en l'intégrant et négligeant d'abord le second membre, on sera conduit à poser

$$(2) \qquad \varphi(x) = \frac{f(x)}{\sqrt{x^2-1}}z,$$

---

(1) *Ueber die Gaussische Quadratur und eine Verallgemeinerung derselben* (*Journal de Crelle*, t. LV).

(2) Pour abréger, je désignerai dans tout ce qui suit par $\left(\frac{1}{x^m}\right)$ une série ordonnée suivant les puissances décroissantes de x et commençant par un terme en $\frac{1}{x^m}$, et par (x^m) une série ordonnée suivant les puissances croissantes de x et commençant par un terme en x^m.

z étant déterminé par l'équation différentielle

$$\frac{dz}{dx} f^2(x)\sqrt{x^2-1} = A,$$

d'où

(3) $$z = \int \frac{A}{\sqrt{x^2-1}\, f^2(x)}\, dx,$$

ou encore, si l'on désigne par α, β, ... les racines de l'équation $f(x) = 0$, et si l'on pose, pour abréger,

$$\frac{A}{f^2(x)} = \sum \frac{p}{(x-\alpha)^2} + \sum \frac{q}{x-\alpha},$$

$$z = \sum \int \left[\frac{p}{\sqrt{x^2-1}\,(x-\alpha)^2} + \frac{q}{\sqrt{x^2-1}\,(x-\alpha)} \right] dx,$$

ou encore, en effectuant une intégration par parties,

$$\begin{aligned} z &= \sum \left\{ -\frac{p}{(x-\alpha)\sqrt{x^2-1}} \right. \\ &\qquad \left. + \int \left[\frac{q}{(x-\alpha)\sqrt{x^2-1}} - \frac{px}{(x-\alpha)(x^2-1)^{\frac{3}{2}}} \right] dx \right\} \\ &= \sum \left[-\frac{p}{(x-\alpha)\sqrt{x^2-1}} + \int \frac{q(x^2-1) - px}{(x-\alpha)(x^2-1)^{\frac{3}{2}}}\, dx \right]. \end{aligned}$$

On déduit de là facilement que z se compose d'une partie algébrique, d'une expression de la forme

$$\int \frac{Px + Q}{(x^2-1)^{\frac{3}{2}}}\, dx$$

et de termes de la forme

$$\int \frac{q(\alpha^2-1) - p\alpha}{(x-\alpha)(x^2-1)^{\frac{3}{2}}}\, dx.$$

Chacun de ces termes doit évidemment être nul; or un calcul facile donne

$$\frac{p}{-f'(\alpha)} = \frac{q}{f''(\alpha)};$$

on a donc la relation

$$(\alpha^2-1) f''(\alpha) + \alpha f'(\alpha) = 0,$$

qui doit avoir lieu pour toute racine de l'équation $f(x) = 0$; d'où il suit que $f(x)$ satisfait à une équation différentielle du second ordre de la forme

$$(x^2 - 1)y'' + xy' + Py = 0.$$

La valeur de P s'obtient immédiatement en écrivant que le coefficient de x^n, dans le premier membre, est égal à zéro. On obtient ainsi l'équation bien connue

$$(x^2 - 1)y'' + xy - n^2 y = 0. \tag{4}$$

2. Puisque le polynome $f(x)$ est une solution de l'équation (4), on obtiendra une seconde solution de cette équation en posant

$$y = f(x) \int \frac{dx}{\sqrt{x^2 - 1}\, f^2(x)},$$

ou bien, en vertu de l'équation (3),

$$y = f(x) z,$$

et, en vertu de l'équation (2),

$$y = \varphi(x) \sqrt{x^2 - 1}.$$

L'intégrale générale de l'équation (4) est donc

$$A f(x) + B \varphi(x) \sqrt{x^2 - 1}.$$

3. Supposons maintenant que, dans l'équation (1), $\varphi(x)$ soit regardée comme connue; pour intégrer cette équation, nous posons

$$f(x) = \sqrt{x^2 - 1}\, \varphi(x) t,$$

t étant déterminée par l'équation différentielle

$$-\frac{dt}{dx} (x^2 - 1)^{\frac{3}{2}} \varphi^2(x) = A,$$

d'où

$$-t = \int \frac{A\, dx}{(x^2 - 1)^{\frac{3}{2}} \varphi^2(x)}.$$

En posant, pour abréger,

$$\frac{A}{\varphi^2(x)} = \sum \frac{p}{(x - \alpha)^2} + \frac{q}{(x - \alpha)},$$

α, β, γ, ... désignant les racines de l'équation $\varphi(x) = 0$, un calcul entièrement analogue à celui que j'ai développé plus haut montre que l'on doit avoir pour chacune des racines

$$q(\alpha^2 - 1) - 3p\alpha = 0$$

et, par suite,

$$(\alpha^2 - 1)\varphi''(\alpha) + 3\alpha\varphi'(\alpha);$$

d'où l'on conclut que $\varphi(x)$ est une solution de l'équation différentielle du second ordre

$$(x^2 - 1)u'' + 3xu' + (1 - n^2)u = 0. \tag{5}$$

Si l'on remarque maintenant que cette équation n'est autre que la dérivée de l'équation (4), dans laquelle on aurait remplacé y' par u, on en conclut qu'à un facteur numérique près $\varphi(x)$ est égal à $f'(x)$.

Il est clair du reste, ce qui est facile à vérifier, que l'équation (5) se déduit aussi de l'équation (4) par la substitution

$$y = u\sqrt{x^2 - 1}.$$

II.

Développement de $\left(\dfrac{x+a}{x+b}\right)^m$.

4. Soit m une quantité quelconque; posons

$$\left(\frac{x+a}{x+b}\right)^m = \frac{\varphi(x)}{f(x)} + \left(\frac{1}{x^{2n+1}}\right),$$

$\varphi(x)$ et $f(x)$ désignant des polynomes entiers du degré n.

On en déduit

$$m \log \frac{x+a}{x+b} = \log \varphi(x) - \log f(x) + \left(\frac{1}{x^{2n+1}}\right);$$

puis, en prenant les dérivées des deux membres,

$$\frac{m(b-a)}{(x+a)(x+b)} = \frac{\varphi'(x)}{\varphi(x)} - \frac{f'(x)}{f(x)} + \left(\frac{1}{x^{2n+2}}\right),$$

d'où

$$(6)\quad m(b-a)\varphi(x)f(x)+(x+a)(x+b)[\varphi(x)f'(x)-f(x)\varphi'(x)]=\mathrm{A},$$

A désignant une constante.

Si dans cette équation on regarde $f(x)$ comme connue, on a, pour déterminer $\varphi(x)$, une équation linéaire et du premier ordre ; en l'intégrant et négligeant d'abord le second membre on posera

$$(7)\qquad \varphi(x)=f(x)\left(\frac{x+a}{x+b}\right)^m z,$$

z étant déterminée par la relation

$$(8)\qquad -z=\int\frac{\mathrm{A}(x+b)^{m-1}}{(x+a)^{m+1}f^2(x)}\,dx.$$

On doit chercher quelle forme doit avoir $f(x)$ pour que z ait une expression de la forme donnée par la relation (7); m étant quelconque, on y parviendrait aisément en suivant une marche analogue à celle que j'ai suivie dans le paragraphe précédent; mais on parviendra plus vite à l'équation du second ordre à laquelle satisfait $f(x)$ en supposant que m est un nombre entier.

Dans ce cas, je ferai remarquer d'abord qu'en vertu de l'équation (6), $f(x)$ ne peut être divisible par $(x+a)$, car autrement ce binome diviserait la constante A qui n'est pas nulle; il est clair également que $f(x)=0$ a toutes ses racines distinctes. En appelant donc α, β, ... les racines de cette équation, on aura un développement de la forme

$$\frac{\mathrm{A}(x+b)^{m-1}}{(x+a)^{m+2}f^2(x)}=\sum\frac{p}{(x-\alpha)^2}+\sum\frac{q}{x-\alpha}$$
$$+\frac{\mathrm{A}_m}{(x+a)^{m+1}}+\frac{\mathrm{A}_{m-1}}{(x+a)^m}+\ldots+\frac{\mathrm{A}_0}{x+a};$$

et, pour que z ait la forme donnée par la relation (7), il faut que $\mathrm{A}_0=0$, et ensuite que $q=0$ pour toutes les racines de l'équation $f(x)=0$. En tenant compte seulement de cette dernière condition, le calcul de q montre facilement que, pour toutes les racines de l'équation $f(x)=0$, on doit avoir

$$(\alpha+a)(\alpha+b)f''(\alpha)+[2\alpha-m(a-b)+a+b]f'(\alpha)=0;$$

d'où l'on voit que $f(x)$ satisfait à l'équation du second ordre

$$(9)\quad (x+a)(x+b)y''+[2x-m(a-b)+a+b]y'-n(n+1)y=0.$$

5. Cette équation pouvant se mettre sous la forme

$$\frac{d}{dx}\left[\frac{(x+a)^{m+1}}{A(x+b)^{m-1}}y'\right]+Py=0,$$

on voit que le polynome $f(x)$ étant une de ses solutions, une autre sera donnée par la formule

$$y=f(x)\int\frac{A(x+b)^{m-1}}{(x+a)^{m+1}f^2(x)}dx,$$

ou, en vertu des équations (8) et (7),

$$y=-\varphi(x)\left(\frac{x+b}{x+a}\right)^m.$$

Si l'on pose, pour abréger,

$$f(x)\left(\frac{x+a}{x+b}\right)^m=\varphi(x)+R,$$

une seconde solution sera également donnée par l'équation

$$y=R\left(\frac{x+b}{x+a}\right)^m.$$

6. L'équation à laquelle satisfait le polynome $\varphi(x)$ s'obtiendrait par la même méthode; mais on voit immédiatement qu'elle se déduit de la première en changeant m en $-m$; cette équation est donc

$$(x+a)(x+b)u''+[2x+m(a-b)+a+b]u'-n(n+1)u=0.$$

Elle se déduit évidemment de l'équation (9), et il devient facile de le constater, par la substitution

$$y=u\left(\frac{x+b}{x+a}\right)^m.$$

7. Pour obtenir sous forme explicite les polynomes $f(x)$ et $\varphi(x)$, je remarque qu'en posant

$$x=(a-b)\xi-a$$

l'équation (9) devient

$$(\xi-\xi^2)\frac{d^2y}{d\xi^2}+(m+1-2\xi)\frac{dy}{d\xi}+n(n+1)y=0;$$

cette équation est un cas particulier de celle qui définit la série hypergéométrique $F(\alpha, \beta, \gamma, \xi)$,

$$(\xi-\xi^2)\frac{d^2y}{d\xi^2}+[\gamma-(\alpha+\beta+1)\xi]\frac{dy}{d\xi}-\alpha\beta y=0;$$

on a

$$\gamma=m+1,\quad \alpha=-n \quad \text{et} \quad \beta=n+1.$$

Le polynome $f(x)$ sera donc donné par la formule

$$f(x)=1-\frac{n(n+1)}{m+1}\left(\frac{x+a}{a-b}\right)+\frac{(n-1)n(n+1)(n+2)}{1.2.(m+1)(m+2)}\left(\frac{x+a}{a-b}\right)^2 \pm\frac{(n+1)(n+2)\ldots 2n}{(m+1)(m+2)-(m+n)}\left(\frac{x+a}{a-b}\right)^n.$$

Le polynome $\varphi(x)$ s'obtiendrait, à un facteur numérique près, en changeant le signe de m dans la formule précédente.

8. Comme application, supposons $a=1$ et $b=-1$, on aura alors

$$f(x)=1-\frac{n(n+1)}{m+1}\left(\frac{1+x}{2}\right)+\frac{(n-1)n(n+1)(n+2)}{1.2.(m+1)(m+2)}\left(\frac{1+x}{2}\right)^2-\ldots$$

et

$$\varphi(x)=\left[1-\frac{n(n+1)}{1-m}\left(\frac{1+x}{2}\right)+\frac{(n-1)n(n+1)(n+2)}{1.2.(1-m)(2-m)}\left(\frac{1+x}{2}\right)^2+\ldots\times\frac{(1-m)(2-m)\ldots(n-m)}{(1+m)(2+m)\ldots(n+m)}(-1)^n\right].$$

Comme $\left(\frac{x+1}{x-1}\right)^m$ se change en son inverse quand on change x en $-x$, on en conclut que les polynomes $f(x)$ et $\varphi(x)$, donnés par les formules précédentes, sont liés par la relation

$$\varphi(x)=f(-x).$$

Faisons, par exemple, $m = \frac{1}{2}$ et $n = 3$, il viendra

$$f(x) = 1 + 4(1 - x) + 4(1 + x)^2 - \frac{8}{7}(1 + x)^3$$

et

$$\varphi(x) = -\frac{1}{7}[1 - 12(1 + x) + 20(1 + x)^2 - 8(1 + x)^3],$$

ou, en réduisant,

$$f(x) = \frac{1}{7}(-1 + 4x + 4x^2 - 8x^3)$$

et

$$\varphi(x) = \frac{1}{7}(-1 - 4x + 4x_2 + 8x^3).$$

Si l'on désigne par S_n la somme des $n^{\text{ièmes}}$ puissances des racines de l'équation $f(x) = 8x^5 - 4x^2 - 4x + 1 = 0$, on doit avoir

$$S_1 = S_3 = S_5 = \frac{1}{2} \quad (^1).$$

C'est ce qu'il est facile de vérifier au moyen des formules de Newton.

9. Si l'on considère l'expression $\frac{1}{m}\left[\left(\frac{x+1}{x-1}\right)^m - 1\right]$, son développement en fraction continue donnera des réduites dont le dénominateur $f(x)$ sera le même que celui des réduites auxquelles conduit le développement de $\left(\frac{x+1}{x-1}\right)^m$.

En faisant, dans l'équation (9), $b = -1$ et $a = +1$, on voit donc que ce dénominateur satisfait à l'équation différentielle

$$(9)' \qquad (x^2 - 1)y'' + 2(x - m)y' - n(n + 1)y = 0;$$

et, de ce que j'ai dit plus haut, il résulte qu'en posant

$$f(x)\left(\frac{x+1}{x-1}\right)^m = \varphi(x) + R$$

l'équation $(9)'$ a encore pour solution $R\left(\frac{x-1}{x+1}\right)^m$.

---

(1) *Voir* ma Note *Sur un problème d'Algèbre* (*Bulletin de la Société mathématique*, t. V).

Je saisis cette occasion pour déclarer que M. Borchardt était déjà parvenu antérieurement aux résultats renfermés dans cette Note.

Si nous supposons maintenant que m tende vers zéro,

$$\frac{1}{m}\left[\left(\frac{x+1}{x-1}\right)^m - 1\right]$$

a pour limite $\log\left(\frac{x+1}{x-1}\right)$; l'équation $(9)'$ devient l'équation bien connue qui définit les polynomes de Legendre et l'on voit, comme l'a fait voir M. Christoffel, que R en est une solution.

10. Considérons maintenant l'expression

$$\left[1+\frac{\alpha+\beta x}{m(\gamma+\delta x)}\right]^m = \left[\frac{(m\delta+\beta)x+m\gamma+\alpha}{m\gamma+m\delta x}\right]^n$$
$$= \left(\frac{m\delta+\beta}{m\delta}\right)^m \left(\frac{x+\dfrac{m\gamma+\alpha}{m\delta+\beta}}{x+\dfrac{\gamma}{\delta}}\right)^m;$$

pour avoir son développement en fraction continue, nous poserons

$$\frac{m\gamma+\alpha}{m\delta+\beta} = a \quad \text{et} \quad \frac{\gamma}{\delta} = b;$$

le dénominateur de degré n de la fraction satisfera à l'équation suivante, que l'on déduit immédiatement de l'équation (9) :

$$\left(x+\frac{m\gamma+\alpha}{m\delta+\beta}\right)\left(x+\frac{\gamma}{\delta}\right)$$
$$+\left[2x-\frac{m(\alpha\delta-\beta\gamma)}{\delta(m\delta+\beta)}+\frac{m\gamma+\alpha}{m\delta+\beta}+\frac{\gamma}{\delta}\right]-n(n+1)y=0.$$

Faisons maintenant croître indéfiniment le nombre m, la fonction $\left[1+\frac{\alpha+\beta x}{m(\gamma+\delta x)}\right]^m$ aura pour limite $e^{\frac{\alpha+\beta x}{\gamma+\delta x}}$, et l'équation précédente deviendra

$$(11)\quad (\gamma+\delta x)^2 y''+[2\delta(\gamma+\delta x)-(\alpha\delta-\beta\gamma)]y'-n(n+1)\delta^2 y=0.$$

Telle est l'équation différentielle à laquelle satisfait le dénominateur $f(x)$ d'une réduite de la fonction $e^{\frac{\alpha+\beta x}{\gamma+\delta x}}$; en posant

$$f(x)e^{\frac{\alpha+\beta x}{\gamma+\delta x}} = \varphi(x)+\mathrm{R},$$

$\varphi(x)$ désignant le numérateur de la réduite, une deuxième solution de cette équation sera donnée par la formule

$$y = \varphi(x) e^{-\frac{\alpha+\beta x}{\gamma+\delta x}}$$

ou encore par celle-ci

$$y = \mathrm{R} e^{-\frac{\alpha+\beta x}{\gamma+\delta x}}.$$

De ce que j'ai dit plus haut, il résulte aussi que $\varphi(x)$ satisfait à l'équation différentielle

$$(\gamma+\delta x)^2 u'' + [2\delta(\gamma+\delta x) + (\alpha\delta - \beta\gamma)] u' - n(n+1)\delta^2 u = 0,$$

et cette équation se déduit de l'équation (11) par la substitution

$$y = u e^{-\frac{\alpha+\beta x}{\gamma+\delta x}}.$$

III.

Développement de $e^{\mathrm{F}(x)}$.

11. Pour traiter un cas un peu plus général, considérons la fonction $e^{\mathrm{F}(x)}$, où $\mathrm{F}(x)$ désigne un polynome quelconque de degré m et posons

$$e^{\mathrm{F}(x)} = \frac{\varphi(x)}{f(x)} + (x^{2n+1}),$$

$\varphi(x)$ et $f(x)$ désignant des polynomes du degré n.

On en déduit

$$\mathrm{F}(x) = \log\varphi(x) - \log f(x) + (x^{2n+1})$$

et, en prenant les dérivées des deux membres,

$$\mathrm{F}'(x) = \frac{\varphi'(x)}{\varphi(x)} - \frac{f'(x)}{f(x)} + (x^{2n}),$$

puis

$$(12) \qquad \mathrm{F}'(x)\varphi(x)f(x) - \varphi'(x)f(x) + \varphi(x)f'(x) = x^{2n}\Theta(x),$$

$\Theta(x)$ désignant un polynome du degré $m-1$.

Si dans cette équation on considère $f(x)$ comme connu, on a une équation linéaire et du premier ordre par rapport à $\varphi(x)$. On l'intégrera en considérant d'abord le second membre comme égal à zéro, et posant

$$\varphi(x) = e^{F(x)} f(x) z, \tag{13}$$

z étant déterminé par la relation

$$-z = \int \frac{e^{-F(x)} x^{2n} \Theta(x)\, dx}{f^2(x)}. \tag{14}$$

En désignant par α, β, ... les diverses racines de l'équation $f(x) = 0$, on pourra poser

$$\frac{x^{2n}\Theta(x)}{f^2(x)} = P + \sum \frac{p}{(x-\alpha)^2} + \sum \frac{q}{x-\alpha},$$

P désignant un polynome du degré $(m-1)$ en x; d'où

$$-z = \int e^{-F(x)} P\, dx + \sum \int \frac{e^{-F(x)} p\, dx}{(x-\alpha)^2} + \sum \int \frac{e^{-F(x)} q\, dx}{x-\alpha},$$

ou encore, en intégrant par parties le second terme de la relation précédente,

$$-z = \int e^{-F(x)} P\, dx - \sum \int \frac{pe^{-F(x)}}{x-\alpha} + \sum \int e^{-F(x)} \frac{q - p F'(x)}{x-\alpha}\, dx,$$

ou encore

$$\begin{aligned} -z = \int e^{-F(x)} P\, dx &- \sum \int \frac{pe^{-F(x)}}{x-\alpha} \\ &- \sum \int e^{-F(x)} \frac{p[F'(x) - F'(\alpha)]}{x-\alpha}\, dx \\ &+ \sum \int e^{-F(x)} \frac{q - pF'(\alpha)}{x-\alpha}\, dx. \end{aligned}$$

Si l'on examine cette expression de z, on voit que, pour qu'elle ait la valeur assignée par la relation (13), on doit avoir, pour toutes les racines de l'équation $f(x) = 0$,

$$q - pF'(\alpha) = 0.$$

Or un calcul facile donne

$$\frac{p}{f'(\alpha)} = \frac{q}{\left[\frac{2n}{\alpha} + \frac{\Theta'(\alpha)}{\Theta(\alpha)}\right] f'(\alpha) - f''(\alpha)};$$

on aura donc, pour toutes les racines de l'équation $f(x) = 0$,

$$f''(x) - \left[\frac{2n}{\alpha} + \frac{\Theta'(\alpha)}{\Theta(\alpha)} - F'(\alpha)\right] f'(\alpha) = 0;$$

d'où il suit que $f(x)$ satisfait à une équation linéaire et du second ordre de la forme

$$(15) \qquad y'' + \left[F'(x) - \frac{2n}{x} - \frac{\Theta'(x)}{\Theta(x)}\right] y' + H(x) y = 0.$$

Cette équation peut se mettre sous la forme

$$\frac{d}{dx}\left[\frac{e^{F(x)}}{x^{2n}\Theta(x)} y'\right] + H_1(x) y = 0;$$

on en conclut qu'une seconde solution est donnée par la formule

$$y = f(x) \int \frac{e^{-F(x)} x^{2n} \Theta(x)}{f^2(x)} dx,$$

ou, en vertu des équations (13) et (14),

$$y = \varphi(x) e^{-F(x)}.$$

12. On déterminerait de même l'équation du second ordre à laquelle satisfait $\varphi(x)$; sans refaire tous les calculs précédents, on voit immédiatement que cette équation est de la forme

$$(16) \qquad u'' - \left[F'(x) + \frac{2n}{x} + \frac{\Theta'(x)}{\Theta(x)}\right] u' + K(x) u = 0;$$

c'est du reste la transformée de l'équation (15) quand on pose

$$y = u e^{-F(x)}.$$

Effectuant cette transformation sur l'équation (15), il vient

$$(17) \qquad u'' - \left[F'(x + \frac{2n}{x} + \frac{\Theta'(x)}{\Theta(x)}\right] u' + \left[H(x) + \frac{2n}{x} F'(x) + \frac{\Theta'(x)}{\Theta(x)} F'(x) - F''(x)\right] u = 0.$$

13. Nous avons encore, pour former l'équation différentielle du second ordre à laquelle satisfait $f(x)$, à déterminer le polynome

$\Theta(x)$ et la fraction rationnelle $H(x)$, qui est de la forme

$$\frac{K(x)}{x\Theta(x)},$$

$K(x)$ désignant un polynome du degré $(2m-2)$. A cet effet, si nous posons

$$f(x) = a_0 x^n + a_1 x^{n-1} + a_2 x^{n-2} + \ldots$$

et

$$\varphi(x) = b_0 x^n + b_1 x^{n-1} + b_2 x^{n-2} + \ldots,$$

et si nous désignons par α, β, γ, ... les coefficients inconnus des polynomes Θ et K, les équations (16) et (17) permettront d'exprimer, au moyen de α, β, γ, ... les coefficients a_0, a_1, a_2, ..., b_0, b_1, b_2, ...

D'ailleurs, l'équation (12) donne également des relations entre ces coefficients et les coefficients inconnus de Θ; de ces relations on déduira facilement les quantités α, β, γ, ...

Dans une prochaine Note, je communiquerai à la Société le résultat de mes recherches sur le développement de la fonction e^{ax+bx^2} et de la fonction $e^{ax^2+bx^3}$.

SUR LE

DÉVELOPPEMENT EN FRACTION CONTINUE

DE $e^{\operatorname{arc\,tang}\left(\frac{1}{x}\right)}$.

Bulletin de la Société mathématique; 1877.

1. Posons

$$e^{\operatorname{arc\,tang}\left(\frac{1}{x}\right)} = \frac{\varphi(x)}{f(x)} + \left(\frac{1}{x^{2n+1}}\right),$$

$\varphi(x)$ et $f(x)$ désignant des polynomes du degré n et $\left(\frac{1}{x^{2n+1}}\right)$ une série développée suivant les puissances décroissantes de $\frac{1}{x}$ et commençant par un terme de la forme $\frac{\varepsilon}{x^{2n+1}}$.

Comme $e^{\operatorname{arc\,tang}\left(\frac{1}{x}\right)}$ se change en son inverse quand on change x en $-x$, il en résulte qu'à un facteur numérique près $\varphi(x)$ est égal à $f(-x)$; d'ailleurs pour $x = \pm\infty$, le rapport $\frac{\varphi(x)}{f(x)}$ se réduit à l'unité; on a donc

$$\varphi(x) = (-1)^n f(-x).$$

En employant la méthode que j'ai exposée dans une Note précédente ([1]), on obtient facilement l'équation différentielle suivante, à laquelle satisfait le polynome $f(x)$,

$$(1) \qquad (1+x^2)y'' + (2x-1)y' - n(n+1)y = 0.$$

Le polynome $\varphi(x)$ satisfait à l'équation

$$(1+x^2)u'' + (2x+1)u' - n(n+1)u = 0,$$

équation qui se déduit de la précédente par la substitution

$$y = ue^{-\operatorname{arc\,tang}\left(\frac{1}{x}\right)},$$

([1]) *Sur l'approximation d'une fonction d'une variable au moyen de fractions rationnelles* (page 277).

ou encore

$$y = ue^{\text{arc tang}\, x}.$$

On en conclut que l'intégrale générale de l'équation (1) est donnée par la formule

$$y = \mathrm{A} f(x) + \mathrm{B} f(-x) e^{\text{arc tang}\, x},$$

A et B désignant deux constantes arbitraires.

2. Posons

$$x = i(1 - 2z),$$

d'où

$$z = \frac{1 + ix}{2},$$

l'équation (1) deviendra

$$(z - z_2)y'' + \left(1 + \frac{i}{2} - 2z\right)y' + n(n+1)y = 0,$$

équation qui définit une série hypergéométrique $\mathrm{F}(\alpha, \beta, \gamma, z)$, pour laquelle on a

$$\gamma = 1 + \frac{i}{2}, \quad \alpha = -n \quad \text{et} \quad \beta = n + 1.$$

Cette série est évidemment un polynome du degré n en z; on a par suite, en désignant par K un facteur indépendant de x,

$$f(x) = \mathrm{KF}\left(-n, n+1, \gamma, \frac{1+ix}{2}\right).$$

Convenons de déterminer le polynome $f(x)$ par la condition que $\frac{f(x)}{x^n}$ soit, pour $x = +\infty$, égal à

$$\frac{\alpha(\alpha+1)\ldots(\alpha+n-1)\beta(\beta+1)\ldots(\beta+n-1)}{2^n.1.2.3\ldots n};$$

en divisant les deux membres de la relation précédente par x^n et en faisant croître indéfiniment x, il viendra

$$1 = \mathrm{K}\frac{i^n}{\gamma(\gamma+1)\ldots(\gamma+n-1)},$$

d'où

$$\mathrm{F}(-n, n+1, \gamma, z) = \frac{i^n f(x)}{\gamma(\gamma+1)\ldots(\gamma+n-1)}.$$

Si, pour plus de clarté, nous représentons $f(x)$ par V_n, et si nous posons, pour abréger,

$$F(-n, n+1, \gamma, z) = F(-n),$$

on déduit de là

$$(2) \qquad \frac{F(-n)}{V_n \dfrac{i}{\gamma+n-1}} = \frac{F(-n+1)}{V_{n-1}} = -\frac{F(-n-1)}{V_{n+1}(\gamma+n)(\gamma+n-1)}.$$

3. Cela posé, en désignant respectivement par Φ, Φ_1 et Φ_2 les trois fonctions

$$F(\alpha, \beta, \gamma, z), \quad F(\alpha-1, \beta+1, \gamma, z) \quad \text{et} \quad F(\alpha+1, \beta-1, \gamma, z),$$

on déduit facilement, des relations données par Gauss ([1]), la relation suivante :

$$(3) \qquad \left\{ \begin{aligned} &\left[\gamma - 2\alpha - (\beta-\alpha)z + \frac{\alpha(\gamma-\alpha-1)}{\beta-\alpha-1} + \frac{(\gamma-\alpha)(\alpha-1)}{\beta-\alpha+1}\right]\Phi \\ &\qquad - \frac{\beta(\gamma-\alpha)}{\beta-\alpha+1}\Phi_1 - \frac{\alpha(\gamma-\beta)}{\beta-\alpha-1}\Phi_2 = 0. \end{aligned} \right.$$

Si dans cette relation on fait

$$z = \frac{1+ix}{2}, \qquad \alpha = -n, \qquad \beta = n+1, \qquad \text{et} \qquad \gamma = 1 + \frac{i}{2},$$

Φ, Φ_1 et Φ_2 deviennent respectivement $F(-n)$, $F(-n-1)$, $F(-n+1)$, et l'on obtient l'équation

$$-i(2n+1)xF(-n) - (\gamma+n)F(-n-1) + (\gamma-n-1)F(-n+1) = 0.$$

Remplaçons, dans cette équation, $F(-n)$, $F(-n+1)$ et $F(-n-1)$ par les valeurs proportionnelles déduites des relations (2) et γ par sa valeur $1+\frac{i}{2}$, il viendra

$$(4) \qquad V_{n+1} = -(2n+1)xV_n + \left(n^2 + \frac{1}{4}\right)V_{n-1}.$$

4. Déduisons de (4) les valeurs de V_{n+1}, V'_{n+1} et V''_{n+1} et portons-les dans l'identité

$$V''_{n+1} + (2x+1)V'_{n+1} - (n+1)(n+2)V_{n+1} = 0;$$

([1]) *Disquisitiones generales circa seriem* (*Gauss Werke*, t. III, p. 130).

il viendra, toutes réductions faites,

$$(5)\qquad 2(1+x^2)V'_n-(2nx-1)V_n+2\left(n^2+\frac{1}{4}\right)V_{n-1}=0.$$

5. Des formules précédentes on déduit les valeurs suivantes des polynomes V_n :

$$V_0=1,\quad V_1=\frac{1}{2}-x,\quad V_2=\frac{5}{4}-\frac{3}{2}x+3x^2,\quad \ldots.$$

Si l'on désigne, en général, par S_m la somme des $m^{\text{ièmes}}$ puissances des racines de l'équation $V_n=0$, il est clair que l'on aura

$$S_1=S_3=S_5=\ldots=\frac{1}{2}$$

et

$$S_2=S_4=S_6=\ldots=-\frac{1}{2},$$

m étant au plus égal à $2n-1$.

6. De la relation (4) résulte le développement suivant de $e^{\operatorname{arc\,tang}\left(\frac{1}{x}\right)}$ en fraction continue :

$$e^{\operatorname{arc\,tan}\left(\frac{1}{x}\right)}=1-\cfrac{1}{\frac{1}{2}-x+\cfrac{\left(1+\frac{1}{4}\right)}{-3x+\cfrac{4+\frac{1}{4}}{-5x+\cfrac{9+\frac{1}{4}}{-7x+\ldots}}}},$$

dont la loi est évidente.

7. Les considérations qui précèdent s'appliquent, sans aucun changement, au développement de la fonction $\left(\frac{x+a}{x+b}\right)^m$, quelles que soient les quantités a, b et m.

Du reste, cette expression donne en particulier la fonction $e^{\operatorname{arc\,tang}\left(\frac{1}{x}\right)}$ quand on y fait $a=i$, $b=-i$ et $m=-\frac{i}{2}$.

SUR LE

DÉVELOPPEMENT D'UNE FONCTION

SUIVANT LES PUISSANCES D'UN POLYNOME.

Comptes rendus des séances de l'Académie des Sciences, t. LXXXVI; 1878.

1. Étant donné un polynome $F(z)$ de degré m, on peut développer une fonction quelconque de z suivant les puissances croissantes de ce polynome, les coefficients étant des polynomes en z du degré $(m-1)$, et Jacobi a donné (¹) le moyen d'obtenir ces coefficients.

Cette sorte de développement a une importance particulière lorsqu'il s'agit d'évaluer des intégrales définies de la forme $\int f(xz)F(z)\,dz$ et de la forme $\int f(z-x)F(z)\,dz$, les limites de l'intégrale étant deux racines de l'équation $F(z)=0$.

En m'occupant, à ce point de vue, du développement de e^{xz}, de $(z-x)^m$ et de $\log(z-x)$, j'ai été assez heureux pour rencontrer quelques-uns des résultats importants donnés récemment par M. Hermite, relativement à l'approximation des fonctions transcendantes par des fonctions rationnelles, notamment dans sa Lettre à M. Fuchs *Sur quelques équations différentielles,* et dans son mémorable Mémoire *Sur la fonction exponentielle.*

2. En m'en tenant ici à ce qui concerne la fonction exponentielle, soit

$$(1)\qquad e^{zx}=\Sigma(U_n+zV_n+\ldots+z^{n-1}W_n)\frac{F^n(z)}{1.2\ldots n};$$

en désignant par $a, b, \ldots, l$ les diverses racines de l'équation

(¹) *Entwickelungen nach der Potenzen eines Polynoms* (*Journal de Borchardt,* t. LIII, p. 105).

$F(z)=0$, on voit facilement que W_n est de la forme

$$M_1 e^{ax}+M_2 e^{bx}+\ldots+M_m e^{lx},$$

$M_1, M_2, \ldots, M_m$ étant des polynomes en x du degré n.

D'ailleurs la méthode de Jacobi montre que W_n est de l'ordre de x^{mn+n-1}; il en résulte que les polynomes $M_1, M_2, \ldots, M_m$ ont précisément les valeurs pour lesquelles l'expression précédente est de l'ordre le plus élevé possible; chacun de ces polynômes, renfermant en effet $(m+1)$ constantes arbitraires, les $(m+1)n$ constantes dont on dispose ne permettent d'annuler dans cette expression que les coefficients de $x^0, x^1, x^2, \ldots, x^{mn+n-2}$.

Ce point établi, en égalant les dérivées prises par rapport à z des deux membres de l'équation (1), on obtiendra facilement les relations qui permettent d'obtenir par voie récurrente les diverses fonctions W_n.

En égalant de même les dérivées prises par rapport à x, on obtiendra l'équation différentielle suivante, à laquelle satisfait la fonction W_n et où j'ai posé

$$F(x)=x^m+Ax^{m-1}+\ldots+Kx+L,$$

$$x\left(\frac{d^m y}{dx^m}+A\frac{d^{m-1}y}{dx^{m-1}}+\ldots+K\frac{dy}{dx}+Ly\right)$$
$$-n\left(m\frac{d^{m-1}y}{dx^{m-1}}+(m-1)A\frac{d^{m-2}y}{dx^{m-2}}+\ldots+Ky\right)=0.$$

L'intégrale générale de cette équation est évidemment $C_1, C_2, \ldots, C_m$ désignant des constantes arbitraires,

$$C_1 M_1 e^{ax}+C_2 M_2 e^{bx}+\ldots+C_m M_m e^{lx}.$$

Cette équation, du reste, peut s'intégrer directement. Il suffit, en effet, d'intégrer l'équation adjointe de Lagrange

$$\frac{d^m}{dx^m}xu-\frac{d^{m-1}}{dx^{m-1}}(Ax-nm)u+\frac{d^{m-2}}{dx^{m-2}}[Bx-n(m-1)A]u+\ldots=0,$$

ou, en développant,

$$x\left(\frac{d^m u}{dx^m}-A\frac{d^{m-1}u}{dx^{m-1}}-\ldots\pm Lu\right)$$
$$+(n+1)\left[m\frac{d^{m-1}u}{dx^{m-1}}-(m-1)A\frac{d^{m-2}u}{dx^{m-2}}-\ldots\mp Ku\right]=0,$$

et la méthode de Laplace donne immédiatement les m intégrales de cette équation

$$\int_a^{\pm\infty} e^{-zx}F(z)\,dz, \quad \int_b^{\pm\infty} e^{-zx}F(z)\,dz, \quad \ldots, \quad \int_l^{\pm\infty} e^{-zx}F(z)\,dz.$$

On se trouve ainsi ramené à la considération des intégrales définies qui ont servi de point de départ à M. Hermite dans son Mémoire *Sur la fonction exponentielle*.

3. Pour considérer le cas le plus simple, soient

$$F(z) = z(z-1) \quad \text{et} \quad e^{zx} = \Sigma(U_n + zV_n)\frac{z^n(z-1)^n}{1.2\ldots n}.$$

On trouvera sans difficulté les relations suivantes :

$$U_n = \frac{xV_{n-1} - V_n}{2},$$

$$V_{n+1} + 2(2n+1)V_n - x^2V_{n-1} = 0,$$

$$x\frac{d^2V_n}{dx^2} - (2n+x)\frac{dV_n}{dx} + nV_n = 0;$$

d'où l'on conclut sans peine

$$V_n = e^x x^{2n+1}(-1)^n \int_0^1 e^{-zx} z^n (z-1)^n,$$

et, si l'on pose

$$V_n = F_n(x)e^x - \Phi_n(x),$$

on voit que les fractions $\frac{\Phi_n(x)}{F_n(x)}$ sont les réduites résultant du développement de e^x en fraction continue.

4. Je mentionnerai encore, à cause de leur utilité dans diverses applications, et notamment dans la théorie des transcendantes de Bessel, les développements de e^{zx}, $\cos zx$ et $\sin zx$, suivant les puissances de (z^2+1) et suivant les puissances de (z^2+1). On les obtiendra facilement en suivant la méthode que j'ai indiquée plus haut.

SUR LE

DÉVELOPPEMENT D'UNE FONCTION

SUIVANT LES PUISSANCES CROISSANTES D'UN POLYNOME.

Extrait du *Journal de Mathématiques de Crelle,* t. LXXXVIII; 1880.

I.

CONSIDÉRATIONS PRÉLIMINAIRES.

1. Étant donnée une fonction $f(z)$, développable suivant les puissances croissantes de z, et $F(z)$ désignant un polynome en z du degré m, on peut développer $f(z)$ suivant les puissances croissantes de $F(z)$ et poser

$$f(z) = A_0 + A_1 F(z) + \ldots + A_n F^n(z) + \ldots, \tag{1}$$

les coefficients $A_0, A_1, \ldots, A_n, \ldots$ étant des polynomes en z du degré $m - 1$. Jacobi a donné la méthode qui suit pour obtenir ces coefficients (¹). On déduit de l'équation (1)

$$\frac{f(z)}{F^{n+1}(z)} = \frac{A_0}{F^{n+1}(z)} + \frac{A_1}{F^n(z)} + \ldots + \frac{A_{n-1}}{F^2(z)} + \frac{A_n}{F(z)} + A_{n+1} + A_{n+2}F(z) + \ldots;$$

imaginons que toutes les fractions contenues dans cette équation soient développées suivant les puissances décroissantes de z, on voit que, dans le second membre, les termes de l'ordre de $\frac{1}{z}$, $\frac{1}{z^2}, \ldots, \frac{1}{z^m}$ ne proviennent que du développement $\frac{A_n}{F(z)}$. Si donc on désigne

$$\frac{B_1}{z} + \frac{B_2}{z^2} + \ldots + \frac{B_m}{z^m},$$

(¹) *Entwickelung nach den Potenzen eines ganzen Polynoms* (*Journal de Crelle,* t. LIII, p. 103).

la partie du développement de $\frac{f(z)}{F^{(n+1)}z}$ qui renferme les puissances négatives de z inférieures en valeur absolue à $m=1$, il en résulte que A_n est égal à la partie entière du produit

$$f(z)\left(\frac{B_1}{z}=\frac{B_2}{z_2}+\ldots+\frac{B_n}{z_n}\right).$$

2. Soit, en général, à développer la fonction $f(z,x)$ suivant les puissances croissantes du polynome $F(z)$.

Posons

$$f(z,x)=a_0+a_1zx+a_2z^2x^2+\ldots+a_iz^ix^i+\ldots,$$

$$\frac{1}{F^{n+1}(z)}=\frac{b_0}{z^{mn+m}}+\frac{b_1}{z^{mn+m+1}}+\ldots+\frac{b_i}{z^{mn+m+1}}$$

et

$$f(zx)=\Sigma(U_nz^{m-1}+U_{n,1}z^{m-2}+\ldots+U_{n,m-1})F^n(z).$$

On voit aisément que les coefficients $B_1, B_2, \ldots, B_m$ sont respectivement de l'ordre $mn+m-1$, $mn+m-2$, ..., mn par rapport à la lettre x, et, de la méthode donnée par Jacobi, il résulte immédiatement que ces nombres désignent aussi l'ordre des fonctions

$$U_n,\ U_{n,1},\ \ldots,\ U_{n,m-1}.$$

II.

DÉVELOPPEMENT DE e^{zx} SUIVANT LES PUISSANCES D'UN POLYNOME $F(z)$.

3. Soient $z_1, z_2, \ldots, z_m$ les m racines de l'équation $F(z)=0$; je supposerai qu'elles soient toutes inégales et poserai

$$(2)\quad e^{zx}=\Sigma(U_mz^{m-1}+U_{n,1}z^{m-2}+\ldots+U_{n,m-2}z+U_{n,m-1})\frac{F^n(z)}{1.2.3\ldots n}.$$

En égalant entre elles les dérivées par rapport à z des deux membres de cette équation, il vient

$$x\sum(U_nz^{m-1}+U_{n,1}z^{m-2}+\ldots+U_{n,m-2}z+U_{n,m-1})\frac{F^n(z)}{1.2.3\ldots n}$$
$$=\sum[(m-1)U_nz^{m-2}+(m-2)U_{n,1}z^{m-3}+\ldots+U_{n,m-2}]\frac{F^n(z)}{1.2.3\ldots n}$$
$$+\sum(U_nz^{m-1}+U_{n,1}z^{m-2}+\ldots U_{n,m-2}z+U_{n,m-1})F'(z)\frac{F^{n-1}(z)}{1.2.3\ldots(n-1)};$$

ou encore, en posant

$$(2\ bis)\quad \left\{\begin{aligned}&(U_n z^{m-1} + U_{n,1} z^{m-2} + \ldots + U_{n,m-2} z + U_{n,m-1}) F'(z)\\ &= (A_n z^{m-2} + B_n z^{m-3} + \ldots + H_n z + K_n) F(z)\\ &+ \alpha_n z^{m-1} + \beta_n z^{m-2} + \ldots + \varkappa_n z + \lambda_n,\end{aligned}\right.$$

$$\begin{aligned}x \sum (U_n z^{m-1} + U_{n,1} z^{m-2} + \ldots + U_{n,m-2} z + U_{n,m-1}) \frac{F_n(z)}{1.2.3\ldots n}\\ = \sum [(m-1) U_n z^{m-2} + (m-2) U_{n,1} z^{m-3} + \ldots + U_{n,m-2}) \frac{F_n(z)}{1.2.3\ldots n}\\ + n \sum (A_n z^{m-2} + B_n z^{m-3} + \ldots + H_n z + K_n) \frac{F_n(z)}{1.2.3\ldots n}\\ + \sum (\alpha_n z^{m-1} + \beta_n z^{m-2} + \ldots + \varkappa_n z + \lambda_n) \frac{F^{n-1}(z)}{1.2.3\ldots(n-1)};\end{aligned}$$

d'où les relations suivantes :

$$(3)\quad \left\{\begin{aligned}x U_{n,m-1} &= U_{n,m-2} + n K_n + \lambda_{n+1},\\ x U_{n,m-2} &= 2 U_{n,m-1} + n H_n + \varkappa_{n+1},\\ &\ldots\ldots\ldots\ldots\ldots\ldots\ldots\ldots\\ x U_{n,1} &= (m-1) U_n + n A_n + \beta^{n-1},\\ x U_n &= \alpha_{n+1}.\end{aligned}\right.$$

Comme les quantités $\alpha_{n+1}, \beta_{n+1}, \ldots, \lambda_{n+1}$ s'expriment linéairement en fonction de $U_{n+1}, U_{n+1,1}, \ldots, U_{n+1,m-1}$, on voit que ces coefficients sont de la forme

$$M + Nx,$$

M et N étant des fonctions linéaires de $U_n, U_{n,1}, \ldots, U_{n,m-1}$.

Si d'ailleurs, dans l'équation (2), on fait successivement $z = z_1$, $z = z_2$, ... et $z = z_m$, on a les relations

$$\begin{aligned}e^{z_1 x} &= U_0 z_1^{m-1} + U_{0,1} z_1^{m-2} + \ldots + U_{0,m-2} z_1 + U_{0,m-1},\\ e^{z_2 x} &= U_0 z_2^{m-1} + U_{0,1} z_2^{m-2} + \ldots + U_{0,m-2} z_2 + U_{0,m-1},\\ &\ldots\ldots\ldots\ldots\ldots\ldots\ldots\ldots\ldots\ldots,\\ e^{z_m x} &= U_0 z_m^{m-1} + U_{0,1} z_m^{m-2} + \ldots + U_{0,m-2} z_m + U_{0,m-1};\end{aligned}$$

d'où l'on conclut que $U_0, U_{0,1}, \ldots, U_{0,m-1}$ sont des fonctions linéaires de $e^{z_1 x}, e^{z_2 x}, \ldots, e^{z_m x}$ et à coefficients constants.

Par suite, $U_{n+1}, U_{n+1,1}, \ldots, U_{n+1,m-1}$ sont des fonctions linéaires de ces mêmes quantités, les coefficients étant des polynomes entiers en x du degré $n+1$.

4. Il résulte de ces considérations que U_n est de la forme

$$M_1 e^{z_1 x} + M_2 e^{z_2 x} + \ldots + M_m e^{z_m x},$$

les coefficients $M_1, M_2, \ldots, M_m$ étant des polynomes entiers en x du degré n.

D'après ce que j'ai dit plus haut (n° 2), on sait que le développement de U_n suivant les puissances croissantes de x commence par un terme de l'ordre de x^{mn+m-1}; d'où cette proposition importante :

Les polynomes $M_1, M_2, \ldots, M_n$ *ont précisément les valeurs pour lesquelles l'expression précédente est de l'ordre le plus élevé possible.*

En effet, ces divers polynomes étant du degré n renferment seulement $m(n+1)$ coefficients arbitraires et, en disposant de ces coefficients, on ne peut annuler dans le développement de la fonction que le terme constant et les termes en $x, x^2, \ldots$ et x^{mn+m-2}.

La proposition est donc démontrée.

5. Les formules (3) permettent de calculer par voie récurrente les diverses fonctions U_n; il est facile d'obtenir l'équation différentielle linéaire du $n^{\text{ième}}$ ordre à laquelle satisfait U_n.

A cet effet, et pour simplifier les calculs, je supposerai d'abord que le polynome $F(z)$ est divisible par z. En égalant entre elles les dérivées par rapport à x de l'équation (2), il vient

$$\sum\left(\frac{dU_n}{dx}z^{m-1} + \frac{dU_{n-1}}{dx}z^{m-2} + \ldots + \frac{dU_{n,m-2}}{dx}z + \frac{dU_{n,m-1}}{dx}\right)\frac{F^n(z)}{1.2.3\ldots n}$$
$$= \sum(U_n z^m + U_{n,1}z^{m-1} + \ldots + U_{n,m-2}z^2 + U_{n,m-1}z)\frac{F^n(z)}{1.2.3\ldots n};$$

or, si l'on pose

$$F(z) = z^m + az^{m-1} + bz^{m-2} + \ldots + lz,$$

on trouve aisément

$$\begin{aligned} &U_n z^m + U_{n,1}z^{m-1} + \ldots + U_{n,m-2}z^2 + U_{n,m-1}z \\ &= U_n F(z) + (U_{n,1} - aU_n)z^{m-1} + (U_{n,2} - bU_n)z^{m-2} + \ldots \\ &+ (U_{n,m-1} + lU_n)z. \end{aligned}$$

Portant cette valeur dans la relation précédente, on a

$$\sum\left(\frac{dU_n}{dx}z^{m-1}+\frac{dU_{n-1}}{dx}z^{m-2}+\ldots+\frac{dU_{n,m-2}}{dx}z+\frac{dU_{n,m-1}}{dx}\right)\frac{F^n(z)}{1.2.3\ldots n}$$
$$=\sum(n+1)U_n\frac{F^{n+1}(z)}{1.2.3\ldots(n+1)}$$
$$+\sum[(U_{n,1}-aU_n)z^{m-1}+(U_{n-2}-bU_n)z^{m-2}+\ldots+(U_{n,m-1}-lU_n)z]\frac{F^n(z)}{1.2.3\ldots n};$$

d'où les relations

$$\frac{dU_n}{dx}=U_{n,1}-aU_n,$$
$$\frac{dU_{n,1}}{dx}=U_{n,2}-bU_n,$$
$$\frac{dU_{n,m-2}}{dx}=U_{n,m-1}-lz,$$
$$\frac{dU_{n,m-1}}{dx}=nU_{n-1},$$

que l'on peut mettre sous la forme suivante :

$$(4)\quad\left\{\begin{array}{l} U_{n,1}=\dfrac{dU_n}{dx}+aU_n,\\ U_{n,2}=\dfrac{d^2U_n}{dx^2}+a\dfrac{dU_n}{dx}+bU_n,\\ \ldots\ldots\ldots\ldots\ldots\ldots\ldots\ldots,\\ U_{n,m-1}=\dfrac{d^{m-1}U_n}{dx^{m-1}}+a\dfrac{d^{m-2}U_n}{dx^{m-2}}+\ldots+lU_n,\\ \dfrac{dU_{n,m-1}}{dx}=nU_{n-1}.\end{array}\right.$$

6. D'après la première des relations (3), on a

$$(5)\qquad xU_{n,m-1}=U_{n,m-2}+nK_n+\lambda_{n+1};$$

calculons les valeurs de K_n et de $\lambda_{n+1,m-1}$.

L'équation (2 *bis*) donne d'abord, parce que $F(z)$ est divisible par z,

$$\lambda_{n+1}=lU_{n+1,m-1}.$$

On déduit de la même équation

$$\begin{aligned}A_n z^{m-2} + B_n z^{m-3} + \ldots + K_n \\ = -\frac{\alpha_n z^{m-1} + \beta_n z^{m-2} + \ldots + \lambda_n}{F(z)} \\ + (U_n z^{m-1} + U_{n,1} z^{m-2} + \ldots + U_{n,m-2} z + U_{n,m-1}) \frac{F'(z)}{F(z)};\end{aligned}$$

d'où l'on voit que K_n est le terme constant dans le développement de

$$(U_n z^{m-1} + U_{n,1} z^{m-2} + \ldots + U_{n,m-2} z + U_{n,m-1}) \frac{F'(z)}{F(z)},$$

ou encore, si l'on désigne généralement par S_p la somme des $p^{\text{ièmes}}$ puissances des racines de l'équation $F(z) = 0$, dans le développement de

$$U_n z^{m-1} + U_{n,1} z^{m-2} + \ldots + U_{n,m-1} \left(\frac{m}{z} + \frac{S_1}{z^2} + \frac{S_2}{z^3} + \ldots\right).$$

On en déduit

$$K_n = S_{m-2} U_n + S_{m-3} U_{n,1} + \ldots + m U_{n,m-2}$$

et, en vertu de l'équation (5)

$$\begin{aligned}x U_{n,m-1} = (mn + 1) U_{n,m-2} \\ + n S_1 U_{n,m-3} + \ldots + n S_{m-3} U_{n,1} + n S_{m-2} U_n + l U_{n+1,m-1}.\end{aligned}$$

Prenons les dérivées des deux membres de cette égalité; en ayant égard aux relations (4), il viendra

$$\begin{aligned}x\left(\frac{d^m U_n}{dx^m} + a \frac{d^{m-1} U_n}{dx^{m-1}} + \ldots + l \frac{dU_n}{dx}\right) \\ - n \left[m \frac{d^{m-1} U_n}{dx^{m-1}} + (ma + S_1) \frac{d^{m-2} U_n}{dx^{m-2}} + \ldots \right. \\ \left. + (mk + S_1 h + \ldots + a S_{m-3} + s_{m-2}) \frac{dU_n}{dx} + l U_n\right] = 0.\end{aligned}$$

On a d'ailleurs, en vertu de relations bien connues et dues à Newton,

$$S_1 + a = 0, \qquad \ldots, \qquad S_{n-2} + a S_{n-3} + \ldots + (m-2) K = 0;$$

au moyen de ces relations, l'équation précédente devient

$$x\left(\frac{d^m U_n}{dx^m} + a\frac{d^{m-1}U_n}{dx^{m-1}} + \ldots + l\frac{dU_n}{dx}\right) - n\left[m\frac{d^{m-1}U_n}{dx^{m-1}} + (m-1)a\frac{d^{m-2}U_n}{dx^{m-2}} + \ldots + 2k\frac{dU_n}{dx} + lU_n\right] = 0.$$

7. Il est facile de passer, en faisant un changement de variable, du cas où $F(z)$ est divisible par z, au cas général.

On obtiendra sans peine la proposition suivante :

Si l'on pose

$$F(z) = z^m + az^{m-1} + bz^{m-2} + \ldots + kz + l,$$

la fonction U_n satisfait à l'équation linéaire du $m^{\text{ième}}$ ordre

$$(6)\quad \begin{cases} x\left(\dfrac{d^m y}{dx^m} + a\dfrac{d^{m-1}y}{dx^{m-1}} - \ldots + k\dfrac{dy}{dx} + ly\right) \\ -n\left[m\dfrac{d^{m-1}y}{dx^{m-1}} + (m-1)a\dfrac{d^{m-2}y}{dx^{m-2}} + \ldots + ky\right] = 0. \end{cases}$$

U_n étant une solution de cette équation, il est clair que la solution la plus générale sera donnée par l'expression

$$y = C_1 M_1 e^{z_1 x} + C_2 M_2 e^{z_2 x} + \ldots + C_m M_m e^{z_m x},$$

où C_1, C_2, ... et C_m désignent des constantes arbitraires.

III.

8. Pour intégrer l'équation précédente et en déduire l'expression de la fonction U_n, je rappellerai d'abord quelques résultats importants dus à Lagrange [1].

A toute équation différentielle linéaire du $m^{\text{ième}}$ ordre

$$(7)\quad A\frac{d^m y}{dx^m} + B\frac{d^{m-1}y}{dx^{m-1}} + \ldots + K\frac{dy}{dx} + Ly = 0$$

---

(1) *Solution de différents problèmes de Calcul intégral* (*Œuvres de Lagrange*, t. I, p. 472).

se rattache une autre équation du même ordre

$$(8)\qquad \frac{d^m}{dx^m}(\mathrm{A}u) - \frac{d^{m-1}}{dx^{m-1}}(\mathrm{B}u) + \ldots \pm \frac{d}{dx}(\mathrm{K}u) \mp \mathrm{L}u = 0;$$

c'est l'équation adjointe de la première, et, quand on en a l'intégrale complète, on peut intégrer l'équation proposée.

En désignant en effet par $u_1, u_2, \ldots, u_m$ m intégrales distinctes de l'équation (8), on sait que l'intégrale générale de l'équation (7) est donnée par la formule

$$y = \mathrm{A}^{m-1} e^{-\int \frac{\mathrm{B}}{\mathrm{A}} dx} \begin{vmatrix} \alpha & \frac{d^{m-2} u_1}{dx^{m-2}} & \cdots & \frac{du_1}{dx} & u_1 \\ \beta & \frac{d^{m-2} u_2}{dx^{m-2}} & \cdots & \frac{du_2}{dx} & u_2 \\ \cdots & \cdots & \cdots & \cdots & \cdots \\ \lambda & \frac{d^{m-2} u_m}{dx^{m-2}} & \cdots & \frac{du_m}{dx} & u_m \end{vmatrix},$$

où $\alpha, \beta, \ldots, \lambda$ désignent des constantes arbitraires.

9. Relativement à l'équation (6), l'équation adjointe de Lagrange est

$$\frac{d^m}{dx^m}(xu) - \frac{d^{m-1}}{dx^{m-1}}(ax - nm)u + \frac{d^{m-2}}{dx^{m-2}}[bx - n(m-1)a]u + \ldots = 0,$$

équation qui peut se mettre sous la forme suivante :

$$\begin{aligned} & x\left(\frac{d^m u}{dx^m} - a\frac{d^{m-1}u}{dx^{m-1}} + b\frac{d^{m-2}u}{dx^{m-2}} - \ldots \mp lu\right) \\ & \quad + (n+1)\left[m\frac{d^{m-1}u}{dx^{m-1}} - (m-1)a\frac{d^{m-2}u}{dx^{m-2}} + \ldots \mp ku\right] = 0, \end{aligned}$$

et la méthode de Laplace en donne immédiatement m intégrales distinctes, à savoir :

$$u_1 = \int_{z_1}^{\pm\infty} e^{-tx}\mathrm{F}^n(t)\,dt, \qquad u_2 = \int_{z_2}^{\pm\infty} e^{-tx}\mathrm{F}^n(t)\,dt, \qquad \ldots,$$

$$u_m = \int_{z_m}^{\pm\infty} e^{-tx}\mathrm{F}^n(t)\,dt.$$

Dans ces intégrales, le signe de la limite supérieure doit être choisi de telle sorte que pour cette limite e^{-tx} s'évanouisse.

Si maintenant l'on remarque que, pour l'équation (6), on a

$$A = x \qquad \text{et} \qquad B = ax - nm,$$

et, par suite,

$$e^{-\int \frac{B}{A} dx} = x^{mn} e^{-ax},$$

on voit que l'intégrale générale de l'équation (6) est donnée par la formule

$$y = x^{mn+m-1} e^{-ax} \begin{vmatrix} \alpha & \int_{z_1}^{\pm\infty} e^{-tx} F^n(t)\, t^{m-2}\, dt & \cdots & \int_{z_1}^{\pm\infty} e^{-tx} F^n(t)\, dt \\ \beta & \int_{z_2}^{\pm\infty} e^{-tx} F^n(t)\, t^{m-2}\, dt & \cdots & \int_{z_2}^{\pm\infty} e^{-tx} F^n(t)\, dt \\ \vdots & \vdots & \vdots & \vdots \\ \lambda & \int_{z_m}^{\pm\infty} e^{-tx} F^n(t)\, t^{m-2}\, dt & \cdots & \int_{z_m}^{\pm\infty} e^{-tx} F^n(t)\, dt \end{vmatrix}$$

10. Il faut encore déterminer les constantes arbitraires α, β, ..., λ de telle façon que l'expression précédente donne la valeur de la fonction U_n. Or, une propriété caractéristique de cette fonction consiste en ce que son développement suivant les puissances croissantes de x commence par un terme de l'ordre de x^{mn+m-1}; il suffit donc de déterminer les constantes de telle sorte que le développement du déterminant, contenu dans la formule précédente, ne renferme pas de puissances négatives de x.

C'est ce qui aura lieu si l'on fait

$$\alpha = \beta = \ldots = \lambda = 1;$$

par une transformation facile, on peut mettre alors le déterminant sous la forme suivante :

$$\Delta = \begin{vmatrix} \int_{z_1}^{z_m} e^{-tx} F^n(t)\, t^{m-2}\, dt & \int_{z_1}^{z_m} e^{-tx} F^n(t)\, t^{m-3}\, dt & \cdots & \int_{z_1}^{z_m} e^{-tx} F^n(t)\, dt \\ \int_{z_2}^{z_m} e^{-tx} F^n(t)\, t^{m-2}\, dt & \int_{z_2}^{z_m} e^{-tx} F^n(t)\, t^{m-3}\, dt & \cdots & \int_{z_2}^{z_m} e^{-tx} F^n(t)\, dt \\ \cdots\cdots & \cdots\cdots & \cdots & \cdots\cdots \\ \int_{z_{m-1}}^{z_m} e^{-tx} F^n(t)\, t^{m-2}\, dt & \int_{z_{m-1}}^{z_m} e^{-tx} F^n(t)\, t^{m-3}\, dt & \cdots & \int_{z_{m-1}}^{z_m} e^{-tx} F^n(t)\, dt \end{vmatrix}$$

et, comme chacune des intégrales qui constituent les éléments de ce déterminant a un développement de la forme $\alpha + \beta x + \gamma x^2$, il est clair que le développement du déterminant lui-même ne renferme aucune puissance négative de x.

On a donc

$$U_n = x^{mn+m-1} e^{-ax} \Delta;$$

si l'on pose, pour abréger,

$$\int_{z_i}^{\pm x} e^{-tx} F^n(t) t^h \, dt = e^{-z_i x} \Theta_{i,h},$$

où $\Theta_{i,h}$ est une fonction rationnelle de x, dont le dénominateur est une puissance entière de x, il vient

$$U_n = x^{mn+m-1} e^{-ax} \begin{vmatrix} 1 & e^{-z_1 x}\Theta_{1,m-2} & \ldots & e^{-z_1 x}\Theta_{1,0} \\ 1 & e^{-z_2 x}\Theta_{2,m-2} & \ldots & e^{-z_2 x}\Theta_{2,0} \\ . & \ldots\ldots\ldots\ldots & \ldots & \ldots\ldots\ldots \\ . & \ldots\ldots\ldots\ldots & \ldots & \ldots\ldots\ldots \\ 1 & e^{-z_m x}\Theta_{m,m-2} & \ldots & e^{-z_m x}\Theta_{m,0} \end{vmatrix}$$

ou encore, en faisant passer e^{-ax} dans le déterminant et en remarquant que

$$e^{-ax} = e^{(z_1+z_2+\ldots+z_m)x},$$

$$U_n = x^{mn+m-1} \begin{vmatrix} e^{z_1 x} & \Theta_{1,m-2} & \ldots & \Theta_{1,0} \\ e^{z_2 x} & \Theta_{2,m-2} & \ldots & \Theta_{2,0} \\ \ldots & \ldots\ldots & \ldots & \ldots \\ \ldots & \ldots\ldots & \ldots & \ldots \\ e^{z_m x} & \Theta_{m,m-2} & \ldots & \Theta_{m,0} \end{vmatrix}.$$

On en déduit

$$M_1 = x^{mn+m-1} \begin{vmatrix} \Theta_{2,m-2} & \Theta_{2,m-3} & \ldots & \Theta_{2,0} \\ \Theta_{3,m-2} & \Theta_{3,m-3} & \ldots & \Theta_{3,0} \\ \ldots\ldots & \ldots\ldots & \ldots & \ldots \\ \ldots\ldots & \ldots\ldots & \ldots & \ldots \\ \Theta_{m,m-2} & \Theta_{m,m-3} & \ldots & \Theta_{m,0} \end{vmatrix},$$

et des formules analogues donneraient les valeurs des coefficients $M_2, M_3, \ldots, M_m$. Il serait facile d'exprimer Δ au moyen d'une intégrale multiple, mais je ne m'étendrai pas davantage sur ce sujet (¹).

(¹) *Voir*, sur cette question, une *Lettre de M. Hermite à M. Borchardt*, insérée dans le tome LXXVI de ce Journal.

IV.

DÉVELOPPEMENT DE e^{zx} SUIVANT LES PUISSANCES DE $z(z-1)$.

11. Soit

$$(9)\qquad e^{xx} = \Sigma(V_n + zU_n)\,\frac{z^m(z-1)^n}{1.2\ldots n};$$

en prenant la dérivée de cette équation par rapport à x, on a la relation

$$\Sigma(V'_n + zU'_n)\,\frac{z^n(z-1)^n}{1.2\ldots n} = \Sigma(zV_n + z^2U_n)\,\frac{z^n(z-1)^n}{1.2\ldots n}$$

ou bien, comme l'on a identiquement

$$zV_n + z^2U_n = z(z-1)U_n + z(U_n + V_n),$$

$$\Sigma(V'_n + zU'_n)\,\frac{z^n(z-1)^n}{1.2\ldots n} = \Sigma(n+1)U_n\,\frac{z^{n+1}(z-1)^{n+1}}{1.2\ldots n(n+1)} + \Sigma(U_n + V_n)z\,\frac{z^n(z-1)^n}{1.2\ldots n};$$

d'où

$$(10)\qquad \begin{cases} V'_n = nU_{n-1}, \\ U'_n = U_n + V_n. \end{cases}$$

En prenant la dérivée de l'équation (7) par rapport à z, il vient

$$x\sum(V_n + zU_n)\,\frac{z_n(z-1)^n}{1.2\ldots n}$$
$$= \sum U_n\,\frac{z^n(z-1)^n}{1.2\ldots n} + \sum(V_n + zU_n)(2z-1)\,\frac{z^{n-1}(z-1)^{n-1}}{1.2\ldots(n-1)},$$

ou bien, comme l'on a identiquement

$$(V_n + zU_n)(2z-1) = 2U_nz(z-1) + (U_n + 2V_n)z - V_n,$$

$$x\sum(V_n + zU_n)\,\frac{z^n(z-1)^n}{1.2\ldots n}$$
$$= \sum(2n+1)U_n\,\frac{z^n(z-1)^n}{1.2\ldots n} + \sum[(U_n + 2V_n)z - V_n]\,\frac{z^{n-1}(z-1)^{n-1}}{1.2\ldots(n-1)}.$$

On en déduit

$$(11)\qquad \begin{cases} xV_n = (2n+1)U_n - V_{n+1}, \\ xU_n = U_{n+1} + 2V_{n+1}, \end{cases}$$

d'où, en éliminant V_n et V_{n+1},

$$U_{n+1} + 2(2n+1)U_{n-1} = 0. \tag{12}$$

Il suit, du reste, des considérations générales développées précédemment que U_n satisfait à l'équation différentielle linéaire du second ordre

$$x\frac{d^2y}{dx^2} - (2n+x)\frac{dy}{dx} + ny = 0.$$

12. De l'équation (9) résulte immédiatement que l'on a

$$V_0 = 1 \qquad \text{et} \qquad U_0 = e^x - 1;$$

des formules (11) on tire $U_1 = e^x(x-2) + x + 2$ et la formule (12) permet de calculer de proche en proche les valeurs des diverses fonctions U_n,

$$U_2 = e^x(x^2 - 6x + 12) - (x^2 + 6x + 12),$$
$$U_3 = e^x(x^3 - 12x^2 + 60x - 120) + x^3 + 12x^2 + 60x + 120,$$
$$\dots\dots\dots\dots\dots\dots\dots\dots\dots\dots$$

En général, si l'on pose

$$F(x) = x^n - n(n+1)x^{n-1} + \frac{n(n-1)}{1.2}(n+1)(n+2)x^{n-2} - \dots$$
$$\pm (n+1)(n+2)\dots(2n-1)2n$$

et

$$\Phi(x) = F(-x),$$

on a

$$U_n = e^x F(x) - \Phi(x) + \frac{x^{2n+1}}{1.2\dots n}\int_0^1 e^{x(1-z)} z^n (1-z)^n \, dz \text{ [1]},$$

puis, en vertu des formules (10),

$$V_0 = 1, \qquad V_1 = e^x - (x+1), \qquad V_2 = e^x(2x-6) + x^2 + 4x + 6,$$

et, en général,

$$V_n = e^x F'(x) + \Phi(x) - \Phi'(x).$$

---

[1] Sur les fonctions U_n *voir* le Mémoire de M. Hermite, *Sur la fonction exponentielle*, p. 4.

V.

DÉVELOPPEMENT DE $f(t+xz)$ SUIVANT LES PUISSANCES DE $z(z-1)$.

13. L'équation (9) peut s'écrire de la façon suivante

$$x^0 + x^1 z + x^2 \frac{z^2}{1.2} + \ldots + x^n \frac{z^n}{1.2\ldots n} = \sum (V_n + zU_n) \frac{z^n(z-1)^n}{1.2\ldots n};$$

si l'on ordonne, suivant les puissances croissantes de x, les coefficients V_n et U_n qui entrent dans le second membre, cette équation sera satisfaite identiquement et, par conséquent, subsistera si l'on remplace x^i par x_i, quelle que soit d'ailleurs la valeur attribuée à cette quantité.

Posons, en dénotant les dérivées à la manière de Lagrange, $x_i = x^i f^{(i)}(t)$, x et t désignant deux variables arbitraires; l'expression symbolique e^{zx} aura pour valeur $f(t+xz)$; nous aurons donc le développement suivant

$$f(t+xz) = \sum (v_n + zu_n) \frac{z^n(z-1)^n}{1.2\ldots n},$$

où v_n et u_n désignent ce que deviennent respectivement V_n et U_n quand, après avoir développé ces expressions suivant les puissances croissantes de x, on y remplace x^i par $x^i f^{(i)}(t)$.

Par cette substitution, e^x se transforme en $f(t+x)$, xe^x en $xf'(t+x)$ et, généralement, $x^i e^x$ en $x^i f^{(i)}(t+x)$; on obtiendra donc facilement les valeurs de u_n et de v_n, et, en particulier, on aura

$$\begin{aligned} u_n = (-1)^n\, 2n(2n-1)\ldots(n+2)(n+1) \\ \times \Big\{ \Big[f(t+x) - nx\frac{f'(t+x)}{2n} + \frac{n(n-1)}{1.2} x^2 \frac{f''(t+x)}{2n(2n-1)} - \ldots \Big] \\ - \Big[f(t) - nx\frac{f'(t)}{2n} + \frac{n(n-1)}{1.2} \frac{f''(t)}{2n(2n-1)} - \ldots \Big] \Big\}. \end{aligned}$$

14. On déduit de là

$$(13) \quad \left\{ \begin{aligned} & f(t+x) - f(t) \\ & \quad = x\frac{f'(t+x)+f'(t)}{2} - \frac{n(n-1)x^2}{1.2} \frac{f'(t+x)-f'(t)}{2n(2n-1)} \\ & \quad + \frac{n(n-1)(n-2)x^3}{1.2.3} \frac{f'''(t+x)+f'''(t)}{2n(2n-1)(2n-2)} - \ldots + R, \end{aligned} \right.$$

où, si l'on adopte la notation de Gauss, et si l'on pose $\Pi(n) = 1.2\ldots n$,

$$R = \frac{(-1)^n \Pi(n)}{\Pi(2n)} u_n.$$

Comme je l'ai fait remarquer plus haut (n° 2), le développement de u_n, suivant les puissances croissantes de x, commence par un terme de l'ordre x^{2n+1}; R est donc également de l'ordre $2n+1$.

15. On aura donc, en négligeant les termes de l'ordre $2n+1$,

$$(14)\quad \left\{\begin{aligned} & f(t+x)-f(t) \\ & \quad = x\frac{f(t+x)+f'(t)}{2} - \frac{n(n-1)x^2}{1.2}\frac{f''(t+x)-f''(t)}{2n(2n-1)} \\ & \quad + \frac{n(n-1)(n-2)x^3}{1.2.3}\frac{f'''(t+x)+f'''(t)}{2n(2n-1)(2n-2)} + \ldots. \end{aligned}\right.$$

Si dans la relation précédente on pose

$$f(t+x)-f(t) = \int_t^{t+x} F(t)\,dt,$$

il viendra

$$(15)\quad \left\{\begin{aligned} & \int^{t+x} F(t)\,dt \\ & \quad = x\,\frac{F(t+x)+F(t)}{2} - \frac{n(n-1)x^2}{1.2}\,\frac{F'(t+x)-F'(t)}{2n(2n-1)} \\ & \quad + \frac{n(n \equiv 1)(n-2)}{1.2.3}\,\frac{F''(t+x)+F''(t)}{2n(2n-1)(2n-2)} - \ldots. \end{aligned}\right.$$

16. Comme application de la formule (14), posons

$$f(x) = \text{arc tang}\,x, \qquad t = 0 \qquad \text{et} \qquad x = 1;$$

on a, d'après une formule bien connue,

$$f^{(i)}(x) = \frac{(-1)^{i-1}\Pi(i-1)}{\sqrt{(1+x^2)^i}} \sin\left(i \,\text{arc tang}\, \frac{1}{x}\right),$$

par suite,

$$^{(i)}(0) = (-1)^{i-1}\Pi(i-1) \sin \frac{i\pi}{2}$$

et

$$f^{(i)}(1) = \frac{(-1)^{i-1}\Pi(i-1)}{2^{\frac{i}{2}}} \sin \frac{i\pi}{4}.$$

En portant ces valeurs dans l'équation (14), on obtiendra la formule approximative suivante,

$$(16)\quad \left\{ \begin{aligned} \Pi = \mathrm{L}_1 &- \frac{n-1}{2n-1} \frac{\mathrm{L}_2}{2} + \frac{(n-1)(n-2)}{(2n-1)(2n-2)} \frac{\mathrm{L}_3}{3} \\ &- \frac{(n-1)(n-2)(n-3)}{(2n-1)(2n-2)(2n-3)} \frac{\mathrm{L}_4}{4} + \ldots, \end{aligned} \right.$$

où j'ai posé, pour abréger,

$$\mathrm{L}_i = 2 \sin \frac{i\pi}{2} + (-1)^{i-1} \frac{\sin \frac{i\pi}{4}}{2^{\frac{i}{2}-1}};$$

on trouve aisément

$$\mathrm{L}_1 = 3, \quad \mathrm{L}_2 = -1, \quad \mathrm{L}_3 = -\frac{3}{2}, \quad \mathrm{L}_4 = 0,$$

$$\mathrm{L}_5 = \frac{7}{4}, \quad \mathrm{L}_6 = \frac{1}{4}, \quad \mathrm{L}_7 = -\frac{17}{8}, \quad \mathrm{L}_8 = 0, \quad \ldots,$$

et

$$(17)\quad \left\{ \begin{aligned} \pi = 3 &+ \frac{1}{2} \frac{n-1}{2n-1} - \frac{1}{4} \frac{n-2}{2n-1} \\ &+ \frac{7}{80} \frac{(n-3)(n-4)}{(2n-1)(2n-3)} - \frac{1}{96} \frac{(n-3)(n-4)(n-5)}{(2n-1)(2n-3)(2n-5)} + \ldots. \end{aligned} \right.$$

En faisant successivement, dans cette formule, n égal à 1, 2, 3, 4, 5 et 6, on obtiendra pour le nombre π les valeurs approximatives suivantes [1],

$$\pi = 3, \qquad \pi = 3 + \frac{1}{6} = 3,166\ldots,$$

$$\pi = 3 + \frac{1}{5} - \frac{1}{4.5} = 3,155\ldots,$$

$$\pi = 3 + \frac{1}{7} = 3,142\ldots,$$

$$\pi = 3 + \frac{1}{9} + \frac{1}{4.9} + \frac{1}{4.9.10} = 3,1416\ldots,$$

$$\pi = 3 + \frac{1}{11} + \frac{1}{20} + \frac{1}{11.20.6} - \frac{1}{6.11.12.14} = 3,14158\ldots.$$

---

[1] Il est à remarquer que pour une valeur entière de n on doit arrêter la formule (14) au terme en L_n; on doit avoir égard à cette remarque dans l'application de la formule (17).

VI.

DÉVELOPPEMENT DE $\log(1+zx)$ SUIVANT LES PUISSANCES CROISSANTES DE $z(z-1)$.

17. On a identiquement

$$1+x-x^2z(z-1)=(1+zx)(1+x-zx);$$

on en déduit

$$\begin{aligned}\frac{z}{1+zx}&=\frac{z-xz(z-1)}{1+x-x^2z(z-1)}\\&=\frac{1}{x}+\frac{z-\frac{1+x}{x}}{1+x-x^2z(z-1)}\\&=\frac{1}{x}+\frac{\frac{z}{1+x}-\frac{1}{x}}{1-\frac{x^2z(z-1)}{1+x}}\\&=\frac{1}{x}+\sum\left(\frac{z}{1+x}-\frac{1}{x}\right)\frac{x^{2n}}{(1+x)^n}z^n(z-1)^n.\end{aligned}$$

On en déduit, en intégrant par rapport à x entre les limites zéro et x,

$$\log(1+zx)=\int_0^x\left[\frac{1}{x}+\sum\left(\frac{z}{1+x}-\frac{1}{x}\right)\frac{x^{2n}}{(1+x)^n}z^n(z-1)^n\right]dx;$$

si donc on pose

$$\log(1+zx)=\sum(v_n+zu_n)\frac{z^n(z-1)^n}{\Pi(n)},$$

on a

$$u_n=\Pi(n)\int_0^x\frac{x^{2n}\,dx}{(1+x)^{n+1}}.$$

La formule (13) donne alors en posant, pour abréger,

$$\frac{x}{1+x}=x',$$

$$\log(1+x)=\frac{1}{2}(x'+x)+\frac{1}{4}\frac{n-1}{2n-1}(x'^2-x^2)$$
$$+\frac{1}{6}\frac{(n-1)(n-2)}{(2n-1)(2n-2)}(x'^3+x^3)+\ldots+R,$$

où

$$R = (-1)^n \frac{\Pi^2(n)}{\Pi(2n)} \int_0^x \frac{x^{2n}\,dx}{(1+x)^{n+1}}.$$

18. En posant dans cette formule $x = 1$, il vient pour déterminer $\log n\, 2$, la formule approximative suivante,

$$\log 2 = \frac{3}{4} - \frac{3}{16}\frac{n-1}{2n-1} + \frac{3}{32}\frac{n-2}{2n-1} - \frac{15}{16^2}\frac{(n-2)(n-3)}{(2n-1)(2n-3)} + \ldots;$$

dans l'application de cette formule on doit, pour une valeur entière donnée de n, s'arrêter au premier terme qui s'annule.

En y faisant successivement n égal à 1, 2 et 3, on trouve

$$\log 2 = \frac{3}{4} = 0,75,$$

$$\log 2 = \frac{3}{4} - \frac{1}{16} = 0,6875,$$

$$\log 2 = \frac{3}{4} - \frac{1}{16} + \frac{1}{160} = 0,69375.$$

La valeur exacte de ce logarithme est

$$0,69314.$$

Paris, le 30 mars 1879.

SUR

LE DÉVELOPPEMENT DE $(x-z)^m$,

SUIVANT LES PUISSANCES DE (z^2-1).

Comptes rendus des séances de l'Académie des Sciences, t. LXXXVI; 1878.

Dans une Note que j'ai eu récemment l'honneur de présenter à l'Académie, j'ai montré, par l'exemple de la fonction e^{xz}, la liaison remarquable qui existe entre l'approximation des fonctions au moyen de fonctions rationnelles et leur développement suivant les puissances d'un polynôme.

Le même fait a lieu à l'égard des fonctions $(x-z)^m$ et $\log(x-z)$, quoique d'une manière moins directe.

Pour prendre l'exemple le plus simple, soit à développer $(x-z)^m$ suivant les puissantes croissantes de (z^2-1). Posons

$$(x-z)^m = \Sigma(U_n + zV_n)(z^2-1)^n;$$

on obtiendra facilement les relations suivantes :

$$mU_n = xU'_n - V'_n - V'_{n-1}, \qquad mV_n = xV'_n - U'_n,$$
$$U'_n = -(2n+1)V_n - (n+1)V_{n+1}, \qquad V'_n = -2(n+1)U_{n+1};$$

d'où l'on conclut que V_n satisfait à l'équation linéaire du second ordre

$$(1) \qquad (x^2-1)\frac{d^2y}{dx^2} - 2(m-n-1)\frac{dy}{dx} + m(m-2n-1)y = 0.$$

Désignons maintenant par $\frac{\varphi(x)}{f(x)}$ la $n^{\text{ième}}$ réduite de la fraction $\left(\frac{x+1}{x-1}\right)^m$; je veux dire par là que $\varphi(x)$ et $f(x)$ sont des polynômes du degré n, tels que le développement de

$$f(x)\left(\frac{x+1}{x-1}\right)^m - \varphi(x),$$

suivant les puissances descendantes de la variable, commence par un terme de l'ordre de $\frac{1}{x^{2n+1}}$.

On sait ([1]) que l'expression $f(x) - \varphi(x)\left(\frac{x-1}{x+1}\right)^m$ satisfait à l'équation

$$(x^2-1)\frac{d^2u}{dx^2} + 2(x-m)\frac{du}{dx} - n(n+1)u = 0;$$

d'où l'on voit que $v = (x+1)^m f(x) - (x-1)^m \varphi(x)$ satisfait à l'équation

$$(x^2-1)\frac{d^2v}{dx^2} - 2x(m-1)\frac{dv}{dx} + [m(m-1) - n(n-1)]v = 0,$$

et $\frac{d^n v}{dx^n}$ à l'équation (1).

On peut donc énoncer la proposition suivante :

Si l'on désigne par $\frac{\varphi(x)}{f(x)}$ *la* $n^{\text{ième}}$ *réduite de* $\left(\frac{x+1}{x-1}\right)^m$, *le coefficient de* $z(z^2-1)^n$, *dans le développement de* $(x-z)^m$ *suivant les puissances croissantes de* (z^2-1), *est égal à la* $n^{\text{ième}}$ *dérivée de l'expression*

$$(x+1)^m f(x) - (x-1)^m \varphi(x).$$

Des circonstances toutes semblables se présentent dans le développement de $(x-z)^m$ suivant les puissances d'un polynôme de degré quelconque. Je ne m'étendrai pas davantage à ce sujet, me bornant à considérer, à cause de sa simplicité, le développement de $\log(x-z)$ que l'on peut considérer comme correspondant au cas où m devient égal à zéro.

$F(z)$ étant un polynôme du degré $m+1$, soit

$$\log(x-z) = \Sigma(U_n + \ldots + z^m V_n)F^n(z),$$

on en déduit

$$\frac{1}{x-z} = \frac{\frac{F(x)-F(z)}{x-z}}{F(x)-F(z)} = \Sigma(U'_n + \ldots + z^m V'_n)F^n(z);$$

([1]) *Voir*, par exemple, ma Note *Sur l'approximation des fonctions d'une variable au moyen de fractions rationnelles* (*Bulletin de la Société mathématique*, t. V, p. 85).

d'où

$$V'_n = \frac{1}{F^{n+1}(x)}.$$

En désignant par $z_0, z_1, \ldots, z_n$ les racines de l'équation $F(z) = 0$, considérons l'expression

$$\Omega = \Pi_1 \log\left(\frac{z-z_1}{x-z_0}\right) + \Pi_2 \log\left(\frac{x-z_2}{x-z_0}\right) + \ldots + \Pi_m \log\left(\frac{x-z_n}{x-z_0}\right) - \Pi,$$

où $\Pi, \Pi_1, \Pi_2, \ldots, \Pi_m$ sont des polynômes entiers du degré n qui rendent l'expression Ω de l'ordre le plus élevé possible en $\frac{1}{x}$, c'est-à-dire de l'ordre de $\frac{1}{x^{nm+m}}$.

M. Hermite a montré ([1]) que la $(n+1)^{\text{ième}}$ dérivée de Ω est précisément $\frac{1}{F^{(n+1)}(x)}$; on en conclut que V_n et la $n^{\text{ième}}$ dérivée de Ω ne peuvent différer que par un terme constant. De la règle donnée par Jacobi, on déduit d'ailleurs que V_n est de l'ordre de $\frac{1}{x^{mn+m+n}}$; par suite les développements de V_n et de $\frac{d^n\Omega}{dx^n}$ suivant les puissances décroissantes de x, commençant tous les deux par un terme de l'ordre de $\frac{1}{x^{mn+m+n}}$ et ces deux fonctions ne pouvant différer que par une constante, on a $V_n = \frac{d^n\Omega}{dx^n}$.

Ainsi :

Le coefficient de $z^m F^n(z)$, dans le développement de $\log(x-z)$ *suivant les puissances de $F(z)$ est égal à la dérivée $n^{\text{ième}}$ de l'expression*

$$P_1 \log\frac{x-z_1}{x-z_0} + P_2 \log\frac{x-z_2}{x-z_0} + \ldots + P_m \log\frac{x-z_m}{x-z_1} - P_1,$$

où les polynômes, du degré n, $P, P_1, P_2, \ldots, P_m$ ont précisément les valeurs pour lesquelles l'expression précédente est de l'ordre le plus élevé en $\frac{1}{x}$.

([1]) *Sur quelques équations différentielles linéaires* (*Journal de Borchardt*, t. LXXIX).

SUR LA

RÉDUCTION DES FRACTIONS CONTINUES

DE $e^{F(x)}$, $F(x)$ DÉSIGNANT UN POLYNOME ENTIER.

Comptes rendus des séances de l'Académie des Sciences, t. LXXXVII; 1878.

1. L'étude du développement en fractions continues d'une fonction d'une variable conduit, dans un très grand nombre de cas, à la considération d'équations différentielles linéaires et du second ordre qui jouent un rôle important dans cette étude. Elles ont pour solutions les polynômes qui forment les dénominateurs des réduites.

Dans deux Notes précédemment publiées ([1]), j'ai déterminé la forme de ces équations; pour résoudre complètement le problème, il restait à déterminer les coefficients des polynômes qui entrent dans leur expression : c'est à quoi je suis parvenu par une méthode très générale et qui s'applique à tous les cas nombreux et importants que j'ai examinés dans les Notes que je viens de rappeler.

Dans le Mémoire que j'ai l'honneur de soumettre aujourd'hui à l'Académie, je traite seulement le développement de la fonction $e^{F(x)}$, où $F(x)$ désigne un polynôme entier d'un degré quelconque m.

2. Soit $\frac{\varphi_n(x)}{f_n(x)}$ une réduite de $e^{F(x)}$, $f_n(x)$ et $\varphi_n(x)$ étant deux polynômes du degré n; j'ai montré que $f_n(x)$ est une solution

([1]) *Sur l'approximation des fonctions d'une variable au moyen des fractions rationnelles* (*Bulletin de la Soc. math.*, t. V, p. 78).

Sur l'approximation d'une classe de diverses transcendantes qui comprennent comme cas particulier les intégrales hyperelliptiques (*Comptes rendus,* t. LXXXIV, p. 643).

d'une équation différentielle linéaire de la forme

$$y'' - \left[\frac{2n}{x} + \frac{\Theta_n'(x)}{\Theta_n(x)} - \mathrm{F}'(x)\right] y' - \frac{\mathrm{H}_n(x)}{x\Theta_n(x)},$$

où $\Theta_n(x)$ et $\mathrm{H}_n(x)$ désignent des polynômes entiers ayant respectivement pour degré $(m-1)$ et $2(m-1)$.

Le problème à résoudre consiste à déterminer les coefficients des polynômes $\Theta_n(x)$ et $\mathrm{H}_n(x)$, ou plutôt à trouver les relations qui lient entre eux les coefficients des divers polynômes $\Theta_n(x)$, $\Theta_{n-1}(x)$, ..., $\mathrm{H}_n(x)$, $\mathrm{H}_{n-1}(x)$, ..., de façon à pouvoir en déterminer la valeur par voie récurrente.

A cet effet, en posant, pour abréger,

$$\begin{aligned}\mathrm{R} = {} & \left[\frac{n}{x} + \frac{\Theta_n'(x)}{2\Theta_n(x)} - \frac{\mathrm{F}'(x)}{2}\right]^2 \\ & + \frac{n}{x^2} - \frac{\mathrm{F}''(x)}{2} - \frac{d}{dx}\frac{\Theta_n'(x)}{2\Theta_n(x)} + \frac{\mathrm{H}_n(x)}{x\Theta_n(x)},\end{aligned}$$

$$\begin{aligned}\mathrm{S} = {} & \left[\frac{n-1}{x} + \frac{\Theta_{n-1}'(x)}{2\Theta_{n-1}(x)} - \frac{\mathrm{F}'(x)}{2}\right]^2 \\ & + \frac{n-1}{x^2} + \frac{\mathrm{F}''(x)}{2} - \frac{d}{dx}\frac{\Theta_{n-1}'(x)}{2\Theta_{n-1}(x)} + \frac{\mathrm{H}_{n-1}(x)}{x\Theta_{n-1}(x)},\end{aligned}$$

puis

$$\mathrm{R} + \mathrm{S} = \mathrm{G}, \qquad \mathrm{R} - \mathrm{S} = \mathrm{K} \qquad \text{et} \qquad \Delta = \Theta_n(x)\Theta_{n-1}(x),$$

je remarque que, en désignant par β une constante convenablement choisie, l'expression rationnelle

$$4\beta\Delta + 2\mathrm{G} + \frac{\Delta''}{\Delta} - \frac{5}{4}\frac{\Delta'^2}{\Delta^2}$$

est un carré parfait; de plus, Ω étant la valeur de sa racine carrée, on a identiquement

$$\Omega = \sqrt{\Delta}\int\frac{\mathrm{K}\,dx}{\sqrt{\Delta}}, \tag{1}$$

identité qui exige tout d'abord que l'intégrale $\int\frac{\mathrm{K}\,dx}{\sqrt{\Delta}}$ ne renferme pas de partie transcendante.

De là découlent les relations cherchées entre les coefficients des polynômes Θ_n, Θ_{n-1}, ..., H_n, H_{n-1}, ...

3. Comme application de la théorie générale, faisons

$$F(x) = x^2 + 2ax.$$

Dans ce cas, $f_n(x)$ satisfait à une équation de la forme

$$y'' - \left(\frac{2n}{x} + \frac{1}{x - \alpha_n} - 2x - 2\alpha\right) y' - \left(2n + \frac{P_n}{x} + \frac{Q_n}{x - \alpha_n}\right) y = 0,$$

et le problème à résoudre consiste à déterminer, en fonction de a et de n, les coefficients α_n, P_n et Q_n.

En posant, pour abréger,

$$(2) \qquad Q_n + \frac{n}{\alpha_n} - \alpha_n - a = B \quad \text{et} \quad Q_{n-1} + \frac{n-1}{\alpha_{n-1}} - \alpha_{n-1} - a = C,$$

l'identité (1) donne les relations suivantes :

$$(3) \qquad \frac{P_n}{2n} = a - n\left(\frac{1}{\alpha_n} + \frac{1}{\alpha_{n-1}}\right) - \frac{B\alpha_{n-1} + C\alpha_n}{\alpha_n - \alpha_{n-1}},$$

$$(4) \quad B^2 + \frac{2nB\alpha_{n-1}}{\alpha_n(\alpha_n - \alpha_{n-1})} + \frac{2nC}{\alpha_n - \alpha_{n-1}} - (\alpha_n + a)^2 + n^2\left(\frac{1}{\alpha_n^2} + \frac{2}{\alpha_n\alpha_{n-1}}\right) = 0,$$

$$(5) \quad C^2 + \frac{2nC\alpha_n}{\alpha_{n-1}(\alpha_n + \alpha_{n-1})} + \frac{2nB}{\alpha_n - \alpha_{n-1}} - (\alpha_{n-1} + a)^2 + n^2\left(\frac{1}{\alpha_{n-1}^2} + \frac{2}{\alpha_n\alpha_{n-1}}\right) = 0.$$

4. La solution du problème est ainsi ramenée à une question d'Algèbre élémentaire. Si, en effet, entre les équations (4) et (5), on élimine successivement B et C, on obtiendra deux équations du quatrième degré auxquelles satisfont respectivement ces quantités et qui sont de la forme

$$(6) \qquad \Phi(B, \alpha_n, \alpha_{n-1}, n) = 0$$

et

$$(7) \qquad \Phi_1(C, \alpha_n, \alpha_{n-1}, n) = 0.$$

Si maintenant on observe que B se déduit de C par le changement de n en $(n+1)$, de l'équation (7) on déduira une nouvelle équation

$$(8) \qquad \Phi_1(B, \alpha_{n+1}, \alpha_n, n+1) = 0.$$

En écrivant que les équations (6) et (8) ont une solution commune, on obtiendra une relation entre les trois quantités consécutives α_{n+1}, α_n et α_{n-1} qui permettra de calculer par voie récurrente les coefficients α_p. La valeur de la racine commune donnera B, puis C par le changement de n en $(n-1)$; ces calculs effectués, les formules (2) et (3) détermineront P_n et Q_n.

SUR LA

RÉDUCTION EN FRACTIONS CONTINUES

D'UNE CLASSE ASSEZ ÉTENDUE DE FONCTIONS.

Comptes rendus des séances de l'Académie des Sciences, t. LXXXVII; 1878.

1. La méthode que j'ai employée, dans un Mémoire présenté récemment à l'Académie, pour le développement en fractions continues de $e^{F(x)}$, s'applique entièrement à un cas beaucoup plus général, à savoir quand la fonction à développer satisfait à une équation différentielle linéaire et du premier ordre, dont les coefficients sont des fonctions rationnelles de x.

Soit V une fonction satisfaisant à l'équation différentielle

$$V' = FV + \Phi, \tag{1}$$

où F et Φ désignent des fonctions rationnelles quelconques de x.

Supposons, pour fixer les idées, que V soit développable suivant les puissances croissantes de x, et soit $\frac{\varphi_n}{f_n}$ une réduite de V, φ_n et f_n étant des polynômes entiers du degré n, choisis de telle sorte que le développement de $V - \frac{\varphi_n}{f_n}$ commence par un terme en x^{2n-1}.

De l'équation (1) on déduit immédiatement la relation

$$\varphi_n f'_n = \varphi'_n f_n + \varphi_n f_n F + f_n^2 \Phi = x^{2n} \Theta_n, \tag{2}$$

où Θ_n désigne une fonction rationnelle de x, dont le dénominateur est connu et dont le numérateur est d'un degré déterminé.

Cela posé, formons l'équation différentielle

$$My'' - Ny' + P = 0,$$

qui a pour solutions

$$y_1 = f_n \quad \text{et} \quad y_2 = \varphi_n e^{-\int F dx} - f_n \int \Phi e^{-\int F dx};$$

d'après une proposition connue, on a

$$\frac{N}{M} = \frac{d}{dx} \log(y'_1 y_2 - y_1 y'_2),$$

ou, en vertu de (2),

$$\frac{N}{M} = \frac{d}{dx} \log(x^{2n} \Theta_n e^{-\int F dx}).$$

D'où il suit que f_n satisfait à une équation différentielle du second ordre, de la forme

$$(3) \qquad y'' - \left(\frac{2n}{x} + \frac{\Theta'_n}{\Theta_n} - F\right) y' - H_n y = 0,$$

H_n désignant une fonction rationnelle de x dont le dénominateur est connu, le numérateur étant d'un degré déterminé.

2. Dans un assez grand nombre de cas (ce sont les plus simples et par cela même les plus intéressants), les fonctions rationnelles Θ_n et H_n se déterminent immédiatement et le problème est complètement résolu.

Dans le cas général où cette détermination est plus difficile, on peut employer la méthode suivante pour trouver entre les coefficients des fonctions Θ_n, H_n, Θ_{n-1}, H_{n-1}, ..., des relations qui permettent de les obtenir par voie récurrente.

Considérons l'équation

$$My'' - Ny' + P = 0,$$

à laquelle satisfait f_n et dont la solution la plus générale est donnée par la formule

$$Af'_n + B(\varphi_n e^{-\int F dx} - f_n \int \Phi e^{-\int F dx}),$$

où A et B désignent deux constantes arbitraires; puis l'équation

$$M_0 u'' - N_0 u' - P_0 = 0,$$

à laquelle satisfait f_{n-1} et dont la solution la plus générale est donnée par la formule

$$A_0 f_{n-1} + B_0(\varphi_{n-1} e^{-\int F dx} - f_n \int \Phi e^{-\int F dx});$$

cela posé, formons l'équation différentielle linéaire et du quatrième ordre à laquelle satisfait la fonction

$$z = uy.$$

Il est facile de former cette équation, dont les coefficients ne renfermeront d'autres quantités inconnues que les coefficients de Θ_n, H_n, Θ_{n-1} et H_{n-1}; or cette équation admet évidemment comme solution

$$z = (f_n \varphi_{n-1} - f_{n-1} \varphi_n) e^{-\int F dx}$$

et, d'après une propriété élémentaire des fractions continues, on sait que, à un facteur constant près,

$$f_n f_{n-1} - f_{n-1} \varphi_n = x^{2n-1}.$$

L'équation différentielle du quatrième ordre en z est donc identiquement satisfaite quand on y fait

$$z = x^{2n-1} e^{-\int F dx},$$

et de là découlent les relations cherchées.

3. La méthode que je viens d'exposer présenterait, dans la pratique, des difficultés de calcul presque insurmontables, même dans les cas les plus simples. Pour pouvoir l'employer sans trop de longueurs, il est nécessaire de lui faire subir des modifications que j'ai développées dans le Mémoire cité plus haut et relatif à la réduction de $e^{F(x)}$ en fractions continues.

SUR LA

RÉDUCTION EN FRACTION CONTINUE

DE $e^{F(x)}$,

$F(x)$ DÉSIGNANT UN POLYNOME ENTIER.

Journal de Mathématiques pures et appliquées, t. VI; 1880.

L'étude du développement en fraction continue d'une fonction d'une variable conduit, dans un très grand nombre de cas, à la considération d'équations différentielles linéaires et du second ordre. Elles ont pour solutions les polynômes qui forment les dénominateurs des diverses réduites.

Dans deux Notes précédemment publiées ([1]), j'ai déterminé la forme de ces équations; pour résoudre complètement le problème, il reste à déterminer les coefficients des polynômes qui entrent dans leur expression.

Ce problème présente d'assez grandes difficultés et j'ai essayé de le résoudre dans la Note qui suit; j'y traite seulement le développement de la fonction $e^{F(x)}$, où $F(x)$ désigne un polynôme entier d'un degré quelconque, et je fais l'application de la théorie générale au cas où $F(x)$ est du second degré.

I.

1. Soit $F(x)$ un polynôme entier de degré m; posons

$$e^{F(x)} = \frac{\varphi_n(x)}{f_n(x)} + (x^{2n+1}) \text{ (}^2\text{)},$$

$\varphi_n(x)$ et $f_n(x)$ désignant des polynômes du degré n.

([1]) *Sur l'approximation des fonctions d'une variable au moyen des fractions rationnelles* (*Bulletin de la Société mathématique de France,* t. V, p. 78.)

Sur l'approximation de diverses transcendantes qui renferment comme cas particulier les intégrales hyperelliptiques (*Comptes rendus des séances de l'Académie des Sciences*).

([2]) Dans tout ce qui suit, je désigne généralement par (x^p) une série ordonnée

On en déduit

$$F(x) = \log \varphi_n(x) - \log f_n(x) + (x^{2n+1}),$$

puis, en prenant les dérivées des deux membres,

$$F'(x) = \frac{\varphi'_n(x)}{\varphi_n(x)} - \frac{f'(x)}{f_n(x)} + (x^{2n})$$

et

$$F'(x)\,\varphi_n(x) f_n(x) - \varphi'_n(x) f_n(x) + \varphi_n(x) f'_n(x) = x^{2n}\Theta_n(x).$$

$\Theta_n(x)$ désignant un polynôme du degré $(m-1)$, qui généralement ne sera pas divisible par x.

Si, dans cette relation, on considère $f_n(x)$ et $\Theta_n(x)$ comme connus, on a, pour déterminer $\varphi_n(x)$, une équation linéaire et du premier ordre. En l'intégrant d'abord, en négligeant le second membre, on aura

$$\varphi_n(x) = e^{F(x)} f_n(x)\, z, \tag{1}$$

et z sera, comme on le sait, déterminé par la relation

$$-z = \int \frac{e^{-F(x)} x^{2n} \Theta_n(x)\, dx}{f_n^2(x)}. \tag{2}$$

En désignant par $\alpha, \beta, \ldots$ les diverses racines de l'équation $f_n(x) = 0$, posons l'identité

$$\frac{x^{2n}\Theta_n(x)}{f_n^2(x)} = P + \sum \frac{p}{(x-\alpha)^2} + \sum \frac{q}{x-\alpha},$$

où P est un polynôme du degré $(m-1)$ en x.

On en déduit

$$-z = \int e^{-F(x)} P\, dx + \sum \int \frac{e^{-F(x)} p\, dx}{(x-\alpha)^2} + \sum \int \frac{e^{-F(x)} q\, dx}{x-\alpha},$$

ou encore, en intégrant par parties le deuxième terme du second membre de la relation précédente,

$$-z = \int e^{-F(x)} P\, dx - \sum \frac{e^{-F(x)} p}{x-\alpha} + \sum \int e^{-F(x)} \frac{q - p F'(x)}{x-\alpha}\, dx,$$

---

suivant les puissances croissantes de x et commençant par un terme en x^p, sans avoir égard aux valeurs des coefficients de cette série.

ou encore

$$-z=\int e^{-F(x)}P\,dx-\sum\frac{pe^{-F(x)}}{x-\alpha}-\sum\int e^{-F(x)}\frac{p[F'(x)-F'(\alpha)]}{x-\alpha}dx$$
$$+\sum\int e^{-F(x)}\frac{q-pF'(\alpha)}{x-\alpha}dx.$$

Or la valeur de z ne peut, comme cela résulte de l'équation (1), renfermer d'autre transcendante que la fonction $e^{F(x)}$; on a donc, pour toutes les racines de l'équation $f_n(x)=0$,

$$q-pF'(\alpha)=0.$$

Un calcul facile donne

$$\frac{p}{f'_n(\alpha)}=\frac{q}{\left[\frac{2n}{\alpha}+\frac{\Theta'_n(\alpha)}{\Theta_n(\alpha)}\right]f'_n(\alpha)-f''_n(\alpha)},$$

d'où il suit que le polynôme $f_n(x)$ satisfait à une équation linéaire et du second ordre de la forme

$$(3)\qquad y''-\left[\frac{2n}{x}+\frac{\Theta'_n(x)}{\Theta_n(x)}-F'(x)\right]y'-\frac{H_n(x)}{x\Theta_n(x)}y=0,$$

où $H_n(x)$ désigne un polynôme entier en x du degré $2(m-1)$.

2. L'équation (3) peut se mettre sous la forme suivante :

$$\frac{d}{dx}\left[\frac{e^{F(x)}y'}{x^{2n}\Theta_n(x)}\right]-K(x)y=0.$$

On en conclut qu'une seconde solution de cette équation est donnée par la formule

$$y=f_n(x)\int\frac{e^{-F(x)}x^{2n}\Theta_n(x)\,dx}{f_n^2(x)}$$

ou, en vertu des relations (1) et (2),

$$y=\varphi_n(x)\,e^{-F(x)}.$$

3. C'est sur cette importante propriété que je m'appuierai pour déterminer les coefficients des polynômes $\Theta_n(x)$ et $H_n(x)$.

A cet effet, je remarque que $f_{n-1}(x)$ satisfait à l'équation

$$(4)\qquad u''-\left[\frac{2(n-1)}{x}+\frac{\Theta'_{n-1}(x)}{\Theta_n(x)}-F'(x)\right]-u'-\frac{H_{n-1}(x)}{x\Theta_{n-1}(x)}u=0,$$

dont une seconde solution est

$$u = \varphi_{n-1}(x)\, e^{-F(x)}.$$

Formons l'équation linéaire et du quatrième ordre $\Omega = 0$, à laquelle satisfait l'expression

$$z = uy;$$

la solution la plus générale de cette équation est, en désignant par A, B, C et D quatre constantes arbitraires,

$$\begin{aligned} & A f_n(x) f_{n-1}(x) + B f_n(x)\, \varphi_{n-1}(x)\, e^{-F(x)} \\ & \qquad + C f_{n-1}(x)\, \varphi_n(x)\, e^{-F(x)} + D \varphi_n(x)\, \varphi_{n-1}(x)\, e^{-2F(x)}. \end{aligned}$$

En particulier, elle est satisfaite par l'expression

$$e^{-F(x)} [f_n(x)\, \varphi_{n-1}(x) - f_{n-1}(x)\, \varphi_n(x)],$$

dont il est facile d'obtenir la valeur en se servant d'une des propriétés les plus élémentaires des fractions continues.

Ayant en effet

$$e^{F(x)} = \frac{\varphi_n(x)}{f_n(x)} + (x^{2n+1})$$

et

$$e^{F(x)} = \frac{\varphi_{n-1}(x)}{f_{n-1}(x)} + (x^{2n-1}),$$

on en déduit

$$\frac{\varphi_{n-1}(x)}{f_{n-1}(x)} - \frac{\varphi_n(x)}{f_n(x)} = (x^{2n+1}),$$

d'où

$$f_n(x)\, \varphi_{n-1}(x) - f_{n-1}(x)\, \varphi_n(x) = M x^{2n-1},$$

M désignant une quantité constante.

4. De là résulte que l'équation $\Omega = 0$ est identiquement satisfaite quand on fait

$$z = e^{-F(x)}\, x^{2n-1},$$

ce qui ne peut avoir lieu qu'en établissant certaines relations entre les coefficients des polynômes inconnus $\Theta_n(x)$, $H_n(x)$, $\Theta_{n-1}(x)$ et $H_{n-1}(x)$.

Mais, pour obtenir ces relations, il est plus commode de transformer d'abord les équations (3) et (4). A cet effet, je poserai

$$y = x^n \sqrt{\Theta_n(x)}\, e^{-\frac{F(x)}{2}} Y$$

et

$$u = x^n \sqrt{\Theta_{n-1}(x)}\, e^{-\frac{F(x)}{2}} U.$$

En faisant, pour abréger,

$$R = \left[\frac{n}{x} + \frac{1}{2}\frac{\Theta'_n(x)}{\Theta_n(x)} - \frac{F'(x)}{2}\right]^2 + \frac{n}{x^2} + \frac{F''(x)}{2} - \frac{d}{dx}\frac{1}{2}\frac{\Theta'_n(x)}{\Theta_n(x)} + \frac{H_n(x)}{x\Theta_n(x)}$$

et

$$S = \left[\frac{n-1}{x} + \frac{1}{2}\frac{\Theta'_{n-1}(x)}{\Theta_{n-1}(x)} - \frac{F'(x)}{2}\right]^2 + \frac{n-1}{x^2} + \frac{F''(x)}{2} - \frac{d}{dx}\frac{1}{2}\frac{\Theta'_{n-1}(x)}{\Theta_{n-1}(x)} + \frac{H_{n-1}(x)}{x\Theta_{n-1}(x)},$$

les équations (3) et (4) deviennent respectivement

$$(5) \qquad Y'' = RY,$$

et

$$(6) \qquad U'' = SY.$$

Formons maintenant l'équation linéaire et du quatrième ordre à laquelle satisfait l'expression

$$(7) \qquad Z = YU;$$

ayant identiquement

$$yu = x^{2n-1}\, e^{-F(x)} \sqrt{\Theta_n(x)\,\Theta_{n-1}(x)}\, Z,$$

et $x^{2n-1}\, e^{-F(x)}$ étant une valeur de yu, on voit que l'équation différentielle en Z a pour solution

$$\frac{1}{\sqrt{\Theta_n(x)\,\Theta_{n-1}(x)}}.$$

5. Faisant, dans ce qui suit,

$$Z = \frac{1}{\sqrt{\Theta_n(x)\,\Theta_{n-1}(x)}},$$

on obtiendra facilement une relation linéaire entre Z et ses trois premières dérivées.

De l'équation (7) on déduit en effet

$$(8)\qquad Z' = YU' + UY',$$

puis, en vertu des équations (5) et (6),

$$(9)\qquad Z'' - (R+S)Z = 2Y'U',$$

puis, en dérivant une troisième fois,

$$(10)\qquad Z''' - (R+S)Z' - (R'+S')Z = 2RYU' + 2SUY',$$

et enfin

$$(11)\qquad \left\{\begin{aligned} &Z^{\text{IV}} - 2(R+S)Z'' - 2(R'+S')Z' \\ &\qquad + [(R-S)^2 - R'' - S'']Z = 2R'YU' + 2SUY'. \end{aligned}\right.$$

Si maintenant, entre les équations (8), (10) et (11), nous éliminons les quantités YU′ et UY′, nous obtiendrons la relation cherchée

$$\begin{vmatrix} Z' & 1 & 1 \\ Z''' - (R+S)Z' - (R'+S')Z & 2R & 2S \\ Z^{\text{IV}} - 2(R+S)Z'' - 2(R'+S')Z' + [(R-S)^2 - R'' - S'']Z & 2R' & 2S' \end{vmatrix} = 0,$$

ou encore, si l'on pose, pour abréger,

$$R + S = G \quad \text{et} \quad R - S = K,$$

$$(12)\qquad Z^{\text{IV}} - \frac{K'}{K}Z''' - 2GZ'' + \left(2G\frac{K'}{K} - 3G'\right)Z' + \left(K^2 + \frac{G'K'}{K} - G''\right)Z = 0.$$

6. La relation précédente peut, comme il est facile de le vérifier, se mettre sous la forme suivante :

$$(13)\qquad \frac{d}{dx}\left(GZ^2 - ZZ'' + \frac{1}{2}Z'^2\right) = KZ\int KZ\,dx.$$

Je remarquerai d'abord que, le premier membre de cette identité étant une fonction rationnelle de x, l'intégrale $\int KZ\,dx$ ne doit renfermer aucune partie transcendante, et de là découlent immédiatement un certain nombre de relations entre les coefficients des polynômes $\Theta_n(x)$, $H_n(x)$, $\Theta_{n-1}(x)$ et $H_{n-1}(x)$. En second lieu, cette intégrale ne doit renfermer aucune quantité constante; en effet, le produit de cette constante par KZ donnerait une quantité irrationnelle qui ne peut exister dans l'expression $\frac{d}{dx}(GZ^2 - ZZ'' + \frac{1}{2}Z'^2)$.

En intégrant la relation (13), il vient, en désignant par β une constante convenablement choisie,

$$2\beta + GZ^2 - ZZ'' + \tfrac{1}{2}Z'^2 = \tfrac{1}{2}(\textstyle\int KZ\,dx)^2,$$

et encore

$$(14) \qquad \frac{1}{Z}\int KZ\,dx = \sqrt{\frac{4\beta}{Z^2} + 2G - \frac{2Z''}{Z} + \frac{Z'^2}{Z^2}}.$$

Le premier membre de cette identité étant une fonction rationnelle de x, il en résulte que l'expression rationnelle

$$\frac{4\beta}{Z^2} + 2G - \frac{2Z''}{Z} + \frac{Z'^2}{Z^2}$$

est un carré parfait.

II.

7. Comme application des résultats obtenus, je ferai

$$F(x) = x^2 + 2ax,$$

a désignant une constante arbitraire.

On voit que, dans ce cas, $f_n(x)$ satisfait à une équation différentielle de la forme

$$y'' = \left(\frac{2n}{x} + \frac{1}{x-\alpha_n} - 2x - 2a\right)y' - \left(2n + \frac{P_n}{x} + \frac{Q_n}{x-\alpha_n}\right)y = 0;$$

on a

$$\Theta_n(x) = x - \alpha_n,$$

et le problème à résoudre consiste à déterminer les coefficients α_n, P_n et Q_n.

8. On a

$$\begin{aligned}
R = {} & \left(\frac{n}{x} + \frac{1}{2}\frac{1}{x-\alpha_n} - x - a\right)^2 \\
& + 2n + 1 + \frac{n}{x^2} + \frac{1}{2}\frac{1}{(x-\alpha_n)^2} + \frac{P_n}{x} + \frac{Q_n}{x-\alpha_n} \\
= {} & x^2 + 2ax + a^2 + \left(P_n - 2na - \frac{n}{\alpha_n}\right)\frac{1}{x} + \frac{n(n+1)}{x^2} \\
& + \left(Q_n + \frac{n}{\alpha_n} - \alpha_n - a\right)\frac{1}{x-\alpha_n} + \frac{3}{4}\frac{1}{(x-\alpha_n)^2}
\end{aligned}$$

et

$$S = x^2 + 2ax + a^2 + \left[P_{n-1} - 2(n-1)a - \frac{n-1}{\alpha_{n-1}}\right]\frac{1}{x} + \frac{n(n-1)}{x^2}$$
$$+ \left(Q_{n-1} + \frac{n-1}{\alpha_{n-1}} - \alpha_{n-1} - a\right)\frac{1}{x-\alpha_{n-1}} + \frac{3}{4}\,\frac{1}{(x-\alpha_{n-1})^2}.$$

On en déduit, en posant, pour abréger l'écriture,

$$P_n + P_{n-1} - 2(2n-1)a - \frac{n}{\alpha_n} - \frac{n-1}{\alpha_{n-1}} = A,$$
$$Q_n + \frac{n}{\alpha_n} - \alpha_n - a = B,$$
$$Q_{n-1} + \frac{n-1}{\alpha_{n-1}} - \alpha_{n-1} - a = C$$

et

$$P_n - P_{n-1} - 2a - \frac{n}{\alpha_n} + \frac{n-1}{\alpha_{n-1}} = D,$$

les formules suivantes :

$$G = 2x^2 + 4ax + 2a^2 + \frac{A}{x} + \frac{2n^2}{x^2}$$
$$+ \frac{B}{x-\alpha_n} + \frac{C}{x-\alpha_{n-1}} + \frac{3}{4}\,\frac{1}{(x-\alpha_n)^2} + \frac{3}{4}\,\frac{1}{(x-\alpha_{n-1})^2}$$

et

$$K = \frac{D}{x} + \frac{2n}{x^2} + \frac{B}{x-\alpha_n} - \frac{C}{x-\alpha_{n-1}} + \frac{3}{4}\,\frac{1}{(x-\alpha_n)^2} - \frac{3}{4}\,\frac{1}{(x-\alpha_{n-1}}.$$

9. On a

$$Z = \frac{1}{\sqrt{(x-\alpha_n)(x-\alpha_{n-1})}}.$$

Posons

$$(x-\alpha_n)(x-\alpha_{n-1}) = \Delta, \qquad \frac{\alpha_n + \alpha_{n-1}}{2} = p,$$
$$\alpha_n\alpha_{n-1} = q \qquad \text{et} \qquad \alpha_n - \alpha_{n-1} = \omega;$$

il viendra

$$\int KZ\,dx = D\int\frac{dx}{x\sqrt{\Delta}} + 2n\int\frac{dx}{x^2\sqrt{\Delta}} + B\int\frac{dx}{(x-\alpha_n)\sqrt{\Delta}}$$
$$- C\int\frac{dx}{(x-\alpha_{n-1})\sqrt{\Delta}} + \frac{3}{4}\int\frac{dx}{(x-\alpha_n)^2\sqrt{\Delta}} - \frac{3}{4}\int\frac{dx}{(x-\alpha_{n-1})^2\sqrt{\cdot}}$$

ou, en effectuant les intégrations,

$$\int KZ\,dx = \left(D + \frac{n}{\alpha_n} + \frac{n}{\alpha_{n-1}}\right)\int \frac{dx}{x\sqrt{\Delta}} - \frac{2n\sqrt{\Delta}}{qx}$$
$$- \frac{2B}{\omega\sqrt{\Delta}}(x - \alpha_{n-1}) - \frac{2C}{\omega\sqrt{\Delta}}(x - \alpha_n)$$
$$- \frac{1}{2\omega}\frac{\sqrt{\Delta}}{(x-\alpha_n)^2} - \frac{1}{2\omega}\frac{\sqrt{\Delta}}{(x-\alpha_{n-1})^2} + \frac{1}{\omega^2}\frac{x-\alpha_{n-1}}{\sqrt{\Delta}} - \frac{1}{\omega^2}\frac{x-\alpha_n}{\sqrt{\Delta}}.$$

Comme cette intégrale ne doit pas contenir de partie transcendante, on a

(15) $$D = -n\left(\frac{1}{\alpha_n} + \frac{1}{\alpha_{n-1}}\right),$$

d'où

(16) $$P_n = P_{n-1} + 2a - \frac{2n-1}{\alpha_{n-1}}$$

et

(17) $$A = 2P_n - 4na - n\left(\frac{1}{\alpha_n} - \frac{1}{\alpha_{n-1}}\right).$$

10. On a

$$\frac{-1}{Z}\int KZ\,dx = 2Mx - 2N + \frac{2n}{x} + \frac{1}{2}\frac{1}{x-\alpha_n} - \frac{1}{2}\frac{1}{x-\alpha_{n-1}},$$

relation où j'ai posé, pour abréger,

$$M = \frac{n}{\alpha_n\alpha_{n-1}} + \frac{B+C}{\omega}, \qquad N = n\left(\frac{1}{\alpha_n} + \frac{1}{\alpha_{n-1}}\right) + \frac{B\alpha_{n-1} + C\alpha_n}{\omega},$$

puis

$$\frac{4\beta}{Z^2} + 2G - \frac{2Z''}{Z} + \frac{Z'^2}{Z^2}$$
$$= 4\beta\Delta + 2G + \frac{\Delta''}{\Delta} - \frac{5}{4}\frac{\Delta'^2}{\Delta^2}$$
$$= 4\beta(x^2 - 2px + q) + 4x^2 + 8ax + 4a^2$$
$$+ \frac{2A}{x} + \frac{4n^2}{x^2} + \frac{2B}{x-\alpha_n} + \frac{2C}{x-\alpha_{n-1}} + \frac{3}{2}\left(\frac{1}{x-\alpha_n}\right)^2$$
$$+ \frac{3}{2}\frac{1}{(x-\alpha_{n-1})^2} - \frac{5}{4}\frac{1}{(x-\alpha_n)^2} - \frac{5}{4}\frac{1}{(x-\alpha_{n-1})^2} - \frac{1}{2\omega(x-\alpha_n)} + \frac{1}{2\omega(x-\alpha_{n-1})}$$
$$= 4(1+\beta)x^2 + 8(a - p\beta)x + 4(a^2 + q\beta)$$
$$+ \frac{2A}{x} + \frac{4n^2}{x^2} + \left(2B - \frac{1}{2\omega}\right)\frac{1}{x-\alpha_n}$$
$$+ \left(2C + \frac{1}{2\omega}\right)\frac{1}{x-\alpha_{n-1}} + \frac{1}{4(x-\alpha_n)^2} + \frac{1}{4(x-\alpha_{n-1})^2}.$$

L'identité (14) donne alors les relations suivantes :

$$M^2 = 1 + \beta, \tag{18}$$

$$MN = p\beta - a, \tag{19}$$

$$N^2 + 2nM = a^2 + q\beta, \tag{20}$$

$$A + 4nN + n\left(\frac{1}{\alpha_n} - \frac{1}{\alpha_{n-1}}\right) = 0; \tag{21}$$

puis

$$B = M\alpha_n - N + \frac{n}{\alpha_n}$$

et

$$C = -M\alpha_{n-1} + N - \frac{n}{\alpha_{n-1}}.$$

Ces deux dernières sont, comme il est facile de le voir, identiquement satisfaites.

Des équations (21) et (17) on déduit

$$N = n\left(\frac{1}{\alpha_n} + \frac{1}{\alpha_{n-1}}\right) + \frac{B\alpha_{n-1} + Ca_n}{\omega} = a - \frac{P_n}{2n}. \tag{22}$$

On a ensuite

$$B^2 = \left(M\alpha_n - N + \frac{n}{\alpha_n}\right)^2;$$

d'où, en développant le carré et en remplaçant M^2, MN, N^2 et N par leurs valeurs tirées des relations (18), (19), (20) et (22),

$$\left\{\begin{aligned} &B^2 + 2\frac{2nB\alpha_{n-1}}{\alpha_n(\alpha_n - \alpha_{n-1})} + \frac{2nC}{\alpha_n - \alpha_{n-1}} - (\alpha_n + a)^2 \\ &\qquad + n^2\left(\frac{1}{\alpha_n^2} + \frac{2}{\alpha_n\alpha_{n-1}}\right) = 0. \end{aligned}\right. \tag{23}$$

On a de même

$$C^2 = \left(-M\alpha_{n-1} + N - \frac{n}{\alpha_{n-1}}\right)^2,$$

d'où, en développant et en remplaçant M^2, MN, N^2 et N par leurs valeurs tirées des relations (18), (19), (20) et (22),

$$\left\{\begin{aligned} &C^2 + \frac{2nC\alpha_n}{\alpha_{n-1}(\alpha_n - \alpha_{n-1})} + \frac{2nB}{\alpha_n - \alpha_{n-1}} - (\alpha_{n-1} + a)^2 \\ &\qquad + n^2\left(\frac{1}{\alpha_{n-1}^2} + \frac{2}{\alpha_n\alpha_{n-1}}\right) = 0. \end{aligned}\right. \tag{24}$$

11. La solution complète du problème est maintenant ramenée à une question d'Algèbre élémentaire.

Si en effet, entre les équations (23) et (24), on élimine successivement C et B, on obtiendra deux équations du quatrième degré auxquelles satisfont respectivement ces deux quantités, et qui sont de la forme

$$\Phi(B, \alpha_n, \alpha_{n-1}, n) = 0 \tag{25}$$

et

$$\Phi_1(C, \alpha_n, \alpha_{n-1}, n) = 0. \tag{26}$$

Si maintenant on observe que B se déduit de C par le changement de n en $(n+1)$, de l'équation (26) on déduira une nouvelle équation

$$\Phi_1(B, \alpha_{n+1}, \alpha_n, n+1) = 0 \tag{27}$$

Ces deux équations (25) et (27), auxquelles satisfait B, sont d'ailleurs distinctes, puisqu'elles ne renferment pas les mêmes lettres; en écrivant la condition nécessaire et suffisante pour qu'elles aient une racine commune, on obtiendra la relation qui lie ensemble trois quantités consécutives

$$\alpha_{n+1}, \quad \alpha_n \quad \text{et} \quad \alpha_{n-1},$$

et cette relation permettra d'obtenir ces diverses quantités par voie récurrente.

La valeur de la racine commune donnera B, et par conséquent Q_n; enfin, la valeur de C se déduisant de celle de B par le changement de n en $n-1$, la formule (22) donnera la valeur de P_n.

SUR

LA FONCTION EXPONENTIELLE.

Bulletin de la Société mathématique de France, t. VIII; 1880.

1. Soient $a, b, c, \ldots, l, m$ quantités arbitraires et $F, F_1, F_2, \ldots, F_{m-1}$, m polynômes entiers en x. Si l'on désigne respectivement par $\alpha, \beta, \gamma, \ldots \lambda$ les degrés de ces polynômes et si l'on pose, pour abréger,

$$\mu = \alpha + \beta + \gamma + \ldots + \lambda,$$

on voit que, dans l'expression

$$V = F e^{ax} + F_1 e^{bx} + F_2 e^{cx} + \ldots + F_{m-1} e^{lx},$$

figurent les $\mu + m$ coefficients des polynômes $F, F_1, \ldots, F_{m-1}$.

En donnant à l'un d'eux une valeur arbitraire, on peut encore disposer des $(\mu + m - 1)$ autres coefficients de façon à annuler, dans le développement de V suivant les puissances croissantes de x, les coefficients de

$$x^0, \quad x^1, \quad x^2, \quad \ldots, \quad x^{\mu+m-2}.$$

Les polynômes $F, F_1, \ldots, F_{m-1}$ étant ainsi déterminés, le développement de V commencera par un terme de l'ordre de $x^{\mu+m-1}$.

Dans une Note publiée dans le *Journal de M. Borchardt* (1), M. Hermite a donné une méthode très simple et très élégante pour déterminer les valeurs de ces polynômes. Depuis, dans le cas particulier où tous les nombres $\alpha, \beta, \gamma, \ldots, \lambda$ sont égaux à un même nombre n (2), j'ai rattaché la recherche de l'expression V au développement de e^{zx} suivant les puissances croissantes du polynôme

$$f(z) = (z - a)(z - b)(z - c)\ldots(z - l),$$

(1) *Lettre de M. Hermite à M. Borchardt* (*Journal de M. Borchardt*, t. 76).

(2) *Sur le développement d'une fonction suivant les puissances croissantes d'un polynôme* (*Journal de M. Borchart*, t. 88).

et, en posant

$$f(z) = z^m + p z^{m-1} + q z^{m-2} + \ldots + s z + t,$$

j'ai montré que V était une solution de l'équation différentielle du $m^{\text{ième}}$ ordre

$$x\left(\frac{d^m y}{dx^m} + p\frac{d^{m-1} y}{dx^{m-1}} + q\frac{d^{m-2} y}{dx^{m-2}} + \ldots + s\frac{dy}{ds} + ty\right)$$
$$-n\left[m\frac{d^{m-1} y}{dx^{m-1}} + (m-1)p\frac{d^{m-2} y}{dx^{m-2}} + (m-2)q\frac{d^{m-3} y}{dx^{m-3}} + \ldots + sy\right] = 0.$$

Si l'on représente, pour un instant, par

$$Dy, \quad D^2 y, \quad D^3 y \quad \ldots$$

les dérivées successives de y, l'équation précédente peut se mettre sous la forme symbolique qui suit :

$$xf(D)y - f'(D)y = 0.$$

2. Dans le cas plus général où les nombres α, β, γ, ... sont différents, il est aussi facile de former l'équation différentielle à laquelle satisfait V.

Si l'on pose, pour abréger,

$$f_a = \frac{f}{x-a}, \qquad f_b = \frac{f}{x-b}, \qquad \ldots, \qquad f_l = \frac{f}{x-l},$$

cette équation différentielle peut s'écrire sous la forme symbolique

$$(1) \qquad xf(D)y - [\alpha f_a(D) + \beta f_b(D) + \ldots + \lambda f_l(D)]y = 0,$$

et on le démontrerait aisément en suivant la voie indiquée par M. Hermite dans la Note que j'ai citée ci-dessus.

3. En particulier, si $m = 3$, l'équation (1) peut s'écrire

$$x[y''' - (a+b+c)y'' + (ab+bc+ca)y' - abcy]$$
$$-\{(\alpha+\beta+\gamma)y'' - [\alpha(b+c) + \beta(c+a) + \gamma(a+b)]y'$$
$$+ (\alpha bc + \beta ca + \gamma ab)y\} = 0.$$

En supposant, ce qu'il est toujours permis de faire sans nuire à la généralité du problème, que

$$a = 0,$$

l'équation précédente devient

$$(2)\quad \begin{cases} x[y''' - (b+c)y'' + bcy'] \\ \quad - \{\alpha+\beta+\gamma)y'' - [\alpha(b+c) + c\beta + a\gamma]y' + \alpha bcy\} = 0. \end{cases}$$

Je me propose, dans ce qui suit, de démontrer directement cette équation.

4. Soient F, F_1 et F_2 trois polynômes en x dont le degré soit respectivement marqué par les nombres α, β et γ; on peut disposer des coefficients de ces polynômes de telle sorte que le développement de l'expression

$$V = F + F_1 e^{bx} + F_2 e^{cx}$$

commence par un terme de l'ordre de $x^{\alpha+\beta+\gamma+2}$.

On a donc

$$F + F_1 e^{bx} + F_2 e^{cx} = (x^{\alpha+\beta+\gamma+2}),$$

ou, en faisant, pour abréger, $\alpha + \beta + \gamma = \mu$,

$$(3)\qquad F + F_1 e^{bx} + F_2 e^{cx} = (x^{\mu+2}) \text{ [1]}.$$

En formant successivement la première et la seconde dérivée de la relation (3), il vient

$$(4)\qquad F' + e^{bx}(F_1' + bF_1) + e^{cx}(F_2' + cF_2) = (x^{\mu+1})$$

et

$$(5)\quad F'' + e^{bx}(F_1'' + 2bF_1' + b^2F_1) + e^{cx}(F_2'' + 2cF_2' + c^2F_2) = (x^{\mu}),$$

En résolvant les équations (3), (4) et (5), on a

$$\Delta = \begin{vmatrix} F & F_1 & F_2 \\ F' & F_1' + bF_1 & F_2' + cF_2 \\ F'' & F_1'' + 2bF_1' + b^2F_1 & F_2'' + 2cF_2' + c^2F_2 \end{vmatrix}$$

$$= \begin{vmatrix} (x^{\mu+2}) & F_1 & F_2 \\ (x^{\mu+1}) & F_1' + bF_1 & F_2' + cF_2 \\ (x^{\mu}) & F_1'' + 2bF_1' + b^2F_1 & F_2'' + 2cF_2' + c^2F_2 \end{vmatrix},$$

---

[1] Ici, comme dans tout ce qui suit, je désigne généralement, indépendamment de la nature des coefficients, par (x^p) une série ordonnée suivant les puissances croissantes de x et commençant par un terme en x^p.

d'où il résulte que Δ est divisible par x^μ, et, comme d'ailleurs cette expression est précisément du degré μ, on a

$$\Delta = Mx^\mu,$$

M désignant une quantité constante.

5. Je pose, pour abréger,

$$\Delta = Mx^\mu = PF'' - QF' + RF,$$

puis

$$F_1 e^{bx} = u, \qquad F_2 e^{cx} = v,$$

et enfin

$$uv' - vu' = w, \qquad u'v'' - v'u'' = \omega.$$

Comme on a évidemment

$$\Delta = \begin{vmatrix} F & e^{-bx}u & e^{-cx}v \\ F' & e^{-bx}u' & e^{-cx}v' \\ F'' & e^{-bx}u'' & e^{-cx}v'' \end{vmatrix},$$

on en déduit

$$P = e^{-(b+c)}w, \qquad Q = e^{-(b+c)}w' \qquad \text{et} \qquad R = e^{-(b+c)}\omega.$$

Considérons maintenant l'équation différentielle

$$\begin{vmatrix} y & e^{-bx}u & e^{-cx}v \\ y' & e^{-bx}u' & e^{-cx}v' \\ y'' & e^{-bx}u'' & e^{-cx}v'' \end{vmatrix} = Mx^\mu,$$

que l'on peut écrire

$$(6) \qquad Py'' - Qy' + Ry = Mx^\mu.$$

Cette équation est satisfaite quand on y fait $y = F$; la même équation est également satisfaite quand on y fait $y = u$ ou $y = v$, pourvu que l'on y remplace la constante M par zéro.

Si donc on élimine, par différentiation, la constante M de l'équation (6), l'équation que l'on obtient

$$\begin{aligned} &Pxy''' + (Px' - Qx - 3nP)y'' \\ &\quad + (Rx - Q'x + 3nQ)y' + (R'x - 3nR)y = 0 \end{aligned}$$

a pour solutions

$$y = F, \qquad y = u \qquad \text{et} \qquad y = v;$$

c'est, par suite, l'équation à laquelle satisfait l'expression V. En y remplaçant P, Q et R par leurs valeurs données plus haut, elle prend la forme suivante :

$$(\mathrm{A})\quad \begin{cases} \varpi x y''' - [(b+c)x+\mu]\varpi y'' \\ \qquad + [x\omega + x(b+c)\varpi' - x\varpi'' + \mu\varpi']y' \\ \qquad\qquad + [x\omega' - (b+c)x\omega - \mu\omega]y = 0. \end{cases}$$

6. Pour simplifier cette équation, je remarque que l'équation (6) a une solution entière, à savoir le polynôme F. Il est facile d'ailleurs d'intégrer cette équation, puisque l'équation obtenue en retranchant le second membre,

$$\mathrm{P}y'' - \mathrm{Q}y' + \mathrm{R}y = 0$$

a pour solutions

$$y = u \qquad \text{et} \qquad y = v.$$

En employant donc la méthode connue de la variation des constantes arbitraires, je poserai

$$y = \mathrm{A}u + \mathrm{B}v,$$

puis

$$\mathrm{A}'u + \mathrm{B}'v = 0 \qquad \text{et} \qquad \mathrm{A}'u' + \mathrm{B}'v' = \frac{\mathrm{M}x^{\mu}}{\mathrm{P}}.$$

On en déduit

$$\mathrm{A}' = \frac{\mathrm{M}x^{\mu}}{\mathrm{P}^2} e^{-bx}\mathrm{F}_2\,dx, \qquad \mathrm{B}' = -\frac{\mathrm{M}x^{\mu}}{\mathrm{P}^2} e^{-cx}\mathrm{F}_1\,dx$$

et

$$y = \mathrm{M}\mathrm{F}_1 e^{bx}\int \frac{x^{\mu}}{\mathrm{P}^2} e^{-bx}\mathrm{F}_2\,dx - \mathrm{M}\mathrm{F}_2 e^{cx}\int \frac{x^{\mu}}{\mathrm{P}^2} e^{-cx}\mathrm{F}_1\,dx.$$

Comme l'une des valeurs de y est le polynôme F, on voit que l'intégrale

$$\int \frac{x^{\mu}}{\mathrm{P}^2} e^{-bx}\mathrm{F}_2\,dx$$

ne doit renfermer d'autre transcendante que la fonction e^{-bx}.

En désignant par λ une racine quelconque de l'équation $\mathrm{P} = 0$, posons

$$\frac{x^{\mu}\mathrm{F}_2}{\mathrm{P}^2} = \mathrm{E} + \sum \frac{p}{x-\lambda} + \sum \frac{q}{(x-\lambda)^2};$$

l'intégrale précédente devient

$$\int e^{-bx}\mathrm{E}\,dx + \int e^{-bx}\sum \frac{p}{x-\lambda}\,dx + \int e^{-bx}\sum \frac{q}{(x-\lambda)^2}\,dx$$

ou, en intégrant par parties,

$$\int e^{-bx}\mathrm{E}\,dx - \sum \frac{e^{-bx}q}{x-\lambda} + \int e^{-bx}\sum \frac{p-bq}{x-\lambda}\,dx.$$

Cette expression ne devant renfermer d'autre transcendante que e^{-bx}, on doit avoir, pour toutes les racines de l'équation $\mathrm{P}(\lambda)=0$, la relation

$$b = \frac{p}{q};$$

or un calcul facile donne

$$\frac{p}{q} = \frac{\mu}{\lambda} + \frac{\mathrm{F}_2'(\lambda)}{\mathrm{F}_2(\lambda)} - \frac{\mathrm{P}''(\lambda)}{\mathrm{P}'(\lambda)}.$$

On a donc, quelle que soit la racine considérée de l'équation $\mathrm{P}(\lambda)=0$,

$$\frac{\mu}{\lambda} + \frac{\mathrm{F}_2'(\lambda)}{\mathrm{F}_2(\lambda)} - \frac{\mathrm{P}''(\lambda)}{\mathrm{P}'(\lambda)} = b,$$

d'où l'identité suivante, où G désigne un polynôme de degré γ :

$$(7)\qquad x\mathrm{F}_2'\mathrm{P}' + \mu\mathrm{F}_2\mathrm{P}' - x\mathrm{F}_2\mathrm{P}'' - bx\mathrm{F}_2\mathrm{P}' + \mathrm{GP} = 0.$$

7. Pour déterminer le polynôme G, je remarque qu'en négligeant les multiples de F_2 on a, par la définition même du polynôme P,

$$\mathrm{P} \equiv \mathrm{F}_1\mathrm{F}_2'$$

et

$$\mathrm{P}' \equiv \mathrm{F}_1\mathrm{F}_2'' + (c-b)\mathrm{F}_1\mathrm{F}_2'.$$

La relation donne d'ailleurs

$$x\mathrm{F}_2'\mathrm{P}' + \mathrm{GP} \equiv 0,$$

d'où, en remplaçant P et P' par leurs valeurs congrues suivant le module F_2,

$$x\mathrm{F}_1\mathrm{F}_2'\mathrm{F}_2'' + (c-b)x\mathrm{F}_1\mathrm{F}_2'^2 + \mathrm{GF}_1\mathrm{F}_2' \equiv 0,$$

puis, en divisant $\mathrm{F}_1\mathrm{F}_2'$,

$$\mathrm{G} \equiv (b-c)x\mathrm{F}_2' - x\mathrm{F}_2''$$

et enfin

$$G = mF_2 + (b-c)xF'_2 - xF''_2,$$

m désignant une quantité constante.

En portant cette valeur de G dans l'équation (7), elle devient

$$(8)\quad xF_2P'' + (bxF_2 - xF'_2 - \mu F_2)P' - [mF_2 + (b-c)xF'_2 - xF''_2]P = 0;$$

P étant du degré $(\beta+\gamma)$, on trouve facilement, en égalant à zéro le coefficient du terme le plus élevé dans la relation précédente,

$$b(\beta+\gamma) - m - \gamma(b-c) = 0, \qquad \text{d'où} \qquad m = b\beta + c\gamma.$$

8. En employant maintenant les relations

$$P = e^{-(b+c)}\varpi \qquad \text{et} \qquad F_2 = e^{-cx}v,$$

j'introduis les fonctions ϖ et v dans l'équation (8).

En effectuant les calculs, on obtient la relation

$$vx\varpi'' - [(b+c)vx + \mu v + xv']\varpi' + [bcxv + \mu(b+c)v - mv + xv'']\varpi = 0,$$

que l'on peut mettre sous la forme suivante :

$$x\varpi'' - [(b+c)x + \mu]\varpi' + [bcx + \mu(b+c) - m]\varpi + \frac{x}{v}(v''\varpi - v'\varpi').$$

Je remarque maintenant que, ϖ étant égal à $uv' - vu'$, l'expression $\dfrac{v'\varpi - v'\varpi'}{v}$ a pour valeur

$$v'u'' - u'v'' = -\omega.$$

On a donc identiquement

$$x(\varpi'' - \omega) - [(b+c\;x + \mu]\varpi' + [bcx + \mu(b+c) - m]\varpi = 0.$$

Tirons ω de cette relation et portons sa valeur dans l'équation (A); ϖ, ϖ' et ϖ'' disparaîtront, et l'on obtiendra une équation de la forme

$$xy''' - [(b+c)x + \mu]y'' + [bcx + \mu(b+c) - m]y' + Hy = 0.$$

On déterminera H en remarquant que, l'équation précédente ayant pour solution le polynôme entier F qui est du degré α, H est une constante, et que le coefficient de x^{α} dans le premier membre est

$$H + \alpha bc;$$

on a donc

$$H = -\alpha bc.$$

9. Si maintenant on remplace respectivement μ et m par $\alpha + \beta + \gamma$ et $b\beta + c\gamma$, l'équation devient

$$\begin{aligned} &xy''' - [(b+c)x + \alpha + \beta + \gamma]y'' \\ &\quad + [bcx + \alpha(b+c) + c\beta + b\gamma]y' - \alpha bcy = 0. \end{aligned}$$

et on peut la mettre sous la forme que j'ai mentionnée plus haut :

$$\begin{aligned} &x[y''' - (b+c)y'' + bcy'] \\ &\quad - \{(\alpha + \beta + \gamma)y'' - [\alpha(b+c) + c\beta + b\gamma]y' + \alpha bcy\} = 0. \end{aligned}$$

SUR LA FONCTION

$$\left(\frac{x+1}{x-1}\right)^{\omega}.$$

Bulletin de la Société mathématique de France, t. VIII; 1879.

I.

1. Soit, en désignant par ω une constante arbitraire,

$$z = \left(\frac{x+1}{x-1}\right)^{\omega};$$

je me propose d'abord de développer z en fractions continues, et, à cet effet, je poserai

$$z = \frac{\varphi_n}{f_n} + \left(\frac{1}{x^{2n+1}}\right) \quad (^1),$$

φ_n et f_n désignant deux polynômes entiers en x du degré n, que j'écrirai aussi $\varphi_n(x)$, $f_n(x)$ et $\varphi_n(x, \omega)$, $f_n(x, \omega)$ lorsque je voudrai mettre en évidence la variable x et la constante ω.

Comme z tend vers l'unité quand x croît indéfiniment, on voit que les coefficients de x^n sont égaux dans les deux polynômes; z se changeant d'ailleurs en $\frac{1}{z}$ quand on change le signe de x, on en conclut la relation

$$\varphi_n(x) = (-1)^n f_n(-x);$$

on a aussi évidemment

$$\varphi_n(x, \omega) = f_n(x, -\omega).$$

---

(1) Ici, comme dans tout ce qui suit, je désigne généralement par $\left(\frac{1}{x^p}\right)$ une série ordonnée suivant les puissances décroissantes de x et commençant par un terme de l'ordre de $\frac{1}{x^p}$.

2. Je rappellerai d'abord les résultats obtenus dans la Note que j'ai présentée récemment à la Société *Sur la réduction en fractions continues d'une fonction qui satisfait à une équation linéaire du premier ordre à coefficients rationnels.*

Soit proposé de réduire en fractions continues une fonction z satisfaisant à l'équation différentielle

$$Wz' = Vz + U,$$

où U, V et W désignent des polynômes entiers en x, et soit $\frac{\varphi_n}{f_n}$ la réduite de rang n.

Représentons par Θ_n un polynôme entier du degré de

$$V\left(\frac{1}{x}\right) + W\left(\frac{1}{x^2}\right)$$

et par A_n une constante dont la valeur ne dépend que du nombre entier n et est actuellement indéterminée; on a

$$f_n^2 U + f_n \varphi_n V - (\varphi'_n f_n - f'_n \varphi_n) W = A_n \Theta_n,$$

et l'on voit que f_n satisfait à une équation linéaire du second ordre de la forme

$$Wy'' + W_0 y' + W_1 y = 0,$$

où

$$W_0 = V + W - W\frac{\Theta'_n}{\Theta_n} \quad \text{et} \quad W_1 = \frac{K_n}{\Theta_n},$$

K_n désignant un polynôme entier en x.

Une seconde solution de cette équation est donnée par la formule

$$y_1 = e^{-\int \frac{V}{W} dx} (\varphi_n - f_n z).$$

En posant de plus, pour abréger,

$$\frac{A_{n+1}}{A_n} = P_n,$$

on a les relations suivantes :

$$(A)\qquad \begin{cases} Wf'_n = \Omega_n f_n - \Theta_n f_{n+1}, \\ f_{n+1} - \dfrac{\Omega_n + \Omega_{n+1} + V}{\Theta_{n+1}} f_n + P_{n-1} f_{n-1} = 0. \end{cases}$$

La première de ces relations détermine le degré et la forme de Ω_n; on déterminera complètement ce polynôme en exprimant que, pour une valeur convenable de P_n, l'expression

$$u = e^{\int \frac{\Omega_n}{W} dx}$$

satisfait à l'équation différentielle

$$W u'' + W_0 u' + \left(W_1 - \frac{P_n \Theta_n \Theta_{n+1}}{W}\right) u = 0.$$

3. La fonction $z = \left(\frac{x+1}{x-1}\right)^\omega$ satisfait à l'équation différentielle

$$(x^2 - 1)z' + 2\omega z = 0;$$

dans le cas actuel, nous avons donc

$$W = x^2 - 1, \qquad V = -2\omega \qquad \text{et} \qquad U = 0,$$

d'où il résulte d'abord que Θ_n est une constante que nous ferons égale à -1.

L'équation différentielle qui a pour solutions f_n et $\varphi_n \left(\frac{x-1}{x+1}\right)^\omega$ est

$$(1) \qquad (x^2 - 1)y'' + 2(x - \omega)y' - n(n+1)y = 0.$$

Nous déterminerons P_n et Ω_n par la condition que $u = e^{\int \frac{\Omega_n}{x^2-1} dx}$ satisfasse à l'équation

$$(x^2 - 1)u'' + 2(x - \omega)u' - \left[n(n+1) + \frac{P_n}{x^2 - 1}\right] u = 0.$$

Ω_n étant du premier degré en x, u est de la forme $(x-1)^\alpha (x+1)^\beta$; en substituant cette expression dans l'équation précédente, on trouve les équations de condition qui suivent :

$$(\alpha + \beta)(\alpha + \beta + 1) = n(n+1), \qquad \alpha - \beta = \omega$$

et

$$P_n = n(n+1) - (\alpha + \beta) - \omega^2.$$

On peut y satisfaire de deux façons différentes.

En premier lieu, on peut poser

$$\alpha+\beta=n, \qquad \text{d'où} \qquad P_n=n^2-\omega^2$$

et

$$\alpha=\frac{n+\omega}{2}, \qquad \beta=-\frac{n-\omega}{2}.$$

On en déduit

$$\Omega_n=\frac{x^2-1}{2}\left(\frac{n+\omega}{x-1}+\frac{n-\omega}{x+1}\right)=nx+\omega;$$

mais il est facile de voir que cette solution ne convient pas à la question. En effet, en posant $f_0=1$ et faisant $n=0$, on aurait, en vertu de la première des formules (A),

$$f_1=-\omega,$$

ce qui est impossible, puisque f_1 est nécessairement du premier degré en x.

Posons donc

$$\alpha+\beta=-(n+1), \qquad \text{d'où} \qquad P_n=(n+1)^2-\omega^2$$

et

$$\alpha=\frac{\omega-n-1}{2}, \qquad \beta=\frac{\omega+n+1}{2}.$$

On en déduit

$$\Omega_n=\omega-(n+1)x,$$

et les formules (A) deviennent

$$(x^2-1)f'_n=[\omega-(n+1)x]f_n+f_{n+1}, \tag{2}$$

$$f_{n+1}-(2n+1)xf_n+(n^2-\omega^2)f_{n-1}=0. \tag{3}$$

En changeant ω en $-\omega$, on obtient encore les formules suivantes :

$$(x^2-1)\varphi'_n=-[\omega+(n+1)x]\varphi_n+\varphi_{n+1}, \tag{2'}$$

$$\varphi_{n+1}-(2n+1)x\varphi_n+(n^2-\omega^2)\varphi_{n-1}=0, \tag{3'}$$

On a d'ailleurs

$$(x^2-1)(\varphi'_n f_n-f'_n\varphi_n)+2\omega\varphi_n f_n=A_n. \tag{4}$$

Au moyen de ces formules, on trouve ces valeurs des premiers polynômes :

$$f_0 = 1, \qquad f_1 = x - \omega, \qquad f_2 = 3x^2 - 3\omega x + \omega^2 - 1,$$
$$f_3 = 15x^3 - 15\omega x^2 + (6\omega^2 - 9)x - \omega(\omega^2 - 4).$$

Du reste, l'équation (1) s'intégrant au moyen des séries hypergéométriques, on obtient ainsi aisément l'expression suivante :

$$(5)\quad \left\{\begin{aligned} f_n = {} & (-1)^n(\omega+1)(\omega+2)\ldots(\omega+n) \\ & \times\left[1 - \frac{n}{1}\frac{n+1}{\omega+1}\left(\frac{1+x}{2}\right) + \frac{n(n+1)}{1.2}\frac{(n+1)(n+2)}{(\omega+1)(\omega+2)}\left(\frac{1+x}{2}\right)^2 + \ldots \right. \\ & \left. + (-1)^n\frac{(n+1)(n+2)\ldots 2n}{(\omega+1)(\omega+2)\ldots(\omega+n)}\left(\frac{1+x}{2}\right)^n\right]. \end{aligned}\right.$$

Des formules (4) et (5) on déduit, en y faisant $x = 1$ et en remarquant que $\varphi_n(\omega) = f_n(-\omega)$,

$$(6)\qquad A_n = 2\omega(1-\omega^2)(1-4\omega^2)\ldots(1-n^2\omega^2),$$

ce qui concorde bien avec la valeur trouvée pour P_n.

4. Si l'on désigne, en général, par S_p la somme des $p^{\text{ièmes}}$ puissances des racines de l'équation $f_n = 0$, on a

$$S_1 = S_3 = S_5 = \ldots = S_{2n-1} = \omega \ (^1);$$

cette propriété est caractéristique du polynôme f_n.

Je ferai encore les remarques suivantes. Posons, en ordonnant f_n par rapport aux puissances croissantes de ω,

$$f_n = P_0 + \omega P_1 + \omega^2 P_2 + \ldots + \omega^n P_n.$$

De l'équation

$$\left(\frac{x+1}{x-1}\right)^\omega = \frac{P_0 - \omega P_1 + \omega^2 P_2 + \ldots}{P_0 + \omega P_1 + \omega^2 P_2 + \ldots} + \left(\frac{1}{x^{2n+1}}\right)$$

on déduit, en développant les deux membres suivant les puissances croissantes de ω et égalant les coefficients de la première puissance,

$$\log\left(\frac{x+1}{x-1}\right) = \frac{2P_1}{P_0} + \left(\frac{1}{x^{2n+1}}\right),$$

---

(1) *Voir*, à ce sujet, ma Note *Sur un problème d'Algèbre* (*Bulletin*, t. V, p. 30).

d'où il résulte que $\frac{P_1}{P_0}$ est la $n^{\text{ième}}$ réduite de la fonction

$$\frac{1}{2}\log\left(\frac{x+1}{x-1}\right).$$

En désignant, en effet, suivant l'usage ordinaire, par X_n le polynôme de Legendre et par $\Pi(n)$ le produit $1.2\ldots n$, on a

$$P_0 = \Pi(n)X_n.$$

Désignons, dans f_n, par $H(x, \omega)$ l'ensemble des termes homogènes et du degré n par rapport aux deux quantités x et ω; on verra aussi facilement que $H(1, \omega)$ est le dénominateur de la $n^{\text{ième}}$ réduite de $e^{\frac{\omega}{2}}$.

II.

5. La réduction en fractions continues de la fonction $\left(\frac{x+1}{x-1}\right)^\omega$ est liée intimement avec le développement de la fonction $(x+z)^\omega$ suivant les puissances croissantes de (z^2-1).

Soit, en effet,

$$(7) \qquad (x+z)^\omega = \sum (V_n + zU_n)\frac{(z^2-1)^n}{2^{n+1}\Pi(n)}.$$

Pour obtenir ce développement d'après la méthode donnée par Jacobi (¹), nous poserons

$$(z+x)^\omega = b_0 x^\omega + b_1 x^{\omega-1}z + \ldots + b_i x^{\omega-i}z^i + \ldots$$

et

$$\frac{1}{(z^2-1)^{n+1}} = \frac{A_1}{z^{2n+2}} + \frac{A_2}{z^{2n+4}} + \ldots.$$

Si, dans le produit des deux séries, nous prenons l'ensemble des termes $\frac{B_1}{z} + \frac{B_2}{z_2}$ qui sont du premier et du second degré en $\frac{1}{z}$, nous voyons aisément que B_1 est de l'ordre $x^{\omega-2n-1}$ et B_2 de l'ordre de $z^{\omega-2n}$. Or $V_n + zU_n$ est la partie entière de

$$(z^2-1)\left(\frac{B_1}{z} + \frac{B_2}{z^2}\right);$$

(¹) *Entwickelung nach den Potenzen eines ganzen Polynoms* (*Journal de Borchardt*, t. 53, p. 105).

on a donc

$$U_n = B_1,$$

et, par suite, U_n est de l'ordre de $x^{\omega-2n-1}$.

6. Ce point essentiel étant établi, en dérivant successivement par rapport à x et par rapport à z l'identité (6), j'obtiens les relations

$$\begin{aligned}\omega(x+z)^{\omega-1} &= \sum (V'_n + zU'_n)\frac{(z^2-1)^n}{2^{n+1}\Pi(n)} \\ &= \sum U_n \frac{(z^2-1)^n}{2^{n+1}\Pi(n)} + \sum (V_n z + U_n z^2)\frac{(z^2-1)^{n-1}}{2^n\Pi(n-1)} \\ &= \sum (2n+1)U_n \frac{(z^2-1)^n}{2^{n+1}\Pi(n)} + \sum (U_n + V_n z)\frac{(z^2-1)^{n-1}}{2^n\Pi(n-1)},\end{aligned}$$

d'où les identités

$$V'_n = (2n+1)U_n + U_{n+1} \qquad \text{et} \qquad U'_n = V_{n+1}.$$

On a de même

$$\begin{aligned}\omega(x+z)^{\omega} = \omega\sum(V_n+zU_n)\frac{(z^2-1)^n}{2^{n+1}\Pi(n)} &= \sum(V'_n+zU'_n)(z+x)\frac{(z^2-1)^n}{2^{n+1}\Pi(n)} \\ = \sum 2(n+1)U'_n \frac{(z^2-1)^{n+1}}{2^{n+2}\Pi(n+1)}& \\ + \sum [U'_n + xV'_n + (V'_n + xU'_n)]\frac{(z^2-1)^n}{2^{n+1}\Pi(n)}&,\end{aligned}$$

d'où

$$\omega V_n = 2nU'_{n-1} + U'_n + xV'_n$$

et

$$\omega U_n = V'_n + xU'_n.$$

On en déduit aisément les solutions suivantes :

$$(B)\quad \left\{\begin{aligned}&V_n = U'_{n-1}, \\ &(x^2-1)U''_n + 2x(n+1-\omega)U'_n - \omega(2n+1-\omega)U_n = 0, \\ &U_{n+1} + (2n+1-\omega)U_n + xU'_n = 0, \\ &(x^2-1)U_{n+1} + [(2n+1)x^2 + 2\omega - 4n - 1]U_n \\ &\qquad\qquad - (2n-\omega)(2n-\omega-1)U_{n-1} = 0, \\ &U_{n+1} + (2n+1)U_n - U''_{n-1} = 0,\end{aligned}\right.$$

7. Un calcul direct donne

$$U_0 = (x+1)^\omega - (x-1)^\omega,$$
$$U_1 = (x+1)^{\omega-1}(\omega - 1 - x) - (x-1)^{\omega-1}(1-\omega-x),$$

et la dernière des formules précédentes permet de calculer facilement de proche en proche les diverses valeurs de U_n.

On voit que U_n est de la forme

$$F_n(x+1)^{\omega-n} - \Phi_n(x-1)^{\omega-n},$$

où F^n et Φ_n désignent des polynômes entiers en x du degré n, et, d'après la remarque que j'ai faite ci-dessus, on a

$$F_n(x+1)^{\omega-n} - \Phi_n(x-1)^{\omega-n} = \left(\frac{x^\omega}{x^{2n+1}}\right),$$

d'où

$$F_n\left(\frac{x+1}{x-1}\right)^{\omega-n} - \Phi_n = \left(\frac{1}{x^{n+1}}\right),$$

ce qui montre que $\frac{\Phi_n}{F_n}$ est la $n^{\text{ième}}$ réduite de $\left(\frac{x+1}{x-1}\right)^{\omega-n}$. Par suite, F_n et Φ_n ne diffèrent que par un nombre constant de $f_n(\omega - n)$ et de $\varphi_n(\omega - n)$; si d'ailleurs on désigne, pour un instant, par M_n le coefficient de x^n dans F_n, on déduit des formules précédentes

$$M_{n+1} = -(2n+1)M_n$$

et

$$M_n = (-1)n.1.3.5 - (2n-1),$$

d'où l'on voit que

$$F_n = (-1)^n f_n(\omega - n), \qquad \Phi_n = (-1)^n\varphi_n(\omega - n)$$

et

$$U_n = (-1)^n[(x+1)^{\omega-n}f_n(\omega-n) - (x-1)^{\omega-n}\varphi_n(\omega-n)].$$

Transformons les relations (B) en posant

$$U_n = (-1)^n(x+1)^{\omega-n}f_n(\omega-n),$$

puis changeons ensuite ω en $\omega + n$.

On trouvera tout d'abord, comme nous y sommes arrivé par

une voie différente, que f_n satisfait à l'équation du second ordre (1), puis les relations suivantes :

$$f_{n+1}(\omega-1)=[(n+1)x+n+1-\omega]f_n(\omega)+x(x+1)f'_n(\omega),$$
$$(x-1)f_{n+1}(\omega-1)+[(2n+1)x^2+2\omega-2n-1]f_n(\omega)$$
$$+(2n-\omega)(2n-\omega-1)(x+1)f_{n-1}(\omega+1),$$

d'où, en éliminant $f'_n(\omega)$ au moyen de la formule (2),

$$(8)\qquad (x-1)f_{n+1}(\omega-1)=(\omega-n-1)f_n(\omega)+xf_{n+1}(\omega).$$

8. De la formule (7) on déduit

$$(x+z)^\omega-(x-z)^\omega=\sum\frac{2z\,U_n(z^2-1)^n}{2^{n+1}\Pi(n)},$$

d'où, en intégrant entre les limites 1 et z,

$$(x+z)^{\omega+1}+(x-z)^{\omega+1}=(x+1)^{\omega+1}$$
$$+(x-1)^{\omega+1}+(\omega+1)\sum\frac{U_n(z^2-1)^{n+1}}{2^{n+1}\Pi(n+1)}.$$

Posons $z=1+\sqrt{t}$; il viendra

$$(x+\sqrt{1+t})^{\omega+1}+(x-\sqrt{1+t})^{\omega+1}$$
$$=(x+1)^{\omega+1}+(x-1)^{\omega+1}$$
$$+(\omega+1)\sum\frac{(-1)^n}{2^{n+1}\Pi(n+1)}[(x+1)^{\omega-n}f_n(\omega-n)-(x-1)^{\omega-n}\varphi_n(\omega-n)$$

Cette équation se décompose évidemment en deux autres, dont l'une est

$$(9)\quad\begin{cases}(x+\sqrt{1+t})^{\omega+1}=(x-1)^{\omega+1}\\ \qquad+(\omega+1)\sum\dfrac{(-1)^n}{2^{n+1}\Pi(n+1)}(x+1)^{\omega-n}f_n(\omega-n)t^{n+}\end{cases}$$

Changeons, dans cette formule, t en $\frac{t}{x}$ et x en $\frac{1}{\sqrt{x}}$; il viendra

$$(1+\sqrt{x+t})^{\omega+1}=(1+\sqrt{x})^{\omega+1}$$
$$+(\omega+1)\sum\frac{(-1)^n}{2^{n+1}\Pi(n+1)}\frac{(1+\sqrt{x})^{\omega-n}}{x^{\frac{n+1}{2}}}f_n\left(\frac{1}{\sqrt{x}},\ \omega-n\right)t$$

d'où, en vertu de la formule de Taylor,

$$\frac{d^{n+1}}{dx^{n+1}}(1+\sqrt{x})^{\omega+1} = \frac{(-1)^n(\omega+1)}{2^{n+1}\Pi(n+1)} \frac{(1+\sqrt{x})^{\omega-n}}{x^{\frac{n+1}{2}}} f_n\left(\frac{1}{\sqrt{x}}, \omega - n\right),$$

et, en changeant ω en $\omega+n$,

$$(10)\qquad f_n\left(\frac{1}{\sqrt{x}}\right) = \frac{(-1)^n 2^{n+1} x^{\frac{n+1}{2}}}{(\omega+n+1)(1+\sqrt{x})^\omega} \frac{d^{n+1}}{dx^{n+1}}(1+\sqrt{x})^{\omega+n+1};$$

en particulier, pour les polynômes de Legendre, on a la formule

$$X_n\left(\frac{1}{\sqrt{x}}\right) = \frac{(-1)^n 2^{n+1} x^{\frac{n+1}{2}}}{\Pi(n+1)} \frac{d^{n+1}}{dx^{n+1}}(1+\sqrt{x})^{n+1}.$$

III.

9. En désignant, pour un instant, par Y_n la série hypergéométrique

$$1 - \frac{n}{1}\frac{n+1}{\omega+1}\left(\frac{x+1}{2}\right) + \frac{n(n-1)}{1.2}\frac{(n+1)(n+2)}{(\omega+1)(\omega+2)} - \ldots,$$

on a

$$f_n = (-1)^n \frac{\Pi(n+\omega)}{\Pi(\omega)} Y_n;$$

en se servant de l'expression remarquable donnée par Jacobi pour les polynômes qui proviennent de la série hypergéométrique [1], on en déduit

$$(11)\qquad f_n = \frac{1}{2^n}\left(\frac{x+1}{x-1}\right)^\omega \frac{d^n}{dx^n}(x+1)^{\omega+n}(x-1)^{n-\omega}.$$

10. La fonction

$$f_n - \varphi_n\left(\frac{x-1}{x+1}\right)^\omega$$

satisfaisant à l'équation différentielle

$$(x^2-1)y'' + 2(x-\omega)y' - n(n+1)y = 0,$$

---

[1] Jacobi, *Untersuchungen über die Differentialgleichung der hypergeometrischen Reihe* (*Journal de Borchardt*, t. 56, p. 149).

on en déduit aisément que la fonction

$$(x+1)^{\omega} f_n - (x-1)\omega \varphi_n$$

satisfait à l'équation

$$(x^2-1)u'' - 2(\omega-1)x u' + [\omega(\omega-1) - n(n+1)]\, u = 0.$$

En la différentiant p fois de suite, on obtient la relation suivante :

$$\begin{gathered}(x^2-1)u^{(p+2)} - 2(\omega-p-1)xu^{(p+1)} \\ + [(\omega-p-1)(\omega-p) - n(n+1)]\, u = 0.\end{gathered}$$

Comme elle ne diffère de l'équation précédente que par le changement de ω en $(\omega-p)$, on en conclut que la $p^{\text{ième}}$ dérivée de $(x+1)^{\omega} f_n$ ne diffère que par un facteur constant de la fonction $(x+1)^{\omega-p} f_n(\omega-p)$. Ce facteur se détermine facilement, et l'on obtient l'identité suivante :

$$(12) \quad \frac{d^p}{dx^p}(x+1)^{\omega} f_n(x,\omega) = \frac{\Pi(\omega+n)}{\Pi(\omega+n-p)}(x+1)^{\omega-p} f_n(x,\omega-p).$$

En particulier, si l'on fait $\omega = p$, il vient :

$$(13) \quad \frac{d^p}{dx^p}(x+1)^p f_n(x,p) = \pi(n+p) X_n.$$

Si, dans cette formule, on fait $p = n$, comme

$$f_n(x,n) = \frac{\Pi(2n)}{2^n \Pi(n)}(x-1)^n,$$

on retrouve la formule connue, due à O. Rodrigues,

$$X_n = \frac{1}{2^n \Pi(n)} \frac{d_n}{dx^n}(x^2-1)^n.$$

11. La formule (13) montre que, p étant un nombre entier positif, $(x+1)^p f_n(x,p)$ peut s'obtenir en intégrant plusieurs fois de suite le polynôme X_n.

Considérons, d'une façon plus générale, l'expression

$$I = \int_{-1}^{x} (x-z)^{\omega-1} X_n(z)\, dz,$$

où ω désigne un nombre quelconque positif.

En intégrant par parties, on a

$$I = \frac{(x+1)^{\omega}}{\omega}\left[X_n(-1) + \frac{X'_n(-1)}{\omega+1}(x+1) + \frac{X''_n(-1)}{(\omega+1)(\omega+2)}(x+1)^2 + \dots\right],$$

et, en partant de l'expression

$$X_n = (-1)^n\left[1 - \frac{n}{1}\,\frac{(n+1)}{1}\left(\frac{x+1}{2}\right) + \frac{n(n-1)}{1.2}\,\frac{(n+1)(n+2)}{1.2}\left(\frac{x+1}{2}\right)^2 - \dots\right],$$

on trouve aisément

$$X_n(-1) = (-1)^n, \qquad X'_n(-1) = -\frac{n}{1}(n+1)\frac{(-1)^n}{2},$$

$$X''(-1) = \frac{n(n-1)}{1.2}(n+1)(n+2)\frac{(-1)^n}{2^2}, \quad \dots;$$

on en déduit

$$I = \frac{(-1)^n(x+1)^{\omega}}{\omega}\left[1 - \frac{n}{1}\,\frac{n+1}{\omega+1}\left(\frac{x+1}{2}\right) + \frac{n(n-1)}{1.2}\,\frac{(n+1)(n+2)}{(\omega+1)(\omega+2)}\left(\frac{x+1}{2}\right)^2 - \dots\right],$$

où la quantité entre crochets est, à un facteur numérique près, le polynôme f_n, d'où l'identité suivante :

$$(14) \qquad f_n(x,\omega) = \frac{\Pi(\omega+n)}{\Pi(\omega-1)}(x+1)^{-\omega}\int_{-1}^{x}(x-z)^{\omega-1}X_n(z)\,dz.$$

Cette formule suppose essentiellement que ω est positif; comme l'on a

$$f_n(x,-\omega) = (-1)^n f_n(-x,\omega),$$

on a également, ω étant toujours supposé positif,

$$(14)' \qquad f_n(x,-\omega) = \frac{\Pi(\omega+n)}{\Pi(\omega-1)}(x-1)^{-\omega}\int_{1}^{x}(x-z)^{\omega-1}X_n(z)\,dz.$$

On en déduit, en remarquant que $f_n(x,-\omega) = \varphi_n(x,\omega)$,

$$\frac{\Pi(\omega-1)}{\Pi(\omega+n)}[f_n(x+1)^{\omega} - \varphi_n(x-1)^{\omega}] = \int_{-1}^{+1}(x-z)^{\omega-1}X_n(z)\,dz$$

Si donc on pose

$$(x-z)^{\omega-1} = \Sigma A_n X_n(z)$$

on a, en vertu d'une formule connue,

$$A_n = \frac{2n+1}{2} \int_{-1}^{+1} (x-z)^{\omega-1} X_n(z)\, dz.$$

d'où

$$A_n = \frac{2n+1}{2\omega(\omega+1)\ldots(\omega+n)} [f_n(x+1)^{\omega} - \varphi_n(x-1)^{\omega}]\ (^1).$$

12. Si, dans la formule (12), on fait $\omega = 0$, et si l'on remarque que

$$f_n(x, 0) = \Pi(n) X_n,$$

il vient

$$f_n(x, -p) = \Pi(n-p)(x+1)^p \frac{d^p}{dx^p} X_n;$$

dans cette identité, p désigne zéro ou un nombre entier positif inférieur à $(n+1)$. Nous pouvons en déduire aisément une expression nouvelle de la fonction $\frac{f_n}{\omega(\omega+1)\ldots(\omega+n)}$; posons, en effet,

$$\frac{f_n(x, \omega)}{\omega(\omega+1)\ldots(\omega+n)} = \frac{A_0}{\omega} + \frac{A_1}{\omega+1} + \ldots + \frac{A_i}{\omega+i} + \ldots + \frac{A_n}{\omega+n}.$$

D'une formule élémentaire bien connue il résulte que l'on a

$$A_i = (-1)^i \frac{1}{\Pi(i)\Pi(n-i)} f_n(x, -i),$$

ou, en vertu de l'identité précédente,

$$A_i = \frac{(-1)^i}{\Pi(i)} (x+1)^i \frac{d^i}{dx^i} X_n,$$

et de là

$$(15) \quad \left\{ \begin{aligned} &\frac{f_n(x, \omega)}{\omega(\omega+1)\ldots(\omega+n)} \\ &= \frac{X_n}{\omega} - \frac{(x+1)}{1} \frac{X'_n}{\omega+1} + \frac{(x+1)^2}{1.2} \frac{X''_n}{\omega+2} - \frac{(x+1)^3}{1.2.3} \frac{X'''_n}{\omega+3} + \ldots. \end{aligned} \right.$$

---

(1) Sur ce développement, *voir* le Mémoire de M. Bauer, *Von den Coefficienten der Reihen von Kugelfunctionen einer Variabeln* (*Journal de Borchardt*, t. 56, p. 101).

Si, dans cette formule, on change x en $-x$ et ω en $-\omega$, et si l'on remarque que $f(-x, -\omega) = (-1)^n f(x, \omega)$, on obtiendra encore la formule suivante :

$$(15)' \quad \left\{ \begin{aligned} & \frac{f_n(x, \omega)}{\omega(\omega-1)\ldots(\omega-n)} \\ & = (-1)^n \left[\frac{X_n}{\omega} - \frac{x-1}{1} \frac{X'_n}{\omega-1} + \frac{(x-1)^2}{1.2} \frac{X''_n}{\omega-2} - \frac{(x-1)^3}{1.2.3} \frac{X'''_n}{\omega-3} + \ldots \right]. \end{aligned} \right.$$

13. On sait que les racines de l'équation $X_n = 0$ sont toutes réelles et comprises entre -1 et $+1$; désignons respectivement, pour un instant, par α et β la plus petite et la plus grande de ces racines. Si x désigne une quantité quelconque comprise entre -1 et α, on voit que $(x+1)$ est positif, et il suit du théorème de Fourier que la suite des quantités

$$X_n, \quad X'_n, \quad X''_n, \quad \ldots$$

ne présente aucune permanence de signe; l'équation (15) montre que, dans ce cas, l'équation $f(x, \omega) = 0$ peut se mettre sous la forme

$$\frac{A}{\omega} + \frac{B}{\omega+1} + \frac{C}{\omega+2} + \ldots + \frac{L}{\omega+n} = 0,$$

A, B, C, ..., L désignant des coefficients ayant tous le même signe.

Par un raisonnement bien connu, on en conclut que toutes les racines de l'équation $f(x, \omega) = 0$ (où ω est regardé comme inconnue) sont réelles et séparées par les nombres

$$0, \quad +1, \quad +2, \quad \ldots, \quad +(n-1) \quad \text{et} \quad +n.$$

On déduirait de même de la formule (15)' que, si la valeur de x est comprise entre β et $+1$, l'équation $f_n(x, \omega) = 0$ a n racines réelles séparées par les nombres

$$0, \quad -1, \quad -2, \quad \ldots, \quad -(n-1) \quad \text{et} \quad -n.$$

IV.

14. La fonction f_n satisfaisant à l'équation

$$(1) \qquad (x^2-1)y'' + 2(x-\omega)y' - n(n+1)y = 0,$$

on voit que $\frac{df_n}{d\omega}$ satisfait à l'équation

$$(x^2-1)u''+2(x-\omega)u'-n(n+1)u=2\frac{df_n}{dx}.$$

En désignant par y une solution quelconque de l'équation (1), on déduit de là

$$(x^2-1)(yu''-uy'')+2(x-\omega)(yu'-uy')=2\frac{df_n}{dx}y,$$

et, en multipliant les deux membres par $\left(\frac{x+1}{x-1}\right)^\omega$,

$$\frac{d}{dx}\left(\frac{x+1}{x-1}\right)^\omega(x^2-1)(yu'-uy')=2\left(\frac{x+1}{x-1}\right)^\omega\frac{df_n}{dx}y;$$

puis, en intégrant et en remplaçant u par $\frac{df_n}{d\omega}$,

$$2\int\left(\frac{x+1}{x-1}\right)^\omega\frac{df_n}{dx}y\,dx=\left(\frac{x+1}{x-1}\right)^\omega(x^2-1)\left(y\frac{d^2f_n}{dx\,d\omega}-\frac{df_n}{d\omega}\frac{dy}{dx}\right).$$

Dans cette relation, faisons d'abord

$$y=f_n;$$

il viendra

$$2\int\left(\frac{x+1}{x-1}\right)^\omega f_n\frac{df_n}{dx}dx=\left(\frac{x+1}{x-1}\right)^\omega(x^2-1)\left(f_n\frac{d^2f_n}{dx\,d\omega}-\frac{df_n}{d\omega}\frac{df_n}{dx}\right).$$

Faisons, en second lieu,

$$y=\left(\frac{x-1}{x+1}\right)^\omega\varphi_n;$$

nous aurons

$$2\int\varphi_n\frac{df_n}{dx}dx=(x^2-1)\left(\varphi_n\frac{d^2f_n}{dx\,d\omega}-\frac{df_n}{d\omega}\frac{d\varphi_n}{dx}\right)-2\omega\varphi_n\frac{df_n}{d\omega}.$$

Remplaçons, dans le second membre de cette égalité, $\frac{d^2f_n}{dx\,d\omega}$ par sa valeur tirée de l'équation (2) et $\frac{d\varphi_n}{dx}$ par sa valeur tirée de l'équation (2)'; il viendra, toutes réductions faites,

$$(16)\qquad 2\int\varphi_n\frac{df_n}{dx}dx=\varphi_nf_n+\varphi_n\frac{df_{n+1}}{d\omega}-\varphi_{n+1}\frac{df_n}{d\omega},$$

d'où encore, en changeant ω en $-\omega$,

$$(16)' \qquad 2\int f_n \frac{d\varphi_n}{dx}\,dx = \varphi_n f_n - f_n \frac{d\varphi_{n+1}}{d\omega} + f_{n+1}\frac{d\varphi_n}{d\omega}.$$

On déduit de là l'identité suivante, où K désigne une quantité indépendante de x :

$$\varphi_n \frac{df_{n+1}}{d\omega} - \varphi_{n+1}\frac{df_n}{d\omega} + f_{n+1}\frac{d\varphi_n}{d\omega} - f_n \frac{d\varphi_{n+1}}{d\omega} = \mathrm{K}.$$

SUR QUELQUES

THÉORÈMES DE M. HERMITE,

EXTRAIT D'UNE LETTRE ADRESSÉE A M. BORCHARDT.

Extrait du *Journal de Mathématiques de Crelle*, t. LXXXIX; 1880.

... Dans une Note *Sur l'indice des fractions rationnelles*, insérée dans le *Bulletin de la Société mathématique de France* (t. VII, p. 131), M. Hermite a fait la remarque importante qui suit :

En désignant par $\alpha + ai$, $\beta + bi$, ..., $\mu + mi$ des quantités imaginaires dans lesquelles les coefficients de i ont tous le même signe, si l'on pose, pour abréger,

$$\Pi(x-\alpha-ai) = (x-\alpha-ai)(x-\beta-bi)\ldots(x-\mu-mi)$$
$$= F(x) + i\Phi(x),$$

l'équation

$$pF(x) + q\Phi(x) = 0, \tag{1}$$

où p et q désignent des nombres réels arbitraires, a toutes ses racines réelles.

M. Biechler a obtenu en même temps ce théorème (*Sur une classe d'équations algébriques dont toutes les racines sont réelles* (*Journal de Crelle*, t. 87, p. 350) et sa démonstration, comme celle de M. Hermite, repose sur la considération de l'indice de la fraction $\dfrac{\Phi(x)}{F(x)}$.

La méthode qui suit vous paraîtra peut-être plus simple et plus directe.

L'équation (1) peut évidemment s'écrire

$$(p-iq)\Pi(x-\alpha-ai) + (p+iq)\Pi(x-\alpha+ai) = 0,$$

et l'on en déduit l'égalité

$$\operatorname{mod}\Pi(x-\alpha-ai) = \operatorname{mod}\Pi(x-\alpha+ai);$$

d'où il est facile de conclure que x est nécessairement réelle.

Ayant, en effet, tracé dans un plan deux axes rectangulaires OX et OY, je représenterai, suivant l'usage ordinaire, la quantité imaginaire $X + Yi$ par le point dont les coordonnées sont X et Y. Soient A, B, ..., M les points qui représentent respectivement les quantités $\alpha + ai$, $\beta + bi$, ..., $\mu + mi$; les coefficients a, b, ..., m ayant, par hypothèse, tous le même signe, les points A, B, ..., M sont situés d'un même côté de l'axe OX, au-dessus de cet axe, par exemple; quant aux points A', B', ..., M' qui représentent les quantités conjuguées $\alpha - ai$, $\beta - bi$, .., $\mu - mi$, ces points étant les symétriques des points A, B, ..., M relativement à l'axe OX, ils sont situés au-dessous de cet axe.

Désignons maintenant par P le point représentatif de la quantité x, l'égalité précédente peut s'ércire ainsi qu'il suit

$$(2) \qquad \text{PA.PB...PM} = \text{PA}'.\text{PB}'...\text{PM};$$

or de là résulte immédiatement que x ne peut être imaginaire. Car, en supposant, par exemple, que le point P soit situé au-dessus de l'axe OX, on a

$$\text{PA} < \text{PA}', \quad \text{PB} < \text{PB}', \quad \ldots, \quad \text{PM} < \text{PM}',$$

inégalités qui sont incompatibles avec la relation (2).

....

....

Dans le Mémoire que vous avez bien voulu insérer l'année dernière dans votre Journal, j'ai donné une formule de quadrature (*Sur le développement d'une fonction suivant les puissances d'un polynôme,* t. 88, p. 46) qui appartient en réalité à M. Hermite. L'illustre géomètre l'a démontrée dans sa Note sur la formule d'interpolation de Lagrange, insérée au tome 84 de votre Journal (p. 75). Il est clair, du reste, que nous devions arriver au même résultat; le but que nous nous proposions était effectivement le même, à savoir de déterminer avec la plus grande approximation possible l'intégrale $\int_a^b f(x)\,dx$, quand on se donne les valeurs de $f(x)$ et d'un certain nombre de ses dérivées pour $x = a$ et $x = b$.

Seulement, tandis que M. Hermite prend pour point de départ les propriétés des réduites de la fonction $\log\left(\frac{x-1}{x}\right)$, je m'appuie sur les propriétés des réduites de e^x; on aperçoit, dans cette circonstance, le premier indice d'une liaison singulière entre les réduites de fonctions si différentes, liaison que les considérations suivantes mettent, je crois, entièrement en évidence.

Soit, pour plus de généralité, $F(x)$ le dénominateur commun des fractions rationnelles de même dénominateur qui approchent le plus des fonctions $e^{a_1 x}$, $e^{a_2 x}$, ..., $e^{a_n x}$; en sorte qu'en désignant par $N = n\mu$ le degré de $F(x)$ et par $\Phi_1(x)$, $\Phi_2(x)$, ... des polynômes de même degré convenablement choisis, le développement des fonctions

$$\begin{array}{l} F(x)\,e^{a_1 x} - \Phi_1(x), \\ F(x)\,e^{a_2 x} - \Phi_2(x), \\ \dots\dots\dots\dots\dots\dots, \\ F(x)\,e^{a_n x} - \Phi_n(x) \end{array}$$

commence par un terme de l'ordre $(N + \mu + 1)$.

En désignant par z une nouvelle indéterminée, je considère le développement de $F(x)e^{zx}$ suivant les puissances croissantes de x et pose

$$F(x)\,e^{zx} = \Sigma A_p x^p.$$

Vous remarquerez tout d'abord que la fonction de z que je désigne par $A_{N+\mu}$ estdivisible par z^μ; en second lieu, en dérivant par rapport à z l'équation précédente, on a

$$F(x)\,e^{zx} = \frac{dA_p}{dz}\,x^{p-1};$$

d'où l'on voit que chacun des coefficients de la série précédente est la dérivée du coefficient qui suit immédiatement.

J'observe maintenant que, quand on fait $z = a_1$, les coefficients A_{N+1}, A_{N+2}, ..., $A_{N+\mu}$ s'annulent; la fonction $A_{N+\mu}$ s'annule donc ainsi que ses $(\mu - 1)$ premières dérivées pour $z = a_1$, et, par suite, elle est divisible par $(z - a_1)^\mu$. On prouverait de même qu'elle est divisible par $(z - a_2)^\mu$, $(z - a_3)^\mu$, ...; j'ai d'ailleurs montré qu'elle est divisible par z^μ, et comme elle est du degré $N + \mu$, en posant, pour abréger,

$$f(z) = z^\mu (z - a_1)^\mu (z - a_2)^\mu \dots (z - a_n)^\mu,$$

on en conclura facilement que

$$A_{N+\mu} = f(z).$$

Ainsi une propriété caractéristique du polynôme $F(x)$ est que, dans le développement de $F(x)e^{zx}$ suivant les puissances croissantes de x, le coefficient de $x^{N+\mu}$ est le polynôme $f(z)$ et de là se déduit bien aisément l'expression de $F(x)$.

Je vous ferai encore remarquer que le coefficient de x^N dans ce développement est égal à $\frac{d^\mu}{dz^\mu} f(z)$; c'est donc le dénominateur commun des fractions rationnelles de même degré qui approchent le plus des fonctions

$$\log \frac{x-a_1}{x}, \quad \log \frac{x-a_2}{x}, \quad \ldots, \quad \log \frac{x-a_n}{x} \quad (^1).$$

Il serait facile de déduire des considérations qui précèdent les diverses formules obtenues par M. Hermite; mais je ne m'étendrai pas davantage sur ce sujet. Il m'a semblé néanmoins qu'il y avait quelque intérêt à réunir ainsi dans une même analyse quelques-uns des importants résultats obtenus par l'illustre géomètre sur les fonctions exponentielles et sur les fonctions logarithmiques.

(1) *Lettre de M. Hermite à M. Fuchs* (*Journal de Crelle,* t. 79, p. 325).

Paris, avril 1880.

CALCUL INTÉGRAL.

SUR L'INTÉGRATION

D'UNE

CERTAINE CLASSE D'ÉQUATIONS DIFFÉRENTIELLES

DU SECOND ORDRE.

Comptes rendus des séances de l'Académie des Sciences,
t. LXXXVI; 1868.

La Note que j'ai l'honneur de présenter à l'Académie est l'extension au cas de l'espace des considérations géométriques très simples au moyen desquelles Jacobi a appliqué les propriétés des sections coniques à l'intégration de l'équation d'Euler qui sert de base à la théorie des fonctions elliptiques, considérations que j'ai moi-même développées dans le *Bulletin de la Société Philomathique* (avril 1867).

Je m'appuierai sur la proposition suivante, que l'on peut déduire facilement d'un théorème bien connu de Newton. Soit $F(x, y, z) = 0$ l'équation d'une surface du second degré, que je supposerai, pour plus de simplicité, rapportée à des axes rectangulaires; soient de plus deux points quelconques M et N dont les coordonnées sont respectivement a, b, c et α, β, γ. Désignons par α et α' les deux points où la droite MN coupe la surface considérée. Cela posé, on a la relation

$$\frac{M\alpha.M\alpha'}{N\alpha.N\alpha'} = \frac{F(a, b, c)}{F(\alpha, \beta, \gamma)}.$$

Supposons que la droite MN soit tangente à la surface, les deux points α et α' se confondront alors en un seul, et l'on aura

$$\frac{M\alpha}{N\alpha} = \frac{\sqrt{F(a, b, c)}}{\sqrt{F(\alpha, \beta, \gamma)}}.$$

Considérons maintenant, outre la surface dont je viens de parler et que je désignerai par S, deux plans parallèles au plan des xy, l'un A dont l'équation sera $z = a$, et l'autre $\mathcal{A}$ dont l'équation sera $z = \alpha$. Soient C et Γ les coniques suivant lesquelles ces plans coupent la surface. Imaginons tracée sur S une courbe gauche quelconque B et construisons la surface développable engendrée par les différentes tangentes à cette courbe. Cette surface développable sera coupée respectivement par les deux plans A et $\mathcal{A}$, suivant deux courbes B et $\mathcal{B}$. Je désignerai par x et y les deux premières coordonnées d'un point quelconque de la courbe B, et par ξ et η les mêmes coordonnées du point correspondant de la courbe $\mathcal{B}$: je veux dire du point où la génératrice de la surface développable qui passe par le point considéré de la courbe B passe par le plan $\mathcal{A}$.

Maintenant, soient T le point où une génératrice quelconque de la surface développable touche la courbe gauche R; M le point où elle rencontre le plan A, et dont je désignerai les coordonnées par x, y, a; N le point où cette même droite coupe le plan $\mathcal{A}$, et dont je désignerai les coordonnées par ξ, η, α.

Si l'on déplace infiniment peu cette génératrice en la faisant rouler sur B, dans sa nouvelle position elle coupera le plan A en un point M' infiniment voisin du point M, et dont les coordonnées seront $x + dx$, $y + dy$, a; elle coupera de même le plan $\mathcal{A}$ en un point N' infiniment voisin du point N, et dont les coordonnées seront $\xi + d\xi$, $\eta + d\eta$, α.

Cela posé, les deux droites MM' et NN' étant parallèles, on a évidemment

$$\frac{\text{MM}'}{\text{NN}'} = \frac{dx}{d\xi} = \frac{dy}{d\eta} = \frac{\text{MT}}{\text{NT}} = \frac{\sqrt{\text{F}(x, y, a)}}{\sqrt{\text{F}(\xi, \eta, \alpha)}}.$$

Donc, lorsqu'on a une surface développable quelconque ayant son arête de rebroussement sur la surface S, si l'on désigne respectivement par x et y les deux premières coordonnées du point où une génératrice coupe le plan A, et par ξ et η les mêmes coordonnées du point où cette génératrice coupe le plan $\mathcal{A}$, ces quatre variables satisfont au système d'équations différentielles

$$(1) \qquad \frac{dx}{d\xi} = \frac{dy}{d\eta} \frac{\sqrt{\text{F}(x, y, a)}}{\sqrt{\text{F}(\xi, \eta, \alpha)}}.$$

Supposons que la courbe C, décrite dans le plan $\mathcal{A}$ par le point N, nous soit donnée, en sorte que nous ayons une relation de la forme

$$(2) \qquad \eta = \theta(\xi).$$

Donnons-nous, en outre, le point qui, sur le plan A, correspond à un point déterminé de la courbe C, alors le système d'équations (1) nous permettra d'en déduire la courbe correspondante décrite par le point M; il y aura d'ailleurs deux solutions à cause de l'ambiguïté du signe du radical.

Des deux variables ξ et η, une seule des deux étant indépendante, en vertu de la relation (2), le système (1) se réduit alors à un système de deux équations différentielles du premier ordre à trois variables. On peut des équations (1) et (2) éliminer la variable ξ, et l'on est conduit alors à une équation différentielle du second ordre entre les variables x et y, équation que je désignerai par

$$(3) \qquad V = 0.$$

Nous avons immédiatement une intégrale particulière du premier ordre de cette équation; il suffit, en effet, de trouver des surfaces développables qui aient leur arête de rebroussement sur S et qui s'appuient sur C, et ce problème conduit à résoudre une équation différentielle du premier ordre.

Mais il est facile de voir que l'on peut obtenir immédiatement l'intégrale générale du premier ordre. Imaginons une surface quelconque du second degré S' passant par les coniques G et Γ, en sorte que son équation soit de la forme

$$\Phi(x, y, z) = F(x, y, z) + \lambda(z - a)(z - \alpha) = 0.$$

En appliquant à cette surface les mêmes raisonnements que nous avons faits au sujet de la surface S, nous voyons que si une surface développable, ayant son arête de rebroussement sur S', coupe le plan $\mathcal{A}$ suivant la courbe C, la courbe suivant laquelle elle coupe le plan A satisfait au système d'équations

$$(1') \qquad \frac{dx}{d\xi} = \frac{dy}{d\eta} = \frac{\sqrt{\Phi(x, y, a)}}{\sqrt{\Phi(\xi, \eta, \alpha)}}.$$

$$(2') \qquad \eta = \theta(\xi).$$

Mais on a évidemment

$$\Phi(x, y, a) = \mathrm{F}(x, y, a)$$

et

$$\Phi(\xi, \eta, \alpha) = \mathrm{F}(\xi, \eta, \alpha).$$

Donc le système d'équations (1') et (2') est identique avec le système (1) et (2), et tous deux conduisent à l'intégration de l'équation

$$(3) \qquad \mathrm{V} = 0.$$

De même que la surface particulière R nous fournissait une intégrale particulière du premier ordre de cette équation, nous voyons que l'ensemble des surfaces du second ordre, passant par les coniques C et Γ, nous donnera l'intégrale générale du premier ordre.

Géométriquement, le résultat obtenu peut être énoncé ainsi : étant donnés la courbe C dans le plan $\mathcal{A}$ et le point arbitrairement choisi qui, dans le plan A, correspond à un point donné de cette courbe; par ces deux points faisons passer une droite et construisons une surface du second degré, passant par les coniques G et Γ, et tangente à cette droite. Imaginons une surface développable qui ait son arête de rebroussement sur la surface du second ordre et qui coupe le plan $\mathcal{A}$ suivant C, son intersection avec le plan A sera une courbe dont l'équation en x et en y sera une solution de l'équation (3).

Il existe un cas particulier encore assez étendu où l'on peut obtenir en termes finis l'intégrale générale de cette équation. C'est celui où la courbe C est une conique.

Dans ce cas, en effet, on peut toujours, en désignant par u, v, w de nouvelles variables, liées aux variables x, y, z par les relations de la forme

$$(4) \qquad u = \frac{\mathrm{X}}{\mathrm{U}}, \qquad v = \frac{\mathrm{Y}}{\mathrm{U}}, \qquad w = \frac{\mathrm{Z}}{\mathrm{U}},$$

où X, Y, Z, U désignent des fonctions linéaires de x, y, z, déterminer ces polynômes de sorte que, après la substitution des nouvelles variables dans l'équation $\Phi(x, y, z) = 0$, la surface représentée par l'équation transformée soit, en considérant u, v, w comme des coordonnées rectangulaires, rapportée à ses axes et ait la forme suivante :

$$(5) \qquad \frac{u^2}{H} + \frac{v^2}{R} + \frac{\varpi^2}{C} = 1,$$

et qu'en même temps la conique C ait pour transformée la conique, située à l'infini, commune à toutes les sphères de l'espace.

Cela posé, si nous considérons les courbes gauches qui sur la surface primitive S' étaient les arêtes de rebroussement des surfaces développables coupant le plan $\mathcal{A}$ suivant C, nous voyons que ces courbes auront pour transformées, sur la surface représentée par l'équation (5), les lignes dont l'équation différentielle est $ds = 0$.

Déterminons les points de cette surface au moyen des coordonnées elliptiques, nous aurons

$$ds^2 = (\mu^2 - \nu^2)\left[\frac{(A-\mu^2)\,d\mu^2}{(\mu^2 - A + B)(\mu^2 - A + C)} + \frac{(A-\nu^2)\,d\nu^2}{(\nu^2 - A + B)(\nu^2 - A + C)}\right].$$

L'équation différentielle des lignes correspondant aux arêtes de rebroussement est donc

$$d\mu\sqrt{\frac{A-\mu^2}{(\mu^2 - A + B)(\mu^2 - A + C)}} \pm i\,d\nu\sqrt{\frac{A-\nu^2}{(\nu^2 - A + B)(\nu^2 - A + B)}} = 0,$$

dont l'intégrale est de

$$(6) \qquad \int\frac{d\mu(A-\mu^2)}{\sqrt{(A-\mu^2)(A-B-\mu^2)(A-C-\mu^2)}} \pm i\int\frac{d\nu(A-\nu^2)}{\sqrt{(A-\nu^2)(A-B-\nu^2)(A-C-\nu^2)}} = k;$$

k désignant une constante arbitraire.

Soit maintenant P qui, dans la figure transformée, correspond au plan $\mathcal{A}$. Étant donné un point (μ, ν) sur la surface représentée par l'équation (5) on saura toujours trouver le point où le plan P est rencontré par la tangente menée au point (μ, ν) à l'une des courbes qui passent en ce point et dont l'équation différentielle est $ds = 0$; on pourra exprimer algébriquement les coordonnées u, v, ϖ de ce point en fonction de μ, ν, et réciproquement μ, ν en fonction de u, v, ϖ. On portera ces valeurs de μ et de ν dans l'équation (6), et l'on y remplacera u, v, ϖ par leurs valeurs tirées des équations (4). La variable z disparaîtra d'elle-même, et l'on obtiendra en x, y l'intégrale générale de l'équation (3) avec deux constantes arbitraires λ et k.

SUR L'INTÉGRATION

D'UNE

ÉQUATION DIFFÉRENTIELLE

DU SECOND ORDRE.

Société philomathique; 1870.

L'équation différentielle du second ordre

$$\frac{d^2y}{dx^2} = \frac{\varphi\left(\frac{dy}{dx}\right)}{\sqrt{f(x,y)}},$$

où $f(x,y)$ désigne un polynôme du second degré en x et y, et où $\varphi\left(\frac{dy}{dx}\right)$ désigne une fonction quelconque de $\frac{dy}{dx}$, peut toujours s'intégrer quand on en connaît une solution particulière.

On parvient facilement à ce résultat en s'appuyant sur la théorie du dernier multiplicateur donnée par Jacobi.

Comme application de la proposition précédente, je donnerai le résultat suivant :

Étant donnée une surface du second ordre, si l'on cherche les surfaces développables qui, ayant leur arête de rebroussement sur la surface du second ordre, passent par une courbe plane, on est amené à résoudre une équation différentielle du premier ordre.

Cette équation peut toujours s'intégrer par de simples quadratures.

APPLICATION

DU

PRINCIPE DU DERNIER MULTIPLICATEUR

A L'INTÉGRATION D'UNE ÉQUATION DIFFÉRENTIELLE DU SECOND ORDRE.

Bulletin des Sciences mathématiques et astronomiques, t. II; 1871.

1. Soient $f(x, y)$ et $\varphi(x, y)$ deux polynômes du second degré en x et en y, ne différant que par les termes du premier degré et la valeur de la constante.

Considérons le système d'équations différentielles

$$\frac{dx}{d\xi} = \frac{dy}{d\eta} = \frac{\sqrt{f(x, y)}}{\sqrt{\varphi(\xi, \eta)}}, \tag{1}$$

dont le nombre est inférieur de deux unités au nombre des variables.

En désignant par $F(x, y, z, u)$ une fonction du second degré, homogène et convenablement choisie, on peut poser

$$f(x, y) = F(x, y, a, b)$$

et

$$\varphi(\xi, \eta) = F(\xi, \eta, \alpha, \beta),$$

a, b, α et β étant des quantités constantes.

Cela posé, λ désignant une constante arbitraire, il est facile de voir que l'équation

$$\lambda = 2\sqrt{f(x, y)\varphi(\xi, \eta)} - \xi\frac{df}{dx} - \eta\frac{df}{dy} - \alpha\frac{df}{da} - \beta\frac{df}{db} \tag{2}$$

est une intégrale du système d'équations (1).

Il suffit, pour cela, de vérifier que la différentielle de l'expression précédente s'annule en vertu des seules relations (1).

Or on a

$$d\lambda = \frac{\sqrt{f(x,y)}}{\sqrt{\varphi(\xi,\eta)}}\left(\frac{d\varphi}{d\xi}\,d\xi + \frac{d\varphi}{d\eta}\,d\eta\right)$$
$$+ \frac{\sqrt{\varphi(\xi,\eta)}}{\sqrt{f(x,y)}}\left(\frac{df}{dx}\,dx + \frac{df}{dy}\,dy\right) - \frac{df}{dx}\,d\xi - \frac{df}{dy}\,d\eta$$
$$- dx\left(\xi\,\frac{d^2f}{dx^2} + \eta\,\frac{d^2f}{dx\,dy} + \alpha\,\frac{d^2f}{da\,dx} + \beta\,\frac{d^2f}{db\,dx}\right)$$
$$- dy\left(\xi\,\frac{d^2f}{dx\,dy} + \eta\,\frac{d^2f}{dy^2} + \alpha\,\frac{d^2f}{da\,dy} + \beta\,\frac{d^2f}{db\,dy}\right).$$

Remarquons maintenant que, les polynômes $f(x,y)$ et $\varphi(\xi,\eta)$ étant respectivement égaux à $F(x, y, a, b)$ et à $F(\xi, \eta, \alpha, \beta)$ qui sont du second degré par rapport aux variables, on a les relations suivantes :

$$\frac{d^2f}{dx^2} = \frac{d^2\varphi}{d\xi^2}, \qquad \frac{d^2f}{dx\,da} = \frac{d^2\varphi}{d\xi\,d\alpha}, \qquad \dots;$$

d'où, en vertu d'un théorème connu sur les fonctions homogènes,

$$\xi\,\frac{d^2f}{dx^2} + \eta\,\frac{d^2f}{dx\,dy} + \alpha\,\frac{d^2f}{dx\,da} + \beta\,\frac{d^2f}{dx\,db} = \frac{d\varphi}{d\xi}$$

et

$$\xi\,\frac{d^2f}{dx\,dy} + \eta\,\frac{d^2f}{dy^2} + \alpha\,\frac{d^2f}{dy\,da} + \beta\,\frac{d^2f}{dy\,db} = \frac{d\varphi}{d\eta}.$$

La valeur de $d\lambda$ devient, par suite,

$$d\lambda = (\sqrt{\varphi}\,dx - \sqrt{f}\,d\xi)\left(\frac{1}{\sqrt{f}}\frac{df}{dx} - \frac{1}{\sqrt{\rho}}\frac{d\varphi}{d\xi}\right)$$
$$+ (\sqrt{\varphi}\,dy - \sqrt{f}\,d\eta)\left(\frac{1}{\sqrt{f}}\frac{df}{dy} - \frac{1}{\sqrt{\rho}}\frac{d\varphi}{d\eta}\right).$$

et elle s'annule évidemment en vertu des relations (1).

2. Soit l'équation de second ordre,

$$\frac{d^2y}{dx^2} = \frac{F\left(\frac{dy}{dx}\right)}{\sqrt{f(x,y)}}, \tag{3}$$

où F désigne une fonction quelconque de $\frac{dy}{dx}$.

Supposons que nous connaissions une intégrale particulière de l'équation

$$(4)\qquad \frac{d^2\eta}{d\xi^2} = \frac{F\left(\frac{d\eta}{d\xi}\right)}{\sqrt{\varphi(\xi,\eta)}},$$

et soit

$$(5)\qquad \eta = \theta(\xi)$$

cette intégrale; si l'on imagine les variables ξ et η liées par cette relation dans les équations (1), elles deviennent

$$\frac{dx}{d\xi} = \frac{dy}{\theta'(\xi)\,d\xi} = \frac{\sqrt{f(x,y)}}{\sqrt{\varphi(\xi,\eta)}},$$

ou bien encore

$$(6)\qquad \frac{dx}{\frac{1}{\sqrt{\varphi(\xi,\eta)}}} = \frac{dy}{\frac{\theta'(\xi)}{\sqrt{\varphi(\xi,\eta)}}} = \frac{d\xi}{\frac{1}{\sqrt{f(x,y)}}}.$$

On peut aussi éliminer ξ entre les équations précédentes; on a

$$\frac{dy}{dx} = \theta'(\xi),$$

d'où

$$\frac{d^2y}{dx^2} = \frac{\theta''(\xi)\sqrt{\varphi(\xi,\eta)}}{\sqrt{f(x,y)}};$$

comme $\eta = \theta(\xi)$ est une solution particulière de l'équation (4), on a

$$\theta''(\xi)\sqrt{\varphi(\xi,\eta)} = F\left(\frac{d\eta}{d\xi}\right) = F\left(\frac{dy}{dx}\right);$$

l'équation du second ordre entre x et y est donc

$$(3)\qquad \frac{d^2y}{dx^2} = \frac{F\left(\frac{dy}{dx}\right)}{\sqrt{f(x,y)}}.$$

3. D'après ce que j'ai dit plus haut, l'équation (2), si l'on y fait $\eta = \theta(\xi)$, est une intégrale du système d'équations du premier ordre (6).

On peut immédiatement appliquer à ces équations le principe

du dernier multiplicateur de Jacobi ([1]), car on a évidemment

$$\frac{d}{dx}\left(\frac{1}{\sqrt{\varphi(\xi,\eta)}}\right)+\frac{d}{dy}\left(\frac{\theta'(\xi)}{\sqrt{\varphi(\xi,\eta)}}\right)+\frac{d}{d\xi}\left(\frac{1}{\sqrt{f(x,y)}}\right)=0;$$

on a donc pour deuxième intégrale

$$\int\left(\frac{d\xi}{d\lambda}\right)\frac{\theta'(\xi)\,dx-dy}{\sqrt{\varphi(\xi,\eta)}}=\text{const.};$$

et cette dernière équation sera l'intégrale, avec deux constantes arbitraires, de l'équation (3), ξ étant exprimé, en vertu des équations (2) et (5), en fonction de λ, x et y.

([1]) JACOBI, *Theoria nova multiplicatoris, etc.* (*Journal de Crelle*, t. 27, p. 256).

SUR LES

DIFFÉRENTES FORMES

QUE L'ON PEUT DONNER A L'INTÉGRALE

DE L'ÉQUATION D'EULER.

Bulletin de la Société mathématique; 1875.

1. Soit un polynôme du quatrième degré en x que je représenterai par la forme homogène $U(x, y)$, où y désigne une constante égale à l'unité et introduite pour l'homogénéité des formules, l'équation d'Euler

$$\frac{dx}{\sqrt{U(x, y)}} = \frac{d\xi}{\sqrt{U(\xi, \eta)}}$$

a, comme je l'ai montré précédemment ([1]), pour intégrale générale l'équation suivante

$$(1) \qquad 6\alpha U_2 + 36 H_2 + (3S - \alpha^2)\omega^2 = 0,$$

où α représente une constante arbitraire, ω le déterminant $x\eta - y\xi$, U_2, H_2 les émanants principaux de U et du hessien H de la forme donnée, et S son invariant quadratique.

Cela posé, on a l'identité suivante, que l'on vérifiera facilement,

$$(2) \qquad U(x, y)\,U(\xi, \eta) - U_2^2 = 4H_2\omega^2 + \frac{S}{3}\omega^4;$$

je l'écrirai plus simplement sous la forme suivante

$$UU' - U_2^2 = 4H_2\omega^2 + \frac{S}{3}\omega^4,$$

d'où

$$S\omega^4 + 12 H_2\omega^2 = 3UU' - 3U_2^2.$$

([1]) *Sur l'application de la théorie des formes binaires à la géométrie des courbes tracées sur une surface du second ordre.* (*Bulletin de la Soc. math.*, t. I, p. 35.)

Multiplions maintenant par ω^2 le premier membre de l'équation (1), et remplaçons $S\omega^4 + 12 H_2 \omega^2$ par sa valeur tirée de la relation précédente, il viendra

$$6\alpha U_2 \omega^2 - \alpha^2 \omega^4 + 9 UU' - 9 U_2^2 = 0,$$

ou

$$9 UU' = (3 U_2 - \alpha \omega^2)^2;$$

ou encore

$$U_2 - \sqrt{UU'} = \frac{\alpha}{3} \omega^2. \tag{3}$$

2. Cette nouvelle forme de l'équation d'Euler peut elle-même se transformer d'une façon remarquable.

Décomposons U d'une façon quelconque en un produit de deux facteurs du second degré, en posant

$$U = f(x, y) \varphi(x, y),$$

où

$$f(x, y) = A x^2 + 2 B xy + C y^2$$

et

$$\varphi(x, y) = A' x^2 + 2 B' xy + C' y^2.$$

On aura évidemment

$$UU' = f(x, y) \varphi(x, y) f(\xi, \eta) \varphi(\xi, \eta),$$

d'autre part, en désignant par Δ l'invariant quadratique simultané des deux formes f et φ, $AC' + CA' - 2 BB'$, on vérifiera facilement l'identité suivante

$$f(x, y) \varphi(\xi, \eta) + f(\xi, \eta) \varphi(x, y) = 2 U_2 + \omega^2 \frac{\Delta}{3}.$$

Portons ces valeurs de U_2 et de UU' dans l'équation (3), elle deviendra, en faisant, pour abréger, $f(\xi, \eta) = f'$ et $\varphi(\xi, \eta) = \varphi'$,

$$f\varphi' + f'\varphi - 2\sqrt{f\varphi f'\varphi'} = \omega^2 \left(\frac{2\alpha + \Delta}{3}\right);$$

d'où

$$\sqrt{f\varphi'} - \sqrt{f'\varphi} = \beta\omega, \tag{4}$$

β désignant une constante arbitraire.

D'où la proposition suivante, où j'ai fait disparaître les quantités auxiliaires y et η :

Si l'on décompose d'une façon quelconque le polynôme du quatrième degré, $F(x)$, *en deux facteurs du second degré* $f(x)$ et $\varphi(x)$, *l'intégrale générale de l'équation*

$$\frac{dx}{\sqrt{F(x)}} = \frac{d\xi}{\sqrt{F(\xi)}}$$

est

$$\frac{\sqrt{f(x)\varphi(\xi)} - \sqrt{f(\xi)\varphi(x)}}{x-\xi} = \text{const.}$$

J'avais déjà déduit cette proposition de considérations purement géométriques, dans une Note *Sur les propriétés des coniques qui se rattachent à l'équation d'Euler,* insérée dans les *Nouv. Ann. de Math.*, 1872.

SUR LA MÉTHODE DE MONGE

POUR

L'INTÉGRATION DES ÉQUATIONS LINÉAIRES

AUX DIFFÉRENCES PARTIELLES DU SECOND ORDRE.

Nouvelles Annales de Mathématiques, 2ᵉ série, t. XV; 1876.

La méthode donnée par Monge pour intégrer les équations linéaires aux différences partielles du second ordre a été complètement élucidée, d'abord par les travaux d'Ampère et ensuite par ceux de Boole et de Bour; il me semble néanmoins qu'on peut la présenter avec plus de netteté et de brièveté qu'on ne le fait d'ordinaire.

I.

Sur la représentation de la forme

$$W = Hr + 2Ks + Lt - M + N(rt - s^2)$$

par le déterminant

$$\begin{vmatrix} 1 & 0 & r & s \\ 0 & 1 & s & t \\ a & b & c & d \\ \alpha & \beta & \gamma & \delta \end{vmatrix}.$$

1. Soit $W = Hr + 2Ks + Lt - M + N(rt - s^2)$, où r, s, t représentent des variables quelconques; je vais d'abord montrer que l'on peut toujours représenter la forme W par le déterminant

$$\begin{vmatrix} 1 & 0 & r & s \\ 0 & 1 & s & t \\ a & b & c & d \\ \alpha & \beta & \gamma & \delta \end{vmatrix}$$

et étudier les propriétés de ces diverses représentations.

En développant ce déterminant, on voit qu'il est de la forme indiquée, et, en identifiant les coefficients des quantités $r, s, t, \ldots$, on aura, pour déterminer les inconnues a, b, c, d, α, β, γ, δ, les cinq équations

$$M = d\gamma - c\delta, \tag{1}$$

$$N = a\beta - b\alpha, \tag{2}$$

$$L = b\gamma - c\beta, \tag{3}$$

$$H = d\alpha - a\delta, \tag{4}$$

$$2K = d\beta - b\delta + a\gamma - c\alpha. \tag{5}$$

On a maintenant, d'après un théorème connu [1],

$$(b\gamma - c\beta)(a\delta - d\alpha) + (c\alpha - a\gamma)(b\delta - d\beta) + (a\beta - b\alpha)(c\delta - d\gamma) = 0,$$

ou encore, en vertu des relations précédentes,

$$(c\alpha - a\gamma)(b\delta - d\beta) = HL + MN,$$

par suite, si l'on fait, pour abréger, $G = K^2 - HL - MN$,

$$K + \sqrt{G} = d\beta - b\delta \tag{5'}$$

et

$$K - \sqrt{G} = a\gamma - c\alpha. \tag{5}$$

2. Des équations (1), (2), (3), (4), (5), (5′) et (5″) il est facile de déduire un système de valeurs des indéterminées a, b, c, d, ...

Remarquons d'abord que, parmi les déterminants mineurs $a\beta - b\alpha$, $a\gamma - c\alpha$, ... qui entrent dans ces équations, il s'en trouve au moins un qui n'est pas nul, autrement la forme W s'annulerait identiquement. Supposons, par exemple, que $a\beta - b\alpha$ soit différent de zéro; je mettrai les équations précédentes sous la forme

$$M = d\gamma - c\delta, \qquad N = a\beta - b\alpha$$

---

[1] C'est le théorème de Fontaine; voir *Théorie des déterminants*, par Baltzer, p. 26.

et

$$\begin{matrix} \alpha & a \\ \beta & b \end{matrix} \times \begin{matrix} d & -c \\ -\delta & \gamma \end{matrix} = \begin{matrix} H & K-\sqrt{G} \\ K+\sqrt{G} & L \end{matrix} \quad (^1).$$

La première de ces équations, étant une conséquence des autres, peut être négligée; donnons maintenant à a, b, α et β quatre valeurs arbitraires satisfaisant à la relation $a\beta - \alpha b = N$, la dernière relation donnera

$$\begin{matrix} d & -c \\ -\delta & \gamma \end{matrix} = -\frac{1}{N} \times \begin{matrix} H & K-\sqrt{G} \\ K+\sqrt{G} & L \end{matrix} \times \begin{matrix} b & -a \\ -\beta & a \end{matrix},$$

qui déterminera les autres indéterminées d, c, δ et γ.

3. On voit, par ce qui précède, que l'on peut toujours représenter W par un déterminant de la forme indiquée, et si G n'est pas nul, comme on peut prendre pour $\sqrt{G}$ deux valeurs, il en résulte que toutes ces représentations se distribueront en deux groupes, le premier groupe comprenant les représentations appartenant à la valeur $+\sqrt{G}$ du radical et que je désignerai sous le nom de *représentations de première espèce*, le second groupe comprenant les représentations appartenant à la valeur de $-\sqrt{G}$; je les appellerai *représentations de seconde espèce*.

Si G était égal à zéro, il est clair qu'il n'y aurait qu'une seule espèce de représentation de W.

Pour abréger, si l'on a

$$W = \begin{vmatrix} 1 & 0 & r & s \\ 0 & 1 & s & t \\ a & b & c & d \\ \alpha & \beta & \gamma & \delta \end{vmatrix},$$

je dirai que $\begin{vmatrix} a & b & c & d \\ \alpha & \beta & \gamma & \delta \end{vmatrix}$ est une représentation de la forme W.

---

(1) J'indique ici, d'une façon abrégée, que le système linéaire du second membre s'obtient en composant les deux systèmes linéaires du premier membre dans l'ordre dans lequel ils sont placés. Cette seule relation tient donc lieu des relations (3), (4), (5)' et (5)''; on en conclut en particulier que le déterminant du système linéaire du second membre est égal au produit des déterminants des systèmes du premier membre; en d'autres termes, que $d\gamma - c\delta = M$. Cette relation, qui est une conséquence des autres, peut donc être mise de côté.

Voir, à ce sujet, mon Mémoire *Sur le calcul des systèmes linéaires* (*Journal de l'École Polytechnique*, XLIIe Cahier).

4. Théorème I. — *Soient deux représentations de la forme* W, $\begin{vmatrix} a & b & c & d \\ \alpha & \beta & \gamma & \delta \end{vmatrix}$ et $\begin{vmatrix} a' & b' & c' & d' \\ \alpha' & \beta' & \gamma' & \delta' \end{vmatrix}$, *qui soient de systèmes différents; on a les quatre relations*

$$(6) \quad \begin{cases} ac' + bd' - ca' - db' = 0, & a\gamma' + b\delta' - c\alpha' - d\beta' = 0, \\ \alpha c' + \beta d' - \gamma a' - \delta b' = 0, & \alpha\gamma' + \beta\delta' - \gamma\alpha' - \delta\beta' = 0. \end{cases}$$

Si $G = 0$, *les mêmes relations ont lieu relativement à deux représentations quelconques de* W.

Démonstration. — Supposons G différent de zéro et soient deux représentations de W, $\begin{vmatrix} a & b & c & d \\ \alpha & \beta & \gamma & \delta \end{vmatrix}$ et $\begin{vmatrix} a' & b' & c' & d' \\ \alpha' & \beta' & \gamma' & \delta' \end{vmatrix}$, qui soient respectivement de première et de seconde espèce; d'après ce que j'ai démontré ci-dessus (2), on aura

$$\begin{matrix} \alpha & a \\ \beta & b \end{matrix} \times \begin{matrix} d & -c \\ -\delta & \gamma \end{matrix} = \begin{matrix} H & K - \sqrt{G} \\ K + \sqrt{G} & L \end{matrix},$$

et

$$\begin{matrix} \alpha' & a' \\ \beta' & b' \end{matrix} \times \begin{matrix} d' & -c' \\ -\delta' & \gamma' \end{matrix} = \begin{matrix} H & K + \sqrt{G} \\ K - \sqrt{G} & L \end{matrix},$$

ou encore

$$\begin{matrix} d' & -\delta' \\ -c' & \gamma' \end{matrix} \times \begin{matrix} \alpha' & \beta' \\ a' & b' \end{matrix} = \begin{matrix} H & K - \sqrt{G} \\ K + \sqrt{G} & L \end{matrix}$$

et par suite

$$\begin{matrix} \alpha & a \\ \beta & b \end{matrix} \times \begin{matrix} d & -c \\ -\delta & \gamma \end{matrix} = \begin{matrix} d' & -\delta' \\ -c' & \gamma' \end{matrix} \times \begin{matrix} \alpha' & \beta' \\ a' & b' \end{matrix}.$$

Supposons, pour un instant, que

$$M = d\gamma - c\delta = d'\gamma' - c'\delta'$$

soit différent de zéro; multiplions les deux membres de l'égalité, à gauche par le système $\begin{matrix} \gamma' & \delta' \\ c' & d' \end{matrix}$ et à droite par le système $\begin{matrix} \gamma & c \\ \delta & d \end{matrix}$, il viendra, après avoir divisé par M,

$$\begin{matrix} \gamma' & \delta' \\ c' & d' \end{matrix} \times \begin{matrix} \alpha & a \\ \beta & b \end{matrix} = \begin{matrix} \alpha' & \beta' \\ a' & b' \end{matrix} \times \begin{matrix} \gamma & c \\ \delta & d \end{matrix},$$

relation qui, développée, donne précisément les quatre relations qu'il s'agissait de démontrer.

La démonstration précédente suppose M différent de zéro; mais, par un raisonnement connu, on montrera facilement que la proposition subsiste même quand M est nul.

Il est clair que, si $G = 0$, la proposition est vraie relativement à deux représentations quelconques de W.

II.

Intégration de l'équation aux différences partielles de second ordre (7) $W = 0$.

5. Supposons maintenant que r, s, t soient les dérivées partielles du second ordre d'une fonction inconnue z par rapport aux variables x et y, les coefficients de W étant d'ailleurs des fonctions quelconques de x, y, z, et des dérivées du premier ordre p et q, et soit à intégrer l'équation (7) $W = 0$.

Pour rester d'abord dans le cas le plus général, en supposant G différent de zéro, imaginons que nous ayons trouvé deux représentations de W par le déterminant

$$\begin{vmatrix} 1 & 0 & r & s \\ 0 & 1 & s & t \\ a & b & c & d \\ \alpha & \beta & \gamma & \delta \end{vmatrix}$$

et de systèmes différents; soient

$$W = \begin{vmatrix} a & b & c & d \\ \alpha & \beta & \delta & \gamma \end{vmatrix} \quad \text{et} \quad W = \begin{vmatrix} a' & b' & c' & d' \\ \alpha' & \beta' & \delta' & \gamma' \end{vmatrix}$$

ces deux représentations.

Cela posé, on aura les propositions suivantes :

Théorème II. — *Si $u = f(v)$ est une intégrale première de l'équation (7) renfermant une fonction arbitraire f, chacune des fonctions u et v est une solution du système d'équations simultanées du premier ordre*

$$(8) \quad \begin{cases} a\left(\dfrac{d\omega}{dx}\right) + b\left(\dfrac{d\omega}{dy}\right) + c\dfrac{d\omega}{dp} + d\dfrac{d\omega}{dq} = 0, \\ \alpha\left(\dfrac{d\omega}{dx}\right) + \beta\left(\dfrac{d\omega}{dy}\right) + \gamma\dfrac{d\omega}{dp} + \delta\dfrac{d\omega}{dq} = 0. \end{cases}$$

ou de ce second système d'équations

$$(9)\quad \begin{cases} a'\left(\dfrac{d\omega}{dx}\right)+b'\left(\dfrac{d\omega}{dy}\right)+c'\dfrac{d\omega}{dp}+d'\dfrac{d\omega}{dq}=0, \\ \alpha'\left(\dfrac{d\omega}{dx}\right)+\beta'\left(\dfrac{d\omega}{dy}\right)+\gamma'\dfrac{d\omega}{dp}+\delta'\dfrac{d\omega}{dq}=0. \end{cases}$$

On a posé, pour abréger,

$$\left(\frac{d\omega}{dx}\right)=\frac{d\omega}{dx}+p\frac{d\omega}{dz}$$

et

$$\left(\frac{d\omega}{dy}\right)=\frac{d\omega}{dy}+q\frac{d\omega}{dz}.$$

Démonstration. — Prenons successivement les dérivées, par rapport à x et par rapport à y, de l'équation $u=f(v)$, il viendra

$$\left(\frac{du}{dx}\right)+r\frac{du}{dp}+s\frac{du}{dq}=f'(v)\left[\left(\frac{dv}{dx}\right)+r\frac{dv}{dp}+s\frac{dv}{dq}\right]$$

et

$$\left(\frac{du}{dy}\right)+s\frac{du}{dp}+t\frac{du}{dq}=f'(v)\left[\left(\frac{dv}{dy}\right)+s\frac{dv}{dp}+t\frac{dv}{dq}\right],$$

et, puisque $u=f(v)$ est une intégrale première de l'équation $W=0$, cette dernière doit provenir de l'élimination de $f'(v)$ entre les deux équations précédentes. On aura donc, du moins à un facteur constant près,

$$W=\begin{vmatrix} \left(\dfrac{du}{dx}\right)+r\dfrac{du}{dp}+s\dfrac{du}{dq} & \left(\dfrac{dv}{dx}\right)+r\dfrac{dv}{dp}+s\dfrac{dv}{dq} \\ \left(\dfrac{du}{dy}\right)+s\dfrac{du}{dp}+t\dfrac{du}{dq} & \left(\dfrac{dv}{dy}\right)+s\dfrac{dv}{dp}+t\dfrac{dv}{dq} \end{vmatrix};$$

d'où, par une transformation facile,

$$W=\begin{vmatrix} 1 & 0 & r & s \\ 0 & 0 & s & t \\ -\dfrac{du}{dp} & -\dfrac{du}{dq} & \left(\dfrac{du}{dx}\right) & \left(\dfrac{du}{dy}\right) \\ -\dfrac{dv}{dp} & -\dfrac{dv}{dq} & \left(\dfrac{dv}{dx}\right) & \left(\dfrac{dv}{dy}\right) \end{vmatrix},$$

et par suite

$$\begin{vmatrix} -\frac{du}{dp} & -\frac{du}{dq} & \left(\frac{du}{dx}\right) & \left(\frac{du}{dy}\right) \\ -\frac{dv}{dp} & -\frac{dv}{dq} & \left(\frac{dv}{dx}\right) & \left(\frac{dv}{dy}\right) \end{vmatrix}$$

est une représentation de W. En vertu du théorème I, on voit donc que chacune des fonctions u et v satisfera au système d'équations (8) ou au système (7), suivant que cette représentation sera de deuxième ou de première espèce.

Théorème III. — *Réciproquement, si u et v sont des solutions du système d'équations* (8) *ou du système* (9), $u = f(v)$, *où f désigne une fonction arbitraire, est une intégrale première de l'équation* (7).

Démonstration. — Soit, par exemple, ω une solution quelconque des équations (8)

$$a\left(\frac{d\omega}{dx}\right) + b\left(\frac{d\omega}{dy}\right) + c\,\frac{d\omega}{dp} + d\,\frac{d\omega}{dq} = 0$$

et

$$\alpha\left(\frac{d\omega}{dx}\right) + \beta\left(\frac{d\omega}{dy}\right) + \gamma\,\frac{d\omega}{dp} + \delta\,\frac{d\omega}{dq} = 0;$$

on a en outre les deux relations suivantes, qui ont évidemment lieu pour une fonction quelconque de x et de y,

$$\left(\frac{d\omega}{dx}\right) + \frac{d\omega}{dp}\,r + \frac{d\omega}{dq}\,s = 0,$$

$$\left(\frac{d\omega}{dy}\right) + \frac{d\omega}{dp}\,s + \frac{d\omega}{dq}\,t = 0.$$

Entre les équations précédentes, éliminons $\left(\frac{d\omega}{dx}\right)$, $\left(\frac{d\omega}{dy}\right)$, $\frac{d\omega}{dp}$ et $\frac{d\omega}{dq}$, il vient

$$\begin{vmatrix} 1 & 0 & r & s \\ 0 & 1 & s & t \\ a & b & c & d \\ \alpha & \beta & \gamma & \delta \end{vmatrix} = 0,$$

ou encore $W = 0$, d'où il résulte que $\omega = 0$ est une intégrale de l'équation (7). Si u et v sont deux valeurs particulières de ω, les équations (8) étant linéaires, $u - f(v)$ satisfait également à ces équations, quelle que soit la fonction f; la proposition est donc démontrée.

Théorème IV. — *En désignant par u et v deux solutions communes au système d'équations* (8), *et par u' et v' deux solutions communes au système* (9), *si des équations $u - f(v) = 0$ et $u' - \varphi(v') = 0$ on tire les valeurs de p et q en fonction de x, y et z, ces valeurs substituées dans $p\,dx + q\,dy$ rendent cette expression une différentielle exacte, en sorte que, pour achever l'intégration, il suffit d'intégrer l'intégration*

$$dz = p\,dx + q\,dy.$$

Démonstration. — D'après ce que j'ai dit plus haut,

$$\begin{vmatrix} -\frac{du}{dp} & -\frac{du}{dq} & \left(\frac{du}{dx}\right) & \left(\frac{du}{dy}\right) \\ -\frac{dv}{dp} & -\frac{dv}{dq} & \left(\frac{dv}{dx}\right) & \left(\frac{dv}{dy}\right) \end{vmatrix}$$

et

$$\begin{vmatrix} -\frac{du'}{dp} & -\frac{du'}{dq} & \left(\frac{du'}{dx}\right) & \left(\frac{du'}{dy}\right) \\ -\frac{dv'}{dp} & -\frac{dv'}{dq} & \left(\frac{dv'}{dx}\right) & \left(\frac{dv'}{dy}\right) \end{vmatrix}$$

sont deux représentations de W appartenant à des systèmes différents.

En vertu du théorème I, on a donc la relation

$$\frac{du}{dp}\left(\frac{du'}{dx}\right) + \frac{du}{dq}\left(\frac{du'}{dy}\right) - \frac{du'}{dp}\left(\frac{du}{dx}\right) - \frac{du'}{dq}\left(\frac{du}{dy}\right) = 0,$$

qui est la condition d'intégrabilité. Comme d'ailleurs on peut remplacer dans cette relation u par une solution quelconque du système (8), et u' par une solution quelconque du système (9), la proposition est démontrée.

6. Le cas où $G = 0$ donne lieu aux mêmes propositions, sauf qu'il suffit de considérer une seule représentation de W.

SUR LA

TRANSFORMATION DES FONCTIONS ELLIPTIQUES.

Comptes rendus des séances de l'Académie des Sciences,
t. LXXXII; 1876.

1. Jacobi a donné (*Crelle,* t. 4) un système d'équations différentielles du second ordre auquel satisfont le numérateur et le dénominateur de la fraction qui se présente dans la transformation des fonctions elliptiques; Eisenstein a depuis étudié cette question dans un beau Mémoire (*Crelle,* t. 30 et 32, et *Œuvres mathématiques,* p. 159).

On peut présenter de la façon suivante la proposition de Jacobi :

En désignant par y une quantité égale à l'unité et introduite pour l'homogénéité des formules, soient $u(x, y)$ et $f(x, y)$ deux polynômes du quatrième degré homogènes en x et y, et $z = \frac{X}{Y}$ une intégrale rationnelle de l'équation

$$\frac{dz}{\sqrt{u(z, 1)}} = \frac{dx}{\sqrt{f(x, y)}},$$

X et Y étant deux polynomes homogènes en x et y et du degré m. Posons, pour abréger,

$$U = u(X, Y) \quad \text{et} \quad X_1 = \alpha \frac{dX}{dx} + \beta \frac{dY}{dy},$$

$$X_2 = \alpha^2 \frac{d^2X}{dX^2} + 2\alpha\beta \frac{d^2X}{dx\,dy} + \beta^2 \frac{d^2X}{dy^2};$$

Y_1, Y_2 et f_1 étant définis d'une façon analogue.

Cela posé, on a l'identité suivante, qui a lieu quelles que soient les quantités α, β, ξ et η :

$$(1)\quad \left\{ \begin{aligned} & \frac{1}{12}(\alpha y - \beta x)^2 \left(\xi^2 \frac{d^2U}{dX^2} + 2\xi\eta \frac{d^2U}{dX\,dY} + \eta^2 \frac{d^2U}{dY^2} \right) \\ & \quad = \Phi(\xi Y - \eta X)^2 + f(\xi Y_1 - \eta X_1)^2 - f(\xi Y - \eta X)(\xi Y_2 - \eta X_2) \\ & \quad - \tfrac{1}{2} f_1(\xi Y\ \eta X)(\xi Y_1 - \eta X_1). \end{aligned} \right.$$

identité où, k désignant une constante, Φ a pour valeur l'expression

$$\frac{m}{12}\left(\alpha^2\frac{d^2 f}{dx^2}+2\alpha\beta\frac{d^2 f}{dx\,dy}+\beta^2\frac{d^2 f}{dy^2}\right)+k(\alpha y-\beta x)^2.$$

2. On peut poser de la façon suivante le problème de la transformation :

Trouver une intégrale rationnelle $z=\frac{X}{Y}$ de l'équation

$$\frac{dz}{\sqrt{u(z,1)}}=\frac{dx}{\sqrt{\lambda u+\mu h}},$$

λ et μ désignant des constantes convenablement déterminées et h le hessien de u; c'est sous cette forme que M. Hermite a depuis longtemps résolu ce problème dans le cas de $m=3$.

On voit facilement que, si le degré m de la transformation est de la forme $4n+1$, X et Y sont déterminés par les formules suivantes :

$$X=-\frac{dJ}{dy}\Theta+x\Pi,\qquad Y=\frac{dJ}{dx}\Theta+y\Pi,$$

où, J désignant le covariant du sixième degré de u, Θ et Π sont des fonctions homogènes de u et de h et respectivement du degré $(n-1)$ et du degré n.

Semblablement, si m est de la forme $4n-1$, X et Y sont déterminés par les formules

$$X=-\frac{d\Theta}{dx}+xJ\Pi,\qquad Y=\frac{d\Theta}{dy}+yJ\Pi.$$

où Θ et Π sont des fonctions homogènes de u et de h et respectivement du degré n et du degré $n-2$.

Le problème de la transformation est donc ramené à la détermination des polynomes Θ et Π.

3. A cet effet, portons les valeurs précédentes de X et de Y dans l'identité (1), en posant $f=\lambda u+\mu h$, puis

$$\xi=\rho\frac{du}{dy}+\theta\frac{dh}{dy},$$

$$\eta=-\rho\frac{du}{dx}-\theta\frac{dh}{dx},$$

$$\alpha=\rho'\frac{du}{dy}+\theta'\frac{dh}{dy}$$

et

$$\beta = \rho' \frac{du}{dx} - \theta' \frac{dh}{dx};$$

les deux membres se transforment en deux polynomes en ρ, θ, ρ' et θ' qui doivent être identiques et dont les coefficients ne renferment que u, h, ainsi que les fonctions inconnues Θ et Π avec leurs dérivées partielles par rapport à u et h. En égalant les coefficients des mêmes puissances des indéterminées, on obtiendra trois équations différentielles analogues à celles de Jacobi et permettant de déterminer Θ, Π, ainsi que les constantes λ, μ et k.

En posant

$$u = z, \qquad h = 1, \qquad \Theta(u, 1) = \Theta(z) \qquad \text{et} \qquad \Pi(u, 1) = \Pi(z),$$

on en déduira facilement des équations différentielles ne renfermant que z, $\Theta(z)$, $\Pi(z)$, leurs dérivées par rapport à z et les invariants de la forme u.

Dans une prochaine Communication, si l'Académie veut bien me le permettre, je lui soumettrai les formules auxquelles on arrive par la méthode que je viens d'indiquer.

SUR LA

MULTIPLICATION DES FONCTIONS ELLIPTIQUES.

Bulletin de la Société mathématique de France, t. VI; 1877.

1. Je rappellerai d'abord une formule importante due à M. Hermite [1].

Étant donnée une forme homogène, à deux variables et du degré m, $U(x, y)$, si l'on pose, suivant l'usage habituel,

$$U_1 = \frac{1}{m}\frac{dU}{dx}, \qquad U_2 = \frac{1}{m}\frac{dU}{dy},$$

on a identiquement

$$(1)\quad \begin{cases} U(\lambda x - U_2, \lambda y + U_1) \\ \quad = U\left[\lambda^n + \dfrac{n(n-1)}{1.2}A\lambda^{n-2} + \dfrac{n(n-1)(n-2)}{1.2.3}B\lambda^{n-3} + \dots\right], \end{cases}$$

A, B, ... désignant des covariants de la forme U.

Je transformerai cette formule en posant

$$\lambda x - U_2 = t\xi, \qquad \lambda y + U_1 = t\eta;$$

d'où

$$\lambda = \frac{\xi U_1 + \eta U_2}{x\eta - y\xi}, \qquad t = \frac{U}{x\eta - y\xi},$$

ou, en posant, pour abréger, $\xi U_1 + \eta U_2 = \Delta$, $x\eta - y\xi = \omega$,

$$\lambda = \frac{\Delta}{\omega}, \qquad t = \frac{U}{\omega}.$$

En remplaçant respectivement, dans l'équation (1), $\lambda x - U_1$, $\lambda x - U_2$, λ et t par leurs valeurs, il viendra

$$(2)\quad \begin{cases} U^{n-1}(x, y)\,U(\xi, \eta) = \Delta^n + \dfrac{n(n-1)}{1.2}A\,\Delta^{n-2}\omega^2 \\ \qquad + \dfrac{n(n-1)(n-1)}{1.2.3}B\,\Delta^{n-3}\omega^3 + \dots. \end{cases}$$

(1) *Deuxième Mémoire sur la théorie des fonctions homogènes à deux indéterminées* (*Journal de Crelle*, t. 52, p. 25).

Si l'on suppose que U soit une forme du quatrième degré, en désignant par H son hessien, par J son covariant cubique du sixième degré, et par S son invariant quadratique, il viendra

$$(3)\qquad U^3(x,y)U(\xi,\eta) = \Delta^4 + 6H\Delta^2\omega^2 + 4J\Delta\omega^3 + (SU^2 - 3H^2)\omega^4.$$

2. En extrayant la racine carrée du premier membre, on obtient la relation suivante :

$$U^3 U(\xi,\eta) = (\Delta^2 + 3H\omega^2)^2 + \omega^3[4J\Delta + (SU^2 - 12H^2)\omega],$$

et l'on voit, en vertu du théorème fondamental d'Abel, que l'intégrale algébrique entière de l'équation différentielle

$$\frac{3\,dx}{\sqrt{U(x,y)}} + \frac{d\xi}{\sqrt{U(\xi,\eta)}},$$

où les quantités η et y doivent, ainsi que dans ce qui suit, être remplacées par l'unité, est fournie par l'équation

$$4J(\xi U_1 + \eta U_2) + (SU^2 - 12H^2)(x\eta - y\xi) = 0.$$

3. On obtient avec une égale facilité la formule qui donne la multiplication des fonctions elliptiques par 5, en d'autres termes, l'intégrale algébrique entière de l'équation

$$(4)\qquad \frac{d\xi}{\sqrt{U(\xi,\eta)}} + \frac{5\,dx}{\sqrt{U(x,y)}} = 0.$$

Désignant, en effet, par a un covariant inconnu de U, il suffira de déterminer ce covariant, de telle sorte que le reste de l'opération, dans l'extraction de la racine carrée de

$$(\Delta + a\omega)^2[\Delta^4 + 6H\Delta^2\omega^2 + 4J\omega^3 + (SU^2 - 3H^2)\omega^4],$$

soit divisible par ω^5. On aura, en effet, identiquement

$$U^3(\Delta + a\omega)^2 U(\xi,\eta) = P^2 + (x\eta - y\xi)^5[Q(\xi U_1 + \eta U_2) + R(x\eta - y\xi)];$$

d'où il suit, en vertu du théorème d'Abel, que l'intégrale cherchée est fournie par la résolution de l'équation

$$Q(\xi U_1 + \eta U_2) + R(x\eta - y\xi) = 0.$$

Pour effectuer le calcul, remplaçons pour un instant Δ par z et ω par 1; on trouvera aisément

$$\begin{aligned}
&(z+a)^2(z^4+6Hz^2+4Jz+SU^2-3H^2)\\
&=(z^2+az^2+3Hz+2J+3aH)^2+(SU^2-12H^2+4aJ)z^2\\
&\quad+[2a(SU^2-12H^2)+4(a^2-3H)J]z\\
&\quad+a^2(SU^2-12H^2)-4J^2-12aJH;
\end{aligned}$$

en égalant à zéro le coefficient de z^3, on a

$$a=\frac{12H^2-SU^2}{4J},$$

et le reste de l'opération de l'extraction de la racine carrée devient

$$\begin{aligned}
&-\frac{[(SU^2-12H^2)^2+48HJ^2]}{4J}z\\
&+\frac{[(SU^2-12H^2)^3-48HJ^2(SU^2-12H^2)-64J^4]}{16J^2}.
\end{aligned}$$

L'intégrale algébrique de l'équation (5) est donc donnée par l'équation

$$\begin{aligned}
&4J[(SU^2-12H^2)^2+48HJ^2](\xi U_1+\eta U_2)\\
&-[(SU^2-12H^2)^3-48HJ^2(SU^2-12H^2)-64J^4](x\eta-y\xi)=0.
\end{aligned}$$

4. On trouverait de même la formule qui donne la multiplication des fonctions elliptiques par un nombre impair quelconque n, ou, en d'autres termes, l'intégrale algébrique entière de l'équation

$$(5)\qquad \frac{d\xi}{\sqrt{U(\xi,\eta)}}+\frac{n\,dx}{\sqrt{U(x,y)}}=0.$$

Le problème revient, comme on le voit par ce qui précède, à déterminer deux polynômes entiers $F(z)$ et $f(z)$ qui soient respectivement du degré $\frac{n-3}{2}$ et du degré $\frac{n+1}{2}$, et tels que l'on ait

$$(6)\qquad F^2(z)W(z)=f^2(z)+\alpha z+\beta,$$

où j'ai posé, pour abréger,

$$W(z)=z^4+6Hz^2+4Jz+SU^2-3H^2,$$

et où α et β désignent des covariants de U indépendants de z.

La première méthode qui se présente pour résoudre ce problème est celle que j'ai employée dans les exemples précédents ; en mettant en évidence les $\frac{n-3}{2}$ coefficients actuellement indéterminés de $F(z)$, et extrayant la racine de $F^2(z)\,W(z)$, on profitera de l'indétermination de ces coefficients pour annuler les coefficients des $\frac{n-3}{2}$ premiers termes du reste, qui sera nécessairement de la forme

$$\alpha z + \beta,$$

α et β étant des fonctions connues des covariants de U.

L'intégrale cherchée de l'équation (5) sera alors donnée par la relation

$$\alpha(\xi U_1 + \eta U_2) + \beta(x\eta - y\xi) = 0.$$

Mais on peut rattacher la détermination des polynômes $F(z)$ et $f(z)$, et par conséquent du reste $\alpha z + \beta$, à la réduction de l'expression $\sqrt{W(z)}$ en fonction continue.

De l'équation (6) on déduit, en effet,

$$F(z)\sqrt{W(z)} = f(z) + \frac{\alpha z + \beta}{F(z)\sqrt{W(z)} + f(z)};$$

le dénominateur de la fraction $\frac{\alpha z + \beta}{F(z)\sqrt{W(z)} + f(z)}$ est du degré $\frac{n+1}{2}$, d'où il suit que le développement de $F(z)\sqrt{W(z)} - f(z)$ commence par un terme de l'ordre de $\frac{1}{x^{\frac{n-3}{2}+1}}$.

La fraction $\frac{f(z)}{F(z)}$ est donc une des réduites obtenues en développant $\sqrt{W(z)}$ en fraction continue, celle dont le dénominateur est du degré $\left(\frac{n-3}{2}\right)$.

SUR LA

TRANSFORMATION DES FONCTIONS ELLIPTIQUES.

Bulletin de la Société mathématique de France, t. VI; 1877.

I. — Considérations préliminaires.

1. En désignant par y_1 une quantité égale à l'unité et introduite pour rendre les formules homogènes, soit

$$F(x_1, y_1) = A x_1^4 + 4 B x_1^3 y_1 + 6 C x_1^2 y_1^2 + 4 D x_1 y_1^3 + E y_1^4$$

un polynôme du quatrième degré en x_1.

Soit, de plus,

$$x_1 = \frac{X}{Y}$$

une intégrale quelconque de l'équation

$$(1) \qquad \frac{dx_1}{\sqrt{F(x_1, y_1)}} = d\nu,$$

X et Y désignant des fonctions de ν dont l'une peut être choisie arbitrairement.

En dénotant par des accents les dérivées prises par rapport à la variable ν, et en faisant, pour abréger,

$$T = YX' - XY',$$

l'équation précédente devient

$$(2) \qquad F(X, Y) = T^2.$$

On a évidemment

$$T' = YX'' - XY'';$$

je poserai, en outre,

$$\Theta = Y'X'' - X'Y'';$$

en sorte que, des relations précédentes, on déduit

$$(3)\qquad \begin{cases} X'T' = X\Theta + X''T, \\ Y'T' = Y\Theta + Y''T. \end{cases}$$

En employant une notation bien connue, je poserai

$$F_{11} = \frac{1}{12}\,\frac{d^2 F(X,Y)}{dX^2},\qquad F_{12} = \frac{1}{12}\,\frac{d^2 F(X,Y)}{dX\,dY},\qquad F_{22} = \frac{1}{12}\,\frac{d^2 F(X,Y)}{dY^2};$$

en vertu de la propriété fondamentale des polynômes homogènes, l'équation (2) pourra se mettre sous la forme

$$X^2 F_{11} + 2XY F_{12} + Y^2 F_{22} = T^2.$$

A cette relation nous pouvons joindre les deux suivantes, que l'on obtient en prenant ses deux premières dérivées par rapport à ν :

$$X'X.F_{11} + (XY' + YX')F_{12} + Y'Y.F_{22} = \frac{TT'}{2},$$

$$(XX'' + 3X'^2)F_{11} + (XY'' + YX'' + 6X'Y')F_{12} + (YY'' + 3Y'^2)F_{22} = \frac{TT'' + T'^2}{2}.$$

En les résolvant par rapport à F_{11}, F_{12} et F_{22}, il vient

$$3T^3 F_{11} = Y^2\frac{T^2T''}{2} - 3YY'T^2T' + (3Y'^2T + Y^2\Theta)T^2,$$

$$3T^3 F_{12} = -XY\frac{T^2T''}{2} + \frac{3}{2}(YX' + XY')T^2T' - (3X'Y'T' + XY\Theta)T^2,$$

$$3T^3 F_{22} = X^2\frac{T^2T''}{2} - 3XX'T^2T' + (3X'^2T + X^2\Theta)T^2.$$

Multiplions la première de ces équations par ξ^2, la deuxième par $2\xi\eta$, la troisième par η^2, ξ et η désignant des quantités arbitraires, et faisons la somme des résultats obtenus : il viendra

$$\begin{aligned} &3T^3(\xi^2 F_{11} + 2\xi\eta F_{12} + \eta^2 F_{22}) \\ &\quad = T^2\left(\frac{T'' + 2\Theta}{2}\right)(Y\xi - X\eta)^2 \\ &\qquad - 3T^2T'(Y\xi - X\eta)(Y'\xi - X'\eta) + 3T^3(Y'\xi - X'\eta)^2, \end{aligned}$$

ou encore, en remplaçant $T'(Y'\xi - X'\eta)$ par sa valeur

$$\Theta(Y\xi - X\eta) + T(Y''\xi - X''\eta),$$

que l'on déduit des équations (3),

$$(4)\quad \begin{cases} \xi^2 F_{11} + 2\xi\eta F_{12} + \eta^2 F_{22} \\ \quad = (Y\xi - X\eta)^2 \left(\dfrac{T'' - 4\Theta}{6T}\right) \\ \quad + (Y'\xi - X'\eta)^2 - (Y\xi - X\eta)(Y''\xi - X''\eta). \end{cases}$$

2. Posons, pour abréger,

$$(5)\quad \frac{T'' - 4\Theta}{6T} = \frac{YX''' - XY''' - 3(Y'X'' - X'Y'')}{6(YX' - XY')} = \varphi.$$

L'équation (4) deviendra

$$(6)\quad \begin{cases} \xi^2 F_{11} + 2\xi\eta F_{12} + \eta^2 F_{12} = \varphi(Y\xi - X\eta)^2 + (Y'\xi - X'\eta)^2 \\ \qquad - (Y\xi - X\eta)(Y''\xi - X''\eta). \end{cases}$$

Comme dans cette formule ξ et η sont arbitraires, elle tient lieu des trois relations suivantes :

$$(6)'\quad \begin{cases} F_{11} = AX^2 + 2BXY + CY^2 = \varphi Y^2 + Y'^2 - YY'', \\ 2F_{12} = 2BX^2 + 4CXY + 2DY^2 \\ \quad = -2\varphi XY + YX'' + XY'' - 2X'Y', \\ F_{22} = CX^2 + 2DXY + EY^2 = \varphi X^2 + X'^2 - XX'' \end{cases}$$ [1].

Ces formules sont une conséquence immédiate de la relation (2); réciproquement, si, φ désignant une fonction arbitraire de ν, on détermine des fonctions X et Y satisfaisant aux trois relations (6)′, on voit que $y_1 = \frac{X}{Y}$ est une intégrale de l'équation (1).

En faisant, en effet, dans la relation (6),

$$\xi = X \quad \text{et} \quad \eta = Y,$$

il vient

$$F = (Y'X - XY')^2.$$

L'intégration de l'équation (1) est donc ramenée à l'intégration du système d'équations simultané (6)′, dans lequel φ est une fonction arbitraire de ν, et à cette équation on peut adjoindre l'équation (5), où, comme on le voit, n'entrent pas les coefficients du polynôme F.

En particulier, si φ est une constante, les fonctions X et Y, sa-

(1) Sur ces formules, *voir* EISENSTEIN, *Fernere Bemerkungen zu den Transformationsformeln* (*Mathematische Abhandlungen*, p. 167).

tisfaisant aux relations (6)', donnent les fonctions Θ de Jacobi et les fonctions Al de M. Weierstrass.

II. — Formules de Jacobi.

3. Considérons maintenant l'équation différentielle

$$\frac{dx_1}{\sqrt{\mathrm{F}(x_1, y_1)}} = \frac{dx}{\sqrt{f(x, y)}}, \tag{7}$$

où $f(x, y)$ désigne un polynôme quelconque du quatrième degré en x, la variable y étant introduite pour rendre l'expression homogène et étant égale à l'unité.

Soit

$$x_1 = \frac{\mathrm{X}}{\mathrm{Y}}$$

une intégrale de cette équation, X et Y étant des fonctions entières de x; soit, de plus, $d\nu$ la valeur commune des deux membres de l'égalité (7).

Si, en vertu de l'égalité

$$\frac{dx}{\sqrt{f(x, y)}} = d\nu, \tag{7'}$$

on suppose X et Y exprimés en fonction de ν, on voit que ces fonctions satisfont au système d'équations (5) et (6).

Je transformerai ces équations, en supposant que X et Y sont exprimés en fonction de x. A cet effet, en introduisant les dérivées prises par rapport à x, nous aurons, en vertu de la relation (7)',

$$\mathrm{X}' = \frac{d\mathrm{X}}{dx}\sqrt{f}, \qquad \mathrm{X}'' = \frac{d^2\mathrm{X}}{dx^2} f + \frac{1}{2}\frac{d\mathrm{X}}{dx}\frac{df}{dx},$$

$$\mathrm{X}''' = \frac{d^3\mathrm{X}}{dx^3} f\sqrt{f} + \frac{3}{2}\frac{d^2\mathrm{X}}{dx^2}\frac{df}{dx}\sqrt{f} + \frac{1}{2}\frac{d\mathrm{X}}{dx}\frac{d^2 f}{dx^2}\sqrt{f}.$$

$$\mathrm{Y}' = \frac{d\mathrm{Y}}{dx}\sqrt{f}, \qquad \mathrm{Y}'' = \frac{d^2\mathrm{Y}}{dx^2} f + \frac{1}{2}\frac{d\mathrm{Y}}{dx}\frac{df}{dx},$$

$$\mathrm{Y}''' = \frac{d^3\mathrm{Y}}{dx^3} f\sqrt{f} + \frac{3}{2}\frac{d^2\mathrm{Y}}{dx^2}\frac{df}{dx} + \frac{1}{2}\frac{d\mathrm{Y}}{dx}\frac{d^2 f}{dx^2}\sqrt{f}.$$

En remplaçant X', X'', X''', Y', Y'' et Y''' par ces valeurs dans les équations (5) et (6), il viendra

$$(8)\quad \varphi = \frac{\left[\left(Y\frac{d^3X}{dx^3} - 3\frac{dY}{dx}\frac{d^2X}{dx^2} + 3\frac{d^2Y}{dx^2}\frac{dX}{dx} - X\frac{d^3Y}{dx^3}\right)f + \frac{3}{2}\left(Y\frac{d^2X}{dx^2} - X\frac{d^2Y}{dx^2}\right)\frac{df}{dx}\right]}{6\left(Y\frac{dX}{dx} - X\frac{dY}{dx}\right)} + \frac{1}{12}\frac{d^2f}{dx^2}$$

et

$$(9)\quad \left\{\begin{aligned} \xi^2 F_{11} + 2\xi\eta F_{12} + \eta^2 F_{22} = \varphi(\xi Y - \eta X)^2 &+ f\left(\xi\frac{dY}{dx} - \eta\frac{dX}{dx}\right)^2 \\ &- f(\xi Y - \eta X)\left(\xi\frac{d^2Y}{dx^2} - \eta\frac{d^2X}{dx^2}\right) \\ &- \frac{1}{2}\frac{df}{dx}(\xi Y - \eta X)\left(\xi\frac{dY}{dx} - \eta\frac{dX}{dx}\right). \end{aligned}\right.$$

Le point important dans la proposition due à Jacobi consiste en ce que φ est un polynôme du second degré en x. Pour l'établir, je remarquerai que la relation précédente a lieu, quelles que soient les quantités ξ et η; d'ailleurs, X et Y étant premiers entre eux, on pourra prendre pour ξ et η des polynômes entiers, tels que

$$\xi Y - \eta X = 1.$$

L'équation (9) montre immédiatement que φ est aussi un polynôme entier, et la formule (8), que ce polynôme est du second degré.

III. — Transformation des formules de Jacobi.

4. Pour transformer les relations précédemment obtenues, je remarquerai que, si α, β, γ et δ sont des constantes arbitraires reliées par la relation

$$(10)\qquad \alpha\delta - \beta\gamma = 1,$$

l'équation (9) doit encore être identiquement satisfaite, pour une détermination convenable du polynôme φ, par les polynômes que l'on obtient en remplaçant, dans X, Y, F et f, x par $\alpha x_0 + \gamma y_0$ et y par $\beta x_0 + \delta y_0$, pourvu qu'on rétablisse l'homogénéité de la formule, en multipliant le premier membre par y_0^2.

Désignons, en général, par (W) ce que devient une fonction

quelconque W de x et de y, quand on y effectue la substitution indiquée; il est clair que l'on aura

$$\frac{d(\mathrm{X})}{dx_0} = \alpha\left(\frac{d\mathrm{X}}{dx}\right) + \beta\left(\frac{d\mathrm{X}}{dy}\right),$$

$$\frac{d^2(\mathrm{X})}{dz_0^2} = \alpha^2\left(\frac{d^2\mathrm{X}}{dx^2}\right) + 2\alpha\beta\left(\frac{d^2\mathrm{X}}{dx\,dy}\right) + \beta^2\left(\frac{d^2\mathrm{X}}{dy^2}\right),$$

et des relations analogues relativement à $\frac{d(\mathrm{Y})}{dx_0}$, $\frac{d^2(\mathrm{Y})}{dx_0}$ et $\frac{d(f)}{dx_0}$.

Imaginons maintenant que, cette substitution effectuée dans la relation (9), on remplace de nouveau $\alpha x_0 + \gamma y_0$ par x et $\beta x_0 + \delta y_0$ par y; on a alors, en vertu de l'équation (10),

$$y_0 = \alpha y - \beta x;$$

φ se change en un polynôme Φ homogène et du second degré par rapport à x et y, homogène et du second degré par rapport à α et β.

Si, de plus, on pose, pour abréger,

$$\mathrm{X}^{(1)} = \alpha\frac{d\mathrm{X}}{dx} + \beta\frac{d\mathrm{X}}{dy},$$

$$\mathrm{Y}^{(1)} = \alpha\frac{d\mathrm{Y}}{dx} + \beta\frac{d\mathrm{Y}}{dy},$$

$$f^{(1)} = \alpha\frac{df}{dx} + \beta\frac{df}{dy};$$

$$\mathrm{X}^{(2)} = \alpha^2\frac{d^2\mathrm{X}}{dx^2} + 2\alpha\beta\frac{d^2\mathrm{X}}{dx\,dy} + \beta^2\frac{d^2\mathrm{X}}{dy^2},$$

$$\mathrm{Y}^{(2)} = \alpha^2\frac{d^2\mathrm{Y}}{dx^2} + 2\alpha\beta\frac{d^2\mathrm{Y}}{dx\,dy} + \beta^2\frac{d^2\mathrm{Y}}{dy^2}, \quad \ldots,$$

l'équation (9) deviendra

$$(11)\quad \left\{\begin{aligned} &(\alpha y - \beta x)^2(\xi^2\mathrm{F}_{11} + 2\xi\eta\mathrm{F}_{12} + \eta^2\mathrm{F}_{22}) \\ &\quad = \Phi(\xi\mathrm{Y} - \eta\mathrm{X})^2 + f(\xi\mathrm{Y}^{(1)} - \eta\mathrm{X}^{(1)})^2 \\ &\quad\quad - f(\xi\mathrm{Y} - \eta\mathrm{X})(\xi\mathrm{Y}^{(2)} - \eta\mathrm{X}^{(2)}) \\ &\quad\quad - \frac{1}{2}f^{(1)}(\xi\mathrm{Y} - \eta\mathrm{Y})(\xi\mathrm{Y}^{(1)} - \eta\mathrm{X}^{(1)}), \end{aligned}\right.$$

équation qui doit être identiquement satisfaite, quels que soient α, β, ξ et η, si $x_1 = \frac{\mathrm{X}}{\mathrm{Y}}$ est une intégrale rationnelle de l'équation différentielle

$$(7)\qquad \frac{dx_1}{\sqrt{F(x_1, y_1)}} = \frac{dx}{\sqrt{f(x, y)}}.$$

5. Pour déterminer la forme du polynôme Φ, je remarque que, ce polynôme étant homogène et du second degré par rapport à x et y et par rapport à α et β, on peut l'écrire de la façon suivante :

$$\begin{aligned}\Phi = {} & \alpha^2 W_{11} + 2\alpha\beta W_{12} + \beta^2 W_{22} \\ & + (\alpha y + \beta x)(\alpha\Omega_1 + \beta\Omega_2) + k(\alpha y + \beta x)^2,\end{aligned}$$

W désignant un polynôme inconnu, homogène et du quatrième degré en x et y, Ω un polynôme inconnu homogène et du second degré par rapport aux mêmes variables, et k une quantité constante.

Faisons maintenant, dans l'identité (11),

$$\alpha = x + \rho\alpha' \qquad \text{et} \qquad \beta = y + \rho\beta' ;$$

le premier membre de cette identité devient divisible par ρ^2 ; le terme constant et le terme en ρ doivent donc manquer dans le développement du second membre. En faisant ce développement, on trouve facilement

$$W = mf,$$

m désignant le degré de la transformation, c'est-à-dire le degré des deux polynômes X et Y, puis $\Omega = 0$.

Le polynôme Φ est donc complètement déterminé, sauf le facteur constant k, et l'on a

$$(12)\qquad \Phi = m(\alpha^2 f_{11} + 2\alpha\beta f_{12} + \beta^2 f_{22}) + k(\alpha y - \beta x)^2.$$

SUR

L'INTÉGRATION DE L'ÉQUATION

$$y\frac{d^2y}{dx^2}-\frac{2}{3}\left(\frac{dy}{dx}\right)^2=6f(x),$$

f ÉTANT UN POLYNOME DU SECOND DEGRÉ.

Bulletin de la Société mathématique, t. VI; 1877.

1. Étant donnée l'équation du second ordre

$$(1)\qquad y\frac{d^2y}{dx^2}-\frac{2}{3}\left(\frac{dy}{dx}\right)^2=6f(x),$$

où f désigne un polynôme du second degré en x, on sait que cette équation admet comme solutions une infinité de polynômes entiers du troisième degré, à savoir tous les polynômes du troisième degré dont le hessien est égal à $f(x)$. Je me propose dans la Note suivante de trouver son intégrale générale.

A cet effet, je remarque qu'en posant $\frac{dy}{dx}=y'$, l'équation (1) peut être remplacée par le système d'équations simultanées du premier ordre

$$(2)\qquad \frac{dx}{y^{-\frac{4}{3}}}=\frac{dy}{y^{-\frac{4}{3}}y'}=\frac{dy'}{6fy^{-\frac{7}{3}}+\frac{2}{3}y'^2y^{-\frac{7}{3}}},$$

dont le *dernier multiplicateur* est égal à l'unité, puisque l'on a

$$\frac{d}{dx}\left(y^{-\frac{4}{3}}\right)+\frac{d}{dy}\left(y^{-\frac{4}{3}}y'\right)+\frac{d}{dy'}\left(6fy^{-\frac{1}{3}}+\frac{2}{3}y'^2y^{-\frac{1}{3}}\right)=0.$$

Des principes établis par Jacobi, il résulte qu'il suffit, pour intégrer complètement l'équation (1), d'en trouver une intégrale du premier ordre renfermant une constante arbitraire.

Pour l'obtenir, je prends successivement les trois premières dérivées de l'équation

$$(3)\qquad yy''-\frac{2}{3}y'^2=6f,$$

à savoir

$$(4)\qquad yy'''-\frac{1}{3}y'y''=6f',$$

$$(5)\qquad yy^{\text{IV}}+\frac{2}{3}y'y'''-\frac{1}{3}y''^2=6f'',$$

$$yy^{\text{V}}+\frac{5}{3}y'y^{\text{IV}}=0.$$

La dernière équation s'intègre immédiatement et donne, en désignant par α une constante arbitraire,

$$(6)\qquad y^{\text{IV}}=36\alpha y^{-\frac{5}{3}}.$$

Éliminant y^{IV}, y''' et y'' entre les équations (3), (4), (5) et (6), on obtient l'intégrale du premier ordre

$$(7)\qquad fy'^2-3f'yy'+\frac{9}{2}f''y^2+9f^2=9\alpha y^3;$$

d'où l'on déduit, en posant

$$f=Ax^2+Bx+C \qquad \text{et} \qquad \Delta=B^2-4AC=f'^2-2ff'',$$

$$(8)\qquad y'=\frac{3\left(fy+\sqrt{\Delta y^2-4f^3+4\alpha y^{\frac{4}{3}}}\right)}{2f};$$

d'où

$$2fy'-3f'y=3\sqrt{\Delta y^2-4f^3-4\alpha fy^{\frac{4}{3}}}.$$

2. Je remarque maintenant que, d'après la théorie due à Jacobi, le facteur qui rend une différentielle exacte le premier membre de l'équation

$$(9)\qquad y^{-\frac{4}{3}}y'\,dx-y^{-\frac{4}{3}}dy=0$$

est $\frac{1}{\frac{d\alpha}{dy'}}$, ou, à un facteur numérique près,

$$\frac{3y^{\frac{4}{3}}}{2fy'-3f'y} = \frac{y^{\frac{4}{3}}}{\sqrt{\Delta y^2 - 4f^3 - 4\alpha f y^{\frac{4}{3}}}}.$$

En multipliant l'équation (9) par ce facteur intégrant et en remplaçant y' par sa valeur tirée de l'équation (8), il viendra

$$\frac{3}{2}\frac{dx}{f} + \frac{3f'y\,dx - 2f\,dy}{2f\sqrt{\Delta y^2 - 4f^3 - 4\alpha f y^{\frac{4}{3}}}} = 0.$$

Posons $y = z^{-\frac{3}{2}}$, d'où $dy = -\frac{3}{2}z^{-\frac{5}{2}}dz$; en substituant ces valeurs dans l'expression précédente, il viendra, après avoir supprimé le facteur $\frac{3}{2}$,

$$\frac{dx}{f} + \frac{f'z\,dx + f\,dz}{fz\sqrt{\Delta + 4\alpha f z - f^3 z^4}} = 0,$$

ou encore, en posant $fz = u$ et, par suite, $y = \left(\frac{f}{u}\right)$,

$$\frac{dx}{f} + \frac{du}{u\sqrt{\Delta + 4\alpha u - u^3}} = 0. \tag{10}$$

L'équation (1) s'intègre donc complètement au moyen des fonctions elliptiques et cette intégrale est, en désignant par α et β deux constantes arbitraires,

$$\int \frac{dx}{f} + \int \frac{du}{u\sqrt{\Delta + 4\alpha u - u^3}} = \beta,$$

où u doit être remplacé par sa valeur $fy^{-\frac{2}{3}}$.

3. Comme je l'ai fait observer au début de cette Note, l'équation (1) admet comme solutions une infinité de polynômes entiers; en considérant l'intégrale intermédiaire (9), on voit immédiatement que, pour ces solutions, α doit être nul, et il est facile de voir, en effet, que, dans ce cas, l'équation (10) s'intègre algébriquement.

Pour l'une quelconque de ces solutions, on a ainsi

$$fy'^2-3f'yy'+\frac{9}{2}f''y^2+9f^2=0,$$

ou encore, en multipliant le premier membre par $4f$ et en décomposant ses premiers termes en la somme de deux carrés,

$$(2fy'-3f'y)^2+9(2ff''-4f'^2)y^2+36f^3=0.$$

Pour employer les notations habituelles, si nous posons $f=H$, $y=U$ et $2fy'-3f'y=3J$, il viendra

$$J^2-\Delta U^2+4H^3=0.$$

C'est la relation bien connue qui existe entre les covariants d'une forme cubique.

SUR L'ATTRACTION QU'EXERCE

UN ELLIPSOIDE HOMOGÈNE

SUR UN POINT EXTÉRIEUR.

Comptes rendus des séances de l'Académie des Sciences, t. LXXXVI; 1878.

Considérons l'ellipsoïde $\frac{X^2}{a^2}+\frac{Y^2}{b^2}+\frac{Z^2}{c^2}=1$ et un point M extérieur à cet ellipsoïde et ayant pour masse l'unité. En désignant par x, y, z ses coordonnées, par ρ la densité uniforme de la matière qui forme l'ellipsoïde et par k une quantité constante, la valeur du potentiel du point M, relativement à l'ellipsoïde, est donnée par la formule

$$V=-k\rho\iiint\frac{1}{\sqrt{(X-x)^2+(Y-y)^2+(Z-z)^2}},$$

l'intégrale triple s'étendant à tous les points situés dans l'intérieur de l'ellipsoïde. D'après une formule due à Jacobi, le facteur

$$\frac{1}{\sqrt{(X-x)^2+(Y-y)^2+(Z-z)^2}}$$

est égal à $\frac{1}{2\pi}\int_0^{2\pi}\frac{d\varphi}{X-x+i(Y-y)\cos\varphi+i(Z-z)\sin\varphi}$.

On a donc

$$V=-\frac{k\rho}{2\pi}\iiint\int_0^{2\pi}\frac{dX\,dY\,dZ\,d\varphi}{X-x+i(Y-y)\cos\varphi+i(Z-z)\sin\varphi};$$

le point M étant à l'extérieur de l'ellipsoïde, la quantité sous le signe $\int$ ne devient jamais infinie. On peut donc intervertir l'ordre des intégrations et écrire

$$V=-\frac{k\rho}{2\pi}\int_0^{2\pi}d\varphi\iiint\frac{dX\,dY\,dZ}{X-x+i(Y-y)\cos\varphi+i(Z-z)\sin\varphi}.$$

Faisons un changement de variable en posant

$$X = a\xi, \quad Y = b\eta, \quad Z = c\zeta;$$

on aura

$$\frac{V}{abc} = -\frac{k\rho}{2\pi}\int_0^{2\pi} d\varphi \iiint \frac{d\xi\, d\eta\, d\zeta}{L\xi + M\eta + N\zeta - P},$$

équation où j'ai posé, pour abréger,

$$L = a, \quad M = ib\cos\varphi, \quad N = ic\sin\varphi, \quad \text{et} \quad P = x + iy\cos\varphi + iz\sin\varphi.$$

L'intégrale triple s'étend à tous les points situés dans l'intérieur de la sphère $\xi^2 + \eta^2 + \zeta^2 = 1$. Elle peut se mettre sous la forme

$$\frac{1}{\sqrt{L^2 + M^2 + N^2}}\iiint \frac{d\xi\, d\eta\, d\zeta}{\Delta},$$

Δ désignant la distance du point (ξ, η, ζ) au plan H, dont l'équation est

$$LX + MY + NZ - P = 0.$$

Il est facile de l'évaluer. Menons, en effet, deux plans infiniment voisins parallèles au plan H; soient respectivement t et $t + dt$ les distances de ces plans au centre O de l'ellipsoïde; soit enfin D la distance du point O au plan H. Les deux plans infiniment voisins découpent dans la sphère une couche dont le volume est $\pi(1 - t^2)dt$; tous les points de cette couche sont d'ailleurs à une distance du plan H égale à $D - t$; la partie de l'intégrale triple relative à cette couche est donc égale à

$$\frac{\pi}{\sqrt{L^2 + M^2 + N^2}}\,\frac{(1 - t^2)\,dt}{D - t}$$

et la valeur de l'intégrale triple elle-même est

$$\frac{\pi}{\sqrt{L^2 + M^2 + N^2}}\int_{-1}^{+1}\frac{(1 - t^2)\,dt}{D - t}.$$

Si l'on remarque maintenant que $P = D\sqrt{L^2 + M + N^2}$, en remplaçant L, M, N et P par leurs valeurs, il viendra définitivement

$$\frac{V}{\rho abc} = -\frac{k}{2}\int_{-1}^{+1}\int_0^{2\pi}\frac{(1 - t^2)\,dt\,d\varphi}{x + iy\cos\varphi + iz\sin\varphi - t\sqrt{(a^2 - b^2) + (b^2 - c^2)\sin^2\varphi}}.$$

L'intégration relative à t s'effectue immédiatement; je conserverai néanmoins la formule précédente sous cette forme.

On peut remarquer que le premier membre est, à un facteur constant près, le rapport du potentiel à la masse de l'ellipsoïde; il est clair d'ailleurs que le second membre ne change pas quand on remplace l'ellipsoïde considéré par un ellipsoïde homofocal. De là résulte immédiatement l'importante proposition de Maclaurin : *Les potentiels d'un même point relativement à deux ellipsoïdes homofocaux sont proportionnels aux masses de ces ellipsoïdes.*

Si la surface est de révolution et si l'on a $b = c$, l'intégration relative à φ s'effectue immédiatement, en vertu de la formule de Jacobi rappelée plus haut, et l'on a

$$V = -k\rho\pi ab^2 \int_{-1}^{+1} \frac{(1-t^2)\,dt}{\sqrt{y^2 + z^2 + (x - t\sqrt{a^2 - b^2})^2}};$$

en effectuant ensuite l'intégration relative à t, on obtiendrait la formule bien connue qui donne explicitement la valeur de V.

En terminant, je ferai observer que la méthode employée ci-dessus pour déterminer l'intégrale triple

$$\iiint \frac{d\xi\, d\eta\, d\zeta}{L\xi + M\eta + N\zeta - P}$$

suppose essentiellement L, M, N et P réels. On pourrait donc avoir des doutes sur la légitimité de son emploi quand ces quantités sont imaginaires; mais une autre méthode très simple, quoique un peu moins brève que la précédente, conduit également à la valeur que j'ai donnée ci-dessus.

SUR LA

RECHERCHE D'UN FACTEUR D'INTÉGRABILITÉ

DES

ÉQUATIONS DIFFÉRENTIELLES DU PREMIER ORDRE.

Bulletin de la Société mathématique de France, t. VI; 1878.

1. Soit à intégrer l'équation du premier ordre $dy - y'\,dx = 0$, où y' est déterminé par l'équation

$$V(x, y, y') = \alpha \tag{1}$$

α désignant une constante arbitraire.

M étant le multiplicateur propre à rendre $dy - y'\,dx$ une différentielle exacte, on peut supposer que, dans son expression, on ait remplacé α par sa valeur tirée de l'équation (1); M sera donc une fonction de x, y, y', telle que

$$M(dy - y'\,dx)$$

soit une différentielle exacte.

D'où l'on déduit l'équation de condition

$$\frac{dM}{dx} + \frac{dM}{dy'}\frac{dy'}{dx} + \frac{dM}{dy}y' + \left(M + y'\frac{dM}{dy'}\right)\frac{dy'}{dy} = 0.$$

L'équation (1) donne d'ailleurs les relations

$$\frac{dV}{dx} + \frac{dV}{dy'}\frac{dy'}{dx} = 0 \qquad \text{et} \qquad \frac{dV}{dy} + \frac{dV}{dy'}\frac{dy'}{dy} = 0.$$

Tirons de ces relations les valeurs de $\frac{dy'}{dx}$ et $\frac{dy'}{dy}$, et portons-les dans l'équation précédente, il viendra

$$\frac{dV}{dx}\frac{dM}{dy'} - \frac{dV}{dy'}\frac{dM}{dx} + y'\left(\frac{dV}{dy}\frac{dM}{dy'} - \frac{dV}{dy'}\frac{dM}{dy}\right) + M\frac{dV}{dy} = 0. \tag{2}$$

Cette équation doit être identiquement satisfaite quand on y remplace y' par sa valeur tirée de (1), et, comme α est arbitraire, elle doit être satisfaite quel que soit y'.

Le facteur d'intégrabilité M est donc déterminé par l'équation aux différences partielles (2), où x, y et y' doivent être considérées comme trois variables indépendantes.

Il suffit de trouver une solution particulière quelconque de cette équation et de remplacer, dans cette solution, y' par sa valeur tirée de l'équation (1).

Quant à la solution générale de l'équation (2), il est évident qu'elle se ramène à la solution de l'équation (1) elle-même.

2. Proposons-nous maintenant le problème suivant :

Trouver toutes les fonctions $V(x, y, y')$ telles que, y' étant déterminée par la relation (1), $V(x, y, y') = \alpha$, l'équation

$$dy - y'\,dx = 0$$

admette comme facteur d'intégrabilité une fonction donnée M de x, y et y'.

Si, dans l'équation (2), on regarde V comme la fonction inconnue, on voit immédiatement que l'intégration de cette équation dépend de l'intégration du système suivant d'équations aux différentielles ordinaires du premier ordre :

$$(3) \qquad \frac{dx}{\frac{dM}{dy'}} = \frac{dy}{M + y'\frac{dM}{dy'}} = \frac{dy'}{-\left(\frac{dM}{dx} + y'\frac{dM}{dy}\right)};$$

on a identiquement

$$\frac{d}{dx}\frac{dM}{dy'} + \frac{d}{dy}\left(M + y'\frac{dM}{dy'}\right) - \frac{d}{dy'}\left(\frac{dM}{dx} + y'\frac{dM}{dy}\right) = 0.$$

Le dernier multiplicateur du système d'équations (3) est donc l'unité.

Supposons que nous ayons trouvé une solution $V(x, y, y') = \alpha$ du problème proposé, d'après les principes donnés par Jacobi, on obtiendra une seconde solution du système (3), en posant

$$(3)' \qquad \int \frac{1}{\frac{d\alpha}{dy'}}\left[\left(M + y'\frac{dM}{dy'}\right)dx - \frac{dM}{dy'}dy\right] = \beta,$$

y' étant remplacé sous le signe somme par sa valeur déduite de (1) et β désignant une constante : non seulement la quantité sous le signe somme sera une différentielle exacte, comme on le sait par les propositions dues à Jacobi, mais encore l'intégration pourra toujours s'effectuer effectivement.

La solution la plus générale du problème est ainsi donnée par la relation suivante, où F désigne une fonction arbitraire,

$$F(\alpha, \beta) = \text{const.}, \tag{4}$$

où α doit être remplacé par sa valeur déduite de (1); et l'équation $dy - y'\,dx = 0$, où la valeur de y' est fournie par l'équation (4), admet comme facteur d'intégrabilité l'expression $M(x, y, y')$, où y' doit être remplacé par sa valeur déduite de (4).

3. Soit $f(x, y, \alpha)$ une fonction quelconque de x, y et d'une constante arbitraire α; en posant

$$\frac{df}{dx} + y'\frac{df}{dy} = 0, \tag{5}$$

l'équation $dy - y'\,dx = 0$ admet évidemment comme facteur d'intégrabilité l'expression

$$M = \Phi(\alpha)\,F'(f)\frac{df}{dy},$$

quelles que soient les fonctions Φ et F.

Je suppose que, dans cette expression, on ait remplacé α par sa valeur tirée de l'équation (5), et je me propose de trouver toutes les équations qui admettent M comme facteur d'intégrabilité.

Pour cela, on a à intégrer le système d'équation (3) dont une première intégrale est donnée par l'équation (5), où α désigne une constante arbitraire ; d'après ce que j'ai dit plus haut, une seconde intégrale sera donnée par l'équation (3)', qui devient alors

$$\int \frac{dy'}{d\alpha}\left[\left(M + y'\frac{dM}{d\alpha}\frac{d\alpha}{dy'}\right)dx - \frac{dM}{d\alpha}\frac{d\alpha}{dy'}dy\right] = \beta,$$

ou encore

$$\int\left[\frac{dy'}{d\alpha}\left(M + y'\frac{dM}{d\alpha}\frac{d\alpha}{dy'}\right)dx - \frac{dM}{d\alpha}dy\right] = \beta.$$

On a d'ailleurs, en vertu de l'équation (4),

$$\frac{dy'}{d\alpha} = \frac{\dfrac{df}{dx}\dfrac{d^2 f}{d\alpha\, dy} - \dfrac{df}{dy}\dfrac{d^2 f}{d\alpha\, dx}}{\left(\dfrac{df}{dy}\right)^2}.$$

En substituant cette valeur de $\frac{dy'}{d\alpha}$ dans l'expression précédente et en intégrant, il vient

$$\Phi(\alpha)\,F'(f)\frac{df}{d\alpha} + \Phi'(\alpha)F(f) = \beta;$$

d'où cette conclusion :

Quelles que soient les fonctions Φ, Θ *et* F, *le facteur d'intégrabilité de l'équation*

$$dy - y'\,dx = 0,$$

où y' *est déterminé par la relation*

$$\Phi(\alpha)\,F'(f)\frac{df}{d\alpha} + \Phi'(\alpha)\,F(f) + \Theta(\alpha) = 0, \tag{6}$$

relation dans laquelle α *doit être remplacé par sa valeur déduite de l'équation* (5), *est*

$$\Phi(\alpha)\,F'(f)\frac{df}{dy};$$

α *étant, dans cette expression, remplacé par sa valeur tirée de l'équation* (6).

4. La proposition précédente peut encore s'énoncer ainsi :

En *désignant par* Φ, Ψ *et* Θ *des fonctions arbitraires, on peut toujours ramener aux quadratures l'intégration de l'équation*

$$\Phi(\alpha)\,F'(f)\frac{df}{d\alpha} + \Psi(\alpha)\,F(f) + \Theta(\alpha) = 0. \tag{7}$$

α *étant déterminé par l'équation*

$$\frac{df}{dx} + y'\frac{df}{dy} = 0.$$

En effet, si Φ n'est pas identiquement nul, on pourra facilement ramener l'équation précédente à la forme de l'équation (6).

Si $\Phi = 0$, l'équation peut se ramener à la forme $f = \varphi(\alpha)$, α étant remplacé par sa valeur tirée de (6) et son intégrale est, comme l'a remarqué Lagrange,

$$f(x, y, \alpha) = \varphi(\alpha),$$

α désignant une constante arbitraire.

5. Je ferai remarquer encore que, l'équation (6) ne déterminant f qu'à une constante arbitraire près, on peut, dans cette équation remplacer f par $f + \mu(\alpha)$, μ désignant une fonction arbitraire de α.

On sait donc, quelles que soient les fonctions Φ, Ψ, Θ, μ *et* f, *intégrer l'équation*

$$\begin{aligned}\Phi(\alpha)\,F'[f + \mu(\alpha)]\left[\frac{df}{d\alpha} + \mu'(\alpha)\right]&\\ + \Psi(\alpha)\,F[f + \mu(\alpha)] + \Theta(\alpha) &= 0,\end{aligned}$$

où α *doit être remplacé par sa valeur tirée de l'équation*

$$\frac{df}{dx} + y'\frac{df}{dy} = 0.$$

6. Soit, pour prendre l'exemple le plus simple, $f = y - \alpha x$; on en déduit $y' = \alpha$.

D'où il suit que l'équation

$$dy - y'\,dx = 0,$$

où y' est déterminée par l'équation

$$(8)\qquad \left\{\begin{aligned}&\Phi'(y')\,F[y - xy' + \varphi(y')]\\ &\quad - x\Phi(y')\,F'[y - xy' + \varphi(y')] + \Theta(y') = 0,\end{aligned}\right.$$

a pour facteur d'intégrabilité, quelles que soient les fonctions Φ, F, Θ et φ, l'expression

$$M = \Phi(y')\,F'[y - xy' + \varphi(y')],$$

où y' doit être remplacé par sa valeur tirée de la relation (8). Faisons, par exemple,

$$\varphi(t) = 0, \quad \Phi(t) = 1, \quad F(t) = -t^2 \quad \text{et} \quad \Theta(t) = t^2,$$

on aura

$$y'^2 - 2x^2 y' + 2xy = 0;$$

d'où l'équation différentielle

$$dy - (x^2 + \sqrt{x^4 - 2xy})\, dx = 0,$$

dont un facteur d'intégrabilité sera

$$y - x^3 - x\sqrt{x^4 - 2xy}.$$

Effectivement, on a

$$\begin{aligned}(y - x^3 - x\sqrt{x^4 - 2xy})[dy - (x^2 + \sqrt{x^4 - 2xy})\, dx] \\ = (y - x^4 - x\sqrt{x^4 - 2xy})\, dy \\ - [3yx^2 - x^5 + (y - 2x^3)\sqrt{x^4 - 2xy}]\, dx,\end{aligned}$$

expression qui, comme il est facile de le vérifier, est une différentielle exacte.

SUR L'INTÉGRALE $\int_0^z z^n e^{-\frac{z^2}{2}+zx}\,dz$.

Bulletin de la Société mathématique de France, t. VII; 1878.

1. Je suppose, dans tout ce qui suit, que n soit un nombre entier positif. On a évidemment

$$(1)\qquad \int_0^z z^n e^{-\frac{z^2}{2}+zx}\,dz = -e^{-\frac{z^2}{2}+zx}\,\Theta_n + U_n\int_0^z e^{-\frac{z^2}{2}+zx}\,dz + V_n,$$

Θ_n désignant un polynôme entier en x et en z, U_n et V_n deux polynômes entiers en x. Si, pour mettre les variables en évidence, on écrit pour un instant $\Theta_n(z, x)$ au lieu de Θ_n, on a d'ailleurs

$$V_n = \Theta_n(0, x).$$

En dérivant l'équation précédente, on a

$$z^n = -\frac{d\Theta_n}{dz} + \Theta_n(z-x) + U_n,$$

et de cette relation, pour $n=0$, $n=1$ et $n=2$, on déduit facilement les systèmes de valeurs suivants

$$U_0 = 1,\quad \Theta_0 = 0;\qquad U_1 = x,\quad \Theta_1 = 1;\qquad U_2 = x^2+1,\quad \Theta_2 = z+x.$$

En général, de l'identité

$$z^{n-1} = -n z^{n-1} + z^n(z-x) + z^n x + n z^{n-1},$$

on déduit

$$(2)\qquad U_{n+1} = xU_n + xU_{n-1}$$

et

$$(3)\qquad \Theta_{n+1} = z^n + x\Theta_n + n\Theta_{n-1}.$$

2. La relation (2), jointe aux valeurs données de U_0 et de U_1, montre immédiatement que les polynômes U_n sont précisément ceux qui ont été considérés par M. Hermite, au sujet du développement de $e^{\frac{ax^2}{2}-\frac{a}{2}(x-h)^2}$ en série ([1]), dans le cas particulier où l'on a $a=-1$ et $h=-z$.

Ces polynômes peuvent donc être définis par l'équation

$$(4)\qquad e^{\frac{z^2}{2}+zx} = U_0 + U_1 z + \frac{U_2}{1.2}z^2 + \ldots + \frac{U_n}{1.2.3\ldots n}z^n + \ldots.$$

3. De l'égalité

$$\int_0^z z^n e^{-\frac{z^2}{2}+zx}\,dz = -e^{-\frac{z^2}{2}+zx}\,\Theta_n + U_n\int_0^z e^{-\frac{z^2}{2}+zx}\,dz + V_n,$$

on déduit, en égalant les dérivées des deux membres par rapport à x,

$$\begin{aligned}
&-e^{-\frac{z^2}{2}+zx}\,\Theta_{n+1} + U_{n+1}\int_0^z e^{-\frac{z^2}{2}+zx}\,dz + V_{n+1}\\
&= -z e^{-\frac{z^2}{2}+zx}\,\Theta_n - e^{-\frac{z^2}{2}+2x}\frac{d\Theta_n}{dx} + \frac{dU_n}{dx}\int_0^z e^{-\frac{z^2}{2}+zx}\,dz\\
&\quad + \frac{dV_n}{dx} + U_n\int_0^z z e^{-\frac{z^2}{2}+zx}\,dz\\
&= -z e^{-\frac{z^2}{2}+zx}\,\Theta_n - e^{-\frac{z^2}{2}+zx}\frac{d\Theta_n}{dx} + \left(xU_n + \frac{dU_n}{dx}\right)\int_0^z e^{-\frac{z^2}{2}+zx}\,dz\\
&\quad + \frac{dV_n}{dx} - U_n e^{-\frac{z^2}{2}+zx} + U_n;
\end{aligned}$$

d'où les relations suivantes

$$(4)\qquad \Theta_{n+1} = z\Theta_n + \frac{d\Theta_n}{dx} + U_n,$$

$$(5)\qquad U_{n+1} = xU_n + \frac{dU_n}{dx},$$

$$(6)\qquad V_{n+1} = \frac{dV_n}{dx} + U_n.$$

([1]) *Sur un nouveau développement en série des fonctions* (*Comptes rendus de l'Académie des Sciences*, 8 février 1864, t. LVIII).

4. On en déduit facilement ces équations

$$n\,U_{n-1} = \frac{dU_n}{dx}$$

et

$$(7)\qquad \frac{d^2U_n}{dx^2} + x\,\frac{dU_n}{dx} - n\,U_n = 0,$$

qui ont été données par M. Hermite.

Posons, pour abréger,

$$\Theta_n = e^{\frac{x^2}{2}-zx}\,H_n;$$

on aura les relations suivantes

$$H_{n+1} = e^{-\frac{x^2}{2}+zx}\,z^n + x\,H_n + n\,H_{n-1}$$

et

$$H_{n+1} = x\,H_n + \frac{dH_n}{dx} + U_n e^{-\frac{x^2}{2}+zx},$$

d'où

$$n\,H_{n-1} = \frac{dH_n}{dx} + e^{-\frac{x^2}{2}+zx}(U_n - z^n)$$

et

$$(8)\qquad \frac{d^2H_n}{dx^2} + x\,\frac{dH_n}{dx} - n\,H_n = e^{-\frac{x^2}{2}+zx}\left(z^{n+1} - z\,U_n - 2\,\frac{dU_n}{dx}\right).$$

Il est remarquable que, le polynôme U_n étant une solution de l'équation linéaire du second ordre

$$y'' + xy' - ny = 0,$$

la fonction

$$H_n = e^{-\frac{x^2}{2}+zx}\,\Theta_n$$

satisfasse à l'équation

$$y'' + xy' - ny = e^{-\frac{x^2}{2}+zx}\left(z^{n+1} - z\,U_n - 2\,\frac{dU_n}{dx}\right),$$

qui ne diffère de la précédente que par la présence du second membre.

5. Les fonctions Θ peuvent s'exprimer facilement au moyen des fonctions U.

On a, en effet,

$$\Theta_{n+1} = \Sigma A_{m,n} U_m \qquad (m = 0, 1, 2, \ldots, n), \tag{9}$$

où, en posant, pour abréger, $n - m = \mu$,

$$A_{m,n} = z^{\mu} + \frac{m+1}{1}(\mu-1)z^{\mu-2} + \frac{(m+1)(m+2)}{1.2}(\mu-2)(\mu-3)z^{\mu-4}$$
$$+ \frac{(m+1)(m+2)(m+3)}{1.2.3}(\mu-3)(\mu-4)(\mu-5)z^{\mu-6}\ldots.$$

Le terme constant de cette expression est nul si μ est impair, et, si μ est pair, égal à

$$\frac{(m+1)(m+2)\ldots\left(m+\frac{\mu}{2}\right)}{1.2.3\ldots\frac{\mu}{2}}.$$

Par suite, en faisant, dans la relation (9),

$$z = 0,$$

il vient

$$V_{n+1} = U_n + (n-1)U_{n-2} + (n-2)(n-3)U_{n-4} + \ldots. \tag{10}$$

6. En faisant $z = \infty$ dans l'équation (1), il vient

$$\int_0^{\infty} z^n e^{-\frac{z^2}{2}+zx}\,dz = U_n \int_0^{\infty} e^{-\frac{z^2}{2}+zx}\,dz + V_n,$$

ou encore

$$\int_0^{\infty} z^n e^{-\frac{1}{2}(z-x)^2}\,dz = U_n \int_0^{\infty} e^{-\frac{1}{2}(z-x)^2} + V_n e^{-\frac{x^2}{2}}.$$

Posons $z - x = t$, il viendra

$$\int_{-x}^{x} (x-t)^n e^{-\frac{t^2}{2}}\,dt = U_n \int_{-x}^{x} e^{-\frac{t^2}{2}} + V_n e^{-\frac{x^2}{2}}, \tag{11}$$

formule où figure dans le premier membre l'intégrale multiple d'ordre n de la fonction $e^{-\frac{x^2}{2}}$.

Ces intégrales multiples donnent donc naissance aux mêmes polynômes U_n qui, dans la théorie développée par M. Hermite, proviennent des dérivées successives de la fonction $e^{\frac{x^2}{2}}$.

SUR LES

ÉQUATIONS DIFFÉRENTIELLES LINÉAIRES

DU TROISIÈME ORDRE.

Comptes rendus des séances de l'Académie des Sciences, t. LXXXVIII; 1879.

1. Étant donnée une équation différentielle linéaire

$$A\frac{d^n y}{dx^n} + B\frac{d^{n-1}y}{dx^{n-1}} + \ldots + K\frac{dy}{dz} + L = 0,$$

on peut lui faire subir deux transformations différentes, de telle sorte qu'après les transformations elle conserve encore la même forme.

On peut d'abord changer de variable en posant $x = f(z)$, puis, cette substitution effectuée, changer d'inconnue en posant $y = V(z)u$. Les diverses transformées que l'on obtient ainsi, en donnant aux fonctions $f(z)$ et $V(z)$ toutes les formes possibles, peuvent être considérées comme appartenant à une même classe.

Ainsi, toutes les équations différentielles de second ordre ne forment qu'une seule classe et sont toutes réductibles à un type unique, par exemple à l'équation $\frac{d^2y}{dx^2} = 0$; mais on ne sait pas, au moyen de simples quadratures, opérer effectivement cette réréduction, ni, deux équations du second ordre étant données, trouver les transformations qui permettent de passer de l'une à l'autre.

2. Des circonstances entièrement différentes se présentent dans la théorie des équations différentielles linéaires du troisième ordre.

Considérons l'équation

$$\frac{d^3y}{dx^3} + 3P\frac{d^2y}{dx^2} + 3Q\frac{dy}{dx} + Ry = 0; \tag{1}$$

et supposons que, après avoir fait successivement les transformations $x = f(z)$ et $y = V(z)u$, elle devienne

$$(2) \qquad \frac{d^3u}{dz^3} + 3P_0\frac{d^2u}{dz^2} + 3Q_0\frac{du}{dz} + R_0u = 0.$$

Je considérerai d'abord les expressions $e^{-\int P\,dx}$ et $e^{-\int P_0\,dz}$, introduites par M. Liouville dans l'étude des équations linéaires; on voit facilement que l'on a identiquement

$$e^{-\int P dz} = e^{-\int P_0 dx}\frac{\frac{dx}{dz}}{V};$$

la fonction $e^{-\int P\,dx}$ constitue donc, relativement à l'équation (1), un véritable invariant qui, après les transformations, se reproduit à un facteur près dépendant uniquement des transformations opérées.

3. On obtient un second invariant de l'équation (1) en considérant la fonction

$$I = 4P^3 + 6P\frac{dP}{dx} + \frac{dP^3}{d^3x} + 6PQ - 3\frac{dQ}{dx} + 2R;$$

si, en effet, on forme, relativement à l'équation (2), la fonction semblable

$$I_0 = 4P_0^3 + 6P_0\frac{dP_0}{dz} + \frac{d^0P_0}{d^0z} - 6P_0Q_0 - 3\frac{dQ_0}{dz} + 2R_0,$$

on a l'identité

$$(3) \qquad I_0 = I\left(\frac{dx}{dz}\right)^3;$$

I est donc encore un invariant de l'équation (1) qui ne change pas de valeur lorsqu'on change l'inconnue.

En combinant entre eux les deux invariants précédents, je considérerai encore l'invariant $J = e^{3\int P\,dx}\,I$ qui donne lieu à la relation

$$(4) \qquad J_0 = JV^3(z)$$

et qui, on le voit, ne change pas de valeur quand on change de variable.

4. Proposons-nous maintenant de reconnaître si deux équations données (1) et (2) appartiennent à la même classe. Si cela a lieu, en intégrant l'équation (3), on aura

$$x = f(x, \alpha),$$

α désignant une constante arbitraire; cette valeur, portée dans la relation (4), déterminera $V(z)$, et, si les équations appartiennent effectivement à la même classe, on devra pouvoir disposer de l'arbitraire α de telle sorte que, par les transformations indiquées, l'équation (2) résulte de l'équation (1).

5. Toutes les équations du troisième ordre peuvent, en effectuant de simples quadratures, se ramener à une forme réduite ne renfermant qu'une fonction arbitraire. Si, en effet, on intègre l'équation (3) en y faisant $I_0 = 1$, on en déduit une transformation telle que l'invariant I de la transformée est égal à l'unité; de même, en faisant $J_0 = 1$, on déduit de l'équation (4) une nouvelle transformation telle que la transformée manque du coefficient du second terme, son invariant I demeurant d'ailleurs égal à l'unité.

Cette transformée sera donc de la forme

$$\frac{d^3 u}{dz^3} + F(z)^0 \frac{du}{dz} + [F'(z) + \tfrac{1}{2}] u = 0.$$

Si l'on considère une autre équation sous sa forme réduite

$$\frac{d^3 u}{dz^3} + \Phi^0(z) \frac{du}{dz} + [\Phi'(z) + \tfrac{1}{2}] u = 0,$$

il est clair que ces deux équations appartiendront à la même classe si, en déterminant convenablement une constante α, on a identiquement

$$F(x + \alpha) = \Phi(x).$$

6. Les considérations qui précèdent supposent essentiellement I différent de zéro. Si $I = 0$, il y a une relation homogène du second ordre et à coefficients constants entre trois solutions quelconques de l'équation donnée. Son intégration se ramène alors à l'intégration d'une équation du second ordre.

7. On peut, en même temps que l'équation (1), considérer l'équation adjointe de Lagrange

$$\frac{d^3 u}{dz^3} - 3\frac{d^2}{dx}(\mathrm{P}u) + 3\frac{d}{dx}(\mathrm{Q}u) - \mathrm{R}u = 0;$$

si l'on désigne par I et J les deux invariants de l'équation (1), et par I_0 et J_0 les mêmes invariants relatifs à l'équation adjointe, on a

$$I_0 = -I \quad \text{et} \quad J_0 = -\frac{I^2}{J}.$$

SUR QUELQUES INVARIANTS

DES ÉQUATIONS DIFFÉRENTIELLES LINÉAIRES.

Comptes rendus des séances de l'Académie des Sciences,
t. LXXXVIII; 1879.

1. Soit une équation différentielle linéaire du $n^{\text{ième}}$ ordre

$$A\frac{d^ny}{dx^n}+nB\frac{d^{n-1}y}{dx^{n-1}}+\frac{n(n-1)}{1.2}C\frac{d^{n-2}y}{dx^{n-2}}+\ldots+nK\frac{dy}{dx}+Ly=0;$$

la lettre A représente ici l'unité et n'est introduite que pour mettre mieux en évidence les rapports qui existent entre les invariants de l'équation différentielle et les covariants de la forme algébrique correspondante

$$Y=A\lambda^n+nB\lambda^{n-1}\mu+\frac{n(n-1)}{1.2}C\lambda^{n-2}\mu^2+\ldots+nK\lambda\mu^{n-1}+L\mu^n.$$

Comme j'emploierai parfois la notation de Lagrange pour désigner les dérivées d'une fonction, les diverses quantités A', A'', A''', ..., quand je croirai devoir les introduire, devront être regardées comme identiquement nulles.

2. Les équations différentielles linéaires peuvent être transformées de deux façons différentes, en posant d'abord $x=f(z)$, ce qui change la variable, puis en posant $y=V(z)u$, ce qui change la fonction inconnue.

Certaines fonctions des coefficients d'une équation différentielle ne constituent des invariants de cette équation que relativement à l'un de ces modes de transformation. On peut, pour éviter toute confusion, les désigner sous le nom de *semi-invariants;* dans cette Note, je m'occuperai spécialement des semi-invariants qui sont relatifs aux changements de fonction.

3. On sait que l'on peut toujours, en posant $y=zu$, faire disparaître le second terme d'une équation différentielle linéaire,

z désignant l'invariant de M. Liouville $e^{-\int \frac{B}{A} dx}$; cette transformation ne peut évidemment se faire que d'une seule façon.

Il en résulte que, si l'on désigne par

$$\frac{d^n u}{dx^n} + \frac{n(n-1)}{1.2} H \frac{d^{n-2}u}{dx^{n-2}} + \frac{n(n-1)(n-2)}{1.2.3} \Theta \frac{d^{n-3}u}{dx^{n-3}} + \frac{n(n-1)(n-2)(n-3)}{1.2.3.4} Z \frac{d^{n-4}u}{dx^{n-4}} + \ldots = 0$$

l'équation transformée, les fonctions H, Θ, Z, ... sont des semi-invariants de l'équation différentielle donnée. Ces semi-invariants présentent d'ailleurs la plus grande analogie avec les *covariants associés à la forme* Y [1].

4. En effectuant les calculs, on trouve aisément

$$H = AC - B^2 - (AB' - BA'),$$
$$\Theta = A^2 D - 3ABC + 2B^3 - (AB'' - BA''), \quad \ldots.$$

Le semi-invariant H est corrélatif du hessien de la forme Y; il jouit des propriétés suivantes :

1° Il reste invariable quand on change la fonction inconnue.

2° Il conserve également la même valeur quand on considère l'équation adjointe de Lagrange.

3° Si l'on effectue la transformation la plus générale, en posant d'abord $x = f(z)$, puis $y = V(z)u$, en désignant par H_0 le semi-invariant relatif à la transformée, on a

$$H_0 = \left(\frac{dx}{dz}\right)^4 \left\{ \left(\frac{dz}{dx}\right)^2 H - \frac{n+1}{6} \left[\frac{dz}{dx} \frac{d^3 z}{dx^3} - \frac{3}{2} \left(\frac{d^2 z}{dx^2}\right)^2 \right] \right\}.$$

5. Si l'on veut obtenir une transformée pour laquelle H_0 soit nul, on doit intégrer l'équation

$$\left(\frac{dz}{dx}\right)^2 H - \frac{n+1}{6} \left[\frac{dz}{dx} \frac{d^3 z}{dx^3} - \frac{3}{2} \left(\frac{d^2 z}{dx^2}\right)^2 \right] = 0,$$

qui, en posant

$$\frac{dz}{dx} = \frac{1}{\omega^2},$$

---

(1) HERMITE, *Second Mémoire sur la théorie des fonctions homogènes à deux indéterminées* (*Journal de Crelle*, t. 52, p. 25).

se réduit à une équation linéaire du second ordre. Cette équation étant intégrée et la substitution $x = f(z)$ ayant été déterminée de telle sorte que H soit nul, faisons un changement de fonction de telle sorte que le second terme de l'équation disparaisse; l'invariant H demeurera nul, et sa valeur montre que, B étant nul, C l'est également. On obtient donc une transformée dans laquelle le deuxième terme disparaît ainsi que le troisième, et il suffit, pour opérer cette réduction, d'intégrer d'abord une équation linéaire du second ordre, puis d'effectuer une quadrature.

6. Comme application de ce qui précède, considérons l'équation linéaire du troisième ordre. En appelant I l'invariant de cette équation, dont j'ai donné la valeur dans ma précédente Communication, on a

$$I = \Theta - \tfrac{3}{2}H'.$$

Quand $I = 0$, on voit que, si H est nul, il en est de même de Θ; donc les équations linéaires du troisième ordre, pour lesquelles l'invariant I est nul, sont réductibles à l'équation type

$$(1) \qquad \frac{d^3 u}{dz^3} = 0;$$

d'où les conséquences suivantes, que j'avais, du reste, énoncées :

1° L'intégration de ces équations se ramène à l'intégration d'une équation du second ordre.

2° Les intégrales de l'équation (1) étant respectivement $1, z, z^2$, quantités entre lesquelles a lieu l'identité

$$(z)^2 = z^2 \times 1,$$

il y a entre les intégrales d'une équation dont l'invariant I est nul une relation homogène du second degré et à coefficients constants.

3° Réciproquement, si une pareille relation existe entre les intégrales d'une équation du second ordre, on peut la mettre sous la forme

$$uv - w^2 = 0,$$

u, v et w désignant trois de ces intégrales convenablement choisies. Par une transformation générale, on peut donc obtenir une équation dont les intégrales soient 1, z et z^2; en d'autres termes, l'équation est réductible au type

$$\frac{d^3 u}{dz^3} = 0,$$

et son invariant I est identiquement nul.

SUR L'INTÉGRALE $\int_x^\infty \frac{e^{-x}\,dx}{x}$.

Bulletin de la Société mathématique de France, t. VII; 1879.

I.

1. L'intégration par parties donne, en posant

$$F(x) = \frac{1}{x} - \frac{1}{x^2} + \frac{1.2}{x^3} - \ldots \pm \frac{1.2.3\ldots(n-1)}{x^n},$$

la relation suivante

$$(1) \qquad \int_x^\infty \frac{e^{-x}\,dx}{x} = e^{-x}\,F(x) \mp 1.2\ldots n \int_x^\infty \frac{e^{-x}\,dx}{x^{n+1}}.$$

La série que l'on obtient en faisant croître indéfiniment n dans le polynôme $F(x)$ est nécessairement divergente pour toute valeur de x, quelque grande qu'on la suppose. Néanmoins, pour de grandes valeurs de la variable, elle peut, en ne tenant compte que des premiers termes, fournir une valeur très approchée de l'intégrale considérée ([1]).

Je me propose, dans la Note qui suit, d'obtenir le développement en fractions continues du polynôme $F(x)$.

2. En posant, pour abréger, $N = \pm 1.2.3\ldots n$, on a

$$F(x) = e^x \left(\int_x^\infty \frac{e^{-x}\,dx}{x} + N \int_x^\infty \frac{e^{-x}\,dx}{x^{n+1}} \right),$$

d'où

$$(2) \qquad F'(x) = F(x) - \frac{1}{x} - \frac{N}{x^{n+1}}.$$

([1]) Relativement à ces séries demi-convergentes, *voir* la Note de M. Hermite *Sur l'intégrale* $\int_0^1 \frac{z^{a-1} - z^a}{1-z}\,dz$, insérée dans les *Actes de l'Académie royale de Turin* (17 novembre 1878).

Soit $\frac{\varphi(x)}{f(x)}$ une réduite du polynôme $F(x)$ *dont le dénominateur soit d'un degré* $m \overline{\overline{<}} \frac{n}{2}$. On a

$$F(x) = \frac{\varphi(x)}{f(x)} + \left(\frac{1}{x^{2m+1}}\right) \quad (^1),$$

d'où

$$F'(x) = \frac{\varphi'(x)f(x) - f'(x)\varphi(x)}{f^2(x)} + \left(\frac{1}{x^{2m+2}}\right),$$

ou encore, en vertu de la relation (2), et en remarquant que $2m$ *est au plus égal à* n,

$$\frac{\varphi'(x)f(x) - f'(x)\varphi(x)}{f^2(x)} + \frac{\varphi(x)}{f(x)} - \frac{1}{x} + \left(\frac{1}{x^{2m+1}}\right),$$

ou encore

$$(3) \qquad x[\varphi'(x)f(x) - f'(x)\varphi(x) - \varphi(x)] + f^2(x) = A,$$

A désignant une quantité constante.

3. Formons maintenant l'équation linéaire du second ordre $My'' - Ny' + Py = 0$, qui a pour solutions

$$y_1 = f(x) \qquad \text{et} \qquad y_2 = \varphi(x)e^{-x} - f(x)\int_x^\infty \frac{e^{-x}\,dx}{x};$$

on a, en vertu d'une formule bien connue,

$$\frac{N}{M} = \frac{d}{dx}\log\Omega. \qquad \text{où} \qquad \Omega = y'_1 y_2 - y'_2 y_1.$$

Or, un calcul facile donne, en tenant compte de la relation (3),

$$\Omega = \frac{A\,e^{-x}}{x};$$

on a donc

$$\frac{N}{M} = -\left(1 + \frac{1}{x}\right),$$

---

(1) Je désigne généralement, et en faisant abstraction des valeurs des coefficients, par $\left(\frac{1}{x^p}\right)$ une série ordonnée suivant les puissances décroissantes de x et commençant par un terme en $\frac{1}{x^p}$.

d'où il suit que le polynôme $f(x)$ satisfait à l'équation différentielle du second ordre

$$(4) \qquad xy'' + (x+1)y' - my = 0,$$

dont une seconde solution est

$$u = \varphi(x)\, e^{-x} - f(x) \int_x^\infty \frac{e^{-x}\, dx}{x}.$$

Le développement en série donne aisément

$$f(x) = x^m + m^2 x^{m-1} + \frac{m^2(m-1)^2}{1.2} x^{m-2} + \frac{m^2(m-1)^2(m-2)^2}{1.2.3} x^{m-3} + \ldots + 1.2.3\ldots m.$$

4. En dérivant m fois de suite l'équation (4) il vient

$$xy^{(m+2)} + (x+m+1)y^{(m+1)} = 0,$$

d'où, en désignant par B une quantité constante,

$$y^{(m+1)} = \mathrm{B}\, \frac{e^{-x}}{x^{m+1}},$$

et, par suite,

$$y = \frac{\mathrm{B}}{1.2.3\ldots m} \int_x^\infty \frac{e^{-z}(z-x)^m}{x^{m+1}}\, dz;$$

c'est une solution particulière de l'équation (4), et, comme elle ne renferme pas de termes entiers en x, sa valeur est précisément la fonction que j'ai désignée précédemment par u.

On a donc, en modifiant un peu les notations déjà employées et en mettant en évidence le degré du polynôme $f(x)$,

$$u_m - \varphi_m(x)\, e^{-x} - f_m(x) \int_x^\infty \frac{e^{-x}\, dx}{x} = \frac{\mathrm{B}}{1.2.3\ldots m} \int_x^\infty \frac{e^{-z}(z-x)^m}{z^{m+1}}\, dz:$$

en y faisant $x = 0$, on en déduit

$$\frac{\mathrm{B}}{1.2.3\ldots m} = -f_m(0) = -1.2.3\ldots m = -m!.$$

et la formule précédente devient

$$(5)\quad u_m = \varphi_m(x)e^{-x} - f_m(x)\int_x^\infty \frac{e^{-x}\,dx}{x} = -\,m!\int_x^\infty \frac{e^{-z}(z-x)^m}{z^{m+1}}\,dz.$$

5. En dérivant l'équation précédente, on a

$$u'_m = m!\,m\int_x^\infty \frac{e^{-z}(z-x)^{m-1}}{z^{m+1}} = -\frac{m!\,m}{x}\int_x^\infty \frac{e^{-z}(z-x)^{m-1}[(z-x)-z]}{z^{m+1}}\,dz$$

$$= -\frac{m!\,m}{x}\int_x^\infty \frac{e^{-z}(z-x)^m}{z^{m+1}}\,dz$$

$$+\frac{m!\,m}{x}\int_x^\infty \frac{e^{-z}(z-x)^{m-1}}{z^m}\,dz = \frac{mu_m - m^2u_{m-1}}{x};$$

en combinant cette valeur de u'_m avec l'équation (4) à laquelle satisfait u_m, on obtient la relation

$$(6)\qquad u_{m+1} = (x+2m+1)u_m - m^2u_{m-1},$$

d'où l'on déduit les deux suivantes

$$(7)\qquad f_{m+1}(x) = (x+2m+1)f_m(x) - m^2f_{m-1}(x)$$

et

$$(8)\qquad \varphi_{m+1}(x) = (x+2m+1)\varphi_m(x) - m^2\varphi_{m-1}(x).$$

6. Ayant, comme il est facile de le voir,

$$u_0 = -\int_x^\infty \frac{e^{-x}\,dx}{x} \quad \text{et} \quad u_1 = e^{-x} - (x+1)\int_x^\infty \frac{e^{-x}\,dx}{x},$$

on déduit de la formule (6) le développement suivant

$$\int_x^\infty \frac{e^{-x}\,dx}{x} = e^{-x}\cfrac{1}{x+1-\cfrac{1}{x+3-\cfrac{1}{\cfrac{x+5}{4}-\cfrac{\frac{1}{4}}{\cfrac{x+7}{9}-\cfrac{\frac{1}{9}}{\cfrac{x+9}{9}-\cfrac{\frac{1}{16}}{x+\ldots}}}}}},$$

dont la loi est évidente.

Les diverses réduites de cette expression sont

$$e^{-x}\frac{1}{x+1},\quad e^{-x}\frac{x+3}{x^2+4x+2},\quad e^{-x}\frac{x^2+8x+11}{x^3+9x^2+18x+6},\quad \ldots,$$

l'expression générale de la $m^{\text{ième}}$ réduite étant $e^{-x}\frac{\varphi_m(x)}{f_m(x)}$; les formules (7) et (8) permettent d'ailleurs de calculer successivement les valeurs des polynômes $\varphi_m(x)$ et $f_m(x)$.

7. Comme la fraction continue précédente provient d'une série divergente, il est nécessaire de prouver qu'elle est convergente et a pour limite $\int_x^\infty \frac{e^{-x}\,dx}{x}$. A cet effet, je remarque que de l'équation (5) on déduit

$$\int_x^\infty \frac{e^{-x}\,dx}{x} = e^{-x}\frac{\varphi_m(x)}{f_m(x)} + \frac{m!}{f_m(x)}\int_x^\infty \frac{e^{-z}(z-x)^m}{z^{m+1}}\,dx.$$

De là résulte immédiatement que les diverses réduites dont l'expression générale est $e^{-x}\frac{\varphi_m(x)}{f_m(x)}$ vont toujours en croissant en restant inférieures à la valeur de l'intégrale cherchée. Pour démontrer qu'elles ont cette intégrale pour limite, il suffit de faire voir que la limite de $\frac{m!}{f_m(x)}\int_x^\infty \frac{e^{-z}(z-x)^m\,dz}{z^{m+1}}$ est nulle quand m croît indéfiniment.

Je ferai observer d'abord que le facteur $\frac{m!}{f_m(x)}$ tend vers zéro; puis, en désignant par A une quantité très grande et arbitrairement choisie, je mettrai l'intégrale $\int_x^\infty \frac{e^{-z}(z-x)^m\,dz}{z^{m+1}}$ sous la forme suivante

$$\int_x^{A} \frac{e^{-z}(z-x)^m\,dz}{z^{m+1}} + \int_{A}^\infty \frac{e^{-z}(z-x)^m\,dz}{z^{m+1}}.$$

Relativement à la première intégrale, comme dans l'intervalle considéré $\frac{z-x}{z}$ est toujours plus petit que $1-\frac{x}{A}$, cette intégrale est plus petite que $\left(1-\frac{x}{A}\right)^m\int_x^\infty \frac{e^{-x}\,dx}{x}$; donc, quelque grand que soit A, elle tend vers zéro quand m augmente indéfiniment. La seconde intégrale est évidemment plus petite que $\int_A^\infty e^{-z}\,dz$, c'est-à-dire que e^{-A}; donc, pour une valeur suffisamment grande de A, elle est aussi petite que l'on veut. Ainsi, la fraction continue, quoique provenant d'une série essentiellement divergente, est elle-même convergente et a pour limite $\int_x^\infty \frac{e^{-x}\,dx}{x}$.

8. Comme application, faisons $x = 1$; les réduites suivantes :

$$\frac{4}{7e},\quad \frac{20}{34e},\quad \frac{124}{209e},\quad \frac{920}{2546e},\quad \frac{7940}{13327e}$$

seront des valeurs approchées de l'intégrale $\int_1^\infty \frac{e^{-x}\,dx}{x}$; en les réduisant en décimales, on obtient les expressions suivantes

$$0,21;\quad 0,216;\quad 0,218;\quad 0,2189;\quad 0,2192.$$

La véritable valeur est 0,2193839.

En faisant $x = 4$, la deuxième réduite donne pour valeur approchée de l'intégrale $\int_4^\infty \frac{e^{-x}\,dx}{x}$ la valeur $\frac{7}{34e^4}$, ou, en décimales, 0,00377, dont les trois premiers chiffres significatifs sont exacts.

9. Dans sa *Mécanique céleste* (t. IV, Liv. X), Laplace a donné le développement en fraction continue de l'intégrale $\int_x^\infty e^{-x^2}\,dx$. Sa démonstration, reposant sur l'emploi d'une série divergente, est, comme l'a fait remarquer Jacobi, entièrement inadmissible; ses résultats sont néanmoins exacts et ont été démontrés directement par l'illustre géomètre (1) allemand.

La méthode que j'ai développée ci-dessus, relativement à l'intégrale $\int_x^\infty \frac{e^{-x}\,dx}{x}$, s'applique entièrement à l'intégrale considérée par Laplace, et elle montre d'une façon très nette comment, tout

(1) *De fractione continua, in quam integrale* $\int_x^\infty e^{-x^2}\,dx$ *evolvere licet* (*Journal de Crelle*, t. 12, p. 346).

en partant d'une série divergente, on peut néanmoins arriver à une fraction continue donnant la valeur de la fonction qu'il s'agissait de développer.

II.

1. J'ai montré que les diverses réduites $\frac{\varphi_n(x)}{f_n(x)}$ de la série semi-convergente

$$F(x) = \frac{1}{x} - \frac{1}{x^2} + \frac{1.2}{x^3} - \frac{1.2.3}{x^4} + \frac{1.2.3.4}{x^4} + \ldots$$

avaient pour limite la transcendante $e^x \int_x^\infty \frac{e^{-x_2}\,dx}{x}$.

On a d'ailleurs, en représentant par $\Pi(n)$ le produit $1.2\ldots(n-1)n$,

$$(1)\quad f_n(x) = \Pi(n)\left[1 + nx + \frac{n(n-1)}{1^2.2^2}x^2 + \frac{n(n-1)(n-3)}{1^2.2^2.3^2}x^3 + \ldots\right].$$

$$(2)\qquad xf'_n(x) = nf_n(x) - n^2 f_{n-1}(x)$$

et

$$(3)\qquad f_{n+1}(x) = (x + 2n + 1)f_n(x) - n^2 f_{n-1}(x).$$

La série $F(x)$ peut se mettre sous la forme suivante

$$\int_{-\infty}^0 e^z\,dz\,\frac{1}{x} + \int_{-\infty}^0 e^z z\,dz + \frac{1}{x^3}\int_{-\infty}^0 e^z z^2\,dz + \ldots + \frac{1}{x^{m+1}}\int_{-\infty}^0 e^z z^m\,dz + \ldots.$$

Des principes posés par M. Heine, il résulte immédiatement que, $\psi(x)$ désignant un polynôme quelconque d'un degré inférieur à n, on a

$$(4)\qquad \int_{-\infty}^0 e^x f_n(x)\,\psi(x)\,dx = 0,$$

d'où l'on conclut, puisque e^x est toujours positif, que l'équation

$$f_n(x) = 0$$

a toutes ses racines réelles et inégales, elles sont d'ailleurs évidemment négatives.

2. En particulier, on déduit de l'équation (4) la relation sui-

vante, où n et n' désignent deux nombres entiers différents,

$$(5)\qquad \int_{-\infty}^{0} e^x f_n(x) f_{n'}(x)\,dx = 0.$$

Pour évaluer $\int_{-8}^{0} e^x f_n^2(x)\,dx$, je remarque que, en intégrant par parties, on a

$$\int_{-\infty}^{0} e^x f_n^2(x)\,dx = [e^x f_n^2(x)]_{-\infty}^{0} - 2\int_{-\infty}^{0} e^x f_n(x) f_n'(x)\,dx;$$

l'intégrale qui figure dans le second membre de cette identité est nulle en vertu de la relation (4); on déduit donc de la relation (1)

$$(6)\qquad \int_{-\infty}^{0} e^x f_n^2(x)\,dx = \Pi^2(n).$$

Des formules précédentes résulte, comme on sait, le développement d'une fonction quelconque $\Phi(x)$ au moyen des polynômes $f_n(x)$.

Si l'on pose, en effet,

$$\Phi(x) = A_0 + A_1 f_1(x) + A_2 f_2(x) + \ldots + A_n f_n(x) + \ldots,$$

on a

$$A_n = \frac{\int_{-\infty}^{0} e^x\,\Phi(x) f_n(x)\,dx}{\Pi^2(n)}.$$

3. Soit, comme application,

$$\Phi(x) = e^{tx}.$$

On aura

$$\begin{aligned}
&\int_{-\infty}^{0} e^{x(1+t)} f_n(x)\,dx \\
&= \Pi(n)\int_{-\infty}^{0} e^{x(1+t)}\left[1 + nx + \frac{n(n-1)}{1^2.2^2}x^2 + \frac{n(n-1)(n-2)}{1^2.2^2.3^2}x^3 + \ldots\right] \\
&= \Pi(n)\left[\frac{1}{1+t} - \frac{n}{(1+t)^2} + \frac{n(n-1)}{1.2}\,\frac{1}{(1+t)^3} + \ldots\right] = \Pi(n)\,\frac{t^n}{(1+t)^{n+1}},
\end{aligned}$$

d'où le développement suivant

$$e^{tx} = \frac{1}{1+t} + \frac{t}{(1+t)^2} f_1(x) + \frac{t^2}{(1+t)^3} \frac{f^2(x)}{1.2} + \dots$$
$$+ \frac{t^n}{(1+t)^{n+1}} \frac{f_n(x)}{\Pi(n)} + \dots,$$

ou encore, en posant $t = \frac{z}{1-z}$,

$$(7) \quad \frac{e^{\frac{zx}{1-z}}}{1-z} = 1 + z f_1(x) + \frac{z^2}{1.2} f_2(x) + \dots + \frac{z^n}{\Pi(n)} f_n(x) + \dots,$$

développement qui subsiste évidemment pour toute valeur de z dont le module est plus petit que l'unité.

Les diverses propriétés des polynômes $f_n(x)$ se déduiraient du reste très facilement de l'équation précédente en employant les méthodes données par Legendre relativement aux fonctions X_n.

On a, par exemple, l'identité

$$e^x \sum \frac{z^n f_n(x)}{\Pi(n)} \sum \frac{t^m f_m(x)}{\Pi(m)} = \frac{e^{x\left(\frac{z}{1-z} + \frac{t}{1-t} + 1\right)}}{(1-z)(1-t)} = \frac{e^{\frac{1-tz}{(1-t)(1-z)}}}{(1-t)(1-z)},$$

d'où, en intégrant,

$$\int_{-\infty}^{0} e^x \sum \frac{z^n f_n(x)}{\Pi(n)} \sum \frac{t^m f_m(x)}{\Pi(m)}\, dx = \frac{1}{1-tz} = 1 + tz + t^2 z^2 + \dots,$$

et de là résultent immédiatement les formules (5) et (6).

4. De la formule

$$\int_{-\infty}^{0} e^{x(1+t)} f_n(x)\, dx\, \Pi(n) \frac{t^n}{(1+t)^{n+1}},$$

on déduit, en dérivant m fois par rapport à t,

$$\int_{-\infty}^{0} e^{x(1+t)} x^m f_n(x)\, dx = \Pi(n)\, D^m \frac{t^n}{(1+t)^{n+1}},$$

d'où

$$\int_{-\infty}^{0} e^x x^m f_n(x)\, dx = \Pi_n \left[D^m \frac{t^n}{(1+t)^{n+1}} \right]_{t=0},$$

et, en supposant $m \gtreqless n$,

$$\int_{-\infty}^{0} e^x x^m f_n(x)\,dx = (-1)^{m-n} \frac{\Pi^2(m)}{\Pi(m-n)},$$

d'où le développement suivant

$$x^m = (-1)^m \Pi(m) \left[f_0(x) - m f_1(x) + \frac{m(m-1)}{1^2.2^2} f_2(x) - \frac{m(m-1)(m-2)}{1^2.2^2.3^2} f_3(x) - \ldots \right].$$

Cette formule, on le voit, se déduit de la formule (1) (où d'ailleurs se trouve le nombre entier n au lieu du nombre m) en changeant $f_n(x)$ en $(-x)^n$ et x^n en $(-1)^n f_n(x)$.

De là résulte que, si une fonction quelconque $\Phi(x)$, ordonnée suivant les puissances croissantes de x, s'exprime au moyen des polynômes $f_n(x)$ par la formule symbolique suivante

$$\Phi(x) = \Theta(f),$$

où, dans le second membre, la puissance $n^{\text{ième}}$ de f doit être remplacée par f_n, on a aussi symboliquement

$$\Phi(-x) = \Theta(-f).$$

SUR LA

RÉDUCTION EN FRACTIONS CONTINUES

D'UNE FONCTION . QUI SATISFAIT A UNE ÉQUATION LINÉAIRE DU PREMIER ORDRE A COEFFICIENTS RATIONNELS.

Bulletin de la Société mathématique de France, t. VIII; 1879.

1. Soit z une fonction satisfaisant à l'équation linéaire

$$\text{(1)} \qquad W z' = V z + U,$$

où U, V et W sont des polynômes entiers en x.

Supposons, pour fixer les idées, que z soit développable suivant les puissances croissantes de x, et proposons-nous de former les réduites successives de la fonction z.

En désignant par f_n le polynôme du degré n qui est le dénominateur de la réduite de rang n, posons

$$z = \frac{\varphi_n}{f_n} + \left(\frac{1}{x^{2n+1}}\right) \text{ (1)};$$

on en déduit

$$z' = \frac{\varphi'_n f_n - f'_n \varphi_n}{f_n^2} + \left(\frac{1}{x^{2n+2}}\right),$$

d'où, en portant ces valeurs dans l'équation (1),

$$U + V\frac{\varphi_n}{f_n} + \frac{V}{x^{2n+1}} + \frac{W(\varphi'_n f_n - f'_n \varphi_n)}{f_n^2} - \frac{W}{x^{2n+2}} = 0$$

et

$$f_n^2 U f_n \varphi_n V - W(\varphi'_n f_n - f'_n \varphi_n) = f^2\left[V\left(\frac{1}{x^{2n+1}}\right) + W\left(\frac{1}{x^{2n+2}}\right)\right].$$

(1) Je désigne ici, comme dans tout ce qui suit, par $\left(\frac{1}{x^p}\right)$ une série ordonnée suivant les puissances décroissantes de x et commençant par un terme de l'ordre de x^p.

Le premier membre de cette relation est un polynôme entier; le second membre est de l'ordre de la fonction $V\left(\frac{1}{x}\right)+W\left(\frac{1}{x^2}\right)$, et cet ordre, qui est indépendant du nombre n, indique le degré de ce polynôme.

En désignant par A_n un coefficient indépendant de x et dont je fixerai plus tard la valeur, je puis donc poser

$$f_n^2 U + f_n \varphi_n V - W(\varphi'_n f_n - f'_n \varphi_n) = A_n \Theta_n, \tag{2}$$

où Θ_n est un polynôme entier dont le degré est marqué par l'ordre de la fonction

$$V\left(\frac{1}{x}\right)+W\left(\frac{1}{x^2}\right).$$

2. Formons maintenant l'équation différentielle du second ordre

$$My'' - Ny' + Py = 0,$$

qui a pour solutions

$$y_1 = f_n \quad \text{et} \quad y_2 = e^{-\int \frac{V}{W} dx}(\varphi_n - f_n z).$$

En posant, pour abréger,

$$\omega = y'_1 y_2 - y'_2 y_1,$$

on a, d'après une formule connue,

$$\frac{N}{M} = \frac{d}{dx} \log \Omega;$$

or, un calcul facile donne

$$\omega = e^{-\int \frac{V}{W} dx} \frac{f_n^2 U + f_n \varphi_n V - W(\varphi'_n f_n - f'_n \varphi_n)}{W},$$

et, en tenant compte de la relation (2),

$$\omega = e^{-\int \frac{V}{W} dx} \frac{A_n \Theta_n}{W},$$

d'où

$$\frac{N}{M} = \frac{\Theta'_n}{\Theta_n} - \frac{W'}{W} - \frac{V}{W};$$

et il résulte de là immédiatement que l'équation cherchée est de la forme

$$W\Theta_n y'' + [(V + W')\Theta_n - W\Theta'_n]y' + K_n y = 0,$$

où K_n désigne un polynôme entier dont le degré est indépendant de n.

Je mettrai cette équation sous la forme

$$Wy'' + \left(V + W' - W\,\frac{\Theta'_n}{\Theta_n}\right)y' + \frac{K_n}{\Theta_n}\,y = 0$$

ou, pour abréger,

$$(3)\qquad Wy'' + W_0 y' + W_1 y = 0.$$

Je ferai remarquer que, quand cette équation est connue, Θ_n est connu à un facteur numérique près; on peut donc alors poser

$$\Theta_n = y H_n \quad (^1),$$

où H_n est un polynôme déterminé et λ une quantité indépendante de x.

3. Je ne m'occuperai pas ici du problème qui consiste à trouver les valeurs des coefficients des polynômes Θ_n et K_n, problème qui présente d'assez grandes difficultés et que j'ai déjà essayé de traiter, particulièrement dans deux Notes *Sur la réduction en fractions continues d'une classe assez étendue de fonctions* et *Sur le développement en fractions continues de* $e^{F(x)}$, publiées dans les *Comptes rendus des séances de l'Académie des Sciences* (janvier 1878).

Je suppose cette équation formée.

Cela posé, on sait que l'on a entre les termes de deux réduites consécutives la relation

$$(4)\qquad \varphi_{n+1} f_n - f_{n+1}\varphi_n = A_n,$$

A_n étant une quantité ne dépendant que du nombre n, et que, du reste, on peut choisir arbitrairement.

---

(1) H_n est déterminé par l'équation $\dfrac{H'_n}{H_n} = \dfrac{V + W' - W_0}{W}$.

On a de même

$$\varphi_{n-1} f_n - f_{n-1} \varphi_n = - A_{n-1},$$

et l'on déduit de là

$$(A_{n-1} \varphi_{n+1} + A_n \varphi_{n-1}) f_n = (A_{n-1} f_{n+1} + A_n f_{n-1}) \varphi_n,$$

d'où, si l'on pose, pour abréger,

$$\frac{A_n}{A_{n-1}} = P_{n-1},$$

les deux relations

$$(5) \qquad f_{n+1} - Q_{n-1} f_n + P_{n-1} f_{n-1} = 0$$

et

$$(6) \qquad \varphi_{n+1} - Q_{n-1} f_n + P_{n-1} f_{n-1} = 0,$$

où Q_n désigne un polynôme du premier degré en x.

Il est à remarquer que, quand on se donne arbitrairement la quantité P_n en fonction du nombre entier n, les termes des réduites ne sont déterminés qu'à un facteur près purement numérique. Le signe des termes des réduites de rang impair demeure même indéterminé, car, en changeant ce signe, on voit que, toutes les quantités A_n changeant également de signe, P_n conserve la même valeur.

J'écris maintenant la relation (2) sous la forme suivante :

$$(U f_n + V \varphi_n - W \varphi'_n) f_n + W f'_n \varphi_n = A_n \Theta_n.$$

En éliminant Θ_n entre cette relation et l'identité (4), il vient

$$(W f'_n + \Theta_n f_{n+1}) \varphi_n = (W \varphi'_n - U f_n - V \varphi_n + \Theta_n \varphi_{n+1}) f_n.$$

On en déduit, en désignant par Ω_n un polynôme entier dont le degré est indépendant de n, les deux équations suivantes :

$$(7) \qquad W f'_n = \Omega_n f_n - \Theta_n f_{n+1},$$

$$(4) \qquad W \varphi'_n = U f_n + (V + \Omega_n) \varphi_n - \Theta_n \varphi_{n+1}.$$

4. Il s'agit maintenant de déterminer les polynômes Ω_n et Q_n.

A cet effet, je déduis de l'équation (7) la valeur de f''_n, et je porte la valeur ainsi obtenue, ainsi que celle de f'_n, dans l'équation (3); après quelques réductions faciles, on obtient la relation

$$\Theta_n^2\Theta_{n+1}f_{n+2} - \Theta_n^2(\Omega_n + \Omega_{n+1} + \mathrm{V})f_{n+1}$$
$$+ [\Omega_n\Theta_n(\Omega_n + \mathrm{V}) + \mathrm{W}(\Omega'_n\Theta_n - \Theta'_n\Omega_n) + \mathrm{W}\mathrm{K}_n]f_n = 0;$$

en la comparant à l'identité

$$f_{n+2} - \mathrm{Q}_n f_{n+1} + \mathrm{P}_n f_n = 0,$$

on en déduit

$$\mathrm{Q}_n = \frac{\Omega_{n+1} + \Omega_n + \mathrm{V}}{\Theta_{n+1}} \tag{9}$$

et

$$\Omega_n\Theta_n(\Omega_n + \mathrm{V}) + \mathrm{W}(\Omega'_n\Theta_n - \Theta'_n\Omega_n) + \mathrm{W}\mathrm{K}_n - \mathrm{P}_n\Theta_n^2\Theta_{n+1} = 0. \tag{10}$$

Posons

$$u = e^{\int \frac{\Omega_n}{\mathrm{W}}dx}$$

d'où

$$\Omega_n = \mathrm{W}\frac{u'}{u}; \tag{11}$$

en remplaçant, dans l'équation précédente, Ω_n par cette valeur, on obtiendra, toutes réductions faites, l'équation

$$\mathrm{W}u'' + \mathrm{W}_0 u' + \left(\mathrm{W}_1 - \frac{\mathrm{P}_n\Theta_n\Theta_{n+1}}{\mathrm{W}}\right)u = 0, \tag{12}$$

qui ne diffère, on le voit, de l'équation (3) que par l'addition du terme

$$-\frac{\mathrm{P}_n\Theta_n\Theta_{n+1}}{\mathrm{W}}u.$$

5. Quand on se donne l'équation (3), comme Θ_n n'est pas entièrement déterminé, je poserai, comme plus haut,

$$\Theta_n = \lambda \mathrm{H}_n,$$

λ étant une quantité indépendante de x et inconnue.

L'équation (12) deviendra alors

$$\mathrm{W}u'' + \mathrm{W}_0 u' + \left(\mathrm{W}_1 - \frac{\lambda^2\mathrm{P}_n\mathrm{H}_n\mathrm{H}_{n-1}}{\mathrm{W}}\right)u = 0. \tag{13}$$

La forme du polynôme Ω_n étant connue, on déterminera facilement les coefficients inconnus de la fonction u, ainsi que la constante λ^2; on choisira arbitrairement la valeur de λ que l'on en déduit (si l'on prenait la valeur qui est de signe contraire, cela n'aurait d'autre effet que de changer les signes des termes des réduites de rang impair), et la formule (11) donnera la valeur de Ω_n.

6. Comme application des formules qui précèdent, je prendrai pour exemple le développement de la fonction

$$z = e^x \int_x^\infty \frac{e^{-x}\,dx}{x},$$

qui satisfait à l'équation différentielle

$$xz' = xz - 1,$$

et que j'ai étudiée dans une Note ([1]) présentée récemment à la Société.

Nous avons, dans ce cas,

$$V = W = x,$$

et l'équation différentielle à laquelle satisfait f_n est

$$xy'' + (x+1)y' - ny = 0.$$

On en conclut que H_n est une constante que l'on peut prendre égale à l'unité; je poserai

$$P_n = (n+1)^2.$$

Les équations (7) et (9) deviennent respectivement

$$xf'_n = \Omega_n f_n - \Theta_n f_{n+1} \tag{14}$$

et

$$Q_n = \frac{\Omega_{n+1} + \Omega_n + x}{\Theta_{n+1}}. \tag{15}$$

([1]) *Sur l'intégrale* $\int_x^\infty \frac{e^{-x}\,dx}{x}$ (*Bulletin de la Société mathématique*, t. VII, p. 72).

La formule (14) montre, d'ailleurs, que Ω_n est un polynôme du premier degré en x qui ne peut se réduire à une constante ; on en conclut que u est de la forme $e^{\alpha x} x^\beta$, où α est différent de zéro.

L'équation (13) devient, dans ce cas,

$$x u'' + (x+1) u' - \left[n + \frac{\lambda^2 (n+1)^2}{x} \right] u = 0;$$

en y substituant la valeur de u, on obtient, toutes réductions faites,

$$\alpha(\alpha+1) x^2 + (2\alpha\beta + \alpha + \beta - n) x + [\beta^2 - (n+1)^2 \lambda^2] = 0.$$

Comme α est essentiellement différent de zéro, on en déduit

$$\alpha = -1, \qquad \beta = -(n+1), \qquad \lambda^2 = 1,$$

et, en prenant la valeur négative de λ,

$$\lambda = \Theta = -1,$$

puis

$$\Omega_n = x \frac{u'}{u} = -x \left(1 + \frac{n+1}{x} \right) = -(x + n + 1).$$

Les formules (14) et (15) donnent, par suite,

$$x f'_n = f_{n+1} - (x + n + 1) f_n$$

et

$$Q_n = \frac{x - (x + n + 1) - (x + n + 2)}{-1} = x + 2n + 3,$$

d'où l'identité

$$f_{n+2} = (x + 2n + 3) f_{n+1} - (n+1)^2 f_n.$$

Ce sont précisément les relations que, par une voie différente, j'avais trouvées dans la Note citée plus haut.

SUR LA

RÉDUCTION EN FRACTION CONTINUE

D'UNE FRACTION QUI SATISFAIT A UNE ÉQUATION LINÉAIRE DU PREMIER ORDRE A COEFFICIENTS RATIONNELS.

Comptes rendus des séances de l'Académie des Sciences, t. XCVIII; 1879.

Je me suis déjà à plusieurs reprises occupé de cette question, notamment dans une Note insérée dans le *Bulletin de la Soc. math.* (t. VIII, p. 21); mais, bien que l'objet principal de mes recherches soit résolu par l'analyse que j'y ai employée, je n'ai pas énoncé explicitement le résultat et je demanderai la permission de revenir sur ce sujet.

Soit z une fonction, développable suivant les puissances décroissantes de x, qui satisfait à l'équation

$$Wz' = 2Vz + U,$$

où U, V et W désignent des polynômes entiers; sa réduction en fraction continue se ramène à la recherche de deux polynômes dont les coefficients dépendent du degré n du dénominateur f_n de la réduite de rang n et dont l'un Θ_n est du degré de la fonction $\frac{V}{x} + \frac{W}{x^2}$, l'autre Ω_n étant d'un degré supérieur d'une unité. Ces polynômes sont déterminés par les conditions suivantes, à savoir que $\Omega_n + \Omega_{n+1}$ soit divisible par Θ_{n+1} et $\Omega_n^2 - V^2 - P_{n+1}\Theta_n\Theta_{n+1}$ par W; P_{n+1} désigne un coefficient variable avec n et dont la valeur est prise arbitrairement; on a donc

$$\Omega_n^2 - V^2 - P_{n+1}\Theta_n\Theta_{n+1} = WR_n \tag{1}$$

et

$$\Omega_{n+1} + \Omega_n = \Theta_{n+1}Q_{n+1}, \tag{2}$$

R_n et Q_{n+1} désignant deux polynômes entiers dont le dernier est du premier degré. Cela posé, on a les formules suivantes :

$$f_{n+1} - Q_n f_n + P_n f_{n-1} = 0$$

et

$$(3) \qquad W\Theta_n f''_n + [(2V + W')\Theta_n - W\Theta'_n]f'_n + [\Theta_n(\Omega_n - V) - \Theta_n(R_n + \Omega'_n - V')]f_n = 0.$$

Des relations (1) et (2) on déduit d'ailleurs l'identité

$$\Theta_{n+1}[(\Omega_{n+1} - \Omega_n)Q_{n+1} - (P_{n+1}\Theta_{n+2} - P_{n+1}\Theta_n)] = W(R_{n+1} - R_n),$$

qui se décompose en les deux suivantes

$$(4) \qquad (\Omega_{n+1} - \Omega_n)Q_{n+1} - (P_{n+1}\Theta_{n+2} - P_{n+1}\Theta_n) = WT_n$$

et

$$(5) \qquad R_{n+1} - R_n = \Theta_{n+1} T_n,$$

où T_n désigne un polynôme entier.

Comme application, soit d'abord $z = \log \frac{1+x}{1-x}$, d'où $(1-x^2)z' = 2$; dans ce cas, $W = 1 - x^3$ et $V = 0$. Θ_n est donc une constante α_n : je ferai $P_n = n^2$ et poserai $\Omega_n = a_n x + b_n$. L'équation (3) devient

$$(1 + x^2)f''_n - 2xf'_n - (R_n + a_n)f_n = 0,$$

d'où l'on voit que $R_n = -n(n+1) - a_n$; l'identité (1) devient alors

$$(a_n x + b_n)^2 - (n+1)^2 \alpha_n \alpha_{n+1} = (x^2 - 1)(n^2 + n + a_n);$$

on déduit de là $b_n = 0$, $a_n^2 - a_n - n(n+1) = 0$; ce qui donne les deux valeurs suivantes de a_n : $a_n = -n$ (une discussion facile montre qu'elle doit être rejetée) et $a_n = n+1$; puis ensuite $\alpha_n \alpha_{n+1} = 1$, d'où, si l'on prend $\alpha_0 = 1$, $\alpha_n = 1$ et enfin, en vertu de la formule (2), $Q_{n+1} = (2n+3)x$, ce qui donne la formule de récurrence $f_{n+1} - (2n+1)xf_n + n^2 f_{n-1} = 0$.

Soit, en second lieu, la fonction $z = e^{-\frac{2}{x} - \frac{g}{x^2}}$, qui satisfait à l'équation

$$x^3 z' = 2(x+g)z;$$

on a, dans ce cas,

$$W = x^3 \quad \text{et} \quad V = x + g.$$

Θ_n est donc un polynôme du premier degré $\alpha_n x + \beta_n$ et Ω_n un polynôme du second degré; je ferai $P_n = 1$. Soit ρ le coefficient de x^2 dans Ω_n; l'équation (1) montre que ρ^2 est le coefficient de x dans R_n et, en égalant à zéro le coefficient de x^{n+2} dans le premier membre de l'identité (3), on obtient l'équation

$$\rho^2 + \rho - n(n+1) = 0;$$

la racine $\rho = n$, comme on le prouve aisément, est à rejeter : on a donc

$$\rho = -(n+1),$$

et Ω_n est de la forme $-(2n+1)x^2 + a_n x + b_n$.

On tire de la relation (5) $T_n = \frac{2n+3}{\alpha_{n+1}}$; et, la relation (4) montrant que Q_{n+1} est la partie entière du quotient de $T_n x^3$ par $\Omega_{n+1} - \Omega_n$, on en déduit

$$Q_{n+1} = -\frac{2n+3}{\alpha_{n+1}}(x + a_{n+1} - a_n).$$

L'identité (2) donne alors les relations

$$(6) \qquad (2n+3)\beta_{n+1} = \alpha_{n+1}[(2n+2)a_n - (2n+4)a_{n+1}]$$

et

$$(7) \qquad b_{n+1} + b_n = (a_{n+1} - a_n)[(2n+4)a_{n+1} - (2n+2)a_n].$$

Enfin, de l'identité (2) on déduit les relations suivantes

$$(8) \qquad \alpha_n \alpha_{n+1} = a_n^2 - 2(n+1)b_n - 1,$$

$$(9) \qquad \alpha_n \beta_{n+1} + \beta_n \alpha_{n+1} = 2a_n b_n - 2g,$$

$$(10) \qquad \beta_n \beta_{n+1} = b_n^2 - g^2$$

et

$$R_n = (n+1)^2 x - 2(n+1)a_n.$$

Cela posé, on voit que, si l'on connaît les valeurs de α_n, β_n, a_n et b_n, les valeurs de α_{n+1} et de β_{n+1} pourront se tirer des formules (8) et (10); la formule (6) permettra ensuite de calculer a_{n+1}, et la formule (7), b_{n+1}. On saura donc calculer, de proche en proche et par voie récurrente, les polynômes Q_n, dont la valeur est donnée par la formule

$$Q_n = -\frac{2n+1}{\alpha_n}(x + a_n - a_{n-1}),$$

puis les dénominateurs et les numérateurs des réduites par les formules

$$f_{n+1} - Q_n f_n + f_{n-1} = 0,$$
$$\varphi_{n+1} - Q_n \varphi_n + \varphi_{n-1} = 0.$$

REMARQUES

SUR LES

ÉQUATIONS DIFFÉRENTIELLES LINÉAIRES

DU SECOND ORDRE.

Bulletin de la Société mathématique de France, t. VIII; 1879.

1. En désignant par P, Q, R des fonctions données de x et par z et u des fonctions arbitraires de cette variable, posons

$$Pz'' + Qz' + Rz = Z$$

et

$$Pu'' + Qu' + Ru = U.$$

Si l'on pose, pour abréger,

$$S = e^{\int \frac{Q}{P} dx},$$

on déduit des équations précédentes

$$\frac{S(Zu - Uz)}{P} = S(uz'' - zu'') + \frac{SQ}{P}(uz' - zu')$$
$$= S(uz'' - zu'') + S'(uz' - zu'),$$

d'où, en intégrant,

$$\text{(A)} \qquad \int \frac{S(Zu - Uz)dx}{P} = S(uz' - zu').$$

2. En particulier, si u désigne une solution de l'équation

$$\text{(1)} \qquad Py'' + Qy' + Ry = 0,$$

on a l'identité suivante :

$$\text{(B)} \qquad \int \frac{SZu\,dx}{P} = S(uz' - zu').$$

Soit v une solution quelconque de l'équation (1); α désignant un paramètre arbitraire contenu dans les fonctions P, Q, R (ce paramètre peut, du reste, être la variable indépendante x elle-même), si l'on pose

$$\frac{dv}{d\alpha} = z,$$

on voit que z satisfait à la relation

$$Pz'' + Qz' + Rz = -\left(\frac{dP}{d\alpha}v'' + \frac{dQ}{d\alpha}v' + \frac{dR}{d\alpha}v\right).$$

Si, dans l'équation (B), on remplace z par $\frac{dv}{d\alpha}$ et Z par sa valeur, il vient

$$\text{(C)} \quad \int \frac{S}{P}\left(\frac{dP}{d\alpha}v'' + \frac{dQ}{d\alpha}v' + \frac{dR}{d\alpha}v\right) u\,dx = S\left(\frac{dv}{d\alpha}\frac{du}{dx} - u\frac{d^2 v}{d\alpha\,dx}\right).$$

3. En désignant toujours par u et v deux solutions quelconques de l'équation (1), posons

$$z = uv;$$

il est aisé de voir que z satisfait à l'équation

$$Pz'' + Qz' + Rz = 2Pu'v' - Ruv;$$

l'équation (B) donne, dans ce cas, la relation suivante :

$$\text{(D)} \quad \int \frac{S(2Pu'v' - Ruv)u\,dx}{P} = Su^2v'.$$

4. Il serait facile de multiplier le nombre de ces formules ; je me contente ici de transcrire celles dont l'application est la plus fréquente, me réservant d'y renvoyer lorsque j'aurai à en faire usage dans les Communications que j'aurai l'occasion de présenter à la Société.

SUR LES

COUPURES DES FONCTIONS.

Comptes rendus des séances de l'Académie des Sciences, t. XCIX; 1884.

Considérons l'intégrale double

$$F(z) = \iint \frac{f(x,y,z)}{g(x,y)-z}\,dx\,dy$$

dont le champ est une aire A que, pour fixer les idées, je supposerai simple et où $f(x,y,z)$ et $g(x,y)$ désignent des fonctions réelles qui, quel que soit z, sont finies et bien déterminées dans le champ d'intégration.

Si, pour certaines valeurs de z, la courbe $g(x,y)=z$ traverse le champ d'intégration, l'intégrale devient infinie, et la fonction $F(z)$, en général finie et déterminée, a pour coupure une portion K de l'axe des x.

Soit ΔF la différence des valeurs de la fonction aux deux bords de la coupure, en sorte que, z désignant une des valeurs réelles pour lesquelles $F(z)$ est discontinu et λ une quantité infiniment petite positive, on ait

$$\Delta F = F(z+\lambda i) - F(z-\lambda i);$$

en employant la méthode donnée par M. Hermite dans le cas des intégrales simples, un calcul facile donne l'expression suivante de cette différence

$$\Delta F = 2\pi i \int_{x_0}^{x_1} \frac{f(x,y,z)}{g'_y(x,y)}\,dx,$$

où y doit être remplacé par sa valeur tirée de l'équation

$$g(x,y) = z;$$

si l'on considère la courbe représentée par cette équation, l'intégrale s'étend tout le long de la portion de cette courbe qui est comprise dans le champ d'intégration, et le facteur $\frac{dx}{g'_y(x,y)}$ doit être pris positivement.

Soit, comme application, la fonction

$$G(\alpha, \beta; a, b; z) = 1 + \frac{\alpha\beta}{ab} z + \frac{\alpha(\alpha+1)\beta(\beta+1)}{a(a+1)b(b+1)} z^2 + \ldots,$$

qui, pour $b = 1$, se réduit à la fonction hypergéométrique $F(\alpha, \beta, a, x)$.

Sous les conditions $\alpha > 0$, $\beta > 0$, $a > \alpha$, $b > \beta$, on a

$$\int_{-1}^{+1}\int_{-1}^{+1} \frac{x^{\alpha-2}(1-x)^{a-\alpha-1} y^{\beta-2}(1-y)^{b-\beta-1}\,dx\,dy}{\frac{1}{xy} - z}$$
$$= \frac{\Gamma(\alpha)\Gamma(\beta)\Gamma(a-\alpha)\Gamma(b-\beta)}{\Gamma(a)\Gamma(b)} G(\alpha, \beta; a, b; z).$$

La fonction G est ainsi définie pour tous les points du plan, sauf sur une coupure K allant du point $+1$ au point $+\infty$.

Le long de cette coupure, on a

$$\frac{\Gamma(\alpha)\Gamma(\beta)\Gamma(a-\alpha)\Gamma(b-\beta)}{\Gamma(a)\Gamma(b)} \Delta G$$
$$= 2i\pi \int_{\frac{1}{z}}^{1} x^{\alpha-1}(1-x)^{a-\alpha-1} y^{\beta}(1-y)^{b-\beta-1}\,dx,$$

où y doit être remplacé par $\frac{1}{zx}$; en posant $x = \frac{1+(1-z)t}{t}$, l'égalité précédente devient

$$\frac{\Gamma(\alpha)\Gamma(\beta)\Gamma(a-\alpha)\Gamma(b-\beta)}{\Gamma(a)\Gamma(b)} \Delta G$$
$$= 2i\pi z^{1-a}(z-1)^{a+b-\alpha-\beta-1} \int_0^1 t^{b-\beta-1}(1-t)^{a-\alpha-1}[1-(1-z)t]^{\alpha-\beta}\,dt,$$

d'où

$$(1) \quad \begin{cases} \Delta G = \dfrac{2i\pi\Gamma(a)\Gamma(b)}{\Gamma(a+b-\alpha-\beta)\Gamma(\alpha)\Gamma(\beta)} \\ \quad \times z^{1-a}(z-1)^{a+b-\alpha-\beta-1} F(b-\alpha, b-\beta, a+b-\alpha-\beta, 1-z). \end{cases}$$

L'étude de la fonction G, lorsqu'on la prolonge d'une façon continue, se ramène donc à l'étude du prolongement des fonctions élémentaires z^μ, $(1-z)^\mu$ et de la fonction hypergéométrique.

Celle-ci est, d'ailleurs, un cas particulier de la fonction G; en faisant $b=1$, on a

$$(2)\quad \left\{\begin{aligned} \Delta F(\alpha, \beta, a, z) &= \frac{2i\pi\,\Gamma(a)}{\Gamma(1+a-\alpha-\beta)\,\Gamma(\alpha)\,\Gamma(\beta)} \\ &\quad\times z^{1-a}(z-1)^{a-\alpha-\beta}\,F(1-\alpha, 1-\beta, 1+a-\alpha-\beta, 1-z), \end{aligned}\right.$$

formule qui, bien qu'établie sous certaines restrictions, subsiste pour toutes les valeurs de α, β et a.

En particulier, on a

$$(1-z)^{-\mu} = F(\mu, 1, 1, z);$$

la formule précédente donne

$$\Delta F = \frac{2i\pi}{\Gamma(\mu)\,\Gamma(1-\mu)};$$

d'ailleurs, un calcul direct donne

$$\Delta(1-z)^{-\mu} = 2i\pi \sin\mu\pi,$$

d'où la formule connue

$$\Gamma(\mu)\,\Gamma(1-\mu) = \frac{\pi}{\sin\mu\pi}.$$

La formule (1) donne, en permutant les lettres a et b, la relation élémentaire fondamentale

$$(3)\quad \left\{\begin{aligned} &F(b-\alpha, b-\beta, a+b-\alpha-\beta, 1-z) \\ &\quad = z^{a-b}\,F(a-\alpha, a-\beta, a+b-\alpha-\beta, 1-z), \end{aligned}\right.$$

et, en combinant cette relation avec la formule (2), on obtient aisément toutes les propriétés de la fonction F.

On peut trouver une autre expression de ΔF; en désignant, en effet, par m un nombre positif assez grand pour que $m+\alpha$ et $m+\beta$ soient positifs et par F_m l'ensemble des m premiers termes du développement de F (F_m peut se réduire à zéro), on a l'identité

$$\begin{aligned} F(\alpha, \beta, a, z) &= F_m + \frac{\Gamma(\alpha)\,z^{m-1}}{\Gamma(1+a-\alpha-\beta)\,\Gamma(\alpha)\,\Gamma(\beta)} \\ &\quad\times \int_0^1 \frac{x^{a-\alpha-\beta}(1-x)^{m+\alpha-1}\,F(a-\beta, \beta, 1+a-\alpha-\beta, x)\,dx}{x-\dfrac{z-1}{z}}, \end{aligned}$$

qui définit la fonction F pour tous les points du plan, sauf sur la coupure K.

Elle suppose seulement $1 + a - \alpha - \beta > 0$, et la formule connue (3) permet toujours, en introduisant un facteur de la forme $(1 - z)^{\mu}$, de supposer que cette condition est remplie.

La méthode de M. Hermite donne alors immédiatement

$$\Delta F = \frac{2i\pi\,\Gamma(a)}{\Gamma(1 + a - \alpha - \beta)\,\Gamma(\alpha)\,\Gamma(\beta)}$$
$$\times (z - 1)^{a-\alpha-\beta} z^{\beta-a}\, F\left(a - \beta,\ 1 - \beta,\ 1 + a - \alpha - \beta,\ 1 - \frac{1}{z}\right).$$

SUR LE

POTENTIEL DE DEUX ELLIPSOIDES.

Comptes rendus des séances de l'Académie des Sciences,
t. CII; 1886.

1. Je supposerai tous les points de l'espace rapportés à trois axes rectangulaires passant par le centre du premier ellipsoïde.

Soient

$$Ax^2 + By^2 + Cz^2 + 2A'yz + 2B'zx + 2C'xy = 1$$

l'équation de la surface extérieure de ce corps, et V son volume.

L'ellipsoïde étant supposé formé de couches homogènes concentriques et homothétiques à sa surface extérieure, je désignerai par $f(\lambda^2)$ la densité de la couche dont la surface extérieure est déterminée par l'équation

$$Ax^2 + By^2 + Cz^2 + 2A'yz + 2B'zx + 2C'xy = \lambda^2.$$

La fonction $f(\lambda^2)$ est une fonction quelconque, continue ou discontinue; je poserai

$$\int_{t^2}^{1} f(\lambda)\,d\lambda = F(t),$$

en sorte que $F(t)$ est une fonction *paire* de la variable.

Pour abréger, en appelant Ω le discriminant

$$ABC + 2A'B'C' - AA'^2 - BB'^2 - CC'^2,$$

je ferai

$$\mathcal{A} = \frac{BC - A'^2}{\Omega}, \qquad \mathcal{B} = \frac{CA - B'^2}{\Omega}, \qquad \mathcal{C} = \frac{AB - C'_2}{\Omega},$$

$$\mathcal{A}' = \frac{B'C' - AA'}{\Omega}, \qquad \mathcal{B}' = \frac{C'A' - BB'}{\Omega}, \qquad \mathcal{C}' = \frac{A'B' - CC'}{\Omega},$$

puis

$$\Delta = -\mathcal{A}\cos^2\varphi - \mathcal{B}\sin^2\varphi + \mathcal{C} + 2i\mathcal{A}'\sin\varphi + 2i\mathcal{B}'\cos\varphi - 2\mathcal{C}'\sin\varphi\cos\varphi.$$

2. Soit

$$A_0(x-\xi)^2 + B_0(y-\eta)^2 + C_0(z-\zeta)^2 + 2A'_0(y-\eta)(z-\zeta) + 2B'_0(z-\zeta)(x-\xi) + 2C'_0(x-\xi)(x-\eta) = 1$$

l'équation de la surface extérieure du second ellipsoïde, en sorte que

$$\xi,\quad \eta,\quad \zeta$$

désignent les projections sur les trois axes de la distance des centres des deux corps.

J'appellerai V_0 son volume, et, en supposant que sa masse est composée de couches homogènes concentriques et homothétiques à la surface extérieure, en sorte que, sur la couche limitée par la surface,

$$A_0(x-\xi)^2 + B_0(y-\eta)^2 + C_0(z-\zeta)^2 + 2A'_0(y-\eta)(z-\zeta) + 2B'_0(z-\zeta)(x-\xi) + 2C'_0(x-\xi)(y-\eta) = \lambda^2,$$

la densité soit $f_0(\lambda^2)$, je poserai

$$\int_{t_0^2}^{1} f_0(\lambda)\,d\lambda = F_0(t_0).$$

Je désigne par Ω_0, $\mathcal{A}_0$, $\mathcal{B}_0$, $\mathcal{C}_0$, $\mathcal{A}'_0$, $\mathcal{B}'_0$, $\mathcal{C}'_0$ les quantités analogues à Ω, $\mathcal{A}$, ..., mais relatives au second ellipsoïde; ainsi

$$\Omega_0 = A_0B_0C_0 + 2A'_0B'_0C'_0 - A_0A'^2_0 - B_0B'^2_0 - C_0C'^2_0,$$

$$\mathcal{A}_0 = \frac{B_0C_0 - A'^2_0}{\Omega_0},\qquad \ldots;$$

j'appelle enfin Δ_0 la quantité

$$-\mathcal{A}_0\cos^2\varphi - \mathcal{B}_0\sin^2\varphi + \mathcal{C}_0 + 2i\mathcal{A}'_0\sin\varphi + 2i\mathcal{B}'_0\cos\varphi - 2\mathcal{C}'_0\sin\varphi\cos\varphi.$$

3. Cela posé, le potentiel P des deux corps est déterminé par la relation suivante :

$$P = \frac{9VV_0}{32\pi}\int_{-1}^{+1}\int_{-1}^{+1}\int_{0}^{2\pi}\frac{F(t)F_0(t_0)\,dt\,dt_0\,d\varphi}{i\xi\cos\varphi + i\eta\sin\varphi + \zeta - t\sqrt{\Delta}\,t\sqrt{\Delta_0}}.$$

Cette formule suppose $\zeta > 0$; si $\zeta = 0$, l'intégrale qui est dans le second membre n'a plus de sens; pour une valeur négative de ζ, la formule donne une valeur égale et de signe contraire à celle du potentiel.

4. Si les deux corps sont de révolution, Δ et Δ_0 sont des carrés parfaits; l'expression précédente se réduit alors à la forme beaucoup plus simple

$$P = \frac{9VV_0}{32\pi}\int_{-1}^{+1}\int_{-1}^{+1}\int_{0}^{2\pi}\frac{F(t)F_0(t_0)\,dt\,dt_0\,d\varphi}{i(\xi+\alpha t+\alpha_0 t_0)\cos\varphi + i(\eta+\beta t+\beta_0 t_0)\sin\varphi+\gamma t+\gamma_0 t_0},$$

où α, β, γ, α_0, β_0, γ_0 désignent des quantités constantes; ce que l'on peut encore écrire

$$P = \frac{9VV_0}{16}\int_{-1}^{+1}\int_{-1}^{+1}\frac{F(t)F(t_0)\,dt\,dt_0}{\sqrt{(\xi+\alpha t+\alpha_0 t_0)^2+(\eta+\beta t+\beta_0 t_0)^2+(\zeta+\gamma t+\gamma_0 t_0)^2}}.$$

5. Dans le cas où les ellipsoïdes sont homogènes, en appelant respectivement ω et ω_0 leurs densités, on a

$$F(t) = \omega(1-t^2) \qquad \text{et} \qquad F_0(t_0) = \omega_0(1-t_0^2).$$

Dans le cas où les ellipsoïdes se réduisent à deux couches infiniment minces, supposons que, lorsque t varie de 0 à $1-\varepsilon$, la densité soit nulle et qu'elle soit égale à ω quand t varie de $(1-\varepsilon)$ à 1, en supposant ε infiniment petit, on a

$$F(t) = 2\omega\varepsilon$$

et, de même,

$$F_0(t_0) = 2\omega_0\varepsilon_0;$$

le potentiel a donc pour expression

$$P = \frac{9VV_0\,\omega\omega_0\,\varepsilon\varepsilon_0}{8\pi}\int_{-1}^{+1}\int_{-1}^{+1}\int_{0}^{2\pi}\frac{dt\,dt_0\,d\varphi}{i\xi\cos\varphi+i\eta\sin\varphi+\zeta-t\sqrt{\Delta}-t_0\sqrt{\Delta_0}}.$$

Il est facile de voir que toutes les dérivées secondes de P, prises par rapport aux variables ξ, η, ζ sont des fonctions algébriques de ces variables et des coefficients des équations des surfaces des ellipsoïdes.

On a, par exemple,

$$\frac{d^2 P}{d\xi\, d\zeta} = \frac{9 VV_0\, \omega\omega_0\, \varepsilon\varepsilon_0}{8\pi} \int_{-1}^{+1} \int_{-1}^{+1} \int_0^{2\pi} \frac{2 i \cos\varphi\, dt\, dt_0\, d\varphi}{(i\xi\cos\varphi + i\eta\sin\varphi + \zeta - t\sqrt{\Delta} - t_0\sqrt{\Delta_0})^3}$$

ou, en effectuant les intégrations relatives à t et à t_0.

$$\frac{d^2 P}{d\xi\, d\zeta} = \frac{9 VV_0\, \omega\omega_0\, \varepsilon\varepsilon_0}{\pi}$$

$$\times \int_0^{2\pi} \frac{i\cos\varphi(i\xi\cos\varphi + i\eta\sin\varphi + \zeta)\,d\varphi}{(i\xi\cos\varphi + i\eta\sin\varphi + \zeta)^4 - 2(\Delta - \Delta_0)(i\xi\cos\varphi + i\eta\sin\varphi + \zeta)^2 + (\Delta - \Delta_0)^2},$$

expression qui, comme on le sait, est une fonction algébrique des coefficients de la quantité placée sous le signe $\int$.

Il en résulte que chacune des trois dérivées premières de P

$$\frac{dP}{d\xi}, \quad \frac{dP}{d\eta}, \quad \frac{dP}{d\zeta}$$

s'obtiendra en intégrant une fonction algébrique.

6. L'expression du potentiel, donnée ci-dessus, conduit aisément à son développement suivant les puissances de

$$\frac{1}{\sqrt{\xi^2 + \eta^2 + \zeta^2}}.$$

En développant la quantité sous le signe $\int$ suivant les puissances décroissantes de

$$\frac{1}{i\xi\cos\varphi + i\eta\sin\varphi + \zeta}$$

on a

$$P = \frac{9 VV_0}{32\pi} \sum_{n=0}^{n=\infty} \int_{-1}^{+1} \int_{-1}^{+1} \int_0^{2\pi} \frac{F(t) F_0(t_0) \left[t\sqrt{\Delta} + t_0\sqrt{\Delta_0}\right]^n dt\, dt_0\, d\varphi}{(i\xi\cos\varphi + i\eta\sin\varphi + \zeta)^{n+1}}.$$

Il est à remarquer que, $F(t)$ étant une fonction paire de t et $F(t_0)$ une fonction paire de t_0, les intégrales

$$\int_{-1}^{+1} F(t)\, t^\mu\, dt, \qquad \int_{-1}^{+1} F_0(t_0)\, t_0^\mu\, dt_0$$

sont nulles lorsque μ est un nombre impair.

Le terme général du développement de P sera donc, à un facteur numérique près,

$$\int_{-1}^{+1}\int_{-1}^{+1}\int_{0}^{2\pi}\frac{F(t)F(t_0)\left[t\sqrt{\Delta}+t_0\sqrt{\Delta_0}\right]^{2n}dt\,dt_0\,d\varphi}{(i\xi\cos\varphi+i\eta\sin\varphi+\zeta)^{2n+1}};$$

en effectuant les intégrations par rapport à t et à t_0, on devra laisser de côté, dans le développement du numérateur, tous les termes qui renferment des puissances impaires de t et de t_0, en sorte que ce terme peut se mettre sous la forme suivante

$$\int_{0}^{2\pi}\frac{\Phi(\sin\varphi,\cos\varphi)\,d\varphi}{(i\xi\cos\varphi+i\eta\sin\varphi+\zeta)^{2n+1}},$$

où Φ désigne une fonction entière de $\sin\varphi$ et de $\cos\varphi$.

Une telle intégrale peut s'exprimer au moyen des dérivées partielles par rapport à ξ, η et ζ de

$$\frac{1}{\sqrt{\xi^2+\eta^2+\zeta^2}};$$

on peut encore l'obtenir en développant le numérateur et la fonction

$$\frac{1}{(i\xi\cos\varphi+i\eta\sin\varphi+\zeta)^{2n+1}},$$

suivant les sinus et cosinus des multiples de l'angle φ.

Le développement de cette fonction a été donné par Jacobi.

7. Les résultats résumés dans cette Note s'obtiennent de la façon la plus simple, en décomposant les ellipsoïdes considérés en tranches infiniment minces comprises entre deux plans infiniment voisins parallèles au plan

$$(1)\qquad ix\cos\varphi+iy\sin\varphi+z=0.$$

Ces plans sont évidemment imaginaires, et il semblerait d'abord que cette décomposition ne présente aucun sens; mais il résulte des principes posés par M. Hermite dans sa théorie des coupures des intégrales définies que, si l'on effectue les calculs en donnant à i une valeur réelle, les résultats obtenus sont encore valables en faisant

$$i = \sqrt{-1}.$$

J'ajouterai une dernière remarque pour montrer comment le théorème de Maclaurin résulte aisément, non seulement du résultat final du calcul, mais encore de la marche même suivie pour effectuer les intégrations.

Tous les plans parallèles au plan (1) sont des plans isotropes et, pour déterminer les limites des intégrations relatives à t et à t_0, il suffit de déterminer ceux de ces plans qui sont tangents à chacun des ellipsoïdes.

Comme φ prend toutes les valeurs possibles de 0 à 2π, on a donc à considérer tous les plans isotropes qui touchent chacune des surfaces; deux surfaces homofocales du second ordre touchant les mêmes plans isotropes, il en résulte immédiatement que le potentiel n'est modifié que par l'introduction d'un facteur constant, lorsqu'on remplace un des ellipsoïdes par un ellipsoïde homofocal.

Ainsi qu'il est facile de le vérifier, l'expression Δ a la même valeur lorsque l'on considère plusieurs ellipsoïdes homofocaux.

SUR UN MÉMOIRE DE LAGUERRE

CONCERNANT

LES ÉQUATIONS ALGÉBRIQUES;

Par Charles HERMITE.

En étudiant le beau Mémoire qui a paru dans les *Nouvelles Annales de Mathématiques*, 2e série, t. XIX, 1880, sous le titre : *Sur une méthode pour obtenir, par approximation, les racines d'une équation algébrique qui a toutes les racines réelles* ([1]), j'ai été amené à établir les résultats auxquels Laguerre ([2]) est parvenu sur ce sujet important par une méthode différente de la sienne et plus directe. C'est l'objet des considérations qui vont suivre :

I. Soit $f(x) = 0$ une équation de degré n dont les racines, $a, b, \ldots, l$, soient toutes réelles. J'envisage la somme symétrique

$$\mathrm{S} = \frac{(\xi - a)(\xi' - a)}{(x - a)^2} + \frac{(\xi - b)(\xi' - b)}{(x - b)^2} + \ldots + \frac{(\xi - l)(\xi' - l)}{(x - l)^2},$$

où ξ et ξ' sont également des quantités réelles, et je remarque qu'on en obtient facilement l'expression, si l'on décompose chacun de ses termes en fractions simples, par rapport à la quantité a, en écrivant, par exemple,

$$\frac{(\xi - a)(\xi' - a)}{(x - a)^2} = \frac{(\xi - x)(\xi' - x)}{(x - a)^2} + \frac{\xi + \xi' - 2x}{x - a} + 1.$$

Il suffit, en effet, de recourir aux relations

$$\frac{f'}{f} = \frac{1}{x - a} + \frac{1}{x - b} + \ldots + \frac{1}{x - l},$$

$$\frac{f'^2 - ff''}{f^2} = \frac{1}{(x - a)^2} + \frac{1}{(a - b)^2} + \ldots + \frac{1}{(x - l)^2}$$

([1]) *Voir* p. 87.

([2]) *Edmond Laguerre, sa vie et ses travaux*, par M. Eugène Rouché, Examinateur de sortie à l'École Polytechnique, Professeur au Conservatoire des Arts et Métiers (*Journal de l'École Polytechnique*, LVIe Cahier; 1886).

pour trouver la valeur suivante :

$$S = \frac{(\xi - x)(\xi' - x)(f'^2 - ff'') + (\xi + \xi' - 2x)ff' + nf^2}{f^2}.$$

Cela étant, j'observe qu'on ne peut avoir $S = 0$, qu'autant que les numérateurs, $(\xi - a)(\xi' - a)$, $(\xi - b)(\xi' - b)$, ... ne seront pas tous de même signe. Il est donc nécessaire, d'après les propriétés du trinome du second degré, qu'une partie des raisons, $a, b, \ldots$, se trouve dans l'intervalle compris entre ξ et ξ', et les autres en dehors de cet intervalle. Par là est établie la proposition ainsi énoncée par Laguerre :

Si l'on désigne par x une quantité réelle quelconque, les nombres ξ et ξ' qui satisfont à la relation

$$(\xi - x)(\xi' - x)(f'^2 - ff'') + (\xi - \xi')ff + nf^2 = 0,$$

et dont l'un est arbitraire, séparent les racines de l'équation $f(X) = 0$.

Je suppose maintenant qu'on fasse $\xi = \xi'$ dans la somme S, qui devient ainsi

$$S = \left(\frac{\xi - a}{x - a}\right)^2 + \left(\frac{\xi - b}{x - b}\right)^2 + \ldots + \left(\frac{\xi - l}{x - l}\right)^2,$$

et je considère l'équation suivante du second degré en X :

$$S - \left(\frac{\xi - X}{x - X}\right)^2 = 0.$$

Il est clair que le premier membre est positif pour $X = a, b, \ldots, l$ et prend une valeur négative très grande pour X voisin de x. Admettant donc que x tombe dans l'intervalle de deux racines consécutives, que je désigne par a et b, en supposant $a < b$, le premier membre de l'équation considérée ayant des valeurs de signes contraires quand on fait successivement $X = a$, $X = x$, puis $X = x$, $X = b$, on voit que les racines, X', X'', sont comprises, l'une entre a et x, l'autre entre x et b.

Ce point établi, Laguerre recherche, en disposant de la quantité ξ, qui est arbitraire, les valeurs de X' et X'' qui se rapprocheront le plus de a et b; voici comment il procède.

II. Reprenons l'équation

$$S-\left(\frac{\xi-X}{x-X}\right)^2=0;$$

en employant l'expression de S lorsqu'on y suppose $\xi=\xi'$, à savoir

$$S=\frac{(\xi-x)^2(f'^2-ff'')+2(\xi-x)ff'+nf^2}{f^2},$$

elle peut s'écrire ainsi :

$$(\xi-x)^2(f'^2-ff'')+2(\xi-x)ff'+nf^2-\left(\frac{\xi-X}{x-X}f\right)^2=0.$$

Cela étant, Laguerre se borne à dire succinctement que *les valeurs extrêmes* de X s'obtiendront en exprimant que le trinome du second degré en ξ, qui forme le premier nombre, a ses racines égales. On regrettera, sans doute, que l'éminent géomètre ne se soit pas étendu davantage sur ce point essentiel, et qu'on n'ait pas suffisamment la trace des idées qui l'ont conduit à la découverte d'un résultat important, dont il a fait des applications nombreuses et extrêmement remarquables. Mais l'équation en X, à laquelle il parvient, peut être étudiée en elle-même, indépendamment du procédé qui y a conduit : c'est ce que je vais faire en me proposant ainsi d'établir directement sa propriété caractéristique.

Soit, pour un moment, $\xi-x=\zeta$; le premier membre de l'équation précédente devient

$$(f'^2-ff'')\zeta^2+2ff'\zeta+nf^2-\left(\frac{\zeta f}{x-X}+f\right)^2;$$

c'est une expression du second degré, en ζ, de la forme

$$A\zeta^2+2B\zeta+C-(m\zeta+n)^2;$$

et la condition d'égalité des racines est

$$B^2-AC+An^2-2Bmn+Cm^2=0;$$

de là résulte l'équation que nous avons à considérer

$$[(n-2)f'^2-(n-1)ff''](X-x)^2-2ff'(X-x)-nf^2=0.$$

Cela étant, je dis que son premier membre prend une valeur

positive lorsqu'on y remplace X par une quelconque des racines de l'équation $f(x) = 0$. Soit a cette racine; je divise par le facteur positif $\frac{1}{(x-a)^2 f^2}$, ce qui donne l'expression

$$\frac{(n-2)f'^2}{f^2} - \frac{(n-1)f''}{f} + \frac{2f'}{(x-a)f} - \frac{n}{(x-a)^2};$$

cela étant, je mets en évidence les quantités

$$A = \frac{1}{x-a}, \qquad B = \frac{1}{x-b}, \qquad \ldots, \qquad L = \frac{1}{x-l}$$

en employant les relations

$$\frac{f'}{f} = A + B + \ldots + L,$$
$$\frac{f''}{f} = 2(AB + AC + \ldots).$$

Désignons, dans ce but, par U, V, W la somme des $n-1$ quantités B, C, ..., L, la somme de leurs carrés et celle de leurs produits deux à deux. On aura ainsi

$$\frac{f'}{f} = A + U,$$
$$\frac{f''}{f} = 2AU + 2W,$$
$$\frac{f'^2}{f^2} = A^2 + V + 2AU + 2W,$$

et, en substituant, nous trouverons

$$(n-2)(A^2+V+2AU+2W) - 2(n-1)(AU+W) + 2(A^2+AU) - nA^2 = (n-2)V - 2W.$$

C'est bien une quantité positive, représentée, comme on le voit facilement, par la somme des carrés des différences deux à deux des $n-1$ quantités B, C, ..., L. Je remarque ensuite qu'en supposant $X = x$ on a un résultat négatif; nous avons donc cette conclusion que, si l'on désigne par a et b deux racines consécutives qui comprennent x dans leur intervalle, une racine X' de l'équation de Laguerre est entre a et x, et l'autre X'' entre x et b.

Or, on trouve, en résolvant, la formule

$$\frac{1}{X-x}=\frac{-f'\pm\sqrt{(n-1)[(n-1)f'^2-nff'']}}{nf}$$

et puisque, dans l'hypothèse admise, les deux solutions sont de signes contraires, la racine positive qui donne $X''-x$ s'obtiendra en prenant le radical avec le signe de f.

Le résultat que nous venons de démontrer a conduit Laguerre à de nombreuses conséquences, parmi lesquelles je signalerai cette formule

$$\cos\frac{\pi x}{2}=1-\frac{x^3}{x+(x-1)\sqrt{\frac{2-x}{3}}},$$

qui représente avec une grande approximation, au moyen d'une expression algébrique, la transcendante $\cos\frac{\pi x}{2}$, quand la variable est positive et inférieure à l'unité. Voici maintenant une considération nouvelle que suggère l'analyse précédente.

III. Je reprends l'équation du second degré

$$[(n-2)f'^2-(n-1)ff''](X-x)^2-2ff'(X-x)-nf^2=0,$$

et je la généralise de la manière suivante :

$$(\alpha f'^2-\beta ff'')(X-x)^2-2\gamma ff'(X-x)-\delta f^2=0,$$

en désignant par α, β, γ, δ des constantes dont la dernière devra être positive, afin que le premier membre soit négatif pour $X=x$. Cela étant, je cherche sous quelles conditions il sera positif lorsqu'on remplace X par l'une quelconque des racines de l'équation $f(x)=0$, ou bien en faisant comme plus haut $X=a$. On est ainsi conduit, si l'on conserve les notations précédemment employées, à la forme quadratique

$$\begin{aligned}&\alpha(A^2+V+2AU+2W)-2\beta(AU+W)+2\gamma(A^2+AU)-\delta A^2\\&=(\alpha+2\gamma-\delta)A^2+2(\alpha-\beta+\gamma)AU+\alpha V+2(\alpha-\beta)W,\end{aligned}$$

représentant le résultat de la substitution, qui devra être définie et positive. Un cas facile s'offre si l'on a $\alpha-\beta+\gamma=0$; il suffira alors de poser $\alpha+2\gamma-\delta>0$ et d'exprimer que la forme à $n-1$ indéterminée $\alpha V+2(\alpha-\beta)W$ est elle-même définie et positive. Les conditions à remplir sont alors que α et la suite des déterminants

$$\begin{vmatrix} \alpha, & \alpha-\beta \\ \alpha-\beta, & \alpha \end{vmatrix}, \quad \begin{vmatrix} \alpha, & \alpha-\beta, & \alpha-\beta \\ \alpha-\beta, & \alpha, & \alpha-\beta \\ \alpha-\beta, & \alpha-\beta, & \alpha \end{vmatrix}, \quad \ldots,$$

soient tous positifs. Au moyen des transformations élémentaires on trouve facilement les expressions explicites de ces déterminants, et l'on obtient les inégalités

$$\alpha > 0, \quad \beta(2\alpha-\beta) > 0, \quad \beta^2(3\alpha-2\beta) > 0, \quad \ldots,$$
$$\beta^{n-1}[(n-1)\alpha-(n-2)\beta] > 0.$$

On en conclut que α et β doivent être positifs et assujettis à cette seule et unique condition

$$(n-1)\alpha-(n-2)\beta > 0,$$

c'est-à-dire

$$\beta < \left(\frac{n-1}{n-2}\right)\alpha.$$

Nous voyons ainsi que, dans la méthode d'approximation de Laguerre, l'équation dont il fait usage,

$$[(n-1)f'^2-(n-2)ff''](X-x)^2-2ff'(X-x)-nf^2=0,$$

peut être remplacée par cette autre,

$$(\alpha f'^2-\beta ff'')(X-2)^2-2(\alpha-\beta)ff'(X-x)-\delta f^2=0,$$

α, β et δ étant des quantités positives, telles qu'on ait

$$\beta < \left(\frac{n-1}{n-2}\right)\alpha, \qquad \delta < \alpha+2\gamma,$$

ou encore $\delta < 2\beta-\alpha$, puisqu'on a supposé $\alpha-\beta+\gamma=0$.

Voici maintenant quelques remarques au sujet de cette équation.

Je ferai d'abord, afin de la réduire à sa forme la plus simple, la supposition de $\gamma=0$, qui donne $\alpha=\beta$; on aura aussi la condition $\delta<\alpha$; cela étant, nous trouvons la formule suivante :

$$x-X=\sqrt{\frac{\delta}{\alpha}}\,\frac{f}{\sqrt{f'^2-ff''}}.$$

C'est précisément, pour le cas limite de $\delta=\alpha$, le résultat remarqué par Laguerre au début de son Mémoire, et qui a été le point de départ de tout son travail.

Proposons-nous ensuite cette question, qui se présente d'elle-même, de disposer de α et β, en supposant, comme on le peut, $\delta = 1$, de manière que les quantités X' et X'' approchent, autant que possible, des deux racines consécutives a et b de l'équation proposée $f(x) = 0$. On y parviendra évidemment en rendant *maximum* la différence

$$X' - X'' = 2\,\frac{\sqrt{(\alpha-\beta)^2 f'^2 + \alpha f'^2 - \beta f f''}}{\alpha f'^2 - \beta f f''},$$

lorsque α et β prennent toutes les valeurs positives sous les conditions

$$\beta < \left(\frac{n-1}{n-2}\right)\alpha, \qquad 1 < 2\beta - \alpha.$$

Il convient, pour traiter la question, de représenter géométriquement ces conditions en considérant α et β comme l'abscisse et l'ordonnée x et y d'un point rapporté à des coordonnées rectangulaires. Cela étant, je construis les droites

$$y = \left(\frac{n-1}{n-2}\right)x, \qquad 1 = 2y - z,$$

qui se coupent en un point ayant pour coordonnées

$$x = \frac{n-2}{n}, \qquad y = \frac{n-1}{n}.$$

Soit A ce point, AM et AN les portions indéfinies des deux lignes, dirigées dans le sens des abscisses positives; on voit facilement que l'on doit considérer tous les points renfermés dans l'angle MAN, dont les coordonnées sont positives et vérifient les égalités proposées.

Soit, maintenant,

$$\frac{\sqrt{(x-y)f'^2 + xf'^2 - yff''}}{xf'^2 - yff''} = m,$$

m étant une constante que nous ferons varier afin d'en obtenir le *maximum*. Pour chaque valeur de m, on obtient une hyperbole dont l'équation peut s'écrire de la manière suivante, si l'on pose $a = \frac{ff''}{f'^2}$:

$$m^2(x - ay)^2 - (x-y)^2 - x + ay = 0.$$

Je remarquerai maintenant que nos deux droites sont des sécantes réelles : la première, comme passant par l'origine, qui est un point de la courbe; la seconde, parce que l'équation qui détermine les ordonnées des points de rencontre, où je fais, pour abréger, $b = a - 2$,

$$(m^2 b^2 - 1) y^2 + (2mb + a) y + m^2 = 0,$$

a pour discriminant la quantité positive

$$4(a-1)^2 m^2 + a^2.$$

Ceci posé, considérons la suite des hyperboles qu'on obtient en faisant varier m. Le *maximum* de cette constante correspondra à une valeur telle qu'un changement infiniment petit donne une courbe extérieure à l'angle MAN, et cette circonstance ne peut se produire qu'à l'égard d'une hyperbole tangente à l'un des côtés de l'angle ou passant par son sommet. Or la droite $y = \left(\frac{n-1}{n-2}\right) x$ ne peut avoir pour point de contact que l'origine des coordonnées, et ce point ne se trouve pas sur AM. Quant à l'autre côté, l'équation en y, que nous venons de former, montre qu'il ne peut devenir tangent à l'hyperbole, puisqu'il est impossible que le discriminant de l'équation s'annule. La valeur de m s'obtiendra donc en admettant que la courbe passe par le point A, et les valeurs cherchées de α et β seront les coordonnées de ce point, à savoir

$$\alpha = \frac{n-2}{n}, \qquad \beta = \frac{n-1}{n}.$$

Nous sommes ainsi conduit à l'équation

$$[(n-2) f'^2 - (n-1) f f''] (x - X)^2 + 2 f f' (x - X) - n f^2 = 0$$

par des considérations entièrement différentes de celles de Laguerre, ce qui donne une confirmation complète du beau résultat découvert par l'éminent géomètre.

FIN DU TOME I.

TABLE DES MATIÈRES.

ALGÈBRE.

CALCUL INTÉGRAL.

FIN DE LA TABLE DU TOME I.

12866 Paris. — Imprimerie GAUTHIER-VILLARS ET FILS, quai des Grands-Augustins, 55.